产品设计与开发的任务规划及其资源配置

田启华　杜义贤　周祥曼　付君健　著

中国水利水电出版社
www.waterpub.com.cn
·北京·

内容提要

本书围绕产品设计与开发中的任务规划与资源配置问题，阐述耦合设计内部迭代模型及其求解理论方法、设计与开发任务分配及资源配置的优化策略，并结合多个典型机电产品设计与开发实例进行应用分析。全书共分6章，主要内容包括：第1章概要分析产品设计与开发过程及相关特性、任务规划及资源配置，它们构成本书的部分基础知识；第2、3章阐述产品设计与开发中耦合设计任务规划策略与分阶段迭代模型；第4章讨论面向不确定性因素的耦合迭代模型的建立与求解问题；第5章分析设计人员学习与交流能力对产品设计与开发活动的影响；第6章阐述产品设计与开发中的资源优化配置问题。

本书适合从事设计科学和产品开发研究的科技工作者阅读，也可作为高等院校机械工程、工业工程、制造系统工程、项目管理等相关专业研究生和本科生的教学参考书。

图书在版编目（CIP）数据

产品设计与开发的任务规划及其资源配置/田启华等著. —北京：中国水利水电出版社，2020.12
ISBN 978-7-5170-9226-1

Ⅰ.①产… Ⅱ.①田… Ⅲ.①产品设计②产品开发 Ⅳ.①TB472②F273.2

中国版本图书馆CIP数据核字（2020）第246442号

书　　名	产品设计与开发的任务规划及其资源配置 CHANPIN SHEJI YU KAIFA DE RENWU GUIHUA JI QI ZIYUAN PEIZHI
作　　者	田启华　杜义贤　周祥曼　付君健　著
出版发行	中国水利水电出版社 （北京市海淀区玉渊潭南路1号D座　100038） 网址：www.waterpub.com.cn E-mail：sales@waterpub.com.cn 电话：（010）68367658（营销中心）
经　　售	北京科水图书销售中心（零售） 电话：（010）88383994、63202643、68545874 全国各地新华书店和相关出版物销售网点
排　　版	京华图文制作有限公司
印　　刷	三河市龙大印刷有限公司
规　　格	170mm×240mm　16开本　18印张　331千字
版　　次	2021年1月第1版　2021年1月第1次印刷
印　　数	0001—1500册
定　　价	89.00元

前　言

产品设计与开发是将用户需求转化为具体产品的过程，由一系列活动组成，它是产品生命周期的主要阶段，是企业赢得竞争优势的关键。从企业的角度来看，成功的产品设计与开发是产品实现赢利的根本，但产品的赢利能力往往难以迅速、直接地评估。通常，可从产品质量、产品成本、开发时间、开发成本、开发能力等多个维度（它们最终都与利润相关）来评价产品设计与开发的绩效。

随着人类社会的发展和科学技术的进步，产品设计与开发对象越来越复杂，各种复杂机电产品的涌现，对产品设计与开发的要求越来越高。因此，产品设计与开发面临着各种新的挑战，设计理论、方法与手段需要不断发展和创新。从 20 世纪 80 年代开始，以各种大型复杂机电产品或装备为代表的复杂工程系统设计，越来越多地受到国内外研究者的重视。

从本质上讲，产品设计与开发是一个求解实现产品功能、满足各种技术和经济指标，并从可能存在的各种方案中确定综合最优方案的过程，是一项复杂的系统工程，它需要企业中几乎所有职能部门的参与，通常由项目团队组织实施。在现代企业竞争的环境中，由于产品设计与开发活动间的耦合关系及其引发的过程迭代，产品设计与开发日趋复杂。产品设计与开发过程中的任务分配和资源配置的不合理是导致产品设计周期长、成本高的重要原因之一。

近年来，作者在国家自然科学基金项目的资助下，围绕复杂产品设计与开发中的任务规划与资源配置优化问题，对耦合设计内部迭代模型及其求解理论方法等进行了多方位的研究，并取得了一系列成果，本书就是这些研究成果的结晶之一。全书涵盖诸多方面的内容，主要包括产品设计与开发过程及相关特性、任务规划及资源配置分析，产品设计与开发中耦合设计任务规划策略、分阶段迭代模型，面向不确定性因素的耦合迭代模型，设计人员学习与交流能力对产品设计与开发活动的影响，产品设计与开发中的资源优化配置等。

本书由三峡大学田启华教授规划整体结构和全书内容，由田启华教授与三峡大学杜义贤教授、周祥曼副教授、付君健博士合著完成。三位合著者都是在本人指导下完成硕士学位论文，并先后到华中科技大学机械科学与工程学院攻读博士学位，他们作为本人主持的相关国家自然科学基金项目（以下简称

“本基金项目”）的主要参与者，为本基金项目的研究及本书的完成做出了重要贡献。同时，本人指导的研究生（按毕业先后）王涛、董群梅、文小勇、汪巍巍、梅月媛、汪涛、黄超、明文豪、祝威、刘泽龙、鄢君哲、李浪等基于本基金项目，先后完成了其硕士学位论文，并发表学术论文20多篇；本人指导的在读研究生（按姓氏笔画）张玉蓉、张赐、黄佳康等基于本基金项目正在开展硕士学位论文课题研究工作，已发表学术论文多篇；本人指导的在读研究生舒正涛也开展了相关研究。上述研究成果构成了本书的基础。在读研究生（按姓氏笔画）张玉蓉、张赐、黄佳康、舒正涛分别具体负责有关章节的资料收集、整理及书稿编写工作。此外，三峡大学刘勇教授、杜轩副教授、于海东研究馆员等参与了本基金项目的申报与研究，并取得了相关研究成果。对于参与本基金项目研究以及本书编写的所有人员，在此表示衷心的感谢。

特别需要说明的是，华中科技大学肖人彬教授作为本领域的一位权威研究者，对本基金项目的申报、研究以及本书的编写给予了很大的关心、支持与帮助，在此向肖人彬教授表示深深的感谢并致以崇高的敬意。同时要感谢华东交通大学程贤福教授、浙江工商大学陈庭贵副教授对本书的编写提出的宝贵意见与建议。

本书作为国家自然科学基金项目（51475265）的研究成果之一，其出版得到该基金的资助，在此向国家自然科学基金委员会表示由衷的谢意。对出版该书的中国水利水电出版社表示特别的感谢。同时要感谢作者本人所在单位三峡大学对本书顺利出版给予的相关支持。

产品设计与开发中任务规划与资源配置是一个复杂的课题，涉及众多跨学科的知识，既富有影响力，又颇具挑战性，正处于不断探索与发展之中。鉴于此，加之作者学识水平有限，本书难免存在某些欠缺和不足，希望读者不吝赐教，给予指正。

2020年7月于三峡大学

目　　录

第 *1* 章

绪　论

1.1　产品设计与开发过程及相关特性分析

1.1.1　产品设计与开发过程分析

产品是一切制造企业生产经营活动的主体，是企业向顾客销售的实体。产品设计与开发始于发现市场机会，止于产品的生产、销售和交付，其过程是企业构想、设计产品，并使其商业化的一系列步骤和活动，它们大都是脑力的、有组织的活动，而非自然的活动[1]。产品的设计与开发为企业提供创造利润的动力，为企业发展创造机遇，为企业持续发展提供保障。产品生命周期的理论告诉我们，企业得以生存和成长的关键在于不断地创造新产品和改进旧产品，创新是企业永葆青春的唯一途径。从短期看，新产品的开发和研制纯粹是一项耗费资金的活动；但从长期看，新产品的推出与企业的总销售量及利润的增加呈正相关关系。因此，有远见的企业把新产品的开发看作一项必不可少的投资[2]。产品设计开发的最终目标在于不断推出创新的产品，以更短的产品上市时间、更优的产品质量、更低的产品成本、更好的服务和满足环保要求等要素去赢得用户和更大的市场份额。

对于产品设计开发的活动，有些组织可以清晰界定并遵循一个详细的开发流程，而有些组织甚至不能准确描述其流程。实际上，不同组织对某类产品开发所采用的流程都会存在差别，同一企业对不同类型的开发项目也可能会采用不同的流程。尽管如此，对开发流程进行准确的界定仍是非常有用的[1]。

确定产品开发流程主要存在如下三种思路：一是首先建立一系列广泛的、可供选择的产品概念，随后缩小可选择范围，细化产品的规格，直到该产品可以可靠地、可重复地由生产系统进行生产。二是将其作为一个信息处理系统。

这个流程始于各种输入，各种活动处理的开发信息，形成产品规格、概念和设计细节。当用来支持生产和销售所需的所有信息都已创建和传达时，开发流程也就结束了。三是将开发流程作为一种风险管理系统。在产品开发的早期阶段，各种风险被识别并进行优先级排序。在开发流程中，随着关键不确定性因素的逐渐消除和产品功能的验证，风险也随之降低。当产品开发流程完成时，团队对该产品能正常工作并被市场接受充满信心[1]。

产品设计与开发是一个含有创造任务、理解任务、沟通任务、测试任务和说服任务的过程，概括地讲，可以将任何产品开发过程描述为把握机遇、形成概念和实现概念三个阶段[3]。其中，第一个阶段包括作出启动新产品开发工作的决定所需的所有活动；第二个阶段包含了决定产品将是什么的所有活动；第三个阶段包括完成产品并使每一个产品一直运行良好的所有活动。实际上，这些阶段往往存在重叠且很复杂。典型产品设计与开发过程的活动如图 1.1 所示。

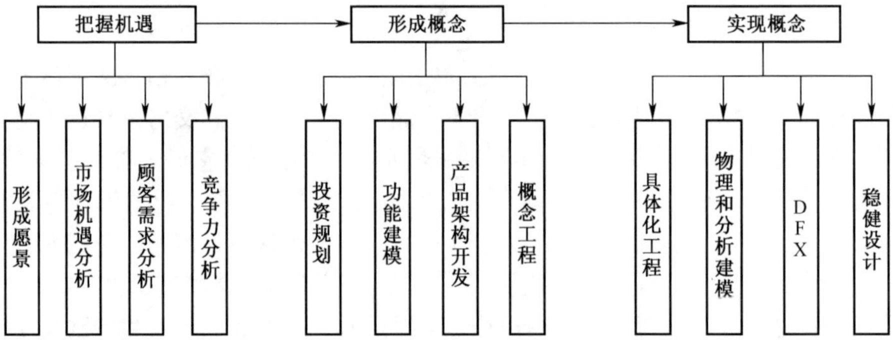

图 1.1　典型产品设计与开发过程的活动

通常，产品开发流程遵循一个结构化的活动流和信息流。基本的产品开发流程包括规划、概念开发、系统设计、详细设计、测试与改进、试产扩量 6 个阶段[1]，如图 1.2 所示，该图明确了在产品开发的每个发展阶段，组织内不同职能部门的主要活动和责任。

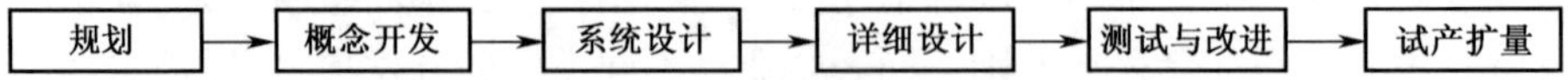

图 1.2　基本的产品开发流程

总之，产品设计与开发作为特定组织的行为，是一个包含技术和管理的过程，具有相当的复杂性与不确定性等特征，它通过融合工程技术、方法、工具和人员将产品开发付诸实践[4]。

1.1.2 产品设计与开发中相关特性分析

1. 产品设计与开发中的耦合特性

一般而言，产品设计与开发过程涉及各功能部件之间的协调与关联问题，同时产品内各组成模块之间可能存在耦合关系，且组成模块的零件参数之间也存在主从关联关系[4]。因此产品设计与开发过程中存在显著的设计耦合特性。随着科学技术的进步和人类社会的发展，人们对产品各方面指标的要求越来越高，复杂产品大量涌现，产品设计与开发过程也越来越复杂。这些复杂性不但体现在设计变量数量多，而且体现在设计变量之间存在着的错综复杂的关联关系（即耦合）。复杂耦合关系的存在不仅严重影响设计求解，而且会超出常规设计能够处理的范围。因此，设计耦合问题成为产品设计中亟待解决的关键问题。

设计领域的耦合问题研究可分两类：一类是设计过程的耦合，属于过程建模，研究设计任务、设计过程的管理、规划和调度[5]；另一类是设计问题求解的耦合，属于问题建模，研究产品（系统）的组件或部件（子系统）之间、各个系统（子系统）内部的参数与功能之间的相互影响。从广义上讲，两类耦合都属于设计的范畴。近些年来一些先进设计理论考虑了参数和功能相互间的关联，但大多没有提供有效的处理耦合问题的方法。如受到广泛关注的公理设计（axiomatic design，AD）理论为产品设计提供了较完整的范式，它从功能-参数（FRs-DPs）映射的角度描述了设计问题的耦合概念，包括功能之间（FRs-FRs）、参数之间（DPs-DPs）以及功能和参数之间存在的关联关系，但该理论本身并没有提供有效地处理耦合问题的方法[4,6,7]。因此，有必要进行耦合分析及求解的深入研究。

实际上，产品设计是一个耦合问题的求解过程，需要多部门、多工种、多学科等进行耦合性分析，并通过合理有效的解耦理论方法对其求解优化。任务间的耦合关系是普遍存在的，是引起设计任务在执行过程中信息存在依赖的根本原因，不同任务之间需多次进行信息交流更新，这必然引起设计任务在执行过程中出现大量的迭代和返工，导致开发时间延长、开发成本增加和资源的重新分配等问题[8]。图1.3所示为两个耦合任务的迭代过程，按A→B或者B→A的顺序执行。任务的迭代过程分为两个阶段：第1阶段为执行任务A；完成任务A后，第2阶段的任务B开始执行，由于任务A和任务B之间的耦合关系，任务B完成后，有一部分概率引起已完成任务A的返工，另外一部分概率结束任务，在第2阶段中如果任务B返回到任务A，任务A完成后有一部分概率导致任务 B 返工，另外一部分概率结束任务，两个任务之间会进行多次迭代返工，耦合任务按照这种循环迭代模式，直至任务结束或满足终止条件。

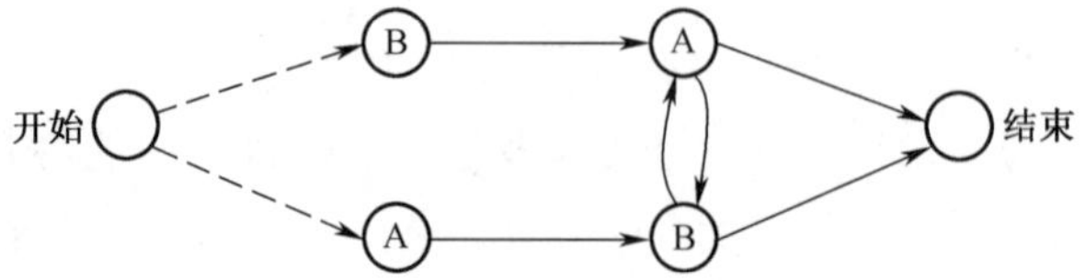

图 1.3　两个耦合任务的迭代过程

目前对于耦合设计任务的处理方法主要分为两种：一种是传统的显式割裂方法，另一种是隐式内部迭代方法[4]。前者通过人为去除参数间的弱连接联系从而达到去耦合效果，它通常由两个方面决定：一是待解决问题的主要特点，二是相关领域专家的以往经验和分析水平。然而，显式割裂方法一般会损失产品设计的部分质量，存在一定的局限性和不足，较适用于耦合关系较弱的约束关系，代表性的成果包括基于独立公理的结构化耦合设计处理方法[9]，它是一种典型的显式割裂方法。而后者强调通过耦合设计集内部任务的不断迭代过程来改进设计质量，它作为一种处理耦合问题的新方法，已经受到国内外学者的广泛关注。目前，加速内部迭代的方法主要有：①执行快速的迭代，合理优化耦合任务集的执行顺序，减少耦合任务间的迭代和返工；②使用较少的迭代次数，增强任务之间的信息交流，将某些任务从迭代部分移除或设置迭代终止的阈值[4]。其中基于设计结构矩阵（design structure matrix，DSM）的并行迭代模型应用广泛[10]，它假设所有耦合任务并行执行且迭代工作量为一常数，通过建立扩展的 DSM 形式——工作转移矩阵（work transition matrix，WTM）[11]模型来识别产品设计与开发过程中的迭代驱动任务及其特性和收敛速度。

2. 产品设计与开发中的不确定性

产品的设计与开发是一项复杂的系统工程，不论改进型的产品还是全新的产品，其开发过程都是跨学科的行为，涉及机械、电气、自动化以及营销、组织、运营管理等多学科知识，并且在开发过程中需考虑资金、设备以及多部门之间的冲突与协同开发等诸多不确定因素，所以产品的开发过程存在许多不确定性[12]。不确定性是人们认识世界的局限性导致的，它是人们在现有知识的基础上对世界以及事物的看法和决定。由于认识的局限性，对事物的看法就会存在不可预知性。总的来看，企业产品开发中的不确定性因素可分为与企业有关的外部环境因素和产品开发过程中的内部因素两个方面。

从与企业有关的外部环境因素看，主要包括以下几个方面：

（1）顾客喜好、市场购买力等因素。一个新产品要取得成功，需要一个有潜力的市场。在新产品生命周期的导入期，企业很难预测市场的变化，有时新产品的市场需求已显现出来，但无法预测市场需求的规模，从而导致错误的生产及营销策略；虽然市场分析有助于企业更好地做出新产品开发计划，但企业不知道是否获得了准确的顾客需求信息。许多企业管理人员认为，对具有潜在市场的创新型产品来说，得到顾客需求的有效信息是极其困难的[13]。

（2）企业技术因素。其主要是产品开发中亟待解决的技术难题，或企业技术本身不成熟等因素。现在高新技术发展日新月异，如果技术研制时间过长或领先程度不够，就有可能被无情地淘汰或被竞争者模仿。

（3）企业管理因素。其主要是由人类决策行为不确定而导致的控制目标不确定、计划工期不确定以及组织管理不确定等[14]。若缺乏管理经验，则存在承诺的资源没有及时到位、生产周期过长、产品质量可靠性差、新产品的供应链尚未形成、无法满足批量生产的要求等不确定性。

（4）不可抗力和突发的人为因素。如突发自然灾害、设计开发人才资源的流动等。这些因素都是导致产品开发过程不确定的偶然因素。

从产品开发过程中的内部因素看，主要包括以下几个方面：

（1）任务间信息传递的不确定。如设计开发过程中设计任务完成情况的进度信息、所配置资源的消耗信息和跨学科的技术信息等，它们一般是不确定的。信息的不确定性是通过影响上、下游任务间的信息传递过程而导致下游任务的迭代返工，从而增加任务执行的总时间。

（2）设计任务间依赖关系和时序关系的不确定。耦合关系是引起设计任务在执行过程中存在依赖的根本原因，不同任务间需要进行多次交流更新从而引起大量的迭代和返工，导致产品开发的时间过长；产品开发过程中不仅存在耦合关系，而且存在优先顺序和各种约束，任务的执行方式和顺序不同，导致产品的开发时间和开发成本差异较大。

（3）资源分配的不确定。产品开发中执行各设计任务的人力资源以及技术资源通常是根据经验进行分配的，这种分配方式会导致资源分配的不确定性；各设计任务对资源的竞争会导致资源分配失衡，有的任务资源分配过多而导致资源浪费，有的任务资源分配过少而导致任务无法顺利执行[4]。

（4）任务工期的不确定性。在实际项目中任务执行工期常常会受到外界因素的影响而变化，如材料供应不及时、气候条件发生变化、工期估算错误等，都会使得任务工期不确定。在传统的项目调度问题研究中，常常是以任务工期确定为前提，在这种假设下得到的调度方案很难与实际情况相吻合[15]。

随着20世纪统计学的不断发展，不确定性理论出现并得到了学者重视，对其的研究是能够在现有知识的基础上找出某些规律，以求得到更合适的解决问题的途径。曾经较长一段时间，概率论被认为是处理不确定信息的唯一理论和方法，但是随着应用的加深和人们对不确定信息处理要求的提高，概率论在很多方面表现出它的局限性和不可描述性。最近几十年来，随着研究的深入，处理产品设计与开发过程中的不确定性的方法取得了较大的进展。

1965 年，美国自动控制专家 Zadeh 在 *Information and Control* 发表的开创性论文 *Fuzzy Sets*，创立了模糊集理论，用于研究分析包括各种不确定性和信息在内的多方面工程科技问题；1982 年，波兰数学家 Pawlak 在 *International Journal of Computer and Information Sciences* 上发表的文章 *Rough Sets* 中，首次提出了一种处理不确定性现象的数学理论——粗糙集理论。该理论与同样处理不确定现象的模糊理论的区别在于，它无须提供所需处理的数据集合之外的任何先验信息，所以模糊集理论和粗糙集理论的结合，在处理不确定性问题时有很好的互补性。未确知性是对决策者的条件限制，掌握信息不足而造成主观上的、认识上的不确定性，进行数学处理时，若不能简单地认为是随机性或模糊性，可以用区间变量来描述，采用区间方法来分析。因此，目前处理不确定性的方法主要有随机模型、模糊模型、区间模型三种，它们各有所长[16]。

随着科技的进步和研究的深入，越来越多的分析方法被运用到不确定性问题的分析中来，如刘晓娜等[17]在集对分析（SPA）理论基础上，结合灰色数学思想，提出了一种处理不确定信息的集对分析灰理论方法（GSPA）。该方法能有效地通过集对灰关联度描述不确定信息的同、异、反及信息灰度之间的联系变化，克服了采用单一的集对分析联系数和灰色数学关联度描述信息的缺陷和不足；王万军等[18]在集对分析理论基础上，研究了信息以区间数给出的多属性决策问题，给出了一种集对分析信息处理的区间数方法。区间数理论是通过区间来刻画事物的不确定性的，目前，区间数就研究参数分类而言可以分为二元区间数、三元区间数等不同形式。米洁[19]针对产品开发过程中涉及需求、约束、资源等众多不确定因素，采用了数字设计结构矩阵中概率数值表示任务之间不相等的关联关系，并基于数字设计结构矩阵的过程分析，计算不同过程序列的执行时间，求得最小时间的过程排布；陈庭贵[20]以设计结构矩阵为研究工具，将人工免疫网络系统、反馈控制理论引入产品开发过程优化与管理中，探讨设计结构矩阵方法在复杂产品设计与开发领域应用的普适性，更深入地研究了产品设计开发中的不确定性问题。

当今行业、企业间的竞争日益激烈，为增强产品的市场竞争力，在有限的资源情况下尽可能地减少产品开发所消耗的时间和成本，是设计人员开发产品的主要目标。而产品的设计与开发是一项复杂的创造性活动，其过程都难以避免地受到上述种种不确定性因素的制约，从而增加设计周期，延缓产品的上市时间，这是企业必须面临的挑战。因此，以合理有效的方式来对待和处理这些不确定性是十分关键的[13]。

3. 产品设计与开发优化目标的多样性

产品设计是一个求解实现产品功能、满足各种技术和经济指标，并从可能存在的各种方案中确定综合最优方案的过程。也就是说，对任何一位设计人员而言，其工作目的是要做出最优设计方案，使所设计的产品具有最好的使用性能和最低的材料消耗与制造成本等，以便获得最佳的经济与社会效益。因此，产品设计开发中通常进行优化设计。由于产品功能、结构及用户需求等的不同，优化设计的目标往往是多种多样的，如产品质量、体积与产品开发时间、成本等，即优化目标具有多样性。以往对产品设计开发优化问题的研究大多针对某单一目标，并取得了很好的成效。但单一目标优化很多时候难以满足产品开发的实际需求，因此多目标优化问题得到不断研究及应用。产品设计开发中的多目标优化需要同时考虑多个目标及各种约束条件，建立起多目标优化数学模型。但由于这些优化目标之间往往存在矛盾或冲突，实际上不存在一个可行解使这些目标同时达到最优，因此必须在众多目标之间进行综合优化。

例如在员工任务调度方面，优化的目标常常需要考虑到知识型员工的特征以及需求等因素，这使得调度问题由单目标向多目标发展，从而增加了决策问题的复杂程度。因此传统的员工任务调度问题的模型和方法并不能很好地应用到这些企业中。迄今学者们对员工任务调度问题进行了深入的研究，其中较多聚焦于项目的选择以及资源和员工任务的有效分配问题。如Yannibelli和Amandi[21]研究了员工合作的问题，并从不同的角度对员工任务调度的特征和约束范围进行了扩展，完善了员工任务调度体系；Lourenco和Saldanha-da-Gama[22]考虑了任务需要多种技能同时员工也具备多种技能的情况，建立了整数线性规划的模型，并采用启发式算法进行了求解；Walter等[23]研究了多项目选择和员工任务调度的问题，并提出采用技能分值表示员工的技能水平，假设技能分值与工作时间存在线性关系，建立了相关的任务调度模型，对项目总收益进行优化；Heimerl和Kolisch[24]的研究结果显示，在考虑多项目、多技能的内部员工和外部员工共存时，在获取可行解方面，混合整数规划模型比简单的启发式算法更具优势。

优化目标具有复杂性及多样性，对于相应的优化模型，应寻求可行、有效的求解方法。遗传算法作为一种有别于传统的搜索算法，在求解组合优化领域的非确定性多项式（non-deterministic polynomial，NP）问题上显示出强大的搜索优势。其中非支配排序遗传算法（non-dominated sorting genetic Algorithm，

NSGA)[25]能够根据个体之间的支配和非支配关系分层实现，其求解得到的非劣最优解分布均匀，但其计算复杂度高，无精英策略，并且对共享参数的依赖性较大，而改进的非支配排序遗传算法（non - dominated sorting genetic algorithm-Ⅱ，NSGA-Ⅱ）[26-27]采用快速非支配排序方法，引入拥挤距离保证Pareto解集的均匀性和多样性，降低了算法的时间复杂性，且带有精英策略，在进化过程中不会造成最优解的丢失，它比NSGA算法更加优越。因此，在产品开发任务调度多目标优化模型的求解方面，NSGA-Ⅱ算法已得到越来越多的应用。例如，陈浩杰等[28]针对资源受限多项目调度问题，通过分析现有优先级规则构建出适用多项目调度的归一化属性集和顶层判别编码方式，并结合NSGA-Ⅱ虚拟适应度分配方法对种群进行评估以实现多目标优化；田启华等[29]基于NSGA-Ⅱ算法对产品开发任务调度问题中的时间和成本进行多目标优化，根据执行时间和成本对个体进行非支配排序和拥挤距离的计算，以保证Pareto最优解集的均匀性和多样性，从而最终得到了最优的任务调度方案。田启华等[30]针对所建立资源约束下考虑学习与遗忘效应的任务调度时间与成本的多目标优化数学模型，通过改进的NSGA-Ⅱ算法求解得出最优解集，并通过改进的多目标理想点法对该解集进行选优，得到了最优的任务调度方案。

1.2 产品设计与开发中的任务规划分析

1.2.1 任务执行模式分析

产品开发过程是由形如设计活动这样的各种基本活动有机结合而构成的，从信息联系的角度看，设计活动存在三种基本关联关系，即独立关系、单向依赖关系、双向耦合关系；而从活动执行时间的顺序来看，又可分为三种执行模式，即串行执行模式、并行执行模式、重叠执行模式，如图1.4所示。

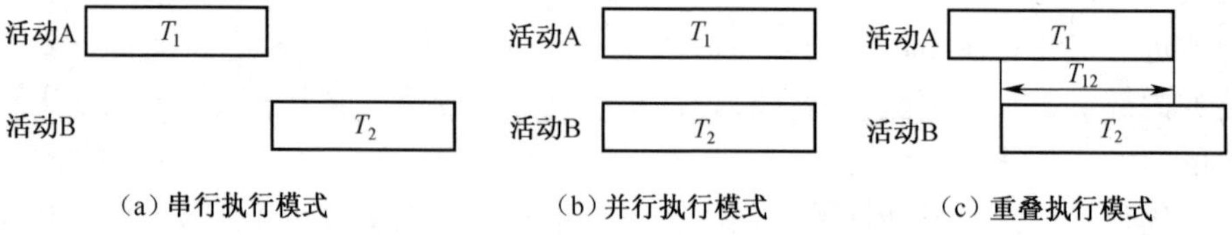

图1.4 设计活动间的三种执行模式

串行执行模式中的每一阶段都层层推进，即前一个阶段完成后，再进行下一阶段的工作，即下游设计活动 B（执行时间为 T_2）在上游设计活动 A（执行时间为 T_1）完成后并接收到来自活动 A 的最终信息才开始执行。早期各个企业一直采用传统的串行模型进行产品开发[31]。学术界针对串行迭代模型的研究主要集中在采用马尔科夫链（Markov chain）对串行任务的执行顺序进行优化，以缩短产品的开发设计时间。如参考文献［32］假设所有耦合设计任务都顺序执行且任务的重做概率和周期为一常数，采用马尔科夫链方法对串行迭代过程进行建模分析，通过计算纯粹顺序情况下的总迭代时间，确定最优的执行顺序。在耦合任务规模比较小的时候，采用这种枚举法可以很快地求得耦合设计任务的最优执行顺序，但当任务规模较大时，运用枚举法进行序列优化的时间几乎无法承受，并且该模型建立在随机统计的基础上，实施起来比较困难。参考文献［33］以马尔科夫链模型为基础，提出了一种启发式序列寻优算法，并对使用过程中很容易陷入局部最优解的问题进行了改进。参考文献［34-35］也运用马尔科夫链方法计算了串行耦合迭代模型的迭代总时间，但其计算过程相当烦琐。针对目前在计算串行迭代模型迭代时间以及执行顺序优化存在的问题，一般通过引入全局搜索能力更强的遗传算法，对迭代顺序进行优化。

并行执行模式属于并行工程（concurrent engineering，CE）范畴，它是1998年美国国防分析研究所（IDA）提出的新过程开发概念，它的应用标志着计算机集成制造发展进入一个新的阶段，并逐渐形成高潮[36-37]。CE 在减少产品开发过程的时间、成本和提升产品质量，提高企业自动化水平以及增强企业的市场应变和竞争能力等方面发挥了重要的作用，取得了显著的效益。不同于传统的串行执行模式，并行执行模式要求在产品开发过程的初始阶段，项目管理者就要以能把握全局的思维方式考虑整个产品开发周期的各个环节，它涉及众多学科和领域知识的集成。并行执行模式要求设计活动 A 和设计活动 B 同时执行，活动间的相互依赖度较低，各设计活动构成独立的子活动，互不影响。国内外学者十分重视并行工程技术的理论研究与实际应用，如曾庆良等[38]对并行工程中的资源冲突与决策冲突进行了研究，针对任务间的资源冲突，给出了关键任务优先、等待时间最短、先来先得三种冲突消解策略，针对决策冲突，给出了可信度优先、权威性优先、相邻影响、彼此影响等四种协商策略；贾晋冰[39]将并行工程引入汽车内饰产品开发项目中，对其设计开发工作进行流程优化，并对优化成果进行评价和总结；Tseng 等[40]提出了一个基于并行工程的智能系统的开发，用于在产品设计概念阶段生成设计方案，使得设计者能够在设计初期探索和试验替代的想法，并产生功能健全和经济有效的设计解决方案；Rogerio 等[41]在产品设计中为了更好地发掘创造力和处理新出现的需求，以及缩短开发时间，提出了一个将设计思维、并行工程和敏捷论等技术与知识产权管理活动相结合的创新机电产品设计过程；李海涛[42]采用并行工程方法对商用飞机的研发过程进行了研究，制定了基于成熟度定义的并行工程方法的操作流程，通过并行工程的应用，缩短开发周期，降低开发成本。

激烈的市场竞争促使企业以更快的速度开发新产品，如何缩短新产品的开发时间成为企业能否在激烈的市场竞争中获得成功的关键，采用传统的串行开发模式时，产品的开发流程和与开发相关的信息在各个部门之间按顺序传递，这种传递常常是大跨度的，当靠近下游的开发环节的信息发生变化时，信息反馈跨度也将很大，容易延长产品开发周期，难以适应激烈的市场竞争。并行开发模型力求各个任务同时执行，如果在项目开发初期规划不完善，开发过程很容易受到各种条件的限制而难以顺利开展，进而无法达到缩短开发周期的目的[43-45]。

重叠执行模式表示在活动 A 执行过程中，活动 B 接收到活动 A 的预发布信息就开始执行，此时上、下游设计活动在时间轴上就会形成重叠。活动重叠研究的基本框架是 Krishnan 等[46]完成的。由于重叠执行模式在获得预发布信息的同时执行下游信息，既提前了传统串行执行模式下游活动开始的时间，又避免了一般并行执行模式下后续大量信息传递所导致的大量返工，因而有可能达到缩短时间的目的。相比于串行执行模式和并行执行模式，由于重叠执行过程中设计活动间存在大量的相互依赖、相互制约关系，信息交互关系更为复杂。对于产品开发过程中重叠执行模式的研究，国内外学者已获得不少成果。例如，Reza 等[47]通过描述设计活动间重叠执行的特点，分析活动重叠成本和时间权衡问题，提出等效返工时间的概念，给出了多个活动重叠的情况下时间和成本权衡问题的计算模型。Lim 等[48]通过对活动重叠属性进行简单描述与对时间成本权衡问题进行分析，给出了返工时间和工期的数学表达式，确定了在不分配额外资源的情况下活动的最佳重叠度，从而达到了减少时间和成本的目的。徐延[49]通过描述活动间信息的交流策略，建立双活动重叠和多活动重叠的数学模型，利用 Simio 建立活动重叠执行的仿真模型，将优化问题转换为求解各活动的最佳介入时间，对活动重叠执行模式的设计过程进行了优化。陈庭贵和肖人彬[50]针对产品开发过程中串行活动间可能存在的重叠情况，根据上游活动的信息进展度与下游活动的信息敏感度，提出返工迭代重叠模型，结合设计结构矩阵将其应用到普遍的多输入多输出产品开发过程中。陶俐言和冒宇婷[51]通过对耦合活动重叠方式和项目活动特点进行分析，引入迭代学习率，建立了产品开发项目活动工期计算模型。刘建刚等[52]将两个耦合活动分为上、下游关系，提出用上、下游设计活动间的间或式通信机制来实现对上、下游设计活动间的信息交流优化处理，建立了设计活动重叠执行情况下的迭代时间求解数学模型。

1.2.2 任务规划及耦合任务迭代模型分析

产品设计与开发过程包括一系列活动，其中设计开发任务规划及其资源配置具有重要地位。为缩短工期、降低成本、提高质量，必须对设计开发任务进行合理规划以及对设计开发资源进行优化配置。

1. 任务规划分析

产品设计与开发中的任务规划是将所有设计任务分解成一系列操作性更强、分配合理的任务群，确定项目的子任务、安排任务进度、编制完成任务所需的资源预算等，目的在于确保产品开发能够在可接受的时间内完成，并且能够最大限度地减少开发成本、提高开发质量。在部署开发任务时，为了使开发任务最终的完成效果达到最优，研究如何将设计任务合理地分配给合适的设计团队具有极其重要的意义。

产品开发活动的任务分配与调度是一个非常重要的环节，针对复杂产品开发过程，由于耦合任务集的存在会引起设计过程中任务间的反复和迭代，设计任务存在返工现象[53]。这种反复与迭代所引起的设计周期和成本的增加是以任务分配形成的初始设计周期和成本为基础的，子任务执行时间和顺序的不同，会导致下一阶段子任务不同的迭代和返工，故需合理安排每个子任务开始执行的时间。任务分配的对象是人力资源，即设计团队，但由于每个团队因为知识背景、设计能力、工作经历的差别，分配策略的不同将导致每个设计任务的设计周期、设计成本以及设计质量等完成效果不同。为了尽可能地加快产品开发任务的执行速度，产品开发人员不仅需要考虑选择较合理的任务迭代顺序，而且需要考虑单个任务的执行速度，只有尽可能保证每个任务的执行速度，才能保证所有耦合任务的整体进度不被拖延，才能尽量缩短产品的开发周期。为了保证单个任务的执行速度，就需要考虑执行各个任务对应的任务小组的工作效能，而每个任务的属性以及每个任务小组的兴趣、专业水平等因素又决定了每个任务小组的工作效能能否得到充分发挥，要想实现任务小组的最佳工作效能，就需要对每个任务和任务执行小组进行合理的分配[54]。

迄今，国内外学者对于产品开发过程中的任务规划问题进行了一些研究。例如，宋小文等[55]分析了设计信息流之间的关系，实现了设计任务的适应性细分，从而消除了任务间的假耦合和假依赖的关系，实现了并行设计过程的规划；Chen 和 Lin[56]提出了量化搜索算法用于解决多个虚拟企业协同下的设计任务分配问题；Bassett[57]采用数学规划法与启发式算法，解决了开发团队的时间与能力最优利用问题；包北方等[58]针对目前产品开发的任务分配中较少考虑任务适合度与任务协调效率的问题，提出了产品定制协同开发任务分配策略；武照云等[59]研究了产品开发任务分配的多目标优化问题，提出了基于时序逻辑关系的动态分配蚁群算法；邢乐斌和李君[60]通过引入任务转移矩阵，提出了基于设计迭代的任务分配策略；等等。上述文献从不同角度对任务分配问题进行了研究。其中参考文献［55-59］并非针对耦合设计任务的分配问题，所研究的任务之间的关系要么完全独立，要么仅存在时序关系，不太符合复杂产品在实际产品开发过程中任务间存在大量耦合迭代的特点；参考文献［60］所建立的任务分配模型虽然是针对耦合设计任务的分配问题，但假定任务迭代次数是固定不变的，所得出的任务分配方案具有一定的局限性。

一般来说，产品开发过程中任务间不仅存在耦合关系，而且存在优先顺序和约束，不是简单的独立关系或单向依赖关系。一方面，传统的产品开发中任务规划，大多只考虑到总的开发时间或者开发成本等单一目标，而实际上产品开发任务规划涉及时间、成本、质量等多个指标，企业决策者需要在时间、成本和质量等方面进行选择，涉及多个评价指标的综合权衡问题。另一方面，产品开发中任务规划会受到来自企业内部技术人员个数、设备工具种类及数量和资金规模等方面的约束，原来可以执行的任务因为这些资源的有限性而发生延迟执行或不能执行，如市场需求变化、资金链中断、技术人员调动和设备工具损坏等，它们都会使产品开发任务规划受到约束。再者，产品设计与开发过程中各种不确定因素首先会导致任务工期的不确定性，致使产品开发过程处于动态环境中，导致产品开发任务工期难以用一个确切的数值表示，从而使任务规划方案不能按确定的计划执行。因此，有必要建立更加合理的迭代模型，采用搜索效率更高效、鲁棒性更强的智能算法，减少迭代次数、加快收敛速度来解决产品设计与开发中设计任务的规划问题。

2. 耦合任务迭代模型分析

（1）设计结构矩阵概述。对设计活动迭代过程进行分析和对活动间的信息交互关系进行优化之前，需要正确有效地描述设计过程中活动间的信息流关系。设计结构矩阵（DSM）的概念最早由美国学者 Steward 于 1981 年提出，是用于对产品开发过程进行规划和分析的矩阵工具[61]，DSM 将产品开发过程中的各子活动按照相同的排列顺序组成一个 $n \times n$ 阶方阵，用矩阵的行列元素表示产品开发过程中的活动，矩阵中对角线元素没有实质意义，而矩阵中非对角线元素则表示相对应设计活动间的信息交互关系及联系的方向，在对角线下方表示信息的发布，在对角线上方表示信息的反馈。DSM 能有效地表示设计活动间的信息流以及设计活动间的反复循环关系。DSM 方法用于识别哪些任务可以并行完成，哪些任务可以纯粹按串行完成，哪些任务具有循环信息流，因此需要迭代来完成。由于 DSM 对设计活动间的活动信息描述具有简明清晰的特点，DSM 被广泛地应用到各个设计开发领域的研究中。近年来，不少国内外学者对其进行扩展以描述产品开发复杂的过程。

从 DSM 基本形式的角度可以将其分为布尔型设计结构矩阵（Boolean design structure matrix，BDSM）和数字化设计结构矩阵（numerical design structure matrix，NDSM）。BDSM 的单元格中以二值的形式进行标示，最初用“×”和空白表示。后来有学者用 0 和 1 表示。如图 1.5 所示，BDSM 中一共有 A、B、C、D、E 五个子活动。矩阵中单元格为“×”表示对应的行列元素所代表的活动间存在信息交流，其中下三角元素（2，1）中的“×”表示设计活动 A、B 之间有正向的信息传递，即 A→B；上三角元素（3，4）中的“×”表示设计活动 C、D 之间有反向的信息传递，即 C→D。单元格为空白表示对应的行列元素所代表的活动间没有信息交流，而对角线上的单元格无实际意义，用黑色阴影填充。

在一些情况下，需要知道设计活动间依赖关系的强弱或者由于信息反馈带来的迭代返工概率时，BDSM 就不能表示这种关系，因此有些学者如 Smith 和 Eppinger[32]、Browning[62] 提出了 NDSM 的概念。NDSM 中用具体的数值来描述设计活动间信息交流的强弱关系，如图 1.6 所示，其中单元格数值 1 表示设计活动间信息交流弱相关，数值 3 表示设计活动间信息交流适度相关，数值 9 表示设计活动间信息交流强相关。与 BDSM 相比，NDSM 能更好地描述设计活动间信息流的强弱关系，为分析决策提供更多的信息，更符合现实产品开发过程中复杂的信息交互，也方便对其进行分析以及下一步的求解。

根据处理的问题和使用方法的不同，NDSM 中的数字具有特定的含义，一般表示依赖强度、信息交换的可变性、返工概率和返工量等。

	A	B	C	D	E
A			×		
B	×				×
C				×	
D	×		×		
E		×			

图 1.5　BDSM 示意图

	A	B	C	D	E
A				3	
B	1		3		1
C	9				
D	1		3		9
E		9		0	

图 1.6　NDSM 示意图

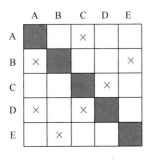

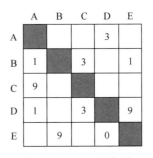

DSM 还可以表示设计活动间的三种依赖关系，即独立关系、单向依赖关

系和双向耦合关系[32]，如图 1.7 所示。假设有设计活动 A 与设计活动 B，独立关系表示 A、B 之间没有信息传递，A、B 完全独立进行，表现为 A、B 之间没有先后关系，可以并行执行；单向依赖关系表示设计活动间只存在从上游设计活动 A 到下游设计活动 B 的单向信息传递，即 A 输出信息，B 接收信息，A 和 B 串行执行；双向耦合关系表示设计活动间信息传递是双向的，即上游设计活动 A 输出信息，下游设计活动 B 接收信息，同时下游设计活动接收信息后还可以反馈信息给上游设计活动，表现为 A 和 B 之间存在反复多次迭代返工。

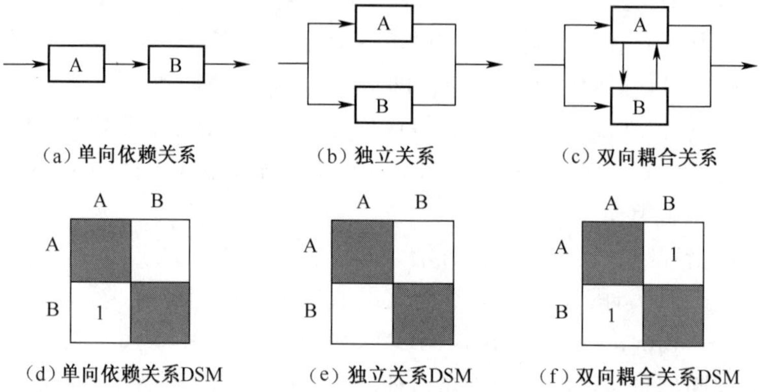

图 1.7　设计活动间三种依赖关系及 DSM 的表示

当前，应用于产品开发、工程计划、项目管理、系统工程和组织设计等众多生产实践中的 DSM 模型，根据领域的不同可以分为基于组成或结构的 DSM (component-based DSM)、基于参数的 DSM（parameter-based DSM）、基于团队的 DSM（team-based DSM）和基于任务的 DSM（activity-based DSM）4 类。

(2) 设计结构矩阵扩展。20 世纪 90 年代后期，Yassine、Ulrich 等以 NDSM 为基础构造出工作转移矩阵（WTM），并把它运用于过程模型的任务规划、迭代等问题的研究中[63-68]。WTM 是一种计算工程设计迭代过程中完成工作量的方法，但相对于原始的 DSM，WTM 模型包含了一些额外的数值信息。它通常由两个单独的数值矩阵构成：①非对角线矩阵，描述在迭代过程中任务返工量的数值大小；②对角线矩阵，描述每个任务的执行周期。

WTM 可以用来分析设计过程中的循环和迭代，并通过耦合任务间的返工定量描述来估计循环迭代过程中的时间和成本[69-70]，用 $\boldsymbol{W}$ 表示。$\boldsymbol{W}$ 可以分解成任务返工量矩阵 $\boldsymbol{R}$ 和任务周期矩阵 $\boldsymbol{Z}$ 两个单独的数值矩阵[20]，即 $\boldsymbol{W}=\boldsymbol{R}+\boldsymbol{Z}$。以 T_1、T_2 两个设计任务为例，假设每次任务 T_1 完成后，T_2 有需要重做的

工作量为 a；而当 T_2 完成之后，T_1 需要重做的工作量为 b；T_1 独立完成一次返工工作需要花 c 个单位时间，而 T_2 需要花 d 个单位时间。由于采用任务重复线性假设，第一次迭代后，T_1 需要重做的工作量为（$b\times c$）个时间单位，而 T_2 需要重做的工作量为（$a\times d$）个时间单位。则对应的 $\boldsymbol{R}$、$\boldsymbol{Z}$ 分别为

$$\boldsymbol{R}=\begin{matrix} & T_1 & T_2 \\ T_1 & 0 & b \\ T_2 & a & 0 \end{matrix} \qquad \boldsymbol{Z}=\begin{matrix} & T_1 & T_2 \\ T_1 & c & 0 \\ T_2 & 0 & d \end{matrix}$$

其中，$\boldsymbol{Z}$ 矩阵中对角元素的取值取决于项目开发前对设计任务的分配。

WTM 模型的建立是基于以下假设[70]：①任务并行假设；②任务返工量线性假设；③任务转移系数非时变假设。WTM 模型的假设条件表明：在耦合迭代的各个阶段，每个任务都独立并行执行一次。耦合任务集中由于任务的耦合，每一任务的进行必然引起其他任务不同程度的调整；而在迭代过程中，调整率保持不变。WTM 模型的假设在一定程度上反映了并行设计群体工作的方式，任务返工量线性假设与任务转移系数非时变假设对实际设计过程进行了一定的简化[71]。

（3）耦合任务迭代模型分析。

1）串行迭代模型。串行迭代模型是基于 DSM 建立的顺序迭代模型，其迭代模式是每次只执行一个任务，依次执行完每个设计任务后，再重复下一次设计迭代，直到设计过程收敛结束。早期各个企业一直采用传统的串行模型进行产品开发[31]。马尔科夫链对串行任务的执行顺序规划具有较好的优化效果。

运用 DSM 建立串行迭代模型时，矩阵对角线上的元素表示各个任务的执行工期；非对角线上的元素则对应任务间返工发生的可能性，其取值区间为[0，1]。每一个非对角线元素 p_{ij} 表示当任务 i 由于没有接收到来自任务 j 的最新输出信息而导致的另一次迭代过程发生的概率。以一个包含两个耦合设计任务的串行迭代模型为例，如图 1.8 所示，其中图 1.8（a）表示任务的串行迭代过程；图 1.8（b）所示是相应的 2×2 设计结构矩阵模型。该矩阵模型表示：任务 A 与任务 B 独立执行分别花费 T_A 个和 T_B 个单位时间，且任务 A 与任务 B 相互耦合。如果 A 在 B 之前执行，那么由于 B 与以前 A 的输出信息不相容，A 不得不重复迭代的概率为 p_{BA}；同理，若 B 在 A 之前执行，B 在稍后不得不重复的概率为 p_{AB}。根据以上分析，串行迭代模型的 DSM 中包含两类信息：一是返工概率（非对角线单元），二是任务执行时间（对角线单元）。

2）并行迭代模型。并行迭代模型涉及众多学科和领域知识的集成，产品设计与开发中一般采用工作转移矩阵来建立，并基于以下几个假设[70]：①任务并行假设，每个任务都独立并行执行一次，之后再进行相互迭代调整；②任

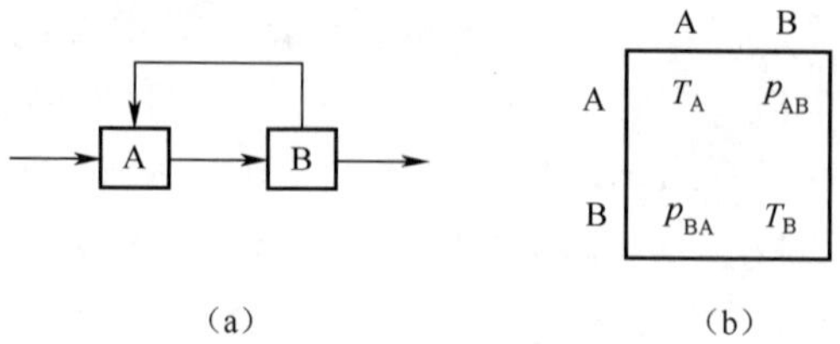

图 1.8 两个任务的串行迭代示意图

务返工量线性假设，每一任务的进行必然引起其他任务不同程度的调整；③任务转移系数非时变假设，在迭代过程中调整率保持不变。

在并行迭代模型中所有任务同时并行工作，且迭代在所有任务之间展开，最终取各任务执行小组中最长的任务执行时间为整个任务的总执行时间。然而在实际产品开发过程中，由于工期安排、资源分配、任务要求等各方面的原因，某些任务需要提前执行，某些任务需要延后执行，往往无法做到所有任务并行执行。图 1.9 表示了 A、B、C、D 四个任务完全并行迭代过程。

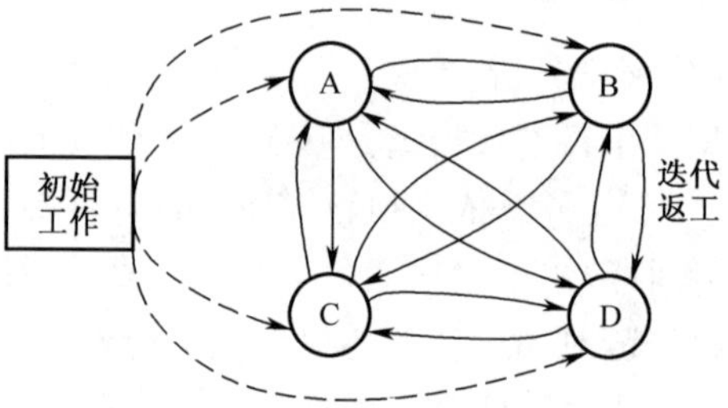

图 1.9 完全并行迭代过程示意图

以一个包含两个耦合设计任务的并行迭代模型为例，如图 1.10 所示，其中图 1.10（a）表示任务的并行迭代过程；图 1.10（b）所示为相应的 WTM，它包含 A、B 两个任务的返工量和独立执行所需的时间周期。可描述如下：每次任务 A 完成后，任务 B 有 $T_B r_{BA}$ 的工作需要重做；而当任务 B 完成后任务 A 有 $T_A r_{AB}$ 的工作需要重做。

3）混合迭代模型。串行迭代模型中，产品开发的各个阶段按一定顺序执行，这种模式虽然简单易于操作，但开发周期过长，难以适应激烈的市场竞争；另一种并行迭代模型要求产品开发的各个阶段并行执行，以缩短开发周期，但是在实际产品开发过程中有可能出现其中一些任务由于资源约束或设计要求的改变等原因需要延迟，并在稍后过程中才能执行[4]。因此可以将串行迭代模型和并行迭代模型相结合，构建多阶段混合迭代模型[43]。

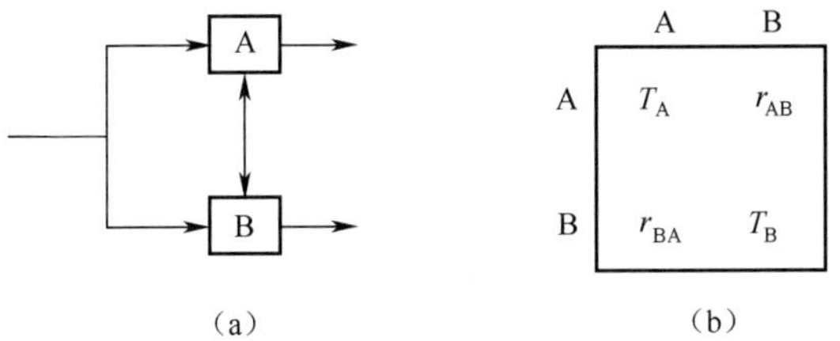

图1.10 两个任务的并行迭代示意图

多阶段混合迭代模型可以认为是把并行迭代模型分为两个或多个任务阶段，每个任务阶段内部的任务实行并行迭代，各个任务阶段之间实行串行迭代，通过调整各任务的资源分配和各个任务阶段的分配方法来寻求使总的任务执行时间最短的方案。其实，串行迭代模型可以看作每个阶段只有一个任务的多阶段迭代模型，而并行迭代模型可以看作只有一个任务阶段的迭代模型，即单阶段迭代模型。近些年来，人们针对如何合理划分任务阶段和如何合理配置资源的问题展开了广泛的研究，并取得了相应成果。如吕志军等[44]基于产品进化机理和产品全生命周期思想，提出纺织工艺智能化并行设计系统架构，通过质量预测实现工艺并行设计与优化，提高了产品开发效率，但是完全的并行模式在各种实际条件的限制下很难实现；Bretthauer 等[45]通过考虑原材料、机器产能、员工能力、储存空间等多方面的资源约束，提出了一种能解决生产和库存管理中多资源约束问题的模型，但该方法并没有考虑到任务执行过程的资源分配问题，难以得到在资源约束下的最优化求解。

为了研究上述情况，Smith 和 Eppinger[11]提出了多阶段 WTM 的设计过程。首先以最简单的二阶段迭代模型为研究对象，将整个耦合设计任务集分为两个子集。第1阶段中，在一个有限的任务集中所有任务并行执行；第2阶段中，所执行的工作同时包括两个任务集，即第一个任务集的返工和所有剩下任务的工作。现实中这种二阶段设计过程可以对应于产品设计过程以及其他情况。类似 WTM 的计算方法，能够求出两阶段设计过程的设计时间和总工作量。但该模型同时需要两个假设条件[11]：①WTM 中的参数不随任务从第1阶段到第2阶段转换而改变；②最后由设计过程所生产的产品质量与任务所分配的阶段无关。

这些假设非常严格但不一定总是符合实际情况。如果数据描述的是任务之间基本技术约束与相关关系，那么第一个假设是合理的，此时无论任务顺序如何改变，依赖强度的变化都不会太大。以上两个假设都是为了保证任务之间的信息需求与任务执行顺序无关，也就是说，完成某项任务所需的工作以及由此产生的输出信息并不依赖于任务顺序的变化而改变。图 1.11 表示了包含四个耦合任务的二阶段迭代设计过程。其中图 1.11（a）表示迭代过程的第 1 阶段，初始工作在两个任务 A、B 之间展开，且返工也仅仅在它们之间进行；图 1.11（b）表示设计过程的第 2 阶段，初始工作在两个任务 C、D 之间展开，而返工却在所有四个任务之间进行[43,70]。

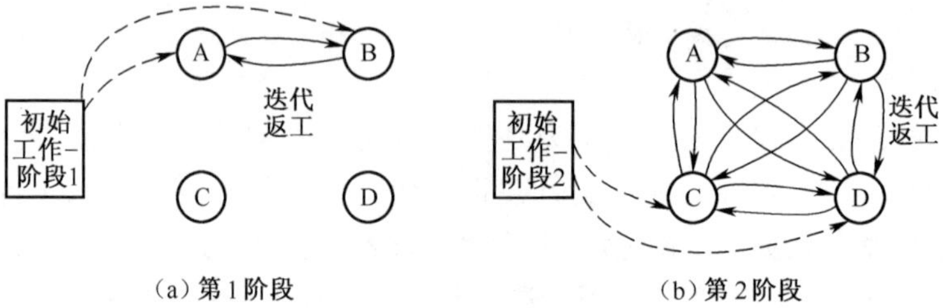

图 1.11　二阶段迭代模型示例

在实际的产品开发中，二阶段迭代过程并不一定能得到耦合问题的最优解，因此往往需要采用二阶段以上的多阶段迭代，但多阶段迭代对应的迭代过程显然更为复杂。国内外学者为此开展了一些研究，并取得了相应的成果。如，Smith 和 Eppinger[11]在二阶段迭代模型的基础上进一步提出了分阶段迭代模型的设计过程；参考文献［72-74］将 DSM 与 WTM 运用到分阶段迭代模型的求解中，并且对分阶段迭代过程的数学模型作了进一步的完善。这些研究主要是针对分阶段迭代的模型求解问题而展开的。肖人彬等[75]运用遗传算法求解耦合任务集的资源分配问题，通过该算法得到了较优的资源分配方案；田启华等[76]运用动态规划法对任务分布方案进行寻优，并证明了该方法能在一定程度上弥补启发式方法容易陷入局部最优解的不足。这些研究都是借助不同的算法求解耦合集迭代过程中任务分布的优化问题。通常不同算法对具体迭代过程的适用性较为有限，甚至需要对算法进行一定的改进才能成功获取一个较优解。设计结构矩阵（DSM）能简化并有效地描述、分析信息流和迭代循环等信息交互关系，具有较强的问题描述能力[77-78]，还能很好地适宜矩阵运算[79]，被广泛地应用于产品设计开发领域的研究中。迄今，DSM 在耦合集迭代问题的求解上已经得到广泛的应用，例如，孙晓斌和肖人彬[80]探讨了由已知的任务转移矩阵求解耦合设计过程的迭代工作总量，提出了基于资源约束的时间总量优化模型；陈庭贵和据春华[81]充分利用矩阵运算的特点，提出了基于 DSM 的任务规划新方法。此外，马尔科夫链在迭代建模中也已经得到许多成功应用。例如，陈振颂和李延来[82]通过分析马尔科夫链及其无后效应描述产品规划质量屋中顾客需求的动态变化，提出了基于广义信度的顾客需求动态规划方法；刘逵等[83]借助工作转移概率矩阵，提出了一种基于马尔科夫链策略的节点密度控制算法。参考文献［72］在现有的分阶段迭代模型的基础上，以缩短产品开发过程的时间成本为目标，引入马尔科夫链方法对迭代过程进行建模与求解，通过分析该迭代过程中不同任务分布的执行时间与 DSM 中任务周期、返工概率的关系，得出基于 DSM 的有利于时间成本降低的任务分布优化策略。

多阶段迭代模型的设计方法是将整个耦合任务集分成若干个子集，并将各任务分配到不同的阶段中去执行。因此在多阶段混合迭代模型中，假设耦合集的任务个数为 n（$n\geqslant 2$），所有任务需要被分配到 s 个不同的阶段中执行，首先执行第 1 阶段的任务；然后执行第 1 阶段任务的返工和第 2 阶段的任务，此时只有第 2 阶段的任务有初始工作；以此类推，直到 s 个阶段的任务全部执行完毕。

如图 1.12 表示了一个三阶段混合迭代过程，图中 A、B、C、D 表示耦合集中的 4 个任务，其中任务 A 在第 1 阶段执行；任务 B、C 在第 2 阶段并行执行，第 2 阶段还包括 A、B、C 共 3 个任务之间的返工；任务 D 在第 3 阶段执行，第 3 阶段还包括 A、B、C、D 共 4 个任务之间的迭代返工。每个阶段之间为串行迭代。

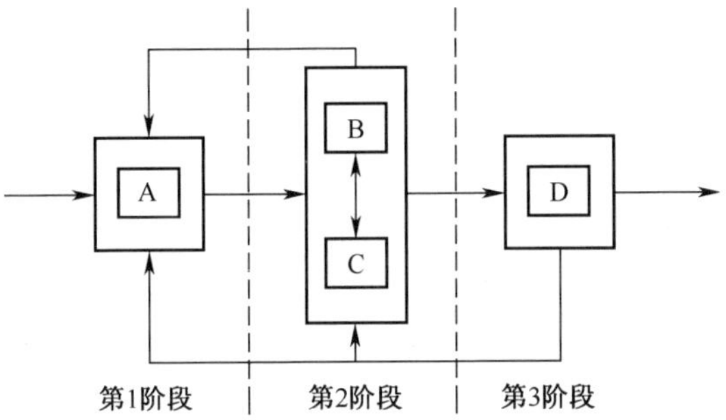

图 1.12　三阶段混合迭代示意图

1.3　产品设计与开发中的资源配置分析

产品设计与开发的各个环节都需要得到企业人员、设备、资金等各方面资源的支持，即资源是进行产品设计开发的载体。资源配置是指对有限的或相对稀缺的资源在各种不同用途上加以比较作出的选择。在社会经济发展的一定阶段，相对于人们的需求而言，资源总是表现出相对的稀缺性，从而要求人们对有限的、相对稀缺的资源进行合理配置，以便用最少的资源耗费，设计开发出最适用的产品，以获取最佳的效益。产品开发过程中资源约束就像时间约束、质量约束和成本约束一样，对产品开发过程具有很大的影响。资源配置的目的是把达到产品设计开发要求的资源以合理的方式在正确的时间分配给正确的人员和任务活动，进而缩短产品开发时间，提高产品开发效率，实现资源的合理利用与优化配置。资源配置合理与否，对一个企业或国家的发展成败有着极其重要的作用。

产品开发过程的专业跨度大、周期长、复杂程度高等特点导致产品开发过程中存在多种资源需求，根据需求资源的实体的具体形式，可将贯穿于产品开发过程中的资源实体分为人力资源、设备资源、软件资源、服务资源、物资资源、场地资源、知识资源及其他资源等类型[84]。其中，人力资源是指在产品开发过程中能提供设计、管理、咨询、技术支持等服务的专业机构及专业技术人员，如设计公司、调研机构、设计师、工程师、专家等；设备资源是指能支持产品开发的设备仪器，如支持运算、存储及仿真的计算机设备、检测设备、运输设备，以及支持产品试制的试制设备等；软件资源是指辅助产品设计与开发过程中的产品设计、分析、仿真、市场调查以及开发过程的管理等各类软件，计算机产品开发辅助软件能缩短产品的开发周期，提高开发效率；服务资源是指为产品开发过程提供支撑服务的一系列资源，如开发过程中疑难问题咨询的咨询服务，为产品的需求方或使用者提供各种培训、咨询、物流、售后服务、网络通信和支付服务等；物资资源是指在产品开发过程中提供物资支撑的资源，如产品试制中需要的原材料、零部件资源，以及加工过程中需要的夹具、量具等；场地资源是指产品开发过程中需要的科研场地、测试场地等；知识资源是指产品开发过程中涉及的如信息、经典理论、经验公式、技术标准等相关知识资源。

由于资源的有限性，投入生产某种产品的资源增加势必导致投入其他产品的这种资源的减少，因此，人们被迫在多种资源使用方式中，选择较优的一种，以达到产品设计与开发的高效率，以及实现企业效益的最大满足。从这个方面来看，产品设计与开发过程，就是人们不断追求实现资源优化配置的过程，争取让有限的资源得到充分的利用，最大限度地满足发展需要。在市场经济中，市场对生产资料和劳动力在社会各部门之间的比例关系进行调节，在制订发展战略目标、做好企业发展的规划及效益控制方面进行宏观调控，特别在重大结构和生产力布局等方面起到重要作用，从整个社会发展来看，其目的都是保证社会生产的顺利进行，保证有限的资源得以最大限度地利用。

资源配置问题主要表现为资源能力分配问题。目前对产品开发过程的资源能力及其建模研究不多，已有的对资源能力的建模多偏重于定性的描述，缺乏定量分析，不能对资源能力的分配和使用情况进行仿真[85]。资源能力建模是产品开发过程资源优化配置的基础和前提。资源能力建模的目的就是在产品开发目标和约束条件下，根据资源能力和开发过程中各个活动间的关联关系，将产品开发过程中的资源能力组成适当的层次关系，并对能力结构和属性进行描述，实现对资源的合理分配、管理和协调，进而使资源在产品开发过程中物尽其用，发挥最大的使用效率[86]。

资源分配问题实质上是调度问题，即如何通过人员任务调度，利用有效的资源实现收益的最大化。伴随着经济发展，人的作用愈发凸显，员工任务调度问题逐渐成为调度问题研究中的重要组成部分。对企业而言，员工任务调度问题实际上是资源优化问题的一种。国外对员工任务调度问题的研究起步较早，而且研究领域十分广泛。对于员工任务调度的研究最早可以追溯到对于收费站的交通拥堵问题的研究[87]。后来，伴随着员工任务调度问题研究的发展，与其相关的研究方法被广泛地应用到交通运输、医疗卫生、制造业和服务业等领域。近年来，随着计算机技术的应用和智能优化算法的发展，很多调度决策问题的优化求解变得简单可行，这也使得员工任务调度问题研究的实用性大大提升。总体来说，国内外学者对员工任务调度问题的研究已经有几十年的历史，研究领域也由最初的物流运输扩展到制造业。

早期的生产制造业主要以实物产品的生产制造为主，但随着技术的发展，许多制造业越来越注重产品的设计与研发工作。在生产制造部门，产品的生产是最主要的活动，而且产品的生产需要满足特定生产周期内产品的需求以及库存要求。在员工任务调度模型中，确定每个生产周期的人员需求以及人员安排成为关键的问题。自工业革命以后，学者们便开始对生产制造中的资源优化问题进行研究，如后来提出的物料需求计划（MRP）、制造资源计划（MRPⅡ）、企业资源计划（ERP）等系统。但是实际生产中，许多企业在使用 MRP 系统时不能很好地预计时间、人员和物料问题，Mohan 等[88]以实现人员、物料、库存和交货延迟所带来的罚金最小化为目标，提出了一个有效、灵活的控制人员、物料成本的调度方法。Bailey 等[89]将建筑公司中项目调度问题与人员任务调度问题相结合，以项目总成本最小为最终目标，建立了单资源和多资源的优化模型，并且采用启发式算法对模型进行了求解。Campbell[90]在研究员工任务调度问题时，考虑多部门的交叉培训，建立了员工任务调度的非线性规划的模型。

目前新产品的上市速度已成为市场竞争的关键因素，这迫使企业努力提高产品开发效率、缩短产品开发周期。具有相关技能和知识的人力资源是产品开发项目中最主要和最重要的资源。这些人力资源具备开发项目任务所需要的多种不同技能或知识。按照要求将产品开发工作分解成若干具有先后约束关系的开发任务，并在资源约束下合理安排这些任务的工作计划，使项目在尽可能短的开发周期内保质保量完成，对于降低产品开发成本和提高产品开发效率具有重要意义。

参 考 文 献

[1] 乌利齐，埃平格．产品设计与开发［M］. 杨青，杨娜，等，译．北京：机械工业出版社，2015.

[2] 王俊涛，肖慧．新产品设计开发［M］. 北京：中国水利水电出版社，2011.

[3] OTTO K N，WOOD K L，et al. Product design techniques in reverse engineering and new product development［M］. New Jersey：Prentice Hall，2000.

[4] 肖人彬，陈庭贵，程贤福，等．复杂产品的解耦设计与开发［M］. 北京：科学出版社，2020.

[5] YASSINE A. An introduction to modeling and analyzing complex product development processes using the design structure matrix（DSM）method［EB/OL］.［2004-09-25］. https：//www.researchgate.net/publication/228360063.

[6] 蔡池兰，肖人彬．公理设计下基于系统创新思维的解耦方法［J］. 机械工程学报，2006，42（11）：184-191.

[7] 田启华．基于公理设计的机械产品设计方法研究及应用［D］. 武汉：华中科技大学，2009.

[8] 陈卫明，陈庭贵，肖人彬．动态环境下基于混合迭代的耦合集求解方法［J］. 计算机集成制造系统，2010，16（2）：271-309.

[9] CAI C L，XIAO R B. A structured approach to product design management based on axiomatic design［C］. Proceedings of the Conference of the Chinese Society of Mechanical Engineering，2006：204-209.

[10] 陈庭贵，肖人彬．基于内部迭代的耦合任务集求解方法［J］. 计算机集成制造系统，2008，14（12）：2375-2383.

[11] SMITH R P，EPPINGER S D. Deciding between sequential and concurrent tasks in engineering design［J］. Concurrent Engineering，1998，6（1）：15-25.

[12] 陈卫明．动态环境下产品开发项目调度问题及其求解研究［D］. 武汉：华中科技大学，2011.

[13] 刘政方．新产品开发不确定性分析及管理［J］. 科技与管理，2008（4）：49-52.

[14] RAUNIAR R，DOLL W，RAWSK G，et al. Shared knowledge and product design glitches

in integrated product development [J]. International Journal of Production Economics, 2008, 114 (2): 723-736.
[15] 高强. 任务工期不确定多资源受限项目调度遗传算法研究 [D]. 北京: 华北电力大学, 2014.
[16] 苏静波. 工程结构不确定性区间分析方法及其应用研究 [D]. 南京: 河海大学, 2006.
[17] 刘晓娜, 王万军, 晏燕, 等. 一种信息处理的灰集对分析方法 [J]. 宁夏大学学报 (自然科学版), 2016, 37 (3): 347-350.
[18] 王万军, 晏燕, 刘晓娜, 等. 一种集对分析信息处理的区间数方法 [J]. 兰州文理学院学报 (自然科学版), 2015, 29 (6): 61-65.
[19] 米洁. 基于不确定性的复杂产品开发迭代过程优化设计 [J]. 计算机集成制造系统, 2009, 15 (2): 222-225.
[20] 陈庭贵. 基于设计结构矩阵的产品开发过程优化研究 [D]. 武汉: 华中科技大学, 2009.
[21] YANNIBELLI V, AMANDI A. A knowledge-based evolutionary assistant to software development project scheduling [J]. Expert Systems with Applications, 2011 (38): 8403-8413.
[22] LOURENCO L C L L, SALDANHA-DA-GAMA F. Project scheduling with flexible resources: formulation and inequalities [J]. OR Spectrum, 2012 (34): 635- 663.
[23] WALTER J G, STEFAN K, PETER R, et al. Multi objective decision analysis for competence-oriented project portfolio selection [J]. European Journal of Operational Research, 2010, 205 (3): 670-679.
[24] HEIMERL C, KOLISCH R. Scheduling and staffing multiple projects with a multi-skilled workforce [J]. OR Spectrum, 2010, 32 (2): 343-368.
[25] SRINIVAS N, DEB K. Multiobjective optimization using nondominated sorting in genetic algorithms [J]. Evolutionary Computation, 1994, 2 (3): 221-248.
[26] DEB K, PRATAP A, AGARWAL S, et al. A fast and elitist multiobjective genetic algorithm: NSGA-Ⅱ [J]. IEEE Transactions on Evolutionary Computation, 2002, 6(2): 182-197.
[27] GHOLAMI M H, AZIZI M R. Constrained grinding optimization for time, cost, and surface roughness using NSGA-Ⅱ [J]. The International Journal of Advanced Manufacturing Technology, 2014, 73 (5): 981-988.
[28] 陈浩杰, 丁国富, 张剑, 等. 求解资源受限多项目调度的改进遗传规划算法 [J/OL]. 中国机械工程: 1-10 [2020-09-20]. http://kns.cnki.net/kcms/detail/42.1294.TH.20200623.1802.016.html.
[29] 田启华, 明文豪, 文小勇, 等. 基于NSGA-Ⅱ的产品开发任务调度多目标优化 [J]. 中国机械工程, 2018, 29 (22): 2758-2766.
[30] 田启华, 黄佳康, 明文豪, 等. 资源约束下产品开发任务调度的多目标优化[J/OL].

计算机集成制造系统：1-17［2020-08-03］. http：//kns.cnki.net/kcms/detail/11.5946.TP.20200718.1741.006.html.

[31] 武照云．复杂产品开发过程规划理论与方法研究［D］. 合肥：合肥工业大学，2009.

[32] SMITH R P, EPPINGER S D. A predictive model of sequential iteration in engineering design［J］. Management Science，1997，43（8）：1104-1120.

[33] 范顺，罗海滨，林慧苹，等．工作流管理技术基础［M］. 北京：清华大学出版社，2001.

[34] XIAO R B，CHEN T G，CHEN W M. A new approach to solving coupled task sets based on resource balance strategy in product development［J］. International Journal of Materials and Product Technology，2010，39（3-4）：251-270.

[35] 钱晓明．面向并行工程的产品开发过程关键技术研究［D］. 南京：南京航空航天大学，2005.

[36] 陈国权．并行工程管理方法与应用［M］. 北京：清华大学出版社，1999.

[37] 熊光楞，张和明，李伯虎．并行工程在我国的研究与应用［J］. 计算机集成制造系统，2000，6（2）：1-6.

[38] 曾庆良，万丽荣．并行工程中的资源与决策冲突消解策略及评价［J］. 山东科技大学学报（自然科学版），2006（3）.

[39] 贾晋冰．并行工程在汽车内饰件产品项目管理中的研究与应用［D］. 北京：中国科学院大学，2015.

[40] TSENG K C，EI-GANZOURY An intelligent system based on concurrent engineering for innovative product design at the conceptual design stage［J］. The International Journal of Advanced Manufacturing Technology，2012，63（5-8）：421-447.

[41] Rogerio Atem de Carvalho，Henrique da Hora，Rodrigo Fernandes. A process for designing innovative mechatronic products［J］. International Journal of Production Economics，2020，231：887-899.

[42] 李海涛．并行工程在商用飞机研制中的应用［J］. 民用飞机设计与研究，2017（1）：99-105.

[43] 贾鹏．机械产品研发项目的进度计划管理研究［D］. 济南：山东大学，2014.

[44] 吕志军，项前，杨建国，等．基于产品进化机理的纺织工艺并行设计系统［J］. 计算机集成制造系统，2013，19（5）：935-940.

[45] BRETTHAUER K M，SHETTY B，SYAM S，et al. Production and inventory management under multiple resource constraints［J］. Mathematical and Computer Modelling，2006，44：85-95.

[46] KRISHNAN V，EPPINGER S D，WHINEY D S. A model-based framework to overlap product development activities［J］. Management Science，1997，43（4）：437-451.

[47] REZA D，JANAKA Y. Ruwnapura. Model of trade-off between overlapping and rework of design activities［J］. Journal of Construction Engineering and Management，2014，140（2）：

1884-2021.

[48] LIM T, YI C, LEE D. Concurrent construction scheduling simulation algorithm [J].Computer Aided Civil and Infrastructure Engineering, 2014, 29 (6): 449-463.

[49] 徐延．基于 Simio 的产品设计过程重叠模式仿真优化研究 [D]. 济南：山东大学，2016.

[50] 陈庭贵，肖人彬．产品开发的多输入多输出活动重叠模型研究 [J]. 计算机集成制造系统，2008 (2): 255-261, 314.

[51] 陶俐言，冒宇婷．基于设计结构矩阵的产品研发项目进度规划 [J]. 科技管理研究，2017 (5): 170-175.

[52] 刘建刚，唐敦兵，杨春．基于设计结构矩阵的耦合任务迭代重叠建模和分析 [J]. 计算机集成制造系统，2009, 15 (9): 1715-1720.

[53] 肖人彬，陶振武，刘勇．智能设计原理与技术 [M]. 北京：科学出版社，2006.

[54] 曹健，张友良．并行工程中设计任务的动态分配方法研究 [J]. 计算机辅助设计与图形学学报，1999, 11 (2): 168-171.

[55] 宋小文，洪智化，王耘，等. 无强制解耦的并行设计过程规划方法 [J]. 计算机集成制造系统，2010, 16 (4): 696-702.

[56] CHEN W H, LIN C S. A hybrid heuristic to solve a task allocation problem [J]. Computers & Operations Research, 2000, 27 (3): 287-303.

[57] BASSETT M. Assigning projects to optimize the utilization of employees' time and expertise [J]. Computers Chemical Engineering, 2000 (24): 1013-1021.

[58] 包北方，杨育，李雷霆，等．产品定制协同开发任务分配多目标优化 [J]. 计算机集成制造系统，2014, 4: 739-746.

[59] 武照云，刘晓霞，李丽，等．产品开发任务分配问题的多目标优化求解 [J]. 控制与决策，2012, 4: 598-602.

[60] 邢乐斌，李君．基于设计迭代的耦合任务动态分配策略研究 [J]. 计算机工程与应用，2012, 48 (23): 219-223.

[61] STEWARD D V. The design structure system: a method for managing the design of complex systems [J]. IEEE Transactions on Engineering Management, 1981, 28 (3): 71-74.

[62] BROWNING T R. Applying the design structure matrix to system decomposition and integration problems: a review and new directions [J]. IEEE Transactions on Engineering Management, 2001, 48 (3): 292-306.

[63] YASSINE A A, CHELST K R, FALKENBURG D R. A decision analytic framework for evaluating concurrent engineering [J]. IEEE Transaction on Engineering Management, 1999, 46 (2): 144-157.

[64] ULRICH K T, EPPINGER S D. Product design and development [M]. Boston: McGraw-Hill, 2000.

[65] SOSA M E, EPPINGER S D, ROWLES C M. Identifying modular and integrative systems

and their impact on design team interactions [J]. Journal of Mechanical Design, 2003, 125: 240-252.

[66] SOO-HAENG C, EPPINGER S D. A simulation-based process model for managing complex design projects [J]. IEEE Transactions on Engineering Management, 2005, 52 (3): 316-328.

[67] YASSINE A. Complex concurrent engineering and the design structure matrix method [J]. Concurrent Engineering, 2003, 11 (3).

[68] YASSINE A, FALKENBURG D, CHELST K. Engineering design management: an information structure approach [J]. International Journal of Production Research, 1999, 37 (13).

[69] 陈希，王宁生．虚拟企业环境下的复杂产品并行开发框架模型研究 [J]. 控制与决策，2003，6：716-719.

[70] SMITH R P, EPPINGER S D. Identifying controlling features of engineering design iteration [J]. Management Science, 1997, 43 (3): 276-293.

[71] 田启华，梅月媛，刘勇，等．基于多阶段工作转移矩阵的串行耦合设计任务分配策略 [J]. 中国机械工程，2017，28（5）：583-588.

[72] 田启华，鄢君哲，董群梅，等. 基于分阶段迭代模型的产品设计任务分布方案优化 [J]. 三峡大学学报（自然科学版），2019，41（6）：92-96+112.

[73] HUANG E, C S J. Estimation of project completion time and factors analysis for concurrent engineering project management: a simulation approach [J]. Concurrent Engineering: Researchand Applications, 2006, 14 (4): 329-341.

[74] 赵亮，许正蓉．基于双层次 DSM 技术的多技术系统产品设计方法 [J]. 中国机械工程，2008，19（3）：338-342.

[75] 肖人彬，周锐，陈庭贵．基于资源均衡策略的耦合任务集求解方法研究 [C]. 中国系统工程学会年会，2008.

[76] 田启华，董群梅，杜义贤，等．基于动态规划法的二阶段迭代模型任务分布方案的寻优 [J]. 机械设计与研究，2016，32（3）：85-88.

[77] 武建伟，郭峰，潘双夏，等．基于仿真评价的产品开发过程改进技术研究 [J]. 计算机集成制造系统，2007，13（12）：2420-2426.

[78] CHEN S J, HUANG E. A systematic approach for supply chain improvement using design structure matrix [J]. Journal of Intelligent Manufacturing, 2007, 18 (2): 285-299.

[79] 徐晓刚．设计结构矩阵研究及其在设计管理中的应用 [D]. 重庆：重庆大学，2002.

[80] 孙晓斌，肖人彬．基于效率的并行设计研究 [J]. 华中科技大学学报，1997（12）：50-52.

[81] 陈庭贵，据春华．基于设计结构矩阵的任务规划新方法 [J]. 计算机集成制造系统，2011，17（7）：1366-1373.

[82] 陈振颂，李延来．基于广义信度马尔科夫链模型的顾客需求动态分析 [J]. 计算机集

成制造系统，2014，20（3）：666-679.
[83] 刘逵，三阳，海林. 基于马尔科夫链策略的传感器网络节点密度控制算法［J］. 控制与决策，2013，28（4）：613-616.
[84] 尹斐. 产品开发服务需求与云端资源匹配研究［D］. 重庆：重庆大学，2015.
[85] 姚倡锋，张定华，彭文利，等. 基于物理制造单元的网络化制造资源建模研究［J］. 中国机械工程，2004，15（5）：414- 417.
[86] 宋玉银，褚秀萍，蔡复之，等. 基于 STEP 的制造资源能力建模及其应用研究［J］. 计算机集成制造系统，1999，5（4）：46-50.
[87] 郃小平. 基于学习遗忘效应的员工调度问题研究［D］. 西安：西安电子科技大学，2014.
[88] MOHAN G，SRIMATHY G，DAVID M M. A decision support system for scheduling personnel in a newspaper publishing environment［J］. Interfaces，1993，23（4）：104-115.
[89] BAILEY J，ALFARES H，LIN W Y. Optimization and heuristic models to integrate project task and man power scheduling［J］. Computers and industrial engineering，1995，29：473-476.
[90] CAMPBELL G M. Cross-utilization of workers whose capabilities differ［J］. Management Science，1999，45（5）：722-732.

第2章

产品设计与开发中耦合设计任务规划策略

本章针对产品开发中耦合设计任务的规划问题，探讨如何通过科学合理的规划策略把合适的开发任务分配给合适的设计团队，为耦合设计任务人力资源的分配和开发过程规划等提供一些新的思路和方法。

2.1 引　　言

随着市场竞争的日益激烈和科学技术的不断进步，人们对产品开发的要求越来越高，产品开发变得日益复杂。设计任务间的耦合性使设计过程出现反复和迭代，延长开发时间、增加开发成本。耦合设计任务的开发时间和开发成本与任务规划有直接关系，子任务的执行顺序会引起后续子任务不同的返工量，故需合理安排每个子任务开始执行的时间。任务规划研究的问题是确定项目的子任务、安排任务进度、编制完成任务所需的资源预算等，目的是保证产品开发能够在合理的工期内，以尽可能低的成本和尽可能高的质量完成[1]。

耦合设计任务集的处理方法一直是学术界讨论的一个热点，其中绝大多数是利用显式割裂方法进行求解[2]。如周雄辉等[3]对协同设计任务规划系统开发的关键技术进行了研究，采用模糊设计结构矩阵（fuzzy design structure matrix，FDSM）描述了设计子任务之间的耦合关系，提出了一种新的模糊排序算法用以指导设计过程的分解和重组；Kusiak 和 Wang[4]引入结构灵敏度分析（structural sensitivity analysis，SSA）对设计过程中信息交换所表现出的相互作用进行了建模、分析和管理，使用最高频率原理，并且将耦合集进行分解、割裂，以此类推，最终解耦所有的耦合集；王志亮等[5]提出了基于时间-耦合度的执行序列优选方法（tearing algorithm of time coupling，TATC），并利用随机过程原理证明了两个命题，即优先执行开发周期较短的任务和输出概率较大的任务；李爱平等[6]基于邻接矩阵求幂法和可达矩阵法用以求解耦合活动集，对求解的耦合活动集进行实际判断和后续处理，并找出了耦合活动集中存在的子耦合活动集，得到了更加精准的耦合活动集。然而，割裂方法一般会损失产品的部分质量，存在局限性和不足。

内部迭代作为一种处理耦合任务集的新方法已经受到国内外学者的广泛关注。如陈庭贵和肖人彬[7]对完全并行迭代模型进行了改进，利用遗传算法得到了分阶段条件下耦合集的最优执行周期和成本；钱艳俊和林军[8]针对最小化总反馈长度的耦合活动排序这一常用目标，提出了新的局部搜索算法能在更短的时间内求得更优的解；Browning 和 Eppinger[9]利用工作转移矩阵和返工概率矩阵（rework probability matrix，RPM）并结合数理统计方法求出开发周期的时间、成本分布曲线；Elshafei 和 Alfares[10]为确定约束条件下最小化总劳动力成本的最佳工作任务分配，提出了一种动态规划（dynamic planning，DP）算法，用于解决劳动力调度问题；Martinez 等[11]利用设计结构矩阵来识别迭代循环集，然后应用二元排序算法将每个循环集内的迭代提前，通过对流程结构性能的评价来量化迭代对整个项目完成时间的影响，并确定了最优的产品设计流程结构；褚春超等[12]通过采用依赖结构矩阵描述了工序间的顺序、并行、搭接和时间窗依赖性等关系，并利用概率依赖结构矩阵来描述工序在执行过程中存在的不确定性因素而导致的返工，考虑返工过程中的学习效应，建立了基于依赖结构矩阵的项目调度模型；Smith 等[13-14]假设任务的返工（重做）概率和任务的执行时间为固定值，分别建立了并行迭代模型和串行迭代模型，然后对任务执行过程采用马尔科夫链方法进行建模，并计算所有任务串行执行情况下的开发时间，得到了最优的执行顺序。

关于设计任务规划问题，学术界进行了许多研究，例如，杨波等[15]以节约人力资源为目标，讨论了在耦合产品开发过程中任务分解的原则，并提供了一种用于设计任务分配的数学算法，为优化配置并行工程的设计人员或设计团队提供了一种途径；Chen 等[16]针对安排和管理全球协作新产品开发流程需要大量精力和经验的问题，提出了一个基于设计结构矩阵的产品协同开发任务调度和变更的框架；Bassett[17]采用数学规划法与启发式算法，解决了开发团队的时间与能力最优利用问题；包北方和杨育[18]针对设计任务分配较少考虑任务适合度与任务协调效率的问题，建立了产品定制协同开发任务分配多目标优化模型；武照云[19]针对非耦合集产品开发过程中的任务-团队分配策略，提出了基于时序逻辑关系的动态分配蚁群优化算法；王志亮[20]提出了名义信息进化度与有效信息进化度的概念，用以解决耦合设计任务的分配问题；邢乐斌和李君[21]通过引入任务转移矩阵，提出了基于设计迭代的任务分配策略；Chen 和 Lin[22]提出了量化搜索算法用于解决多个虚拟企业协同下的设计任务分配问题；武照云等[23]研究了产品开发任务分配的多目标优化问题，提出了基于时序逻辑关系的动态分配蚁群算法；初梓豪等[24]针对带有活动重叠的多模式资源受限项目调度问题，构建了活动重叠-返工时间因子矩阵，对多模式下的活动重叠和返工时间进行了完整的数学描述，并以最小化项目工期为目标，建立了带有活动重叠的多模式项目调度优化模型；武照云等[25]描述了上游活动的信息进展特性，对考虑综合信息影响量的信息交流策略进行了分析，针对两种不同的重叠模式建立了统一的重叠规划时间模型。

以上这些研究中，有的仅针对非耦合集设计任务建立分配数学模型，并不适合解决涉及返工与迭代的产品开发的任务分配问题；有的虽然是针对耦合任务分配问题，但仅以完成时间长短来衡量设计任务分配效果的好坏，评价指标过于单一。同时，设计团队在执行任务过程中会不断积累设计知识与经验，随着设计返工次数的增多，设计团队每次执行任务的时间在不断减少，进而导致以设计时间来计量的成本也在不断降低，同时会使设计质量不断改进，即设计团队的工作存在学习效应。但不同设计团队的学习效应的大小是不同的，其差异会导致时间减少、成本减少的程度和质量改进的程度不同，目前学术上针对学习效应大多局限于心理学上的应用，考虑学习效应对耦合设计任务分配影响的研究文献还较少。另外，在重叠执行模式过程中，因为设计活动之间存在着大量的相互依赖和相互制约关系，其信息交互关系的复杂度大大增加，因此要求设计人员尽可能多地考虑设计活动间信息交互对迭代模型的整体影响，在减少产品开发时间的同时，尽可能避免不必要的成本增加，需对其更加科学合理的研究。还有，当产品之间存在强耦合性时，必然会使得产品开发过程中产生大容量耦合任务集，这种耦合任务集的容量使得团队的管理更加困难，并造成产品开发周期的延长和有效规划方案的爆炸增长[26]，但是，小范围迭代数量的增加比大范围迭代数量的减少更有利于开发过程的高效管理、设计过程的加速进行和有效规划方案的有效获取[20]。因此，必须将大容量耦合任务集分解成管理性好的子集，以达到缩小迭代范围的目的。

产品开发正在向高效化、多功能化、智能化、精密化、数字化和集成化等方向发展，企业对产品开发的设计时间、成本和质量的要求等越来越高[27]，涉及多个目标共同优化、综合权衡的问题，需要合理地规划产品开发中耦合设计任务。与单目标优化问题不同，多目标优化中的多个目标往往是耦合在一起相互竞争的、矛盾的，它们并不是独立的关系。某个目标性能的提高会导致其他目标性能的降低，一般很难满足多个目标同时达到最优，而只能在它们之间进行协调和折中处理，以使各个目标都尽可能达到最优[28]。

本章首先针对串行耦合设计任务的团队分配因涉及任务的返工而导致分配

策略相当复杂的问题，引入多阶段 WTM，将任务间的耦合关系以返工量的形式量化，建立串行耦合设计任务分配的数学模型，并利用遗传算法求解该模型，以获得不同设计需求下产品开发任务的最优任务分配方案。其次，针对目前在并行耦合设计任务分配问题研究中存在的不足，引入 WTM 和任务分配矩阵（task assignment matrix，TAM）以将设计任务分配给设计团队，同时考虑设计团队的学习效应，建立并行耦合设计任务分配多目标优化数学模型，并利用遗传算法求解该模型，以获得最优任务分配方案。再次，针对产品开发过程中耦合活动重叠执行时间难以量化的问题，从知识的角度结合欧姆定律分析耦合活动重叠执行特性，以全局收益最大化建立耦合活动重叠执行的时间模型，再利用优化仿真方法求解出下游活动最佳介入时间，从而为产品开发过程的合理规划提供决策参考。再接着，针对大容量耦合设计任务采用串行执行方式会导致设计项目开发周期冗长、规划方案数量庞大的问题，通过对聚类分析对象的特点与耦合设计任务的特点进行分析比较，提出一种基于聚类分析的大容量耦合设计任务规划的新方法，以获得耦合设计任务的最佳执行顺序及最短执行时间。最后，针对传统的加权系数法和约束法等不能很好解决产品开发任务调度多目标优化的问题，建立以产品开发时间和成本为目标的多目标优化模型，采用改进的非支配排序遗传算法（non-dominated sorting genetic alogorithm-Ⅱ，NSGA-Ⅱ）得出 Pareto 最优解集，并利用模糊优选法对该解集进行选优，确定产品开发任务调度的最优执行方案。

2.2　基于 WTM 的串行耦合设计任务分配策略

2.2.1　任务分配模型的构建

1. 任务分配模型相关矩阵的定义

设计任务耦合程度的大小体现了设计任务依赖关系的强弱。依赖关系越强意味着设计任务在执行过程中需要做越多的假设，导致设计任务存在较大程度的返工；依赖关系越弱则表示设计任务存在较小程度的返工[29-30]。因此，设计任务耦合关系可以通过设计任务的返工关系来反映，用 WTM 来定量描述耦合程度。

串行耦合集设计任务的分配问题描述如下：产品开发过程中包含 n 个任务，任务间存在返工，现在需要分配给 m 个设计团队完成。设计团队作为完成设计任务的主体，其任务完成效果指标是决定任务分配的重要依据。这些指标可通过参考该团队对之前类似工作的完成情况得到，并用以下矩阵进行描述[20]：

（1）执行周期矩阵 $\boldsymbol{P}_{m\times n}$：任务在进行分配前，任务周期矩阵 $\boldsymbol{Z}$ 是不确定的，需依据任务的分配情况从 $\boldsymbol{P}$ 中取值，矩阵元素 p_{ij} 表示开发团队 i 完成任务 j 时的执行周期。

（2）团队成本矩阵 $\boldsymbol{C}_{1\times m}$：它是一个行矩阵，$c_{1i}$ 表示开发团队 i 在单位时间内消耗的成本。

（3）质量指标数矩阵 $\boldsymbol{Q}_{m\times n}$：相比时间和成本，质量是一个标量，因此需要进行量化，本书用质量指标数[31] q_{ij} 表征设计质量，q_{ij} 表示开发团队 i 完成任务 j 最终能够达到的设计质量水平，$0<q_{ij}<1$。q_{ij} 越小，表示质量水平越低；反之，质量水平越高。

耦合设计任务是单个任务的交互集合，任务本身的性质也会对最终的分配结果造成影响，针对任务的性质引入如下矩阵：

（1）任务质量权重矩阵 $\boldsymbol{V}_{1\times n}$：它是一个行矩阵，$v_{1i}$ 表示任务 i 的完成质量对产品总体设计质量的影响权重，$\sum_{i=1}^{n} v_{1i} = 1$。

（2）初始工作量矩阵 $\boldsymbol{U}_{n\times 1}$：它是一个列矩阵，$u_{i1}$ 表示任务 i 的初始工作量。

（3）任务分配矩阵 $\boldsymbol{A}_{m\times n}$：设计任务分配最终结果是得到设计团队与任务的对应关系。为了避免团队之间信息沟通交流额外花费时间，这里规定每个任务只交由一个设计团队完成，而一个设计团队可以完成多项任务，可用任务分配矩阵 $\boldsymbol{A}_{m\times n}$ 描述，$\boldsymbol{A}$ 是一个 $\{0, 1\}$ 布尔矩阵，当 $a_{ij} = 1$ 时，表示设计团队 i 被分配给任务 j；当 $a_{ij} = 0$ 时，表示设计团队 i 与任务 j 无关。如有 3 项设计任务 n_1、n_2 和 n_3，交给 2 个设计团队 m_1、m_2 完成，现将任务 n_1、n_3 分配给设计团队 m_1，将 n_2 分配给设计团队 m_2，则对应的 $\boldsymbol{A}$ 为

$$\boldsymbol{A} = \begin{matrix} & n_1 & n_2 & n_3 \\ m_1 & 1 & 0 & 1 \\ m_2 & 0 & 1 & 0 \end{matrix}$$

（4）任务分配衍生矩阵 $\boldsymbol{D}_{m\times n}$：它是 $\boldsymbol{A}$ 的衍生矩阵，当执行任务 j 时，将 $a_{m\times n}$ 中 $j\leqslant n$ 列元素保持不变，其他所有元素变为 0，即得到 $\boldsymbol{D}_{m\times n}$。上例中，若当前执行任务为 n_2，则对应的 $\boldsymbol{D}_{m\times n}$ 为

$$\boldsymbol{D} = \begin{matrix} & n_1 & n_2 & n_3 \\ m_1 & 1 & 0 & 0 \\ m_2 & 0 & 1 & 0 \end{matrix}$$

2. 任务分配优化模型的构建

WTM 模型要求所有的耦合任务并行执行，而在实际中有可能出现其中一些任务由于资源约束或设计要求的改变等原因需要延迟，并在稍后的过程中才能执行。为此，Smith 和 Eppinger[14] 进一步提出了多阶段 WTM 设计过程，具体做法是将 n 个耦合设计任务划分到 $r(r \leqslant n)$ 个阶段中。在第 1 阶段中，一个有限任务集的所有任务并行执行；接下来的每个阶段所执行的任务均包含两个部分，即该阶段的任务集和前一阶段任务集的返工。通过上述描述，当 $r=n$ 时，每个阶段只需执行一个任务，下一个阶段的任务包括当前任务和前一个任务的返工。此时任务的执行过程与串行迭代经典模型——马尔科夫链模型（见图 2.1）的描述一致。因此，当 $r=n$ 时，用多阶段的 WTM 设计迭代模型解决串行耦合集设计任务的团队分配问题是可行的。

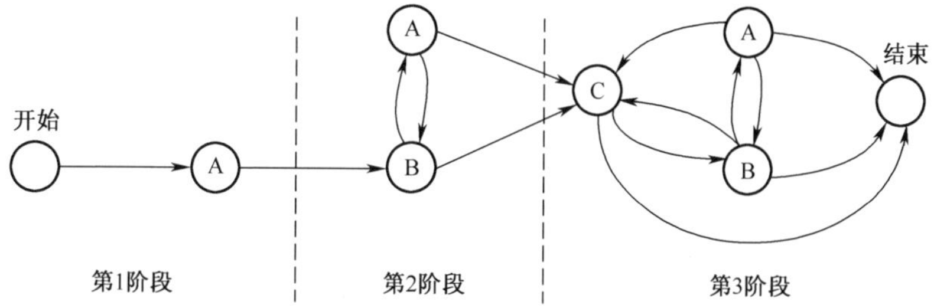

图 2.1　具有 3 个任务的马尔科夫链模型

根据参考文献 [14]，可推导多阶段 WTM 第 1 阶段任务执行所需时间为

$$T_1 = \| \boldsymbol{Z} [\boldsymbol{I} - \boldsymbol{K}_1 \boldsymbol{R} \boldsymbol{K}_1]^{-1} \boldsymbol{K}_1 \boldsymbol{U} \|_1 \tag{2.1}$$

式中，$\boldsymbol{I}$ 为 $n \times n$ 维的单位矩阵；$\boldsymbol{K}_1$ 为第 1 阶段的任务分布矩阵，是一个 $n \times n$ 矩阵，其中的元素定义为

$$k_1^{ab} = \begin{cases} 1, & a = b \text{ 且 } a, b \in \{a, b \mid a, b = 1, a, b \in \mathbf{N}^+\} \\ 0, & a \neq b \end{cases} \tag{2.2}$$

第 2 阶段任务执行所需时间为

$$T_2 = \| \boldsymbol{Z} [\boldsymbol{I} - \boldsymbol{K}_2 \boldsymbol{R} \boldsymbol{K}_2]^{-1} (\boldsymbol{K}_2 - \boldsymbol{K}_1) \boldsymbol{U} \|_1 \tag{2.3}$$

式中，$\boldsymbol{K}_2$ 为第 2 阶段的任务分布矩阵，其中的元素定义为

$$k_2^{ab} = \begin{cases} 1, & a = b \text{ 且 } a, b \in \{a, b \mid a, b \leqslant 2, a, b \in \mathbf{N}^+\} \\ 0, & a \neq b \end{cases} \tag{2.4}$$

进而可以推断出第 i 阶段任务执行所需时间为

$$T_i = \| \boldsymbol{Z} [\boldsymbol{I} - \boldsymbol{K}_i \boldsymbol{R} \boldsymbol{K}_i]^{-1} (\boldsymbol{K}_i - \boldsymbol{K}_{i-1}) \boldsymbol{U} \|_1 \tag{2.5}$$

式中，$\boldsymbol{K}_i$ 为第 i 阶段的任务分布矩阵，其中的元素定义为

$$k_i^{ab}=\begin{cases}1,\ a=b\text{ 且 }a,\ b\in\{a,\ b\mid a,\ b\leqslant n,\ a,\ b\in\mathbf{N}^+\}\\0,\ a\neq b\\i=1,\ 2,\ \cdots,\ r\end{cases}\tag{2.6}$$

上述各个阶段 T_i 的表达式中，$\boldsymbol{Z}=\operatorname{diag}[(\boldsymbol{P}_{m1},\ \boldsymbol{D}_{m1}),\ \cdots,\ (\boldsymbol{P}_{mj},\ \boldsymbol{D}_{mj}),\ \cdots,\ (\boldsymbol{P}_{mn},\ \boldsymbol{D}_{mn})]$，其中，$\boldsymbol{P}_{mj}$、$\boldsymbol{D}_{mj}$ 分别表示 $\boldsymbol{P}_{m\times n}$、$\boldsymbol{D}_{m\times n}$ 的第 j 列元素，$(\boldsymbol{P}_{mj},\ \boldsymbol{D}_{mj})$ 表示 $\boldsymbol{P}_{m\times j}$ 与 $\boldsymbol{D}_{m\times j}$ 的内积。

则各阶段所有任务的执行时间为

$$T=\sum_{i=1}^{r}T_i=\sum_{i=1}^{n}T_i\ (\text{当 }r=n\text{ 时})\tag{2.7}$$

根据 $\boldsymbol{D}$、$\boldsymbol{C}$ 以及每个阶段的设计时间 T_i，可以计算出整个产品开发过程中所需的设计成本 C 为

$$C=\sum_{i=1}^{n}\ \|\boldsymbol{Z}[\boldsymbol{I}-\boldsymbol{K}_i\boldsymbol{R}\boldsymbol{K}_i]^{-1}(\boldsymbol{K}_i-\boldsymbol{K}_{i-1})\boldsymbol{UCD}\|_1\tag{2.8}$$

根据 $\boldsymbol{Q}$、$\boldsymbol{V}$ 以及 $\boldsymbol{A}$，可以得到最终产品的设计质量指标数 $\boldsymbol{Q}$，用来评价整个产品的设计质量。

$$\boldsymbol{Q}=\boldsymbol{V}\times[(\boldsymbol{Q}_{m1},\ \boldsymbol{A}_{m1}),\ \cdots,\ (\boldsymbol{Q}_{mj},\ \boldsymbol{A}_{mj}),\ \cdots,\ (\boldsymbol{Q}_{mn},\ \boldsymbol{A}_{mn})]^{\mathrm{T}}\tag{2.9}$$

式中，$(\boldsymbol{Q}_{mj},\ \boldsymbol{A}_{mj})$ 为 $\boldsymbol{Q}_{m\times n}$ 与 $\boldsymbol{A}_{m\times n}$ 第 j 列元素的内积。

本节涉及的关于时间、成本、质量的优化属于多目标优化问题，三者均是评价分配方案优劣的重要指标。从实际效果来讲，当然要求时间（T）越短越好，成本（C）越低越好，质量（Q）越高越好。然而，要使多个指标同时达到最优一般是不可能的，比如说成本和质量，想要获得更高的质量往往意味着投入更多的成本。本节采用多目标优化方法中的 ε-目标法[32]对模型进行优化。ε-目标法是选择众多优化目标中的一个为主要优化目标，再根据需求对其他优化目标进行评估，得到一个可接受范围，作为优化模型的约束条件来求解多目标优化问题。依据式（2.7）~式（2.9）可以分别建立如下三个任务分配优化数学模型：

（1）以时间最小为优化目标，以成本和质量为约束条件，优化模型为

$$\begin{cases}\text{find: } f(T)\\\text{object: } F=\min f(T)\\\text{s. t: } C_1-C\leqslant 0;\ C_2-C\geqslant 0;\\\qquad Q_1-Q\leqslant 0;\ Q_2-Q\geqslant 0\end{cases}\tag{2.10}$$

（2）以成本最低为优化目标，以时间和质量为约束条件，优化模型为

$$\begin{cases}\text{find: } f(C)\\ \text{object: } F=\min f(C)\\ \text{s. t: } T_1-T\leqslant 0;\ T_2-T\geqslant 0;\\ \qquad Q_1-Q\leqslant 0;\ Q_2-Q\geqslant 0\end{cases} \tag{2.11}$$

（3）以质量最佳为优化目标，以时间和成本为约束条件，优化模型为

$$\begin{cases}\text{find: } f(Q)\\ \text{object: } F=\max f(Q)\\ \text{s. t: } T_1-T\leqslant 0;\ T_2-T\geqslant 0;\\ \qquad C_1-C\leqslant 0;\ C_2-C\geqslant 0\end{cases} \tag{2.12}$$

式（2.10）~式（2.12）中，T、C、Q 分别为时间、成本、质量的设计变量，T_1、T_2、C_1、C_2、Q_1、Q_2分别表示根据不同的设计需求确定的设计时间、设计成本、设计质量的范围。

2.2.2　基于遗传算法的模型求解

在建立串行耦合集设计任务分配的数学模型之后，关键问题就是如何对这一模型进行有效的求解。对于任务数为 n、设计团队数为 m 的设计任务分配问题，分配方案共有 m^n 种，随着 m、n 的增大，分配方案的数量呈指数爆炸增长。由于复杂产品的设计任务分配过程中 n、m 的取值一般很大，更加扩大了最佳分配方案的搜索空间，若采用普通启发式算法进行搜索，结果往往需要等待很长时间。考虑到遗传算法作为模拟生物环境中遗传和进化过程而形成的一种自适应全局优化概率搜索算法，无论在搜索空间还是在搜索效率上都有很多大的改进，并且在一些离散优化问题，如工程调度问题、旅行商问题（TSP）的求解过程中得到有效的应用[33]。因此本节采用遗传算法解决串行耦合集设计任务的分配问题。具体操作步骤如图 2.2 所示。

首先，根据设计需求选择相应的优化模型，为解决问题的模型准备一批表示起始搜索点的初始任务分配方案 G，每个分配方案代表一个编码的染色体，染色体的长度表示耦合集的任务数，每个编码位表示设计团队的编号，利用选择、交叉、变异 3 种方式对这个初始群体 G 进行遗传操作，实现分配方案的优化，得到新一代群体 G+1，接下来遗传算法会依据适应度函数、任务分配目标与约束条件对新一代种群进行评价，并判断终止条件[34]，若不满足终止条件，则重复以上过程进行迭代计算；若满足，则输出最佳的任务分配方案。

然后，应用 MATLAB 语言将建立的 3 个基于多阶段 WTM 任务分配数学模型［式（2.10）~式（2.12）］分别转化成遗传算法的主程序，并根据串行耦

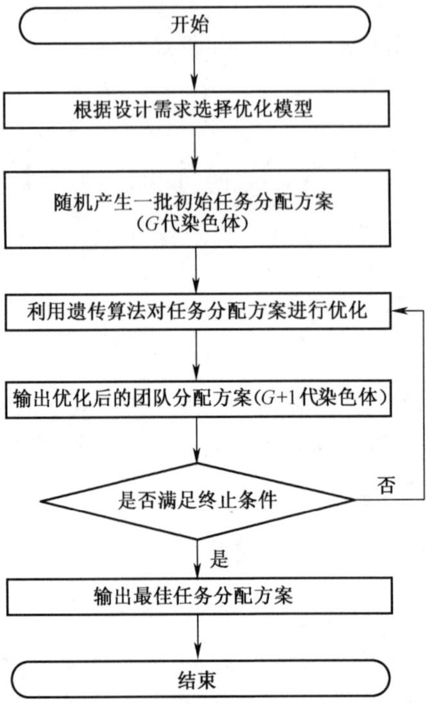

图 2.2 任务分配模型遗传算法的实现过程

合集设计任务分配的特点，参考旅行商问题对应的遗传算法代码，编写初始化、选择、交叉、变异、适应度评价等对应的 MATLAB 程序，用以实现最佳分配方案的寻优。

2.2.3 实例分析

在耦合设计任务中，某些任务的开展需依赖其他任务提供的信息，因此设计项目要按照严格的序列执行，即串行执行。本节以某电动汽车开发项目为例[35]，验证基于多阶段 WTM 的串行耦合集设计任务分配模型对获得最佳团队分配策略的可行性和有效性。

1. 问题描述

对该电动汽车的设计开发过程进行分析，可以将该过程简化为 8 个设计任务[36]，包括结构大小与动力学特性计算（T_1）、马达规格选择（T_2）、整体重量计算（T_3）、存储能量需求设计（T_4）、电池大小与重量设计（T_5）、速度与加速度比率设计（T_6）、速度与加速度规格设计（T_7）和结构与支撑设计

(T_8)，可以将电动汽车的开发过程简化处理后得到一个 8×8 的串行耦合设计任务系统，整个项目按照 $T_1 \to T_2 \to T_3 \to T_4 \to T_5 \to T_6 \to T_7 \to T_8$ 的顺序执行。

根据对该电动汽车的设计分析，确定任务的返工量矩阵（$\boldsymbol{R}$）、质量权重矩阵（$\boldsymbol{V}$）如下：

$$\boldsymbol{R} = \begin{bmatrix} 0 & 0.1 & 0 & 0 & 0.1 & 0 & 0.3 & 0.2 \\ 0.1 & 0 & 0.2 & 0 & 0.1 & 0 & 0.1 & 0 \\ 0.2 & 0.2 & 0 & 0 & 0.1 & 0.2 & 0.2 & 0.2 \\ 0 & 0.3 & 0 & 0 & 0 & 0 & 0 & 0 \\ 0 & 0 & 0 & 0.7 & 0 & 0 & 0 & 0 \\ 0.3 & 0 & 0.2 & 0 & 0 & 0 & 0 & 0.2 \\ 0 & 0 & 0 & 0 & 0.6 & 0 & 0 & 0 \\ 0.3 & 0.1 & 0.2 & 0 & 0.1 & 0 & 0.2 & 0 \end{bmatrix}$$

$$\boldsymbol{V} = [0.15 \quad 0.10 \quad 0.10 \quad 0.15 \quad 0.15 \quad 0.10 \quad 0.15 \quad 0.10]$$

该 $\boldsymbol{R}$ 矩阵中元素值量化了该电动汽车设计过程中各个设计任务之间耦合关系的强弱。其中，元素值为非 0，则表示任务之间存在耦合关系，其值越大表明设计任务之间耦合关系越强；元素值为 0，则表示设计任务之间没有耦合关系。

根据实际情况，将上述 8 个设计任务分配给 6 个设计团队（m_1、m_2、m_3、m_4、m_5、m_6）。每个团队对每个任务的完成效果不同，表示设计团队各项指标的矩阵 $\boldsymbol{P}$、$\boldsymbol{C}$、$\boldsymbol{U}$、$\boldsymbol{Q}$ 如下所示：

$$\boldsymbol{P} = \begin{bmatrix} 7 & 2 & 1 & 1.5 & 1 & 2.5 & 1 & 1 \\ 6 & 3 & 0.5 & 3 & 2 & 1 & 1 & 1 \\ 8 & 2 & 2 & 1 & 0.5 & 3 & 2 & 2 \\ 7.5 & 3 & 1.5 & 1 & 1.5 & 1 & 1 & 1 \\ 6 & 1 & 2 & 2 & 1 & 3 & 0.5 & 0.5 \\ 8.5 & 2 & 0.5 & 1 & 0.5 & 1.5 & 2 & 2 \end{bmatrix}$$

$$\boldsymbol{C} = [25 \quad 22 \quad 25 \quad 21 \quad 23 \quad 24]$$

$$\boldsymbol{U} = [1 \quad 1 \quad 1 \quad 1 \quad 1 \quad 1 \quad 1 \quad 1]^{\mathrm{T}}$$

$$\boldsymbol{Q} = \begin{bmatrix} 0.92 & 0.92 & 0.95 & 0.92 & 0.95 & 0.96 & 0.94 & 0.95 \\ 0.90 & 0.95 & 0.91 & 0.98 & 0.97 & 0.90 & 0.93 & 0.98 \\ 0.94 & 0.90 & 0.98 & 0.90 & 0.90 & 0.98 & 0.98 & 0.94 \\ 0.85 & 0.96 & 0.96 & 0.87 & 0.93 & 0.91 & 0.95 & 0.95 \\ 0.92 & 0.86 & 0.96 & 0.95 & 0.92 & 0.96 & 0.90 & 0.97 \\ 0.96 & 0.91 & 0.90 & 0.91 & 0.87 & 0.95 & 0.98 & 0.96 \end{bmatrix}$$

2. 问题求解

按照本节串行耦合设计任务的分配思想：执行周期长短、设计成本高低和设计质量好坏等因素均可以描述电动汽车开发任务分配方案的好坏，因此需要综合考虑。限于篇幅，本节选取设计成本为评价指标进行说明。此时的任务分配问题可以描述为：怎样将任务分配给设计团队才能既满足设计时间和设计质量的要求，又使整个设计项目的总成本最小。根据以往完成类似工作的经验，任务分配后完成时间必须在 20~35 天内，设计质量指标数要达到 0.95 以上，即将设计时间限定在［20，35］区间内，设计质量指标限定在［0.95，1）区间内。按照优化目标和约束条件，选取模型式（2.11）按照图 2.2 所示的流程进行求解，将设计任务个数 8 设置为染色体的长度，设计团队编码用 1~6 的正整数表示，适应度函数取个体的设计成本。选择算子选用的是随机遍历抽样运算，交叉运算使用单点交叉算子，变异运算使用均匀变异的算法，根据任务分配方案可行解的大小将种群的数量设置为 200，终止代数、交叉概率、变异概率分别设置为 20、0.7、0.06[34]。

运行模型式（2.11）对应的 MATLAB 遗传算法程序，得到最优个体函数值曲线如图 2.3 所示。图 2.4 表示满足相同设计需求下最差个体函数值曲线。

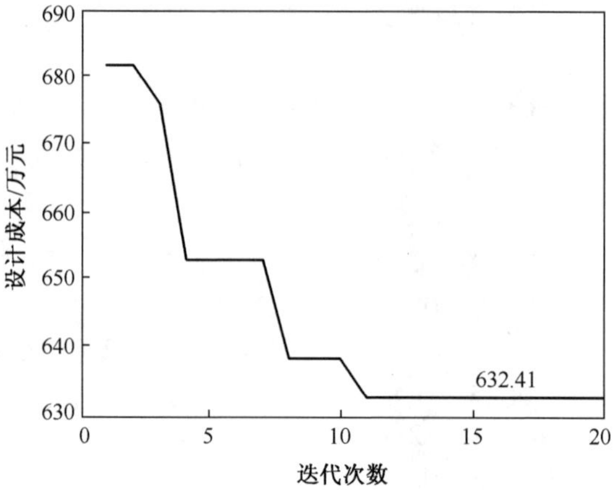

图 2.3 最优个体函数值曲线

最优个体对应的团队分配矩阵 $\boldsymbol{A}$ 为

$$\boldsymbol{A}=\begin{bmatrix}0&0&0&1&0&0&0&0\\0&0&0&0&1&0&0&0\\0&0&0&0&0&0&1&0\\0&1&1&0&0&0&0&1\\1&0&0&0&0&1&0&0\\0&0&0&0&0&0&0&0\end{bmatrix}$$

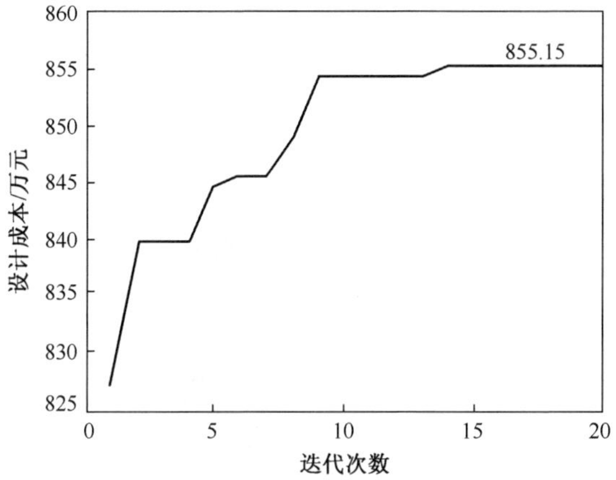

图 2.4　最差个体函数值曲线

3. 结果分析

对本节建立的模型进行求解，从图 2.3 可以看出，随着迭代次数的增加，项目的开发成本逐渐减少，最优个体出现在第 9 代，之后的代数成本保持不变，说明采用遗传算法寻优是有效的。从所得到的 **A** 矩阵可以看到此时的团队分配策略为 54412534，即最后得到的任务分配方案为：任务 T_1、T_6 分配给团队 m_5，任务 T_2、T_3 和 T_8 分配给设计团队 m_4，任务 T_4、T_5、T_7 分别分配给团队 m_1、m_2、m_3，而团队 m_6 将不参与此次设计任务，对应的设计成本为 632.41 万元。而从图 2.4 中可以得到相同设计需求下设计成本的最大值为 855.15 万元。比较两种方案对应的效果，最小设计成本相比于最大设计成本减少了 26.05%。本节通过分别选择模型式（2.10）、模型式（2.12）对项目的设计时间和设计质量进行方案寻优，也得到类似的结论。

小结：本节通过引入多阶段 WTM 建立任务分配模型，并通过构建任务分配衍生矩阵，得到了串行耦合集设计任务分配的有效数学模型。该方法不仅简化了串行耦合集设计任务的分配计算过程，而且考虑了设计团队的多项指标对串行耦合设计任务分配效果的影响。实例应用分析结果表明该任务分配策略是可行且有效的。在实际产品开发中，项目管理者应用该方法，可以对串行耦合产品设计的最终完成效果进行预先分析，因而提高了对产品开发结果的可预见性，为进行设计任务分配提供了更为科学的理论依据。

2.3 考虑学习效应的并行耦合设计任务分配策略

2.3.1 耦合设计过程中的学习效应分析

对设计团队来说，返工过程实际上是一个学习并提高的过程，随着返工次数的增多，设计人员对设计项目的了解不断深入，设计能力不断提高，在下次返工工作时，就会总结上次返工工作的经验，加快解决技术障碍的速度，因此设计团队对任务的执行周期往往由于多次执行同一活动而减少，这种现象称为设计团队的学习效应[37-38]。假设 $t(1)$ 是某设计团队第一次任务执行时间，$t(q)$是第 q 次工作时任务的完成时间，考虑到设计团队的学习效应会带来产品设计时间的减少，引入时间衰减率 y，则

$$t(q)=t(1)\times \mathrm{e}^{y(1-q)} \tag{2.13}$$

式中，y 是一个恒定参数，$0\leqslant y<1$。特别地，当 $y=0$ 时，表示设计团队没有产生学习效应，每次执行任务的时间固定不变。y 值越大，表示设计团队随着返工次数的增多，时间减少得越快。该值通过设计团队先前执行类似设计任务的时间数据，并结合学习效率曲线函数得到[39]。

耦合设计任务因涉及大量的返工工作，参与项目执行的设计团队必然产生学习效应。因此，本节针对并行耦合设计任务的分配问题，建立学习效应矩阵（learning effect matrix，LEM）如下（用 $\boldsymbol{L}^{(s)}$ 简化表示）：

$$\boldsymbol{L}^{(s)}=\mathrm{diag}(\mathrm{e}^{(1-q)(\boldsymbol{X}\times\boldsymbol{A})}) \tag{2.14}$$

式中，$\boldsymbol{X}$ 为本节考虑时间衰减率 y 而建立的时间衰减率矩阵，它是一个包含了 m 个元素的行矩阵，其元素 y_i 表示设计团队 i 的学习衰减率，$0\leqslant y_i<1$。同样地，当 $y_i=0$ 时，表示设计团队 i 所做的工作只是简单的重复，任务执行周期并不随着返工次数的增加而减小，$\boldsymbol{A}$ 为任务分配矩阵（task assignment matrix，TAM）。

根据矩阵相关知识[40]，由式（2.14）计算得到的学习效应矩阵 $\boldsymbol{L}^{(s)}$ 为 $n\times n$ 维对角矩阵，且 $0<l_{ii}\leqslant 1$。本节将 l_{ii} 称为设计团队 i 的学习系数，当 $y_i=0$ 时，$l_{ii}=1$。因此可以通过判断 $\boldsymbol{L}^{(s)}$ 对角元素的数值来推断设计团队 i 是否产生学习效应。

2.3.2 任务分配模型的构建

并行耦合设计任务的分配过程可以概括为：在产品设计开发中，将 n 个任

务分配给 m 个设计团队，且各任务之间存在返工迭代。为确保所有任务初始执行时刻相同，即同时并行执行，规定 $m \geqslant n$。不同团队对同一设计任务的执行周期、设计成本以及完成质量等执行效果是不同的。

1. 时间、成本和质量模型

由 2.2.1 小节可知，任务周期矩阵 $\boldsymbol{Z}$ 需依据任务的分配情况从团队执行周期矩阵 $\boldsymbol{P}_{m \times n}$ 中取值。$\boldsymbol{P}$ 的元素 p_{ij} 表示开发团队 i 完成任务 j 的执行周期。并行耦合设计任务的任务执行周期矩阵 $\boldsymbol{Z}$ 可定义为

$$\boldsymbol{Z} = \mathrm{diag}[(\boldsymbol{P}_{m1}, \boldsymbol{A}_{m1}), (\boldsymbol{P}_{m2}, \boldsymbol{A}_{m2}), \cdots, (\boldsymbol{P}_{mj}, \boldsymbol{A}_{mj}), \cdots, (\boldsymbol{P}_{mn}, \boldsymbol{A}_{mn})] \tag{2.15}$$

式中，$\boldsymbol{P}_{mj}$、$\boldsymbol{A}_{mj}$ 分别为执行周期矩阵 $\boldsymbol{P}_{m \times n}$、任务分配矩阵 $\boldsymbol{A}_{m \times n}$ 的第 j 列元素，$(\boldsymbol{P}_{mj}, \boldsymbol{A}_{mj})$ 为 $\boldsymbol{P}_{mj}$ 与 $\boldsymbol{A}_{mj}$ 的内积。

进而引入 $\boldsymbol{L}^{(s)}$，可以建立考虑学习效应下新的任务周期矩阵 $\boldsymbol{Z}'$：

$$\boldsymbol{Z}' = \boldsymbol{Z} \times \boldsymbol{L} \tag{2.16}$$

$\boldsymbol{Z}'$ 中的元素 z'_{ii} 为加入学习效应下设计任务 i 每次执行任务的时间。根据式（2.13）、式（2.14）可知，z_{ii} 与返工次数有关，是一个逐渐变小并趋于稳定的数值，符合学习效应曲线的变化趋势。

在并行耦合设计任务执行过程中，所有任务都独立并行执行，每一次返工工作产生的设计时间由一个 $n \times 1$ 维的时间矩阵表示，根据 WTM 迭代模型，可以推断出其第 i 次返工的时间矩阵为

$$\boldsymbol{T}_i = \boldsymbol{Z}' \times (\boldsymbol{R}^i \times \boldsymbol{U}_0) \tag{2.17}$$

式中，$\boldsymbol{R}^i$ 表示返工量矩阵 $\boldsymbol{R}$ 的 i 次幂；$\boldsymbol{U}_0$ 是包含了 n 个元素的全 1 列矩阵。

由于各个任务之间是并行执行的关系，每次迭代过程中，迭代时间最长的任务将决定本次返工工作最终的执行时间，每次最长返工时间的累加即为整个耦合设计任务的总执行时间 T。若设计任务的返工次数为 s，则 T 为

$$T = \sum_{i=0}^{s} \max(\boldsymbol{T}_i) = \sum_{i=0}^{s} \max[\boldsymbol{Z}' \times (\boldsymbol{R}^i \times \boldsymbol{U}_0)] \tag{2.18}$$

在设计过程中，只要有设计时间产生，就会消耗成本，则产品设计第 i 次迭代过程费用 $\boldsymbol{C}_i$ 可计算如下：

$$\boldsymbol{C}_i = \boldsymbol{T}_i \times (\boldsymbol{C} \times \boldsymbol{A}) \tag{2.19}$$

式中，$\boldsymbol{C}$ 为 $1 \times m$ 维的团队成本矩阵（参见 2.2.1 小节的定义）。

整个并行耦合设计迭代过程产生的总成本为

$$C = \sum_{i=0}^{s} \boldsymbol{C}_i = \sum_{i=0}^{s} [\boldsymbol{T}_i \times (\boldsymbol{C} \times \boldsymbol{A})] \tag{2.20}$$

根据质量指标数矩阵 $\boldsymbol{Q}$、质量权重矩阵 $\boldsymbol{V}$ 以及任务分配矩阵 $\boldsymbol{A}$ 计算整个

并行耦合开发项目总的设计质量水平，用各个开发任务的质量水平的线性加权表示：

$$\boldsymbol{Q}=\boldsymbol{V}\times[(\boldsymbol{QA})_{m1},(\boldsymbol{QA})_{m2},\cdots,(\boldsymbol{QA})_{mj},\cdots,(\boldsymbol{QA})_{mn}]^{\mathrm{T}} \tag{2.21}$$

式中，$(\boldsymbol{QA})_{mj}$ 表示 $\boldsymbol{Q}_{m\times n}$ 与 $\boldsymbol{A}_{m\times n}$ 第 j 列元素的内积；或表示 $(\boldsymbol{Q}_{mj},\boldsymbol{A}_{mj})$，$j=1,2,\cdots,n$。

2. 任务分配模型的构建

并行耦合设计任务的分配问题属于多目标优化问题，时间（T）、成本（C）、质量（Q）均是评价任务分配方案优劣的重要指标，一般不可能存在一个任务分配方案能同时满足 $\min(T)$、$\min(C)$、$\max(Q)$ 三个优化目标[41]。为综合体现三个指标对设计项目完成效果的影响，本节采用加权的方法构建多目标优化模型。建模之前，项目管理者需根据各个指标的重要性，分别给出时间、成本、质量的权重系数 w_1、w_2、w_3[42]，满足 $w_i\geqslant 0$ 且 $w_1+w_2+w_3=1$。考虑到时间、成本这两个指标之间存在较大的关联性，为避免各指标之间信息的重复，本节采用非线性加权综合法建立并行耦合设计任务分配的优化数学模型[43]，即将各个目标函数以权重系数为指数求积，于是多目标的优化问题就转化成为单目标优化问题。结合式（2.18）、式（2.20）和式（2.21），建立的目标函数如下：

$$\min(F)=T^{w_1}\times C^{w_2}\times Q^{w_3} \tag{2.22}$$

由于时间、成本、质量三者的计量单位不同，数量级也不同，为了保证各个指标间的可公度性[43]，本节采用功效系数法对这些指标做相应的无量纲处理。处理后的时间、成本、质量的无量纲值 f_1、f_2、f_3 分别表示为

$$\begin{aligned} f_1&=c+\frac{T-T_{\min}}{T_{\max}-T_{\min}}\times d\\ f_2&=c+\frac{C-C_{\min}}{C_{\max}-C_{\min}}\times d\\ f_3&=c+\frac{Q_{\max}-Q}{Q_{\max}-Q_{\min}}\times d \end{aligned} \tag{2.23}$$

式中，$T_{\min}$、$T_{\max}$、$C_{\min}$、$C_{\max}$、$Q_{\min}$、$Q_{\max}$ 分别表示满足要求的设计任务分配方案中时间、成本、质量指标的极小值和极大值。c、d 分别为保证无量纲指标大于 1 而引入的平移系数和缩放系数[44]。根据式（2.22）、式（2.23）可得到并行耦合设计任务分配的求解模型为

$$\begin{cases} \text{find}: F \\ \text{object}: \min(F) = \prod_{i=1}^{3} f_i^{w_i} \\ \text{s. t}: w_1 + w_2 + w_3 - 1 = 0 \\ \quad 0 < w_i < 1 \ (i = 1, 2, 3) \end{cases} \tag{2.24}$$

该求解模型以权重系数 w_1、w_2、w_3之和为 1 和单个权重系数的取值范围这两个条件为约束，以权重系数分别作为f_1、f_2、f_3的指数，并以三个数值求积得到的最小值 F 为求解目标。

2.3.3　基于遗传算法的模型求解

对于任务数为 n、设计团队数为 m 的设计任务分配问题，分配方案共有 $C_m^n n!$ 种之多，再加上复杂产品的设计任务分配过程中 n、m 的取值一般很大，更加扩大了最佳分配方案的搜索空间。若采用传统的启发式算法，最优任务分配方案的寻优结果往往需要花很长时间等待，并且得到的结果不一定是最优的。鉴于遗传算法在搜索空间和搜索效率上具有很大优势，因此，本小节采用遗传算法解决并行耦合设计任务最佳分配方案寻优的问题。

通过 2. 3. 2 小节分析发现，并行耦合设计任务分配模型的求解实际上包含两部分：①各个指标的单目标优化求解；②加权指标 F 的优化求解。这两部分的求解有先后次序。首先，应用式（2. 18）、式（2. 20）、式（2. 21）分别对时间 T、成本 C、质量 Q 进行单目标优化，得到 $T_{\min}$、$T_{\max}$、$C_{\min}$、$C_{\max}$、$Q_{\min}$、$Q_{\max}$共 6 个极值，然后利用式（2. 22）、式（2. 23）、式（2. 24），对非线性加权指标 F 进行多目标优化。两部分均采用遗传算法进行求解，其区别仅在于各自的目标函数不同。限于篇幅，本小节仅给出目标函数 $\min(F)$ 的求解流程，具体步骤如下：

步骤 1：编码。将设计任务的分配方案映射成染色体，染色体的长度表示耦合集的任务数，每个编码位表示设计团队的编号。

步骤 2：产生初始群体。为优化模型 $\min(F)$ 随机准备一批表示起始搜索点的初始任务分配方案 P。

步骤 3：遗传操作。遗传算法的操作方法包括选择、交叉、变异 3 种方式，利用这 3 种方式对这个初始群体 P 进行遗传操作，实现分配方案的优化，得到新一代群体 $P+1$。

步骤 4：依据适应度函数、任务分配目标与约束条件对新一代群体 $P+1$ 进行评价，并判断终止条件，若不满足终止条件，则重复步骤 1、2、3 进行迭代计算，若满足终止条件，则输出最佳的任务分配方案。

本小节对上述求解流程运用常用的 MATLAB 软件编程实现，根据并行耦合集设计任务分配的特点，初始化、选择、交叉、变异、适应度评价等对应的 MATLAB 程序可参考旅行商问题对应的遗传算法代码，并根据本小节建立的数学模型进行目标函数的编写。

2.3.4 实例分析

1. 问题描述

为了验证并行耦合设计任务分配模型的可行性和有效性，本小节以某汽车引擎罩部件的开发为例进行说明[45]。该汽车引擎罩部件的开发包含 46 个子任务[46]，借助设计结构矩阵相关知识对该设计开发过程进行分析，得到一个 9×9的耦合任务系统，包括内外表面工艺分析（A）、修改三维模型（B）、确定加工和装配费用（C）、系统级生产设计（D）、开发冲压工具（E）、开发配重工具（F）、开发装配工具（G）、确定内外表面工具（H）、获得最终工具（I），这 9 个设计任务并行执行。根据参考文献［46］中的有关参数数值得到的任务的返工量矩阵（$\boldsymbol{R}$）、质量权重矩阵（$\boldsymbol{V}$）如下所示：

$$\boldsymbol{R}=\begin{bmatrix} 0 & 0.37 & 0.26 & 0 & 0 & 0 & 0 & 0 & 0 \\ 0.29 & 0 & 0.2 & 0 & 0 & 0 & 0 & 0 & 0 \\ 0.07 & 0.03 & 0 & 0 & 0.07 & 0.07 & 0.07 & 0 & 0 \\ 0.2 & 0.26 & 0.2 & 0 & 0 & 0 & 0 & 0.07 & 0.2 \\ 0.04 & 0 & 0.04 & 0.04 & 0 & 0 & 0 & 0 & 0 \\ 0.1 & 0.03 & 0.1 & 0.07 & 0 & 0 & 0 & 0 & 0 \\ 0.1 & 0 & 0.1 & 0.07 & 0 & 0 & 0 & 0 & 0 \\ 0 & 0.26 & 0.13 & 0.2 & 0 & 0 & 0 & 0 & 0 \\ 0 & 0 & 0.2 & 0 & 0 & 0 & 0 & 0.07 & 0 \end{bmatrix}$$

$$\boldsymbol{V}=[0.05 \quad 0.08 \quad 0.09 \quad 0.09 \quad 0.05 \quad 0.08 \quad 0.08 \quad 0.30 \quad 0.18]$$

这 9 个设计任务要分给 10 个设计团队完成，根据各个团队的设计能力以及以往的设计经验对其完成每个设计任务的时间、设计成本、完成质量指标进行评估[47]，由于每个团队的设计能力以及任务执行策略等不尽相同，从而各个团队完成各个设计任务的各项指标都不同。根据参考文献［44］中的有关参数数值得到的表示设计团队各项指标的 $\boldsymbol{P}$ 矩阵、$\boldsymbol{C}$ 矩阵、$\boldsymbol{Q}$ 矩阵如下：

$$P=\begin{bmatrix}2.93 & 22.00 & 9.96 & 19.36 & 22.00 & 64.00 & 15.36 & 21.36 & 20.36\\3.20 & 19.56 & 10.09 & 21.36 & 20.96 & 63.25 & 14.39 & 19.98 & 22.00\\3.00 & 20.12 & 9.98 & 19.86 & 20.01 & 63.07 & 14.00 & 19.97 & 19.98\\2.80 & 18.98 & 8.79 & 20.36 & 19.96 & 64.69 & 15.36 & 18.98 & 21.69\\3.12 & 19.32 & 9.03 & 19.96 & 20.09 & 63.29 & 15.02 & 20.29 & 20.98\\2.79 & 20.14 & 10.23 & 20.09 & 21.98 & 62.98 & 16.01 & 21.36 & 22.01\\3.10 & 19.96 & 11.00 & 21.98 & 22.04 & 63.25 & 15.25 & 20.36 & 20.98\\2.91 & 20.13 & 8.75 & 22.04 & 20.36 & 64.36 & 15.89 & 21.01 & 19.99\\3.20 & 19.56 & 9.23 & 20.36 & 19.69 & 63.98 & 14.96 & 20.98 & 18.96\\2.86 & 18.98 & 8.03 & 22.03 & 18.97 & 64.02 & 14.58 & 20.36 & 20.36\end{bmatrix}$$

$$C=[13.00\ 12.98\ 12.35\ 14.25\ 15.23\ 14.02\ 13.96\ 12.98\ 13.85\ 14.23]$$

$$Q=\begin{bmatrix}0.979 & 0.998 & 0.981 & 0.981 & 0.997 & 0.993 & 0.996 & 0.998 & 0.989\\0.990 & 0.983 & 0.997 & 0.997 & 0.995 & 0.985 & 0.983 & 0.992 & 0.998\\0.979 & 0.992 & 0.984 & 0.984 & 0.989 & 0.982 & 0.982 & 0.989 & 0.982\\0.978 & 0.978 & 0.989 & 0.989 & 0.985 & 0.997 & 0.994 & 0.980 & 0.994\\0.980 & 0.980 & 0.982 & 0.982 & 0.987 & 0.983 & 0.993 & 0.993 & 0.988\\0.975 & 0.994 & 0.991 & 0.991 & 0.996 & 0.981 & 0.998 & 0.997 & 0.997\\0.982 & 0.985 & 0.998 & 0.998 & 0.997 & 0.984 & 0.992 & 0.993 & 0.990\\0.976 & 0.992 & 0.984 & 0.999 & 0.994 & 0.995 & 0.994 & 0.995 & 0.983\\0.989 & 0.982 & 0.990 & 0.990 & 0.985 & 0.989 & 0.990 & 0.994 & 0.982\\0.982 & 0.977 & 0.983 & 0.998 & 0.982 & 0.990 & 0.984 & 0.992 & 0.987\end{bmatrix}$$

2. 问题求解

该项目的任务分配方案共有 $10\times9!=3628800$ 种情况，搜索空间十分庞大，本小节将遗传算法运用到最优任务分配策略的寻优。

为了验证学习效应对耦合设计任务最终完成效果的影响，分别取时间衰减率矩阵 $\boldsymbol{X}_1=[0\ \ 0\ \ 0\ \ 0\ \ 0\ \ 0\ \ 0\ \ 0\ \ 0\ \ 0]$ 和 $\boldsymbol{X}_2=[0.2\ \ 0.1\ \ 0.3\ \ 0.5\ \ 0.4\ \ 0.2\ \ 0.3\ \ 0.6\ \ 0.4\ \ 0.1]$ 两种情况进行分析。当取 $\boldsymbol{X}_1$ 时，代入式（2.14），得到对应的学习效应矩阵 $\boldsymbol{L}^{(s)}$ 为单位对角矩阵，即不考虑参与产品设计项目的所有团队的学习效应。$\boldsymbol{X}_2$ 中的数值通过对 10 个设计团队先前执行类似设计任务的时间数据的分析，并结合学习效率曲线函数计算得到，当取 $\boldsymbol{X}_2$ 时，$\boldsymbol{L}^{(s)}$ 中的对角元素的取值与设计团队的分配和迭代返工的次数有关，是一个不确定矩阵，但是可以保证 $0<l_{ii}\leqslant1$，即考虑参与项目的设计团队在返工过程中的学习效应。

首先对单目标进行优化求解，以设计任务的个数 9 作为染色体的长度，设计团队编码用1~10的正整数表示。这里，采用随机遍历抽样运算方法选择算子，使用单点交叉算子进行交叉运算，使用均匀变异算法进行变异运算；由任务分配方案可行解的大小设置种群数量为500，分别设置变异概率、交叉概率、终止代数为0.06、0.7、50[48]，所得的计算结果如表2.1所示。

表2.1 单目标优化结果

优化目标	T_{min}	T_{max}	C_{min}	C_{max}	Q_{min}	Q_{max}
最优解（考虑学习效应）	33	35	1607	1888	0.952	0.992
最优解（不考虑学习效应）	38	40	1858	2177	0.952	0.992

然后在单目标优化的基础上通过改变目标函数进行多目标优化求解。项目管理者通过对时间、成本、质量三者权衡，并根据参考文献［42］提供的权重系数评估的方法，最终得到的权重系数分别为 $w_1=0.2$，$w_2=0.3$，$w_3=0.5$，参见参考文献［44］取 $c=10$，$d=10$，代入式（2.24）可得到并行耦合设计任务分配方案多目标优化模型的函数表达式为

$$\min(F)=\left(10+\frac{T-T_{\min}}{T_{\max}-T_{\min}}\times 10\right)^{0.2}\times\left(10+\frac{C-C_{\min}}{C_{\max}-C_{\min}}\times 10\right)^{0.3}\times\left(10+\frac{Q_{\max}-Q}{Q_{\max}-Q_{\min}}\times 10\right)^{0.5}$$

在进行加权指标min(*F*)的遗传算法的寻优时，总群大小、终止代数、交叉概率、变异概率等遗传算法参数的设置与单目标遗传算法寻优的参数设置保持一致。运行程序，得到不考虑学习效应和考虑学习效应的最优个体迭代曲线，分别如图2.5和图2.6所示。

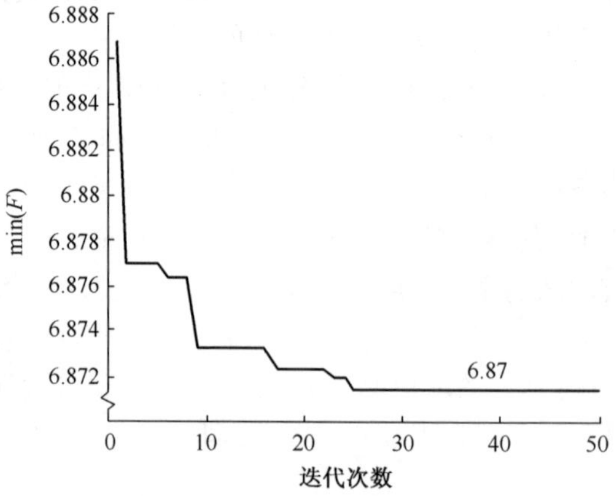

图2.5 不考虑学习效应的最优个体迭代曲线

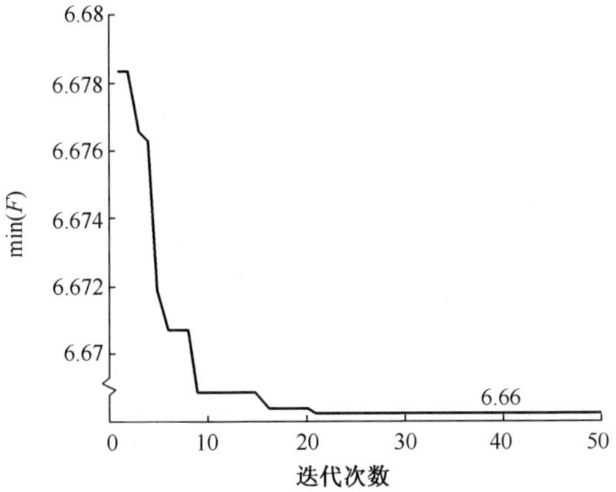

图 2.6　考虑学习效应的最优个体迭代曲线

运用与上述求解 min(*F*) 相同的方法，对考虑学习效应的最劣并行耦合设计任务分配方案进行寻优，即求解 max(*F*)。优化得到 3 种情况对应的时间、成本、质量指标如表 2.2 所示。

表 2.2　实例优化结果及比较

优化结果	F	T	C	Q
①不考虑学习效应的最优个体 min(*F*)	6.87	38.18	1857.8	0.986
②考虑学习效应最优个体 min(*F*)	6.66	27.58	1531.8	0.990
③考虑学习效应的最劣个体 max(*F*)	7.10	40.20	1932.5	0.975
②与①比较/%	−2.7	−26.3	−17.5	+0.4
②与③比较/%	−6.5	−45.76	−26.16	+1.5

由 2.3.2 小节分析可知，并行耦合设计任务分配的求解目标为任务分配矩阵 **A**。为更真实反映设计团队在执行设计任务过程中的实际情况，项目管理者可参考考虑学习效应对应的最优分配方案对设计任务进行分配，最优分配方案对应的任务分配矩阵 **A** 为

$$\boldsymbol{A}=\begin{bmatrix}0&0&0&0&0&0&0&0&1\\0&0&0&0&0&0&0&0&0\\0&1&0&0&0&0&0&0&0\\0&0&0&1&0&0&0&0&0\\0&0&0&0&1&0&0&0&0\\1&0&0&0&0&0&0&0&0\\0&0&0&0&0&0&1&0&0\\0&0&0&0&0&1&0&0&0\\0&0&0&0&0&0&0&1&0\\0&0&1&0&0&0&0&0&0\end{bmatrix}_{10\times 9}$$

3. 结果分析

从个体函数值曲线图 2. 5 和图 2. 6 可以看出，随着迭代次数的增加，加权指标数 F 逐渐减少，并在某一个代数之后保持不变，说明采用遗传算法寻优是有效的。比较考虑学习效应和不考虑学习效应最优个体的两种结果，考虑学习效应时，设计时间减少了 26. 3%、成本降低了 17. 5%、质量指标增加了 0. 4%，各个指标均有改善，其中时间、成本指标改善较为显著。从所得到的 $\boldsymbol{A}$ 矩阵可以看到最优的团队分配策略为“63（10）458791”，即最后得到的任务分配方案为：任务 A、B、C、D、E、F、G、H、I 分别分配给团队 T_6、T_3、T_{10}、T_4、T_5、T_8、T_7、T_9、T_1，团队 T_2 将不参与此次设计任务。比较考虑学习效应最优方案和最劣方案对应的设计效果，最小设计时间相比于最大设计时间减小了 45. 76%，设计成本减少了 26. 16%，设计质量增加了 1. 5%。

小结：不同的任务团队分配策略对并行耦合设计任务的设计周期、成本、质量等设计效果影响很大，建立有效的任务分配模型对这三个指标进行多目标优化是十分必要的。耦合设计任务执行过程中涉及任务的返工，对设计团队而言是不断学习的过程，因此在建模过程中需要考虑设计团队在返工过程中通过多次反复的设计练习积累的知识与经验对设计效果的影响。另外，复杂产品的任务分配过程中涉及的任务数量和设计团队数目一般十分庞大，因此对于所构建的任务分配模型，最优任务分配方案的搜索空间也很大，必须采用有效的模型求解算法。

本节通过引入多阶段工作转移矩阵和任务分配矩阵 TAM，并结合矩阵计算相关的知识，简化了并行耦合设计任务的分配过程，进而提出了学习效率矩阵（LEM），为考虑设计团队的学习效应，建立了并行耦合设计任务分配关于时间、成本、质量的多目标优化模型。通过遗传算法寻优，快速有效地获得了最优的任务分配方案。实例应用分析表明，本节建立的基于学习效应矩阵的并行耦合设计任务分配模型及基于遗传算法的寻优方法是可行且有效的。这种方法可以为企业管理层安排部署开发项目提供有效的指导和帮助。本节采用非线性加权综合法进行多目标优化，虽然简化了模型求解的复杂性，但是各个目标加权值的分配带有一定的主观性，将会导致优化结果也具有主观性，因此，下一步的工作将寻求更加有效的多目标优化算法以减少这种主观性对设计任务分配结果的影响。

2.4　重叠执行模式下基于知识欧姆定律的耦合设计任务规划

2.4.1　基于知识欧姆定律的耦合活动重叠特性分析

类似于物理学欧姆定律中电压、电流以及电阻的概念，这里定义：①知识压——上、下游设计活动之间信息交流在知识存量上存在的不同，形成的知识势差；②知识流强度——在知识转移过程中，上、下游设计活动可以看作闭合电路中电源的正负极，知识转移的效果看作电路中流动的电流；③知识阻——知识转移过程中阻碍知识流动的各种因素。下面将基于知识欧姆定律的原理对耦合活动重叠执行、知识转移过程等进行分析。

1. 耦合活动重叠执行

在重叠执行过程中，设计活动间会进行多次信息交流以传递产品开发相关知识，因此，可以将每次信息交流看成设计活动间知识的转移。在知识转移过程中，将单位时间内的知识转移量称为知识流强度，显然，知识流强度的大小反映了知识转移的速度，知识流强度越大，知识转移的速度就越快；反之，知识转移的速度就越慢。从宏观上看，知识流的方向是由知识存量较高的上游设计活动流向知识存量较低的下游设计活动，但事实上，知识流的方向是双向的，下游设计活动由于上游设计活动传递的不完善知识会向上游设计活动发送反馈知识，但相比上游转移到下游的知识含量要小得多。这种现象类似于物理学中的电流，从宏观上看，电流的流向是由电势较高的正极流向电势较低的负极，事实上，电流的方向只是正电荷定向流动的方向，而回路中电荷的载体电子既有从高电势点流向低电势点，也有从低电势点流向高电势点。与此类似，假设知识在设计活动之间转移是以知识元（知识转移过程中的微观粒子）的形式来实现的，则在信息交流过程中活动间转移知识元主要是从知识存量较高的上游设计活动流向知识存量较低的下游设计活动，与此同时也存在着知识元从知识存量较低的下游设计活动流向知识存量较高的上游设计活动，只是知识元转移数量上有着明显差别[49]。

2. 知识转移过程

由于两个串行耦合活动是多个串行耦合活动集重叠模型的基础，本节以两个串行耦合活动之间的重叠模型为研究对象。在知识转移过程中耦合活动间存在着相互依赖的关系，上游设计活动在重叠执行阶段传递给下游设计活动的不完善或错误知识必然会引起下游设计活动的迭代返工，即延长下游设计活动的迭代执行时间。当上游设计活动的不完善或错误知识在下游设计活动进行迭代求解的过程中被发现，并把错误的知识反向传递给上游设计活动时，上游设计活动就需要对之前产生的错误知识进行修改返工，即延长上游设计活动的设计时间。

在对知识转移过程描述时需做出如下假设：①假设上、下游知识转移时间为0，在整个产品开发过程中知识转移虽然会花费一定的时间，但设计人员对活动了解程度越高并且对知识进行更加快速有效的交换，则知识转移的时间就越少，和整个开发过程所花时间相比，时间消耗可忽略不计；②假设在重叠执行期间，上游设计活动与下游设计活动进行了 n 次信息交流，每两次知识转移时间间隔相等；③假设下游设计活动在迭代执行过程中发现上游设计活动知识错误时不立即反馈给上游设计活动，即在一次迭代求解过程中，知识流动是单向的，迭代求解结果不对已完成的上游设计活动产生影响，而是在下一次知识转移时反馈给上游设计活动，上游设计活动在接收到反馈的知识后一方面会继续累积知识存量，另一方面会对反馈的知识进行更改返工。

根据上述假设绘制的上、下游设计活动知识转移过程如图2.7所示。上游设计活动A开始执行一段时间后下游设计活动B开始执行，假设上游设计活动在 $t_{AS}=0$ 时刻开始执行，预计完工时间为 T_A，下游设计活动在 $t_{BS}=t_1$（t_1 为第1次知识转移时间，$t_{AS}\leqslant t_1\leqslant T_A$）时刻开始执行，预计完工时间为 T_B，在重叠期间 t_1 到 T_A 时间段内进行了 n 次知识转移，则两次知识转移之间的时间间隔为 $\Delta t=t_{i+1}-t_i=(T_A-t_1)/(n-1)$（$t_i$、$t_{i+1}$ 分别为第 i 次、第 $i+1$ 次知识转移时间，$i=1, 2, \cdots, n-1$）。对于上游设计活动，第1次知识转移时由于下游设计活动之前没有接受上游设计活动转移的知识，只接受知识而不存在反馈

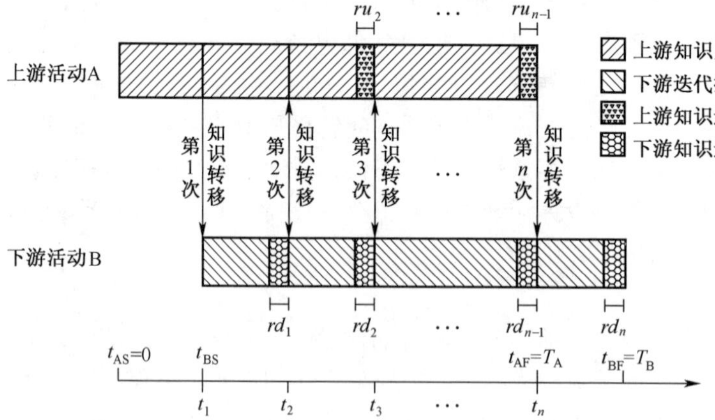

图2.7 知识转移过程

知识，信息交流后上游设计活动只用于进行知识累积，所以不存在上游知识返工时间，即 $ru_1=0$；第 i（$i=2, 3, \cdots, n-1$）次知识转移后上游知识累积时间包含上游设计活动正常知识累积时间和上游设计活动对接收到的反馈知识进行更改返工时间 ru_i；在进行第 n 次知识转移时，由于上游设计活动所需转移的知识已经全部完善，此时不再考虑下游设计活动发现上游设计活动的不完善知识而引起上游设计活动更改返工，即 $ru_n=0$。对于下游设计活动，第 i（$i=1, 2, \cdots, n$）次知识转移后下游迭代求解时间除了包含下游设计活动正常迭代执行时间，还包含因上游设计活动的不完善或错误知识而导致下游设计活动的返工时间 rd_i。

2.4.2　耦合活动重叠执行时间模型的构建

1. 知识存量函数与知识阻函数的构建

上游设计活动在开始进行工作后，随着时间的推移会不断地产生和累积产品开发方面的知识，从而形成上游设计活动的知识存量，参考文献［50］提出的知识累积率函数，定义上游设计活动的知识存量函数如下：

$$\varepsilon(t)=k\times\left(\frac{t}{T_A}\right)^{\alpha}+(1-k) \tag{2.25}$$

式中，$\varepsilon(t)$ 为上游设计活动的知识存量；t 为上游设计活动的执行时间，$0\leqslant t\leqslant T_A$；$T_A$ 为上游设计活动的预计完工时间；k 为上游设计活动知识创新度指数；α 为上游设计活动的知识累积演化路径指数，由具体活动特性所决定，为简化模型本书取 $\alpha=1$。

设计活动间在知识分享和转移过程中受到的阻碍作用称为知识阻。根据对设计活动的影响作用可以将知识阻分为知识内阻和知识外阻：知识内阻指的是设计活动内的影响因素，主要包含知识转移方因素、知识接收方因素和知识转移环境因素；知识外阻指的是设计活动外的影响因素，如企业文化和企业结构。本节将上、下游设计活动在知识转移过程中所涉及的知识阻统一用 r 表示。随着知识转移次数的逐渐增加，上、下游设计活动双方对产品开发中设计活动越来越熟悉，知识阻 r 会随着知识转移次数的增加逐渐减少，实际产品开发过程中，可能是关于知识转移次数的凸函数或凹函数。为了简化模型，借助学习曲线理论[51]来描述知识阻的减少量，则知识阻函数可表示为

$$r_i=r_1 i^{\gamma} \tag{2.26}$$

式中，i 为知识转移次数；r_i 为第 i 次知识转移时的知识阻；γ 为迭代因子，$\gamma=\ln\varphi/\ln 2$，φ 为迭代曲线的学习率。

知识转移方和知识接收方在第 1 次知识转移时的知识阻与二者之间的知识

势差存在一定关系，参考文献［52］中界面知识阻与知识位势差的函数关系，设第 1 次知识转移时的知识阻$r_1=\varepsilon(t_1)/t_1$。

2. 知识返工时间函数的构建

在知识转移过程中，知识的难易度会一定程度地影响下游设计活动的知识返工量。因为上游设计活动累积的产品相关知识越难，当传递给下游的知识存量越低时，下游的设计工作越难进行，导致下游设计活动迭代返工量随即增大。上游设计活动的知识累积量越多，转移给下游设计活动的知识也就越多，意味着下游设计活动需要做出的估计假设越少，从而知识返工量也越少。参考文献［53］中返工率函数的构建，定义下游设计活动知识返工率函数如下：

$$g(x)=\mathrm{e}\,(1-x)^{\eta} \tag{2.27}$$

式中，e 为上游设计活动的知识难易度系数，$0\leqslant e\leqslant 1$，当 $e=0$ 时说明上游设计活动转移的知识很容易，即使上游设计活动累积的知识量很少，下游设计活动也可以通过假设估计顺利地完成工作，当 $e=1$ 时说明上游设计活动转移的知识非常难，上游设计活动累积的知识还有一点未完成，下游设计活动也无法对其做出正确的假设估计，导致其返工量的增加；x 为上游设计活动知识累积存量，即式（2.25）中的知识存量 $\varepsilon(t)$，$0\leqslant x\leqslant 1$；η 为下游设计活动设计人员的技术能力指数，$\eta\geqslant 0$。

将式（2.25）代入式（2.27）可得下游设计活动的知识返工率函数 $g(t)$为

$$g(t)=ek^{\eta}\left(1-\frac{t}{T_{\mathrm{A}}}\right)^{\eta} \tag{2.28}$$

下游设计活动的知识返工时间可以用其知识返工率函数的积分形式表示，则下游知识返工时间 $T_{(rd)i}$为

$$T_{(rd)i}=\int_{t_i}^{t_{i+1}}g(t)\,\mathrm{d}t=\frac{ek^{\eta}T_{\mathrm{A}}}{\eta+1}\left[\left(1-\frac{t_i}{T_{\mathrm{A}}}\right)^{\eta+1}-\left(1-\frac{t_{i+1}}{T_{\mathrm{A}}}\right)^{\eta+1}\right] \tag{2.29}$$

如果将下游设计活动发现不完善知识或错误知识视为概率事件，那么可以将下游设计活动发现知识错误的过程假设成一个强度为$\mu(t)$的非稳态泊松过程。参考文献［54］建立关于该随机过程的数学模型：

$$\mu(t)=\mu\left[1+d\left(2\frac{t}{T_{\mathrm{A}}}-1\right)\right] \tag{2.30}$$

式中，T_{A}为上游设计活动预计完工时间，$0\leqslant t\leqslant T_{\mathrm{A}}$；$d$ 是反映上游设计活动进展速率的参数，$-1\leqslant d\leqslant 1$；μ 为平均泊松强度，一般由经验值获得。

上游设计活动的返工时间一方面取决于上游设计活动对下游设计活动反馈的错误知识的可变程度，可变程度高意味着上游设计活动会根据下游设计活动

反馈的错误知识做出较多的错误修改，从而上游设计活动返工量越多，反之则越少；另一方面，由于活动间知识转移上的耦合关系，上游设计活动因无法事先得到下游设计活动迭代所需的全部设计知识，只能在对这些知识做出估计假设的前提下开始工作，下游设计活动累积的知识越多，能反馈给上游设计活动真实有用的知识就越多，上游设计活动的返工量就越少，因此返工率函数应该是一个非递增函数，运用线性函数构建上游设计活动返工率函数：

$$f(t) = b\left(1 - \frac{t}{T_{\mathrm{B}}}\right) \tag{2.31}$$

式中，b 为上游设计活动的可变度，$0 \leqslant b \leqslant 1$；$t$ 为下游设计活动的进展度，$0 \leqslant t \leqslant T_{\mathrm{B}}$。

根据上面对上游设计活动返工时间的分析，第 i 次迭代后上游知识返工量应由下游设计活动发现错误知识的概率与上游设计活动的返工率共同决定，定义上游设计活动知识返工时间 $T_{(ru)\,i}$ 为

$$T_{(ru)i} = \begin{cases} \int_{t_i}^{t_{i+1}} f(t)\mu(t)\,\mathrm{d}t & (1 < i < n) \\ 0 & (i = 1,\ i = n) \end{cases} \tag{2.32}$$

将式（2.30）和式（2.31）代入式（2.32），可得上游设计活动知识返工时间 $T_{(ru)\,i}$ 为

$$T_{(ru)i} = \begin{cases} b\mu\left[\dfrac{-2d\Delta t}{T_{\mathrm{A}}T_{\mathrm{B}}}t_i^2 + \left(\dfrac{2d\Delta t}{T_{\mathrm{A}}} + \dfrac{d\Delta t - \Delta t}{T_{\mathrm{B}}} - \dfrac{2d\Delta t^2}{T_{\mathrm{A}}T_{\mathrm{B}}}\right)t_i + (1-d)\Delta t + \right. \\ \left.\left(\dfrac{d}{T_{\mathrm{A}}} - \dfrac{1-d}{2T_{\mathrm{B}}}\right)\Delta t^2 - \dfrac{2d}{3T_{\mathrm{A}}\mathrm{T}_{\mathrm{B}}}\Delta t^3\right] & (1 < i < n) \\ 0 & (i = 1,\ i = n) \end{cases} \tag{2.33}$$

3. 基于欧姆定律的目标决策模型的构建

在知识转移过程中，类似物理学中的欧姆定律，定义知识流强度为知识压 $U_{\mathrm{AB}}(t)$ 与知识阻 r 的比值，由此知识流强度 $I(t)$ 可表示为

$$I(t) = \frac{U_{\mathrm{AB}}(t)}{r} = \frac{\varepsilon_{\mathrm{AB}}(t) + T_{(ru)}(t)}{r} \tag{2.34}$$

将式（2.25）、式（2.26）和式（2.33）代入式（2.34），可得第 i 次知识转移中知识流强度 $I(t_i)$ 为

$$I(t_i)=\begin{cases}\left\{k\left(\dfrac{t_i}{T_A}\right)+(1-k)+b\mu\left[\dfrac{-2d\Delta t}{T_A T_B}t_i^2+\left(\dfrac{2d\Delta t}{T_A}+\dfrac{d\Delta t-\Delta t}{T_B}-\dfrac{2d\Delta t^2}{T_A T_B}\right)t_i+\right.\right.\\ \left.\left.(1-d)\Delta t+\left(\dfrac{d}{T_A}-\dfrac{1-d}{2T_B}\right)\Delta t^2-\dfrac{2d}{3T_A T_B}\Delta t^3\right]\right\}t_1\Big/\left\{\left[k\left(\dfrac{t_1}{T_A}\right)+1-k\right]i^{\gamma}\right\} \\ \qquad\qquad\qquad\qquad\qquad\qquad\qquad\qquad\qquad (1<i<n) \\ \left[k\left(\dfrac{t_i}{T_A}\right)+1-k\right]t_1\Big/\left\{\left[k\left(\dfrac{t_1}{T_A}\right)+1-k\right]i^{\gamma}\right\} \qquad (i=1,\ i=n)\end{cases} \tag{2.35}$$

类似物理学中电量的计算公式，知识转移过程中知识转移量的大小用知识流强度与知识转移时间 Δt 的乘积来表示，所以在第 i 次知识转移过程中有效知识转移量 $Q_e(t_i)$ 为

$$Q_e(t_i)=I(t_i)\times\Delta t \tag{2.36}$$

第 i 次知识转移过程中无效知识转移量 $Q_r(t_i)$ 用知识流强度与下游设计活动知识返工时间的乘积来表示，即

$$Q_r(t_i)=I(t_i)\times T_{(rd)i} \tag{2.37}$$

重叠执行模式的实质是以额外带来的返工成本为代价换取产品开发时间的缩短，因此，不能仅仅以缩短开发时间为目标而不考虑额外的返工成本，应以全局收益最大化为目标。假设将总的有效知识转移量作为下游设计活动提前介入所得的总收益，总的无效知识转移量作为付出的总成本，则下游设计活动提前介入的收益 Q_i 为

$$Q_i=Q_e(t_i)-Q_r(t_i) \tag{2.38}$$

将式（2.35）~式（2.37）代入式（2.38），可得第 i 次知识转移过程中的收益 Q_i 为

$$Q_i=\begin{cases}\left\{k\left(\dfrac{t_i}{T_A}\right)+(1-k)+b\mu\left[\dfrac{-2d\Delta t}{T_A T_B}t_i^2+\left(\dfrac{2d\Delta t}{T_A}+\dfrac{d\Delta t-\Delta t}{T_B}-\dfrac{2d\Delta t^2}{T_A T_B}\right)t_i+(1-d)\Delta t+\right.\right.\\ \left.\left.\left(\dfrac{d}{T_A}-\dfrac{1-d}{2T_B}\right)\Delta t^2-\dfrac{2d}{3T_A T_B}\Delta t^3\right]\right\}\times\left\{\Delta t-\dfrac{ek^{\eta}T_A}{\eta+1}\left[\left(1-\dfrac{t_i}{T_A}\right)^{\eta+1}-\right.\right. \\ \left.\left.\left(1-\dfrac{t_{i+1}}{T_A}\right)^{\eta+1}\right]\right\}t_1\Big/\left\{\left[k\left(\dfrac{t_1}{T_A}\right)+1-k\right]i^{\gamma}\right\} \qquad (1<i<n) \\ \left[k\left(\dfrac{t_i}{T_A}\right)+1-k\right]\times\left\{\Delta t-\dfrac{ek^{\eta}T_A}{\eta+1}\left[\left(1-\dfrac{t_i}{T_A}\right)^{\eta+1}-\left(1-\dfrac{t_{i+1}}{T_A}\right)^{\eta+1}\right]\right\}t_1\Big/\left\{\left[k\left(\dfrac{t_1}{T_A}\right)+\right.\right. \\ \left.\left.1-k\right]i^{\gamma}\right\} \qquad\qquad\qquad\qquad (i=1,\ i=n)\end{cases} \tag{2.39}$$

由式（2.39）可得，上、下游设计活动在重叠期间内的全局收益为

$$H = \sum_{i=1}^{n} Q_i \tag{2.40}$$

由此将上述问题转化为如下优化模型：

$$\max(H) = \sum_{i=1}^{n} Q_i$$

$$\text{s.t.}\begin{cases} t_i > t_{i-1} + T_{(rd)\ i-1} \\ 0 \leqslant t_1 \leqslant T_{\mathrm{A}} \\ t_1 \leqslant t_i \leqslant T_{\mathrm{A}} \\ i = 1,\ 2,\ 3,\ \cdots,\ n \end{cases} \tag{2.41}$$

2.4.3　基于 MATLAB 仿真优化求解

运用数学解析法对耦合活动重叠执行模型进行求解时，计算过程不但复杂，且表述也不够直观，而仿真优化方法能简化数学计算，并能有效描述模型中的动态变量以及对动态变量进行仿真模拟。因此，本小节采用 MATLAB 仿真求解方法对耦合活动重叠执行的时间模型进行求解。假设上、下游设计活动的执行周期均为整数，取时间步长 step = 1 d，首先设定下游设计活动初始执行状态：$t_{\mathrm{BS}}=t_{\mathrm{AS}}$（完全并行），$t_{\mathrm{BS}}=t_{\mathrm{AS}}+\mathrm{step}$，$t_{\mathrm{BS}}=t_{\mathrm{AS}}+2\mathrm{step}$，…，$t_{\mathrm{BS}}=t_{\mathrm{AF}}$（完全串行），根据下游设计活动不同的介入时间分别计算出不同初始状态下的参数，然后运用 MATLAB 对使全局收益最大化的下游设计活动介入时间和知识转移次数进行优化。具体仿真优化步骤如下：

步骤 1：设定知识转移总次数 n 的取值范围集合 $A = \{n_1,\ n_2,\ n_3,\ \cdots,\ n_n\}$，令其初始值 $n = n_1$。

步骤 2：初始化变量，全局收益 $H=0$，下游设计活动开始时间 $t_1=0$，时间步长 step = 1，知识转移次数 $i=1$。

步骤 3：计算每次知识转移后获得的收益 Q_i，更新全局收益 $H=H+Q_i$。

步骤 4：启动仿真进程，$i=i+1$。若满足条件 $i\leqslant n$，直接转步骤 3，否则转步骤 5。

步骤 5：计算全局收益 H 的值，并将其值存入结果矩阵 $\boldsymbol{R}$，令 $t_1=t_1+1$。

步骤 6：判断重叠执行循环部分是否结束，若满足条件 $t_1 \leqslant T_{\mathrm{A}}$，则直接转步骤 4；否则，令 $n=n+1$，转步骤 7。

步骤 7：判断是否满足仿真结束条件，若满足条件 $n \in A$，则转步骤 6，否则转步骤 8。

步骤 8：仿真过程完成，输出结果矩阵 $\boldsymbol{R}$。

如图 2.8 所示，将上述步骤转换成仿真过程流程图。

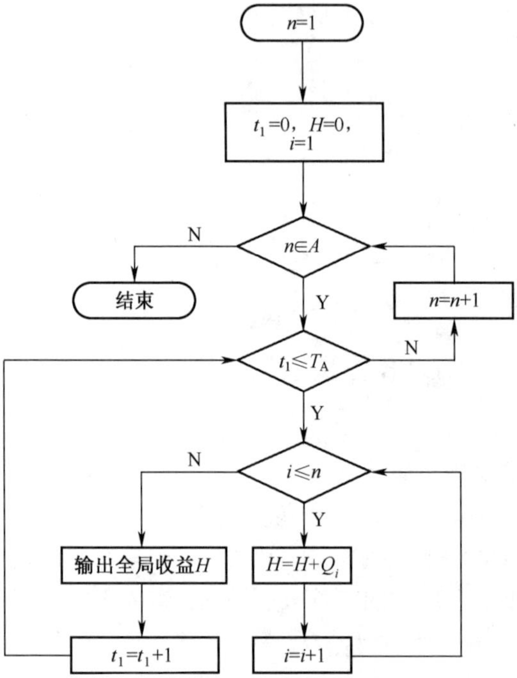

图 2.8　仿真过程流程图

2.4.4　实例分析

本小节以某型号摩托车发动机为例说明该模型的应用[55]。该摩托车发动机的开发项目主要包含两个设计活动：上游设计活动 A（发动机的设计研发）与下游设计活动 B（发动机的生产制造）。上游设计活动主要负责发动机的概念和结构等系统性能设计，上游设计活动的研发人员工作一段时间后将累计的知识传递给下游设计活动，下游设计活动的技术人员得到上游设计活动提供的生产相关知识后开始对发动机进行生产制造。在发动机的研发生产过程中，上游设计活动 A 与下游设计活动 B 会进行多次信息交流以传递发动机研发相关知识，下游设计活动 B 根据上游设计活动 A 提供的设计知识进行生产制造，在制造过程中如果发现不合理的生产知识就会反馈给上游设计活动 A，上游设计活动 A 得到反馈的信息后再对相关设计知识进行修改并将修正的知识再次传递给下游设计活动 B，如此反复直到整个发动机研发过程结束。

在发动机研发的设计方案通过审批后，通过对发动机研发的相关人员进行问卷调查，结合专家以往类似设计经验对模型涉及的参数值进行评估，得到发动机研发的相关参数如表 2.3 所示。

表 2.3　发动机研发的相关参数

参数	取值
上游设计活动知识创新度指数 k	0.35
上游设计活动预计完工时间 T_A	30 d
下游设计活动预计完工时间 T_B	35 d
迭代因子 γ	−0.3
上游设计活动知识难易度系数 e	0.55
下游设计活动技术能力指数 β	1
上游设计活动进展速率参数 d	−0.4
平均泊松强度 u	0.4
上游设计活动的可变度 m	0.3

下游设计活动的介入时间和知识转移次数是影响全局收益的两个原因，为了寻找最佳的下游设计活动的介入时间和知识转移次数 n，应尽可能多地计算出不同参数组合对应的全局收益，但为了仿真结果图表达更加简洁明了，本例取 $10 \leqslant n \leqslant 20$，最终根据仿真结果数据和产品开发实际情况确定 n 的取值。在仿真过程中本例只考虑重叠执行情况，即 t_1 的取值范围为 $1 \leqslant t_1 \leqslant 29$，以上述案例为基础在 MATLAB 进行仿真计算的结果如图 2.9 所示。

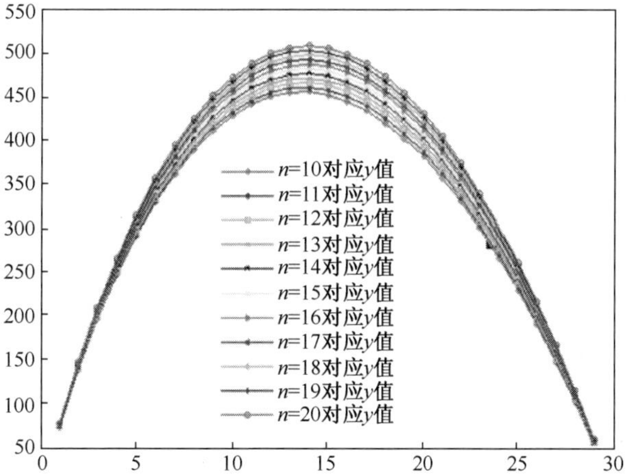

图 2.9　仿真结果

由图 2.9 可知，随着知识转移次数 n 的取值不断增大，上、下游设计活动交流次数增多，每次知识转移过程中下游设计活动从上游设计活动获得的不完善知识或错误知识相对减少，从而使下游设计活动迭代返工时间逐渐减少，而全局收益逐渐增大，从该模型中可以看出 n 的取值越大越好，但是实际情况中考虑信息交流成本及工作协调等因素的影响。为了更准确地分析下游设计活动介入时间对全局收益的影响，从仿真结果中提取 $n=15$ 对应的下游设计活动介入时间 t_1 与全局收益 H 的数据，如表 2.4 所示。

表 2.4　$n=15$ 对应的仿真数据

t_1	H	t_1	H	t_1	H
1	74.80	11	465.05	21	382.15
2	141.94	12	475.04	22	353.30
3	201.87	13	480.64	23	320.97
4	255.01	14	481.98	24	285.20
5	301.76	15	479.22	25	246.04
6	342.44	16	472.47	26	203.50
7	377.39	17	461.83	27	157.62
8	406.87	18	447.40	28	108.40
9	431.16	19	429.27	29	55.85
10	450.48	20	407.50		

由表 2.4 可知，当下游设计活动介入时间不断增大时，全局收益先增大后减少，当下游设计活动介入时间 $t_1=14$ d 时，全局收益 $H=481.98$ 达到最大。因此，对于该实例中最佳的解决方案就是当上游设计部门进行 14 d 后，下游制造部门开始介入，并和上游设计部门一起作业。

小结：本节基于知识欧姆定律的概念对产品开发中两个串行耦合活动的重叠执行特性进行了分析，建立了上游设计活动知识存量函数和知识转移过程中知识阻函数及知识流强度函数，分别构建了上游设计活动和下游设计活动的知识返工率函数，并以此计算出上、下游设计活动的知识返工时间。在此基础上，构造了基于全局收益最大化的耦合活动重叠时间模型，运用 MATLAB 采用仿真方法对该模型进行求解。最后结合实例分析，求出了使全局收益最大化的下游设计活动最佳介入时间。结果表明，本节提出的方法对产品开发过程中耦合活动重叠执行模式合理规划和科学指导有一定的参考作用，验证了该方法的有效性和可行性。

2.5　基于聚类分析的大容量耦合设计任务规划

2.5.1　聚类分析用于耦合设计任务分类的可行性分析

聚类（clustering）是一种寻找数据之间内在结构的技术。聚类把全体数据实例组织成一些相似组，而这些相似组称作簇。处于相同簇中的数据实例彼此相同，处于不同簇中的实例彼此不同。

数据之间的相似性是通过定义一个距离或者相似性系数来判别的。图 2.10表示一个按照数据对象之间的距离进行聚类的示例，距离相近的数据对象被划分为一个簇。

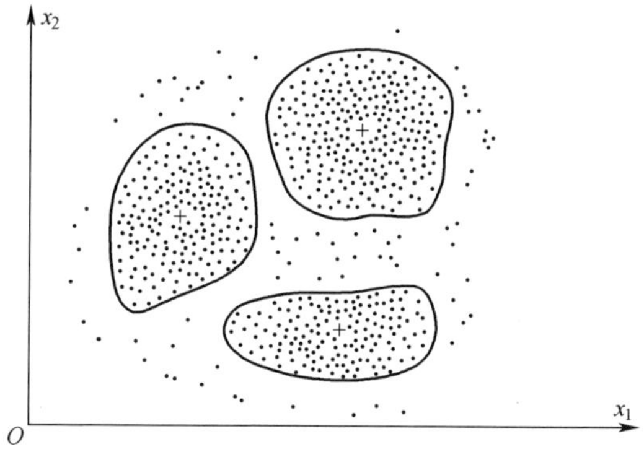

图 2.10　聚类分析示意图

聚类分析（cluster analysis）可以应用在数据预处理过程中，对于复杂结构的多维数据可以通过聚类分析的方法对数据进行聚集，使复杂结构数据标准化。聚类分析还可以用来发现数据项之间的依赖关系，从而去除或合并有密切依赖关系的数据项。聚类分析也可以为某些数据挖掘方法（如关联规则、粗糙集方法）提供预处理功能。

基于聚类分析的大容量耦合设计任务规划方法的思想是：将大容量耦合设计任务集划分成若干小容量耦合设计任务子集，通过对各个任务数少的子任务集的规划实现对整个设计任务的快速规划。目前，任务的划分通常涉及划分、割裂、联合、聚类[56]这 4 种方法，聚类分析算法的优势在于它是一种探索性的分析，在分类的过程中，不需要事先指定分类的标准，能够从反映样本之间相似性的数据出发，自动对样本进行分类，并且可以根据需求灵活地控制类的数量[57]。

为了对样品进行聚类分析，就需要得到表征衡量样品之间相似性的数据。聚类分析以相似系数将样本之间的相似关系量化。若用 s_{ij} 表示样品 i 和样品 j 之间的相似系数，则应满足

$$\begin{cases} 0 \leqslant s_{ij} \leqslant 1，且\ s_{ii} = 1 \\ s_{ij} = s_{ji} \end{cases} \tag{2.42}$$

性质越接近的样品，它们的相似系数的值越接近 1；而彼此越无关的样品，它们的相似系数的值越接近于 0。度量 n 个设计任务两两之间的相似性，就可以得到一个 $n \times n$ 维的相似系数矩阵 $\boldsymbol{S}$：

$$\boldsymbol{S} = \begin{bmatrix} 1 & s_{12} & \cdots & s_{1n} \\ s_{21} & 1 & \cdots & s_{2n} \\ \vdots & \vdots & & \vdots \\ s_{n1} & s_{n2} & \cdots & 1 \end{bmatrix} \tag{2.43}$$

聚类分析就是以相似矩阵 $\boldsymbol{S}$ 为出发点，对 n 个样品进行分类的。分类之后的样品之间存在类内、类间两种关系。类内关系的样品之间存在相对较强的相似性，而类间关系的样品之间则存在相对较弱的相似性。

设计任务之所以产生耦合，是因为任务之间存在信息依赖。这种依赖关系使设计过程出现反复与迭代，伴随这种迭代反复的是设计任务间频繁的信息交互[15]。因此，为了保证耦合设计任务的顺利开展，需要对任务间在信息上的依赖关系进行量化。通常采用耦合强度表征两个任务之间的依赖关系，如 $p_{(\text{o})ij}$ 表示任务 j 输出对任务 i 输出的耦合强度，而 $p_{(\text{o})ji}$ 则表示任务 i 输出对任务 j 输出的耦合强度，它们满足：

$$\begin{cases} 0 \leqslant p_{(\text{o})ij} \leqslant 1，且\ p_{(\text{o})ii} = 1 \\ 0 \leqslant p_{(\text{o})ij} + p_{(\text{o})ji} \leqslant 1(i \neq j) \end{cases} \tag{2.44}$$

n 个设计任务存在的信息依赖关系可用一个 $n \times n$ 维的耦合强度矩阵 $\boldsymbol{P}_{(\text{o})}$ 表示：

$$P_{(\text{o})} = \begin{bmatrix} 1 & p_{(\text{o})12} & \cdots & p_{(\text{o})1n} \\ p_{(\text{o})21} & 1 & \cdots & p_{(\text{o})2n} \\ \vdots & \vdots & & \vdots \\ p_{(\text{o})n1} & p_{(\text{o})n2} & \cdots & 1 \end{bmatrix} \tag{2.45}$$

定义 $F_{ij} = p_{(\text{o})ij} + p_{(\text{o})ji}(i \neq j)$，它表示任务 i 与任务 j 之间的耦合度。计算任意两个不同任务之间的耦合度，并定义相同任务之间的耦合度为 1，即得到

耦合设计任务集的耦合度矩阵 $\boldsymbol{F}$：

$$\boldsymbol{F}=\begin{bmatrix} 1 & F_{12} & \cdots & F_{1n} \\ F_{21} & 1 & \cdots & F_{2n} \\ \vdots & & & \vdots \\ F_{n1} & F_{n2} & \cdots & 1 \end{bmatrix} \tag{2.46}$$

其中，F_{ij}满足

$$\begin{cases} 0 \leqslant F_{ij} \leqslant 1 \text{ 且 } F_{ii}=1 \\ F_{ij}=F_{ji} \end{cases} \tag{2.47}$$

F_{ij}数值越大，任务 i 与任务 j 之间的依赖关系越紧密，即表明两个任务之间存在较强的相似性；相反，F_{ij}数值越小，表明两个任务之间存在较弱的相似性。所以 F_{ij} 数值大小也是对耦合设计任务相似关系强弱的一种度量。另外，比较式（2.42）、式（2.47）可知，耦合度矩阵 $\boldsymbol{F}$ 与相似系数矩阵 $\boldsymbol{S}$ 的元素的取值范围是一致的，因此，通过反映耦合设计任务依赖关系的耦合度矩阵 $\boldsymbol{F}$ 对耦合设计任务进行聚类分析，进而实现耦合设计任务的有效分类是可行的。

类似地，聚类分析后的耦合设计任务之间也会存在两种关系：同一子集的任务关系，不同子集的任务关系。同一子集的设计任务之间耦合度相对较高，不同子集的设计任务之间耦合度相对较低。因此，耦合度较高的同一子集的设计任务采用串行执行的方式，而不同子集间由于耦合度较低，各个设计任务会尽可能地独立于其他子集，有利于在设计过程中应用并行执行的方式来缩短开发周期。另外，对于 n 个设计任务，分配给 m 个设计团队，若按照串行耦合方式执行，有效的执行序列方案总共有 $m^n \times n!$，数量十分庞大。聚类分析通过将耦合设计任务进行有效的分类，实际上是将大容量耦合设计任务集的规划问题转化为小容量耦合设计任务子集的规划问题，相当于减少了设计任务 n 的个数，从而可以有效地减少规划方案的数量。

2.5.2　基于聚类分析的耦合设计任务分类

在进行聚类分析前，需要将设计任务之间的相似性参数转换成设计任务之间的距离参数。设计任务之间的距离与设计任务之间的相似性具有相反的物理意义，两个设计任务之间的距离越近，则表明两个设计任务越相似；反之，则表明越疏远。整个设计中两两任务之间的距离通过 $n \times n$ 维的距离矩阵 $\boldsymbol{J}$ 进行描述，其元素 j_{ij}表示任务 i 与 j 之间的距离，是一个无量纲的量。距离矩阵 $\boldsymbol{J}$ 与相似系数矩阵 $\boldsymbol{S}$ 存在如下关系：

$$\boldsymbol{J}=\boldsymbol{E}-\boldsymbol{S} \tag{2.48}$$

式中，$\boldsymbol{E}$ 为 $n \times n$ 维的全 1 矩阵。

通过 2.5.1 小节的分析，本节以耦合度矩阵 $\boldsymbol{F}$ 来表示任务之间的相似性，通过式（2.48）得到耦合设计任务的距离矩阵 $\boldsymbol{J}$，并据此来对大容量耦合设计任务集进行聚类分析。

另外，聚类前还需要定义类间距离的计算方法，类与类之间距离定义方法的不同，决定了不同的聚类方法。本节采用类平均法，定义两类之间的距离为这两类元素两两之间距离的平均，即

$$J_{pq} = \frac{1}{n_p n_q} \sum_{i \in G_p} \sum_{j \in G_q} j_{ij} \tag{2.49}$$

式中，p、q 表示类的编号；J_{pq} 表示类 G_p 与 G_q 之间的距离；j_{ij} 表示任务 i 与 j 之间的距离，任务 i、j 分别属于类 G_p、G_q；n_p、n_q 分别表示类 G_p、G_q 中设计任务的数量。

耦合设计任务的聚类过程可描述如下：

（1）根据式（2.48）并结合耦合度矩阵 $\boldsymbol{F}$ 计算得到耦合设计任务的距离矩阵 $\boldsymbol{J}$，设为 $\boldsymbol{J}_{(0)}$，并将 n 个设计任务各自成一类，分别为类 G_1、类 G_2、…、类 G_n。

（2）找出 $\boldsymbol{J}_{(0)}$ 的下三角非对角线最小元素，将对应的 G_p 和 G_q 合并成一个新类，设为 G_r，$G_r = \{G_p, G_q\}$，在 $\boldsymbol{J}_{(0)}$ 中去掉 G_p、G_q 所在的行和列，并通过式（2.49）计算新类与其余各类之间的距离，将这些距离值作为第一行、第一列元素与 $\boldsymbol{J}_{(0)}$ 中去掉 G_p、G_q 所在行列后的矩阵结合，得到 $n-1$ 阶矩阵 $\boldsymbol{J}_{(1)}$。对 $\boldsymbol{J}_{(1)}$ 重复上述对 $\boldsymbol{J}_{(0)}$ 的操作，得到 $\boldsymbol{J}_{(2)}$，如此进行，直到所有任务并成一类为止。

（3）作出体现整个耦合设计任务分类过程的聚类树状图。

（4）根据任务规划需求，确定设计任务的分类数量。

下面以一个简单的 5×5 耦合设计任务集来分析说明采用类平均聚类分析方法划分耦合设计任务集的计算步骤。设表示这 5 个设计任务之间耦合强度关系的耦合强度矩阵 $\boldsymbol{P}_{(o)}$ 如下：

$$\boldsymbol{P}_{(o)} = \begin{array}{c} \\ 1 \\ 2 \\ 3 \\ 4 \\ 5 \end{array} \begin{array}{c} \begin{array}{ccccc} 1 & 2 & 3 & 4 & 5 \end{array} \\ \begin{bmatrix} 1 & 0.04 & 0.15 & 0.20 & 0.30 \\ 0.06 & 1 & 0.08 & 0.30 & 0.40 \\ 0.10 & 0.07 & 1 & 0.23 & 0.15 \\ 0.40 & 0.20 & 0.12 & 1 & 0.10 \\ 0.50 & 0.30 & 0.40 & 0.10 & 1 \end{bmatrix} \end{array}$$

以耦合度度量任意两个任务之间的相似性，根据式（2.44），得到一个

5×5维的相似系数矩阵 $\boldsymbol{S}_{(0)}$：

$$\boldsymbol{S}_{(0)}=\begin{array}{c} \\ 1\\2\\3\\4\\5\end{array}\begin{array}{c}\begin{array}{ccccc}1 & 2 & 3 & 4 & 5\end{array}\\ \begin{bmatrix}1 & 0.10 & 0.25 & 0.60 & 0.80\\ 0.10 & 1 & 0.15 & 0.50 & 0.70\\ 0.25 & 0.15 & 1 & 0.35 & 0.55\\ 0.60 & 0.50 & 0.35 & 1 & 0.20\\ 0.80 & 0.70 & 0.55 & 0.20 & 1\end{bmatrix}\end{array}$$

根据式（2.49），计算得到设计任务的距离矩阵 $\boldsymbol{J}$，记为 $\boldsymbol{J}_{(0)}$：

$$\boldsymbol{J}_{(0)}=\begin{array}{c} \\ 1\\2\\3\\4\\5\end{array}\begin{array}{c}\begin{array}{ccccc}1 & 2 & 3 & 4 & 5\end{array}\\ \begin{bmatrix}0 & 0.90 & 0.75 & 0.40 & 0.20\\ 0.90 & 0 & 0.85 & 0.50 & 0.30\\ 0.75 & 0.85 & 0 & 0.65 & 0.45\\ 0.40 & 0.50 & 0.65 & 0 & 0.80\\ 0.20 & 0.30 & 0.45 & 0.80 & 0\end{bmatrix}\end{array}$$

将 5 个设计任务各自成一类，分别为类 G_1、G_2、G_3、G_4、G_5。通过观察，$\boldsymbol{J}_{(0)}$ 下三角非对角元素中，第 5 行第 1 列元素的数值最小，那么将 G_1、G_5 合并成一个新类，记为 G_6，$G_6=\{G_1, G_5\}$。根据式(2.49)，计算新类 G_6 与其他类的距离：

$$J_{62}=\frac{j_{21}+j_{52}}{n_6\times n_2}=\frac{0.9+0.3}{2\times 1}=0.6$$

$$J_{63}=\frac{j_{31}+j_{53}}{n_6\times n_3}=\frac{0.75+0.45}{2\times 1}=0.6$$

$$J_{64}=\frac{j_{41}+j_{54}}{n_6\times n_4}=\frac{0.4+0.8}{2\times 1}=0.6$$

得到一个新 4×4 维相似性距离矩阵 $\boldsymbol{J}_{(1)}$ 如下：

$$\boldsymbol{J}_{(1)}=\begin{array}{c} \\ 6\\2\\3\\4\end{array}\begin{array}{c}\begin{array}{cccc}6 & 2 & 3 & 4\end{array}\\ \begin{bmatrix}0 & 0.60 & 0.60 & 0.60\\ 0.60 & 0 & 0.85 & 0.50\\ 0.60 & 0.85 & 0 & 0.65\\ 0.60 & 0.50 & 0.65 & 0\end{bmatrix}\end{array}$$

从 $\boldsymbol{J}_{(1)}$ 可以看出类 G_2、G_4 之间的距离最小，因此将 G_2、G_4 合并成 G_7，$G_7=\{G_2, G_4\}$。同样地，根据式(2.49) 计算新类 G_7 与其他类的距离：

$$J_{76}=\frac{d_{21}+d_{41}+d_{54}+d_{52}}{n_7\times n_6}=\frac{0.9+0.4+0.8+0.3}{2\times 2}=0.6$$

$$J_{73}=\frac{d_{32}+d_{43}}{n_7\times n_3}=\frac{0.85+0.65}{2\times 1}=0.75$$

进而得到3×3维的距离矩阵$\boldsymbol{J}_{(2)}$：

$$\boldsymbol{J}_{(2)}=\begin{array}{c}7\\6\\3\end{array}\overset{\begin{array}{ccc}7 & 6 & 3\end{array}}{\begin{bmatrix}0 & 0.60 & 0.75\\0.60 & 0 & 0.60\\0.75 & 0.60 & 0\end{bmatrix}}$$

从$\boldsymbol{J}_{(2)}$可以看出类G_6、G_3距离最小，合并为新类G_8，$G_8=\{G_6, G_3\}=\{G_1, G_5, G_3\}$，至此只剩下类$G_8$、$G_7$，它们之间的距离为

$$\begin{aligned}J_{87}&=\frac{d_{21}+d_{52}+d_{23}+d_{41}+d_{43}+d_{54}}{n_3\times n_2}\\&=\frac{0.9+0.3+0.85+0.4+0.65+0.8}{3\times 2}\\&=0.65\end{aligned}$$

最后，将G_8、G_7合成一类G_9，G_9包含了全部5个设计任务，作出聚类树状图，如图2.11所示。

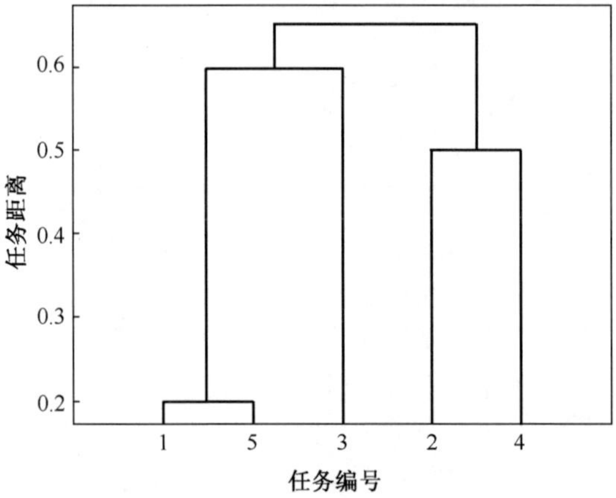

图2.11　设计任务聚类树状图

根据上述分析，实例中的5个设计任务通过聚类分析后可以分为以下情况：5类—— {1}、{2}、{3}、{4}、{5}；4类—— {1, 5}、{3}、{2}、{4}；3类—— {1, 5}、{3}、{2, 4}；2类—— {1, 5, 3}、{2, 4}；甚至仅为1类—— {1, 2, 3, 4, 5}。不同的分类方式下对应的耦合设计任务的规划方案不同，项目管理人员可通过比较不同分类方式下的任务执行周期长短

来决定最终的分类数量。

2.5.3　基于聚类分析的耦合设计任务的规划方法

耦合设计任务的规划包括确定设计任务的团队分配和执行顺序两方面内容。无论是否通过聚类分析解决大容量耦合设计任务的规划问题，都需要建立耦合设计任务的时间计算模型，再通过求解该模型得到最佳耦合设计任务规划方案。整个耦合设计任务的执行时间包含子集内部任务执行时间与各子集间任务的交互时间。

1. 子集内部设计任务时间求解模型的建立及求解

假设通过聚类分析将含有 n 个设计任务的大容量耦合设计任务划分成 p 个子集（$1 \leqslant p \leqslant n$）。聚类分析后的每个子耦合设计任务集都对应了一个 WTM，用 W 表示，以任务子集 p_1 对应的 $\boldsymbol{W}_{p1}$ 为例进行说明。设 n_{p1} 为子集 p_1 包含的设计任务的个数，根据 1.2.2 小节的分析可知：$\boldsymbol{W}_{p1}$ 可以拆分成两个单独的 $n_{p1} \times n_{p1}$ 维的数值矩阵——返工量矩阵 $\boldsymbol{R}_{p1}$（非对角矩阵）和任务周期矩阵 $\boldsymbol{Z}_{p1}$（对角矩阵）[58]，即 $\boldsymbol{W}_{p1} = \boldsymbol{R}_{p1} + \boldsymbol{Z}_{p1}$。根据 2.5.1 小节的分析可知，任务耦合程度的大小体现了设计任务依赖关系的强弱。从矩阵元素的性质方面考虑，可以将任务返工量矩阵 $\boldsymbol{R}$ 视为耦合强度矩阵 $\boldsymbol{P}_{(o)}$。

$\boldsymbol{Z}_{p1}$ 的元素 $(z_{p1})_{ii}$ 表示任务 i 单独完成的执行周期，取决于设计任务的团队分配。事实上，由于返工迭代引起的设计周期的延长只占耦合设计任务总设计周期的一小部分，总时间的长短更多取决于初始执行周期的大小，所以为了缩短产品研发时间，只需将任务分配给执行该设计任务花费时间最少的设计团队即可，由此可以确定耦合设计任务的执行周期矩阵 $\boldsymbol{Z}_{p1}$。

在任务分配方案确定，亦即任务执行周期矩阵 $\boldsymbol{Z}_{p1}$ 确定的基础上，根据多阶段 WTM_{p1} 推断出 p_1 中的第 i 个设计任务的执行周期 T_i 为

$$T_i = \| (\boldsymbol{Z}_{p1}) \; [\boldsymbol{I} - \boldsymbol{K}_i(\boldsymbol{R}_{p1})\boldsymbol{K}_i]^{-1}(\boldsymbol{K}_i - \boldsymbol{K}_{i-1})\boldsymbol{U}_{p1} \|_1 \qquad (2.50)$$

式中，$\boldsymbol{I}$ 为 $n_{p1} \times n_{p1}$ 维的单位矩阵；$\boldsymbol{U}_{p1}$ 为初始工作量矩阵，是一个 $n_{p1} \times 1$ 维的全 1 矩阵；$\boldsymbol{K}_i$ 为第 1 阶段的任务分布矩阵，是一个 $n_{p1} \times n_{p1}$ 维的 $\{0, 1\}$ 布尔矩阵，其中的元素定义为

$$(k_i)_{ab} = \begin{cases} 1, & a = b \text{ 且 } a,\ b \in \{a,\ b \mid a,\ b \leqslant n,\ a,\ b \in \mathbf{N}^+\} \\ 0 \end{cases},\quad i = 1,\ 2,\ \cdots,\ n \qquad (2.51)$$

则子任务集 p_1 中的所有设计任务在串行执行模式下的时间计算模型 T_{p1} 为

$$T_{p1} = \sum_{i=1}^{n_{p1}} T_i \qquad (2.52)$$

同理，建立其他子任务集的时间求解模型 T_{p2}，T_{p3}，…，T_{pp}。

由于各子集间的耦合度较低，所有子任务集采用并行执行方式，因此在各子任务集独立并行阶段，设计任务的执行周期 T_1 取决于执行时间最长的子任务集的设计时间，即

$$T_1 = \max\{T_{p1}, T_{p2}, \cdots, T_{pp}\} \tag{2.53}$$

在任务分配方案确定的基础上，耦合设计子任务集的规划就只包含如何确定设计任务的执行顺序这一内容。对于分别包含了 n_{p1}，n_{p2}，…，n_{pp} 个设计任务的子任务集 p_1，p_2，…，p_p，在任务分配方案确定的基础上，有效的规划方案仍分别有 $(n_{p1})!$，$(n_{p2})!$，…，$(n_{pp})!$ 种之多，因此，需要采用有效的寻优算法从这些方案中找出最佳的任务规划方案。考虑到遗传算法在一些离散优化问题得到非常有效的应用[33]，因此本章采用遗传算法求解时间模型，用以解决串行耦合集设计任务的执行顺序的寻优问题。

耦合设计任务每一个执行序列在遗传算法中都对应了一个编码的染色体，任务个数用染色体的长度来表示，任务编号对应每个编码位。例如，有 6 个设计任务的耦合任务集 {1，2，3，4，5，6}，则 | 2 | 5 | 6 | 3 | 1 | 4 | 就是一个合法的染色体，它表示在串行执行模式下，任务将按照该染色体确定的顺序 2→5→6→3→1→4 执行。利用遗传算法对执行序列寻优的具体过程如下：首先，准备一批表示起始搜索点的初始任务规划方案 G，利用选择、交叉、变异 3 种方式对这个初始群体 P 进行遗传操作，实现执行序列的优化，得到新一代群体 $G+1$。然后遗传算法会依据适应度函数对新一代种群进行评价，并判断终止条件，若不满足终止条件，则重复以上过程进行迭代计算；若满足终止条件，则输出最佳的任务执行序列以及该序列下任务的执行时间。

2. 子集间设计任务时间计算模型的建立及求解

上述关于时间模型的建立及其求解仅解决了子集内部设计任务的规划和时间求解问题，通过 2.5.1 小节的分析可知，对耦合设计任务进行聚类分析时，各子集间的耦合关联并没有完全消除，因此各子集的设计过程之间也必然产生迭代求解过程。故存在一个 $p \times p$ 维的反映子集间的耦合设计关系和子集任务执行周期的工作转移矩阵 $\boldsymbol{W}_p$，同样，$\boldsymbol{W}_p$ 包含返工量矩阵 $\boldsymbol{R}_p$ 和任务周期矩阵 $\boldsymbol{Z}_p$ 两部分的信息，其中，$\boldsymbol{R}_p$ 中的元素可通过式（2.48）、式（2.49）计算得到；$\boldsymbol{Z}_p$ 对角元素 $(z_p)_{ii}$ 即为上述分析计算得到的每个子集的最优任务分配方案下的任务执行时间。由于子集间设计任务耦合度低，因此，是在项目开发过程中应用并行执行的方式。

各子集间在并行耦合设计任务执行过程中，每一次返工工作产生的设计时间由一个 $p \times 1$ 维的时间矩阵 $\boldsymbol{T}_i$ 表示。

$$T_i = Z_p \times (R_p^i \times U_0) \tag{2.54}$$

式中，R_p^i 表示返工量矩阵 R_p 的 i 次幂；U_0 为初始工作量矩阵，是一个 $p \times 1$ 维的全 1 列矩阵。

由于各个子集任务之间是并行执行的关系，由 2.3.2 小节可知，子集间耦合设计任务总执行时间为每次最长返工时间的累加。

$$T_2 = \sum_{i=0}^{M} \max(T_i) = \sum_{i=0}^{M} [Z_p \times (R_p^i \times U_0)] \tag{2.55}$$

式中，M 为设计人员根据任务是否达到设计要求而确定的返工次数。运用流行的 MATLAB 语言编制求解式（2.55），得到各个子任务之间耦合设计时间。

3. 整个设计任务执行时间的确定

整个设计过程的执行周期 T 包含两部分：一部分是子集内部任务执行时间，另一部分是子集间任务交互时间。根据建立的时间计算模型式（2.53）、式（2.55），分别求出这两部分时间，再进行求和，即

$$T = T_1 + T_2 \tag{2.56}$$

若不对耦合设计任务进行聚类分析，直接对整个耦合设计任务集按照串行方式执行，类比式（2.50），项目的总时间为

$$T_3 = \| Z[I - KRK]^{-1}(K - K_{n-1})U_0 \|_1 \tag{2.57}$$

式中，R、Z 分别为整个设计任务的返工量矩阵和执行周期矩阵；K 为 $n \times n$ 维任务分布矩阵。

该模型也采用遗传算法求解，然而遗传算法并不能很好地解决大规模计算量问题，它很容易陷入“早熟”[59]。也就是说，若直接对 n 个串行执行的耦合设计任务的最佳执行序列进行寻优，由于有效的执行序列高达 $n!$ 种，有可能还没有得到最佳执行序列，遗传算法就已经给出了结果。通过引入聚类分析方法，可以有效地减少耦合集内设计任务的个数，对应用遗传算法确定设计任务的执行顺序是有利的。

2.5.4　实例分析

机械手属于典型的多学科复杂产品，为满足产品的各项功能和性能，通常采用模块化研究技术按功能和需求对机械手的组成进行划分，提高机械手的使用灵活性，简化安装和维护[59]，这是目前个性化机械手成本低、质量高、交货期短的主要原因之一。然而在研发阶段，机械手的每一组成部分的设计都存在大量的耦合关系[60]，因此又制约着机械手的设计周期，从而影响其交货期。

本小节以某机械手的规划和研发过程为例，对聚类分析解决大容量耦合设计任务的规划的可行性和有效性进行分析[61]。该机械手的研发过程经过简化

处理后得到一个 15×15 维的耦合设计任务系统。将这 15 个耦合设计任务分配给设计团队，确定各个设计任务的开发时间，得到 **W** 矩阵如下：

	A	B	C	D	E	F	G	H	I	J	K	L	M	N	O
A	30	0	0	0. 131	0	0	0. 185	0	0	0. 131	0	0. 050	0	0	0
B	0. 102	45	0. 140	0. 212	0. 161	0	0	0	0	0. 068	0	0. 081	0. 203	0	0
C	0. 030	0. 137	50	0. 125	0. 109	0	0	0	0	0	0	0. 094	0. 224	0	0
D	0	0. 186	0	25	0. 034	0	0	0	0. 185	0. 127	0	0. 173	0	0. 218	0. 218
E	0. 101	0	0. 075	0. 080	10	0	0. 172	0. 151	0	0	0	0. 080	0	0	0
F	0. 107	0	0	0	0	20	0. 110	0. 160	0	0	0. 132	0. 080	0. 068	0	0. 061
G	0	0. 121	0. 177	0	0. 113	0. 164	20	0. 216	0. 015	0. 232	0	0. 142	0. 222	0	0. 200
H	0. 105	0. 100	0. 110	0. 111	0. 113	0. 105	0. 095	35	0. 093	0	0	0	0	0	0
I	0. 102	0	0	0	0. 120	0	0	0. 182	40	0. 103	0	0	0	0	0
J	0. 015	0	0. 39	0	0	0	0	0	0. 153	55	0	0. 136	0	0. 253	0
K	0. 033	0	0	0. 150	0. 150	0. 112	0	0	0	0. 219	30	0	0	0. 173	0
L	0. 112	0. 145	0	0	0. 195	0	0. 370	0	0. 219	0	0	45	0	0	0
M	0. 120	0. 124	0	0	0	0. 294	0. 191	0	0. 090	0	0	0. 032	55	0	0. 232
N	0. 101	0. 162	0	0	0	0	0	0	0. 201	0	0	0. 057	0	10	0. 154
O	0. 020	0	0. 050	0. 116	0	0. 301	0	0	0	0	0	0	0	0	20

按照 2. 5. 2 小节给出的耦合设计任务集聚类分析的一般步骤，对该耦合任务集进行聚类分析，得到的机械手设计任务聚类树状图如图 2. 12 所示。

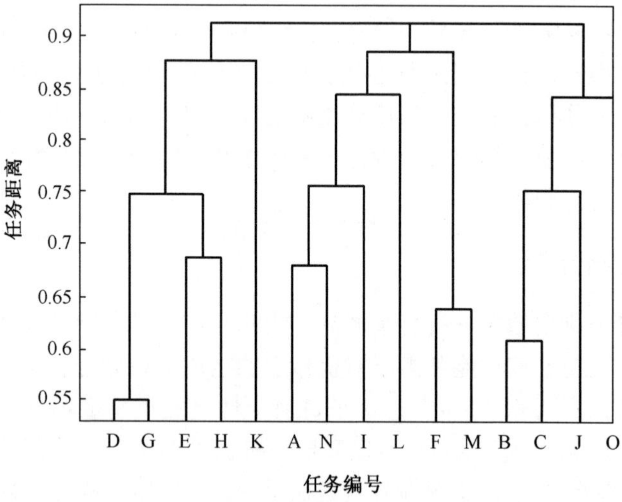

图 2. 12　机械手设计任务聚类树状图

假设项目管理人员将设计任务划分成 3 个子任务集，分别为 $p_1=\{A, F, I, L, M, N\}$，$p_2=\{B, C, J, O\}$，$p_3=\{D, E, G, H, K\}$。各个子任务集的 $\boldsymbol{W}_{pi}$ 如下：

$$\boldsymbol{W}_{p1}=\begin{array}{c} \\ A\\F\\I\\L\\M\\N\end{array}\begin{array}{c}\begin{array}{cccccc}A&F&I&L&M&N\end{array}\\ \begin{bmatrix}30&0&0&0.050&0&0\\0.107&20&0&0.080&0.068&0\\0.102&0&40&0&0&0\\0.112&0&0.219&45&0&0.173\\0.120&0.294&0.090&0.032&55&0\\0.101&0&0.201&0.057&0&20\end{bmatrix}\end{array}$$

$$\boldsymbol{W}_{p2}=\begin{array}{c} \\ B\\C\\J\\O\end{array}\begin{array}{c}\begin{array}{cccc}B&C&J&O\end{array}\\ \begin{bmatrix}45&0.140&0.068&0\\0.137&50&0&0\\0&0.390&55&0\\0&0.050&0&10\end{bmatrix}\end{array}$$

$$\boldsymbol{W}_{p3}=\begin{array}{c} \\ D\\E\\G\\H\\K\end{array}\begin{array}{c}\begin{array}{ccccc}D&E&G&H&K\end{array}\\ \begin{bmatrix}25&0.034&0&0&0\\0.080&10&0.172&0.151&0\\0&0.113&20&0.216&0\\0.111&0.113&0.095&35&0\\0.150&0.150&0&0&30\end{bmatrix}\end{array}$$

分别建立这三个子耦合设计任务集的时间求解模型，并分别利用遗传算法求解，各子集的最佳设计任务规划方案的遗传算法的搜索空间分别为 $6!=720$，$4!=24$，$5!=120$。各子集的最佳执行序列及对应的执行时间如表 2.5 所示。

表 2.5　各子集的最佳执行序列及对应的执行时间

子集	序列	时间
$p_1=\{A, F, I, L, M, N\}$	A→I→N→L→F→M	216.336
$p_2=\{B, C, J, O\}$	C→J→B→O	171.067
$p_3=\{D, E, G, H, K\}$	E→D→H→G→K	130.624

由于子集 p_1 的执行时间最长，则在各个子集独立并行执行这一阶段，项目开发时间为 $T_1=216.336$。

接下来，需考虑 3 个子任务集之间耦合迭代产生的时间。根据 2.5.3 小节的分析可知，可通过一个 3×3 维的工作转移矩阵 $\boldsymbol{W}_p$ 反映本实例中子集间的耦合设计关系和子集任务执行周期。其中，$\boldsymbol{R}_p$ 中的元素可以通过式(2.48)、式(2.49) 计算得到，$\boldsymbol{Z}_p$对角元素 $(z_p)_{ij}$即为表 2.5 中各子任务集在最优任务分配方案下的任务执行时间。表征子集间的 $\boldsymbol{W}_p$为

$$\boldsymbol{W}_p = \begin{matrix} & p_1 & p_2 & p_3 \\ p_1 & 216.336 & 0.0567 & 0.0616 \\ p_2 & 0.0567 & 171.067 & 0.0622 \\ p_3 & 0.0616 & 0.0622 & 130.624 \end{matrix}$$

子集间的设计任务采用并行执行的方式，根据式 (2.55)，并取 $\boldsymbol{U}_0 = [1 \quad 1 \quad 1]^{\mathrm{T}}$，计算得到的子集间设计任务的耦合迭代这一阶段设计任务的执行时间为 $T_2 = 29.124$。则整个设计任务的执行周期为这两个阶段设计任务执行时间之和：$T = 216.336 + 29.124 = 245.46$。

若不对耦合设计任务集进行聚类分析，直接对这 15 个设计任务在串行执行条件下进行规划，在任务分配方案确定的基础上，有效规划方式仍高达 $15! = 1.307\times10^{12}$种，利用遗传算法进行寻优，最优任务分配方案下对应的任务执行周期为 $T = 1007.2$，对应的任务序列为：A→E→F→H→I→O→N→D→M→B→C→G→L→J→K。然而，由于遗传算法的局限性，这个任务规划方案有可能不是最佳结果。

如表 2.6 所示，对两种规划方法的执行效果进行比较，按照采用本节提供的基于聚类分析的耦合设计任务的规划方法，开发项目的总设计时间大为缩短，最优任务分配方案的搜索空间大大缩小。相比之下，遗传算法对聚类分析之后的子耦合设计任务集的执行顺序进行寻优得到的结果更为有效。

表 2.6　两种规划方法执行效果比较

规划方法	执行总时间 T	搜索空间
①聚类分析规划方法	245.46	$6!+4!+6!=1464$
②直接规划方法	1007.2	1.307×10^{12}
①与②比较	-75.6%	约 -10^9

小结：本节针对串行耦合设计任务开发时间长、有效规划方案数量庞大的问题，通过聚类分析将耦合设计任务集划分成若干子集，并将串行耦合设计任务的规划和执行过程划分为子任务集的规划与执行、子集间的规划与执行两个阶段。子集内的任务由于耦合程度高，故采用串行执行方式，而子集间任务由

于耦合程度低，故采用并行执行方式。从而有效地缩短了设计任务的执行周期，减少了设计任务规划方案的搜索空间。通过对某机械手的开发设计过程的分析，表明聚类分析用以解决大容量耦合设计任务规划问题是可行且有效的。

2.6　基于 NSGA-Ⅱ的耦合设计任务分配多目标优化

2.6.1　NSGA-Ⅱ概述

改进的非支配排序遗传算法 NSGA-Ⅱ是 Srinivas 和 Deb 于 2000 年在非支配排序遗传算法 NSGA 的基础上提出的[62]，它比 NSGA 算法更加优越：它采用了快速非支配排序算法，计算复杂度比 NSGA 大大地降低；采用了拥挤度和拥挤度比较算子，代替了需要指定的共享半径 share$Q$，并在快速排序后的同级比较中作为胜出标准，使准 Pareto 域中的个体能扩展到整个 Pareto 域，并均匀分布，保持了种群的多样性；引入了精英策略，扩大了采样空间，防止最佳个体丢失，提高了算法的运算速度和鲁棒性。

NSGA-Ⅱ是在第一代非支配排序遗传算法的基础上改进而来，其改进主要是针对如下所述的三个方面。

（1）提出了快速非支配排序算法，一方面降低了计算的复杂度，另一方面将父代种群与子代种群进行合并，使得下一代的种群从双倍的空间中进行选取，从而保留了最为优秀的所有个体。

（2）引进精英策略，保证某些优良的种群个体在进化过程中不会被丢弃，从而提高了优化结果的精度。

（3）采用拥挤度和拥挤度比较算子，不但克服了 NSGA 中需要人为指定共享参数的缺陷，而且将其作为种群中个体间的比较标准，使得准 Pareto 域中的个体能均匀地扩展到整个 Pareto 域，保证了种群的多样性。

NSGA-Ⅱ算法的基本思想为：首先，随机产生规模为 N 的初始种群，非支配排序后通过遗传算法的选择、交叉、变异三个基本操作得到第一代子代种群；其次，从第二代开始，将父代种群与子代种群合并，进行快速非支配排序，同时对每个非支配层中的个体进行拥挤度计算，根据非支配关系以及个体的拥挤度选取合适的个体组成新的父代种群；最后，通过遗传算法的基本操作产生新的子代种群。以此类推，直到满足结束的条件。

2.6.2 优化模型的构建

1. 问题描述

产品开发任务的分配对开发的时间和成本有很大影响，因此需要对任务进行合理调度。一般来说，产品开发任务调度是一个混合迭代过程。一个有 n 个任务、$s(s>2)$ 个阶段的混合迭代模型的工作过程描述如下[7]：将 n 个任务分成 s 个工作小组，首先，第 1 阶段执行第 1 小组的任务；然后，第 2 阶段执行第 2 小组的任务和第 1 小组任务的返工，此时只有第 2 小组的任务有初始工作；第 3 阶段执行第 3 小组的任务和第 1、2 小组任务的返工。以此类推，经过 s 个阶段，直到第 s 小组的任务全部执行完毕，并完成前面 $s-1$ 个小组的返工。完成当前阶段的小组任务后，前面小组的返工都会在当前阶段完成。第 1 阶段任务执行所需时间 T_1 和成本 C_1 分别为

$$T_1=\sum_{t=0}^{M_1}\max_i\left[\boldsymbol{PK}_1\boldsymbol{R}_t\boldsymbol{K}_1\boldsymbol{u}_0\right]^{(i)} \tag{2.58}$$

$$C_1=\|\boldsymbol{P}(\boldsymbol{I}-\boldsymbol{K}_1\boldsymbol{R}_{M_1}\boldsymbol{K}_1)(\boldsymbol{I}-\boldsymbol{K}_1\boldsymbol{R}\,\boldsymbol{K}_1)^{-1}\boldsymbol{K}_1\,\boldsymbol{u}_0\|_1 \tag{2.59}$$

式中，T_1 为第 1 阶段中最长任务的执行时间（一阶段的任务并行执行）；M_1 为第 1 小组任务迭代的次数；$\boldsymbol{P}$ 为每项任务所对应的执行周期矩阵（n 维的对角矩阵）；对角矩阵 $\boldsymbol{K}_1$ 为 $n\times n$ 维的任务分布矩阵；$\boldsymbol{R}$ 为迭代过程中任务返工量矩阵（n 维方阵），它描述了迭代过程中任务之间的迭代关系以及返工量；t 为迭代次数；$\boldsymbol{u}_0$ 是一个全 1 的列向量；$[\ ]^{(i)}$ 为向量的第 i 个元素；C_1 为第 1 阶段所有任务工作量的总和（以工作总量衡量开发成本）；$\boldsymbol{I}$ 是一个 n 维的单位矩阵。对角矩阵 $\boldsymbol{K}_1$ 的元素 k_1^{ij} 定义为

$$k_1^{ij}=\begin{cases}1, & i=j，\text{且第 } i \text{ 个任务在第 1 阶段}\\0, & \text{其他}\end{cases} \tag{2.60}$$

第 2 阶段任务执行所需时间 T_2 和成本 C_2 为

$$T_2=\sum_{t=0}^{M_2}\max_i\left[\boldsymbol{PK}_2\boldsymbol{R}_t\boldsymbol{K}_2(\boldsymbol{K}_2-\boldsymbol{K}_1)\,\boldsymbol{u}_0\right]^{(i)} \tag{2.61}$$

$$C_2=\|\boldsymbol{P}(\boldsymbol{I}-\boldsymbol{K}_2\boldsymbol{R}_{M_2}\boldsymbol{K}_2)(\boldsymbol{I}-\boldsymbol{K}_2\boldsymbol{R}\,\boldsymbol{K}_2)^{-1}(\boldsymbol{K}_2-\boldsymbol{K}_1)\,\boldsymbol{u}_0\|_1 \tag{2.62}$$

式中，M_2 为第 2 小组任务迭代的次数；对角矩阵 $\boldsymbol{K}_2$ 为第 2 阶段的任务分布矩阵，其元素 k_2^{ij} 定义为

$$k_2^{ij}=\begin{cases}1, & i=j，\text{且第 } i \text{ 个任务在第 1、2 阶段}\\0, & \text{其他}\end{cases} \tag{2.63}$$

以此类推，第 n 阶段任务执行所需时间和成本分别为

$$T_n = \sum_{t=0}^{M_n} \max_i [\boldsymbol{P}\boldsymbol{K}_n\boldsymbol{R}_t\boldsymbol{K}_n(\boldsymbol{K}_n - \boldsymbol{K}_{n-1})\boldsymbol{u}_0]^{(i)} \quad (2.64)$$

$$C_n = \| \boldsymbol{P}(\boldsymbol{I} - \boldsymbol{K}_n\boldsymbol{R}_{M_n}\boldsymbol{K}_n)(\boldsymbol{I} - \boldsymbol{K}_n\boldsymbol{R}\boldsymbol{K}_n)^{-1}(\boldsymbol{K}_n - \boldsymbol{K}_{n-1})\boldsymbol{u}_0 \|_1 \quad (2.65)$$

式中，M_n为第 n 小组任务迭代的次数；对角矩阵 $\boldsymbol{K}_n$为第 n 阶段的任务分布矩阵，其元素 k_n^{ij} 定义为

$$k_n^{ij} = \begin{cases} 1, & i=j, \text{且第 } i \text{ 个任务在第 } 1, 2, \cdots, n \text{ 阶段} \\ 0, & \text{其他} \end{cases} \quad (2.66)$$

n 个任务执行完毕所需总时间 T 和总成本 C 分别为

$$T = \sum_{j=1}^{n} T_j \quad (2.67)$$

$$C = \sum_{j=1}^{n} C_j \quad (2.68)$$

从以上模型可以看出，任务之间的耦合关系和每个任务的执行周期确定后，影响产品开发过程的总时间 T 和总成本 C 的因素只有任务的调度方案。

2. 以时间和成本为优化目标的数学模型的建立

在任务工期确定和不考虑资源约束的条件下，产品开发任务调度问题多目标优化的目标为总开发时间 T 最短、总开发成本 C 最低，约束条件如下：

$$\sum_{i=1}^{n} q_i = N \quad (2.69)$$

式中，N 为总的任务数；q_i 为小组 i 中任务的个数，$1 \leqslant q_i < N$ 且 $q_i \in \mathbf{Z}$；n 为组数。

2.6.3　优化模型的求解

1. Pareto 进化算法求解步骤

基于 NSGA-Ⅱ算法的产品开发任务调度问题多目标优化的一般步骤如下：首先，生成大量的不同任务调度方案，计算出它们所需的执行时间和成本，淘汰其中时间和成本均较大的方案；其次，根据不同的执行时间和成本，对保留下来的任务分布方案进行非支配排序和拥挤距离计算；再次，根据个体的序值和拥挤距离选出父本，进行交叉和变异运算，得出新的任务分布方案，并计算出时间和成本；最后，将新生成的任务分布方案和之前保留的任务分布方案进行非支配排序和拥挤距离计算，以保证 Pareto 解的多样性和均匀性。以此类推，直至达到最大的遗传代数，输出 Pareto 最优前沿。

根据产品开发任务调度多目标优化问题的特点，NSGA-Ⅱ算法的具体实施方法如图 2.13 所示。

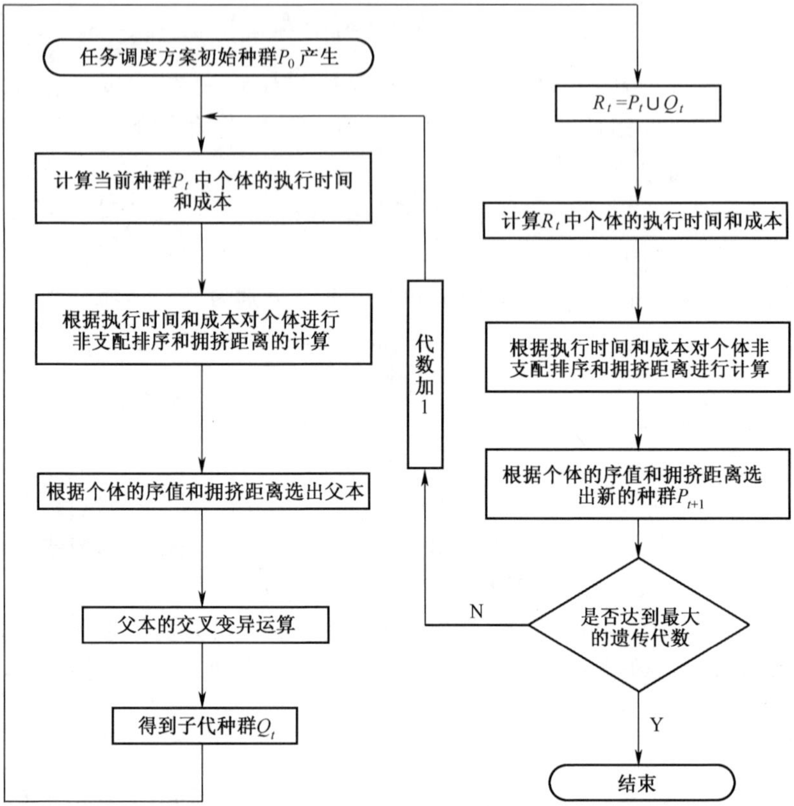

图 2.13　基于 NSGA-Ⅱ算法的流程图

(1) 染色体的编码。产品开发任务调度混合迭代模型中，任务划分的阶段数和任务的分布情况是影响时间和成本的重要因素，所以在选择染色体的编码方式时，个体的阶段数和任务的分布情况是要突出表现的特征。本小节采用整数编码的方法，以问题解 $\{x_1, x_2, \cdots, x_N\}$ 的编码形式表示染色体（或称个体），各编码位是整数，x_N对应任务 N，x_N的值表示任务 N 所在的阶段。假设当前任务划分的阶段数为 n，用 1 到 n 之间的一个正整数来表示任务所在的阶段，染色体中每个编码位取值为 1，2，3，…，n 中的一个，不同的数字代表该任务处在不同阶段，且染色体的编码位上共有 n 个不同的取值，染色体的长度由耦合集中任务的个数 N 决定（$n \leqslant N$）。染色体 $\{1, 1, 3, 2, 2, 1, 3, 4, 2, 1, 3\}$ 表示由 11 个任务的耦合集所构成的四阶段混合迭代模型的一种任务调度情况，其中，从左至右第 1、2、6、10 个位置的数值为 1，这表示任务 1、2、6、10 属于第 1 阶段，以此类推，任务 4、5、9 属于第 2 阶段，任务3、7、11属于第3阶段，任务8属于第4阶段。染色体编码方式确定以后，不同的任务分配有唯一的染色体与之对应，每一个染色体都对应着一个产品开发任务调度方案。

（2）交叉和变异操作。运用二元锦标赛选择的方法，从种群中选出适应性较高的个体加入交配池，为后续的交叉和变异做准备。根据以上的染色体编码方式，设计与之对应的交叉和变异操作。以两个个体的交叉为例，首先，从经过选择操作得到的新种群中随机选择两个父本 P_1 和 P_2，假设这两个父本的染色体有 M 个基因位，将交叉操作分两步进行：①在染色体上随机产生两个交叉的位置 r_1 和 r_2，r_1、$r_2 \in \{1, 2, \cdots, m\}$；②将 P_1 和 P_2 上 r_1 到 r_2 两个交叉位置间的基因互换，生成两个子个体 O_1 和 O_2。多阶段模型中，每个任务所在的阶段必须确定，且每个阶段至少分配到一个任务，这些要求在染色体上的表现如下：对于一个染色体（染色体最大编码数为 n），从1到 n 的每个数字都要出现在染色体中，即任务的阶段数保持连续。对染色体交叉操作的过程中，可能出现某些阶段的基因缺失，多阶段模型出现某阶段基因缺失，将导致迭代无法进行或迭代出现错误。针对这个问题采用以下方法予以修正：在子个体中用遗失的基因替换非交叉区的重复基因。例如，父本 $P_1=\{1, 3, 1, 3, 1, 2\}$ 和 $P_2=\{1, 2, 2, 1, 1, 3\}$，交叉的位置点 $r_1=4$，$r_2=6$，则生成2个子个体 $O_1=\{1, 3, 1, 1, 1, 3\}$ 和 $O_2=\{1, 2, 2, 3, 1, 2\}$，由于子个体 O_1 缺少阶段数2，O_1 修正为 $\{2, 3, 1, 1, 1, 3\}$，O_2 不用修正。

多阶段迭代模型可以在个体的染色体上随机选择两个基因的位置，然后互换这两个位置上的基因作为变异操作。具体过程是选择一个父本 P_3，在 P_3 的染色体上随机产生两个不同位置点 r_2 和 r_5，互换两位置上的基因，生成子个体 O_3。

2. Pareto 最优解的选取

为了便于产品开发决策者从众多任务方案中确定产品开发的最优执行方案，本小节基于模糊优选法[63]，对 NSGA-Ⅱ求得的多目标优化问题的 Pareto 最优解集进行优化，确定最优折中解。建立 Pareto 集优选的过程如下：

首先，计算出 Pareto 集合中个体 i 的第 j 个目标函数值所占比重 δ_{ij}：

$$\delta_{ij}=\begin{cases}1, & f_{ij} \leqslant f_{j\min} \\ \dfrac{f_{j\max}-f_{ij}}{f_{j\max}-f_{j\min}}, & f_{j\min}<f_{ij}<f_{j\max} \\ 0, & f_{ij} \geqslant f_{j\max}\end{cases} \tag{2.70}$$

式中，$f_{j\max}$、$f_{j\min}$ 分别为目标函数值集合中的第 j 个目标函数值的最大值和最小值；f_{ij}为个体 i 的第 j 个目标函数的取值。

其次，对 Pareto 集中的每一个个体进行标准化，得到个体 i 的满意度为

$$\delta_i = \sum_{j=1}^{2} \delta_{ij} / \sum_{i=1}^{\Omega} \sum_{j=1}^{2} \delta_{ij} \tag{2.71}$$

式中，Ω 为 Pareto 集中的个体数。

最后，取标准化后满意度最大的个体的满意度 $\delta_{i\max}$ 作为 Pareto 集中的最优解，其中，$\delta_{\max} = \max \delta_i$。

2.6.4 算例分析

为了说明该算法的优越性，本小节采用典型多目标测试函数中的两个测试函数 ZDT1 和 ZDT2 进行仿真[64]。

参数设置如下：种群数量 $p = 100$，遗传迭代次数 $g = 150$，交叉概率 $P_c = 0.9$，变异概率 $P_m = 0.1$。

（1）ZDT1 具有凸的 Pareto 最优前沿：

$$\min f_1(x) = x_1$$

$$\min f_2(x) = g(x)\left[1 - \sqrt{(f_1(x)/g(x))}\right]$$

$$g(x) = 1 + \frac{9}{30 - 1}\sum_{i=1}^{n} x_i,\ x_i \in [0,\ 1]$$

使用 NSGA-Ⅱ计算 ZDT1，仿真结果如图 2.14 所示。

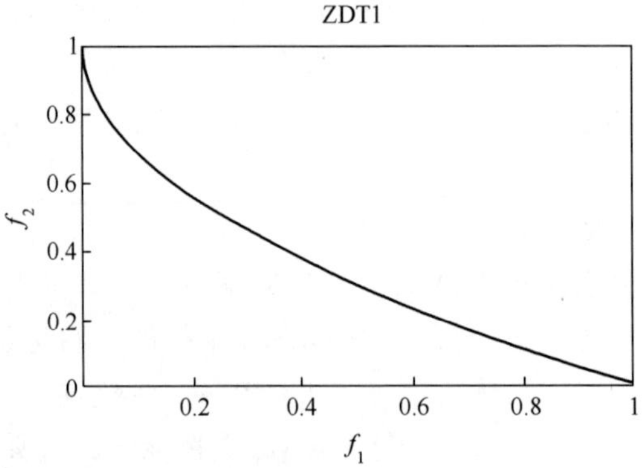

图 2.14 使用 NSGA-Ⅱ求解 ZDT1

（2）ZDT2 具有非凸的 Pareto 最优前沿：

$$\min f_1(x) = x_1$$

$$\min f_2(x) = g(x)\{1 - [f_1(x)/g(x)]^2\}$$

$$g(x) = 1 + \frac{9}{30 - 1}\sum_{i=1}^{n} x_i,\ x_i \in [0,\ 1]$$

使用 NSGA-Ⅱ计算 ZDT2，仿真结果如图 2.15 所示。

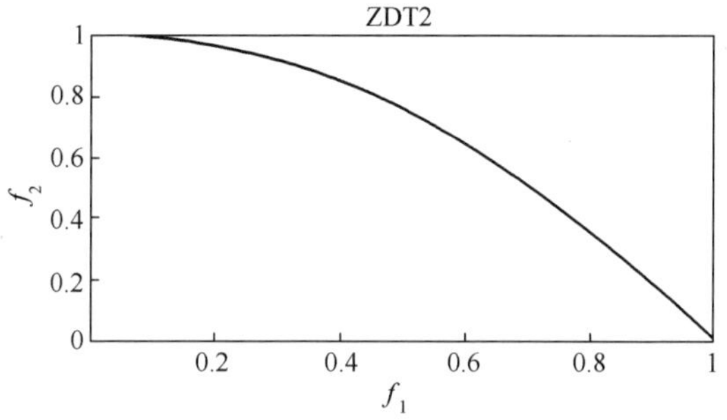

图 2.15　使用 NSGA-Ⅱ求解 ZDT2

分别对比图 2.14 和图 2.15、图 2.16 和图 2.17 可知，使用 NSGA-Ⅱ得到的结果大致与 ZDT1、ZDT2 的理想 Pareto 前沿重合，且得到了分布均匀的最优解集。因此，可以得出本算法对于求解两目标优化效率高、性能好的结论。

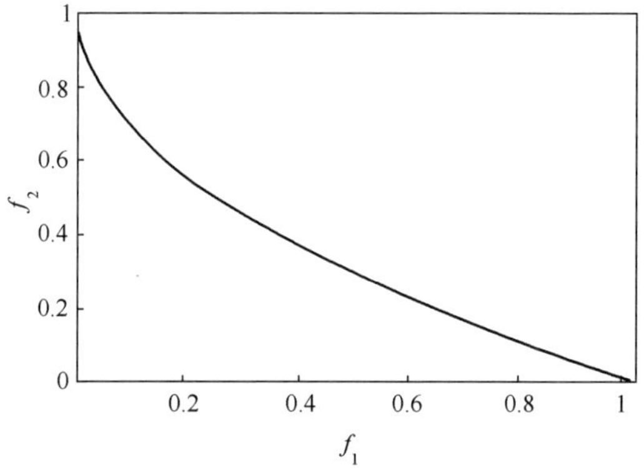

图 2.16　ZDT1 理想 Pareto 前沿

2.6.5　实例分析

以某汽车引擎罩部件的设计开发过程为例说明上述模型在实际生产中的应用，并验证该方法的有效性[65]。参考文献［46］使用设计结构矩阵对该开发过程进行建模，在划分、割裂运算后，找出众多子任务中的耦合集（包括两个分别由 20 个和 14 个子任务组成的大耦合块和一个由 3 个任务组成的小耦合

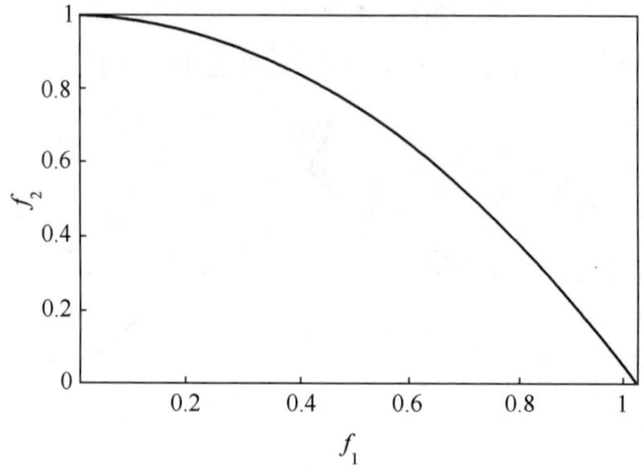

图 2. 17　ZDT2 理想 Pareto 前沿

块)，本书选择由 20 个子任务组成的耦合块进行分析。

由该 20 个任务间的耦合信息可得任务返工量矩阵 $\boldsymbol{R}$ 和任务执行周期矩阵 $\boldsymbol{P}$；根据任务间的依赖强度确定任务的返工量，如当任务 D 设计完成后，在随后的迭代阶段，任务 J 的 26%（对应矩阵 $\boldsymbol{R}$ 中第 4 列数据 0. 26）需要额外的返工；矩阵 $\boldsymbol{R}$ 空白位置的元素取值均为 0。

$$\boldsymbol{R}=\left[\begin{array}{cccccccccccccccccccc}
&&&&&&&&&0.1&0.1&&&&&&0.1&&0.07&\\
&&0.1&0.07&&&&&&&&0.1&&&&&&&&\\
&0.07&&0.07&&&&&0.1&&&&&&&&&&&\\
&0.06&0.06&&&&0.04&&&&&&&&&&&&&\\
&&&&&&&&&&&0.07&&&&&&0.13&&\\
&&&&0.13&&&&&&&&&&&&&&&\\
&0.39&&&&0.26&&&&&&&&&&0.26&&0.26&&\\
0.2&&&&&&0.13&&&&&&&&&&&&&\\
&&&0.2&&&&0.07&&&&0.2&&0.2&0.07&&&0.07&&0.2\\
&&&0.26&&&&&0.26&&&&&&0.26&&&0.26&&0.13\\
0.37&&&&&&&&&&&&&&&&&&&\\
&&&0.2&&&&&0.13&&&&&&0.2&&&0.13&&0.07\\
&&&0.37&&&&&0.37&&&&&&&&&&&\\
0.2&&&&&&&&0.13&&&&0.07&&&&&0.13&&\\
&&&0.13&&&&&&&&&&&&&&&&0.07\\
&&&0.13&&&&&0.13&0.2&&0.2&&&0.13&&&&&0.07\\
0.2&&&0.2&&&&&0.13&0.13&&0.07&&&0.13&0.13&&0.13&0.13&0.13\\
&&&0.07&&&&&&&&&&&&0.07&&&&0.03\\
&&&&&&&&&&&&&&&&&0.26&&\\
0.26&&&&&&&&&&&&&&&&&&0.26&
\end{array}\right]$$

任务行周期矩阵 $\boldsymbol{P}$ 为

$$\boldsymbol{P}=\mathrm{diag}(15,60,40,40,15,2,1,5,30,1,1,5,5,10,20,5,2,2,15,5)$$

按照本小节给出的多阶段混合迭代模型，以执行时间最短、成本最低为目标，以任务的分布方案为设计变量，在满足阶段划分的约束条件的前提下，对汽车引擎罩开发任务调度的多目标优化问题进行求解，得到该问题的 Pareto 前沿（最优解）。按照前面提出的整数编码的规则，由耦合集的任务个数 20，确定染色体的长度为 20，假设耦合集中的任务被划分成 s 个阶段，染色体上的每个编码位用 1~n 的自然数表示。该自然数表示任务通过随机组合的方式得到的初始种群，交叉和变异运算按照本书给出的方法操作。为了确定算法的具体参数并说明不同参数对优化结果的影响，利用 MATLAB 进行了多次试算，确定了相关参数的大致范围。将任务的阶段数确定为 13，采用控制变量法，每次改变种群数量、遗传迭代次数和交叉概率三者中的一个参数，可得初始种群数量对优化结果的影响，见图 2.18。其中，d · p 表示天 · 人。对比可知，初

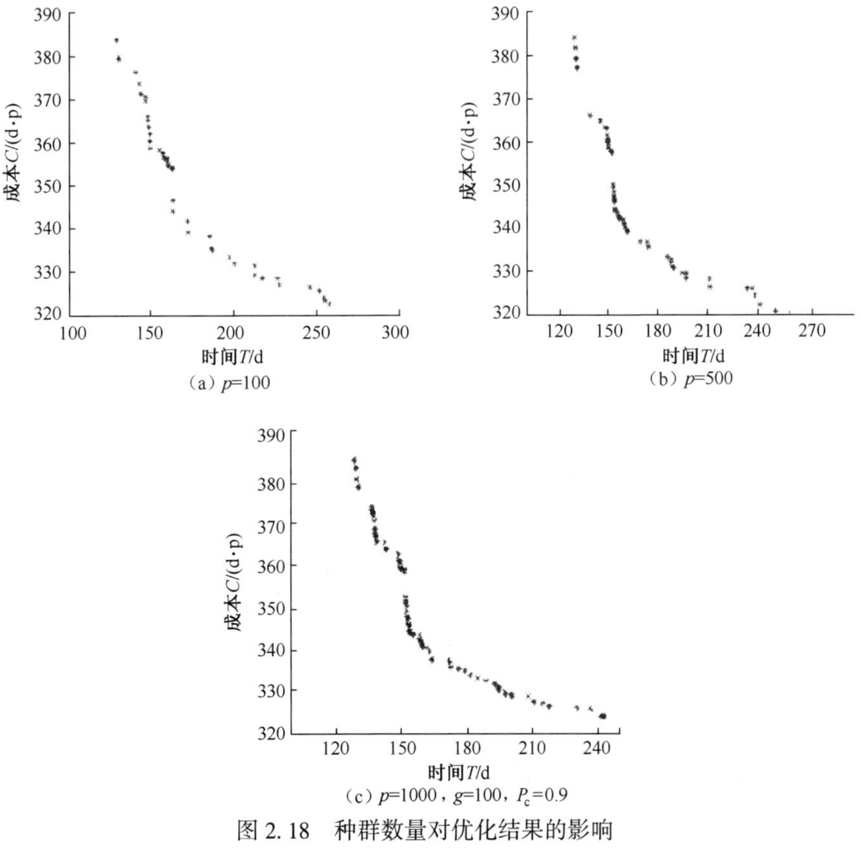

（a）p=100　（b）p=500

（c）p=1000，g=100，P_c=0.9

图 2.18　种群数量对优化结果的影响

始种群较大时获得的 Pareto 解多，且分布相对均匀。遗传迭代次数对优化结果的影响见图 2.19。对比可知，迭代次数较小时，Pareto 最优解相对比较集中，容易造成最优解的丢失。染色体交叉概率分别设置为 0.5、0.7 和 0.9，求解结果见图 2.20。对比可知，染色体交叉概率对优化结果影响很小，在 0.5~0.9 范围内均可。分析图 2.18、图 2.19 可知，当种群数量、遗传迭代次数足够大时，可得到稳定且分布均匀的 Pareto 最优前沿，但种群规模太大时，结果难以收敛且浪费资源，遗传迭代次数太小，算法不易收敛；步数太大，算法已经熟练或种群过于早熟，继续进化没有意义，因此这两个参数可以根据具体问题进行调整。

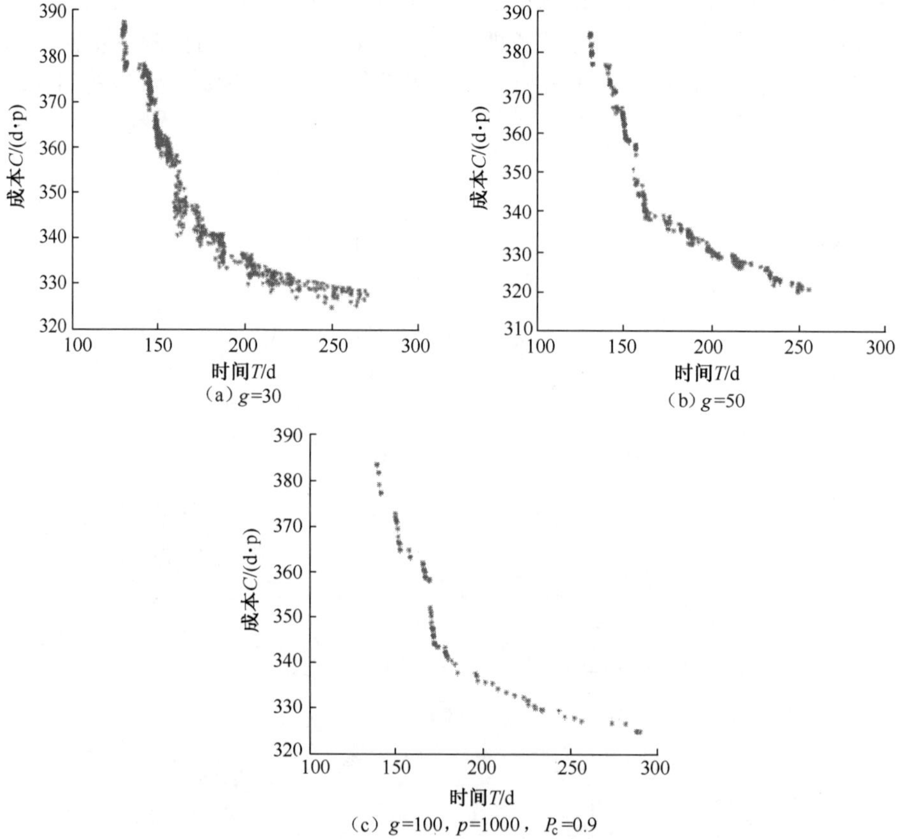

图 2.19 遗传迭代次数对优化结果的影响

NSGA-Ⅱ的参数经过反复试算，设置如下：初始种群 P_0 中个体的数目 $p=1000$，遗传迭代次数 $g=100$，染色体交叉概率为 0.9，染色体变异概率为 0.1。

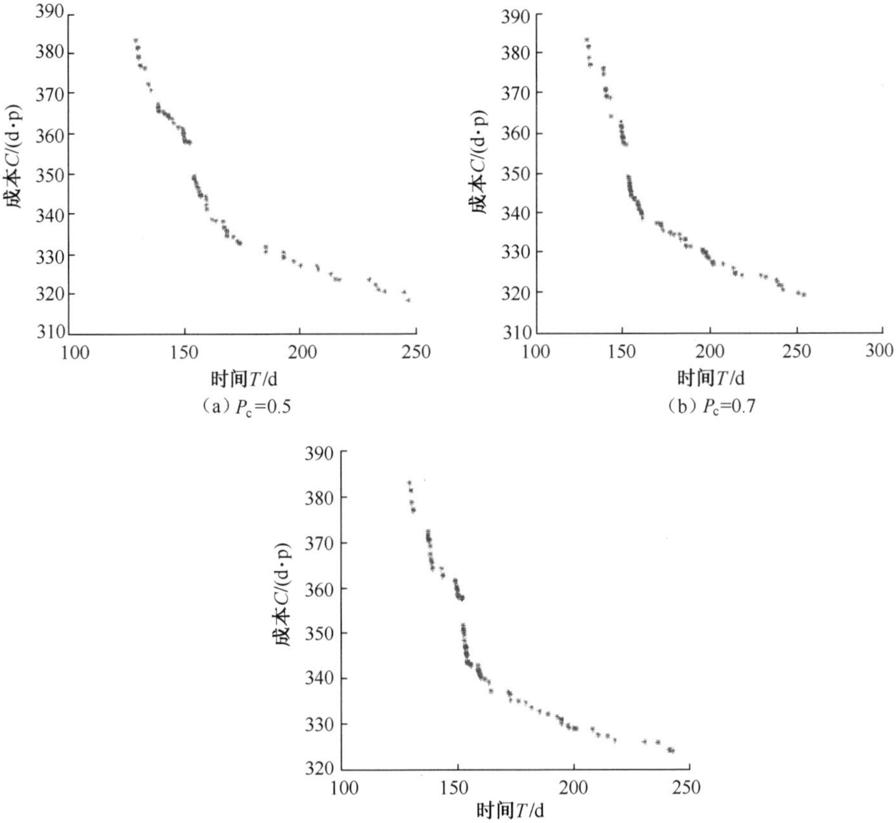

（a）P_c=0.5 （b）P_c=0.7 （c）P_c=0.9，p=1000，g=100

图 2.20 染色体交叉概率对优化结果的影响

图 2.21 所示为利用 MATLAB 进行多目标优化仿真的结果。由于事先不能确定任务划分为多少阶段，时间和成本才会出现综合最优，所以把 1～20 阶段每次运行 MATLAB 得到的优化结果保存下来，并对时间 T（单位：天，用 d 表示）和成本 C（单位：天·人，用 d·p 表示）两个优化目标进行非支配排序，获得 Pareto 前沿结果。

由图 2.21 可以看出，NSGA-Ⅱ计算出的 Pareto 解分布均匀，大体上可以看出 Pareto 解的开发时间和成本呈反比的关系。这说明了产品的开发时间、开发成本这两个目标的矛盾性。图 2.21 中的所有点构成了 Pareto 最优集合，可以看出，AB 段内，时间的很小变化就会引起成本的很大变化；CD 段内，成本的很小变化就会引起时间的很大变化，它们都不是很好的选择。因此决策者可以根据实际情况从 BC 段集合内进行权衡，获得时间和成本都能接受的产品开

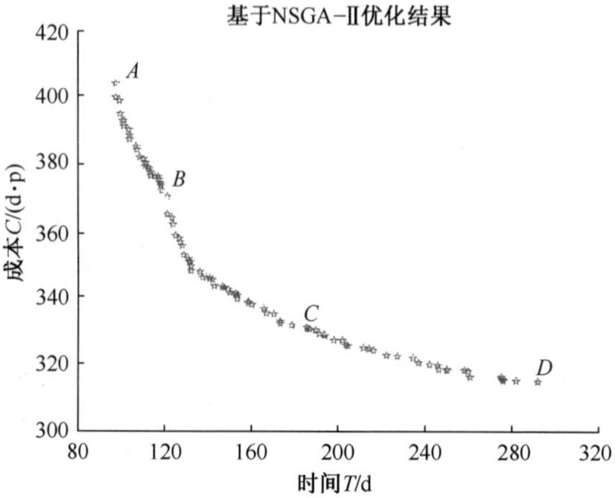

图 2.21 利用 MATLAB 进行多目标优化仿真的结果

发任务调度方案。

为了说明本小节算法的优越性，采用常规的多目标遗传算法进行比较，选择相同的初始参数，先分别求出时间和成本的最小值、最大值，使用 MATLAB 仿真求得 $T_{min}=97.10$（d），$T_{max}=297.84$（d），$C_{min}=311.44$(d·p)，$C_{max}=473.10$（d·p），量纲化后的综合目标函数为

$$F_{min}=w_1\frac{T-T_{min}}{T_{max}-T_{min}}+w_2\frac{C-C_{min}}{C_{max}-C_{min}}$$

式中，w_1、w_2分别为时间 T 和成本 C 的权重系数且 $w_1+w_2=1$。调整 w_1、w_2的结果如表 2.7 所示，表 2.7 中的方案下方的数字代表对应任务所在的执行阶段，从左至右，对应任务 A 到 T（共 20 个任务）所在的阶段，如第一个数字 3 表示任务 A 在第 3 阶段执行。

表 2.7 多目标遗传算法优化的任务调度方案

方　案	时间 T/d	成本 C/(d·p)	w_1	w_2	F_{min}
12;18;17;6;19;2;5;13;15;9;3;8;19;14;7;16;11;1;10;4	292.36	315.44	0	1.0	0
11;16;15;5;16;3;4;12;14;8;9;7;16;13;6;16;10;1;8;2	270.04	316.20	0.1	0.9	0.09
11;16,16;5;16;3;4;12;14;9;7;8;16;13;6;15;10;1;5;2	221.90	322.98	0.2	0.8	0.16
5;7,7;5,7,7;4;6;7;4;2;6;10;6;5;8;9;1;5;3	153.86	338,78	0.3	0.7	0.19
3;5,5;3;5;2,2;4;5;2,2,2;6;3,3;5,5;1;3;2	137.18	346.56	0.4	0.6	0.20
4;6,6;4;6;3,3;5;6;3;2;3;6;4,4;6;3;1;4;3	132.31	349.76	0.5	0.5	0.20
4;5,5;4;5;4;3;4;5;2;4,4;5;4,4;5,5;1;5;4	125.00	357.37	0.6	0.4	0.19

续表

方 案	时间 T/d	成本 C/(d·p)	w_1	w_2	F_{min}
4;4;4;4;4;3;3;3;4;2;3;3;3;3;4;4;3;1;4;3	99.66	392.93	0.7	0.3	0.16
3;3;3;3;3;2;2;2;3;2;2;2;3;3;3;3;2;1;3;2	97.10	399.67	0.8	0.2	0.11
3;3;3;3;3;2;2;2;3;2;2;2;3;3;3;3;2;1;3;2	97.10	399.67	0.9	0.1	0.05
3;3;3;3;3;2;2;2;3;2;2;2;3;3;3;3;2;1;3;2	97.10	399.67	1.0	0	0

使用常规的多目标遗传算法求解该问题，结果依赖于评价函数的选择，每次只能得到一种任务调度方案，无非支配排序和精英保留制，进化过程可能会造成最优解的丢失，可供选择的方案较少；采用 NSGA-Ⅱ算法，一次运行就能得到多种方案，有精英保留制，不会造成最优解的丢失，该算法的收敛性和鲁棒性好，产品开发决策者可以根据实际情况或偏好目标选择最优的任务调度方案。

现根据 2.6.3 小节提出的模糊集合优选的方法进行产品开发过程任务调度多目标优化的 Pareto 选优，得到最优的任务调度方案见表 2.8。表 2.8 分别给出了时间最短、成本最低、时间和成本综合最优的任务分布方案，以及所有解的平均时间 T 和平均成本 C。由表 2.8 可以看出，最优任务分布方案的时间和成本比 Pareto 解的平均时间 149.47 d 和成本 358.09 d·p 都要小，说明了该算法的有效性。

表 2.8 时间最短、成本最低、时间和成本综合最优的任务调度方案

任务	时间最短	成本最低	时间和成本综合最优
1-A	2	13	5
2-B	2	18	6
3-C	2	17	6
4-D	2	6	5
5-E	2	19	5
6-F	1	2	5
7-G	1	5	4
8-H	1	14	5
9-I	2	16	6
10-J	1	9	2
11-K	1	3	3

续表

任务	时间最短	成本最低	时间和成本综合最优
12-L	1	8	4
13-M	1	20	6
14-N	2	15	5
15-O	2	7	5
16-P	2	10	6
17-Q	1	12	7
18-R	1	1	1
19-S	2	11	5
20-T	1	4	4
时间/d	96.22	292.01	132.07
成本/（d·p）	404.18	315.31	350.58

由表 2.8 可知，时间和成本综合最优的任务分布方案是将 20 个任务分成 6 个阶段，分别是：第 1 阶段执行的任务是内外观的确定（R）；第 2 阶段执行的任务是进行概念设计（F）、估计系统尺寸大小（J）、估计成本（K）、工艺评估（T）；第 3 阶段执行的任务是进行 CAD（计算机辅助设计）建模（G）；第 4 阶段执行的任务是确定传动系统布置（A）、确定主截面（D）、检验功能性质（H）、检查外部面板的接触面（N）、设计铰链（O）；第 5 阶段执行的任务是设计初始装配方案（L）；第 6 阶段执行的任务是确定比例与受力性能（B）、确定连接点的受力性能（C）、产生结构要求（E）、CAD 模型进行初始设计（I）、估计销的载重（M）、初步估计加工和装配成本（P）、成本分析（Q）、市场定位及分析（S）。最优方案的任务分布如图 2.22 所示。图 2.22 中，对角线元素为对应任务的执行周期，非对角线元素为对应任务的返工量，任务从左到右依次执行，相同阶段的任务用同一种颜色表示，可以清楚看到每个阶段增加的新任务，以及新任务和之前执行的任务的返工情况。

小结：本节在产品开发任务调度混合迭代模型的基础上，构建出产品开发任务调度的多目标优化数学模型，引入 NSGA-Ⅱ，以产品的开发时间和产品的开发成本为目标函数，对产品开发任务调度问题进行了多目标优化求解，得到多目标优化的 Pareto 前沿（最优解）。在此基础上，结合模糊优选法对多目标优化得到的 Pareto 解集进行选优，确定了产品开发任务调度的最优执行方案。

		R	F	J	K	T	G	A	D	H	N	O	L	B	C	E	I	M	P	Q	S
内外观的确定	R	2				0.03			0.07												
进行概念设计	F		2													0.13					
估计系数尺寸大小	J	0.26		1		0.13			0.26			0.26					0.26				
估计成本	K				1			0.37													
工艺评估	T					5		0.26													0.26
进行CAD建模	G	0.26	0.26				1							0.39					0.26		
确定传动系统布置	A			0.1	0.1			15												0.1	0.07
确定主截面	D						0.04		40					0.06	0.06						
检验功能性质	H						0.13	0.2		5											
检查外部面板的接触面	N	0.13						0.2			10						0.13	0.07			
设计铰链	O					0.07			0.13			20									
设计初始装配方案	L	0.13				0.07			0.2			0.2	5				0.13				
确定比例与受力性能	B								0.07				0.1	60	0.1						
确定连接点的受力性能	C								0.07					0.07	40		0.1				
产生结构要求	E	0.13											0.07			15					
CAD模型进行初始设计	I	0.07				0.2			0.2	0.07	0.2	0.07	0.2				10				
估计销的载重	M								0.37								0.37	5			
初步估计加工和装配成本	P			0.2		0.07			0.13			0.13	0.2				0.13		5		
成本分析	Q	0.13		0.13		0.07		0.2	0.2			0.13	0.07				0.13		0.13	2	0.13
市场定位及分析	S	0.26																			15

图 2.22 最优方案的任务分布

参考文献

[1] 陈卫明 . 动态环境下产品开发项目调度问题及其求解研究 [D]. 武汉：华中科技大学，2011.

[2] 肖人彬，陈庭贵，程贤福，等 . 复杂产品的解耦设计与开发 [M]. 北京：科学出版社，2020.

[3] 周雄辉，李祥，阮雪榆 . 注塑产品与模具协同设计任务规划算法研究 [J]. 机械工程学报，2003 (2)：113-118.

[4] KUSIAK A，WANG J. Efficient organizing of design activities [J]. International Journal of Production Research，1993，31 (4)：753-769.

[5] 王志亮，王云霞，陆云 . 耦合任务集执行序列优选理论与方法初探 [J]. 中国机械工程，2011，22 (12)：1444-1449.

[6] 李爱平，许静，刘雪梅 . 基于设计结构矩阵的耦合活动集求解改进算法 [J]. 计算机工程与应用，2011，47 (17)：34-36.

[7] 陈庭贵，肖人彬 . 基于内部迭代的耦合任务集求解方法 [J]. 计算机集成制造系统，

2008, 14 (12): 2375-2383.

[8] 钱艳俊，林军．基于设计结构矩阵的耦合活动排程 [J]. 系统工程，2018，36 (6): 154-158.

[9] BROWNING T R, EPPINGER S D. Modeling impacts of process architecture on cost and schedule risk in product development [J]. IEEE Transactions on Engineering Management, 2002, 49 (4): 428-442.

[10] ELSHAFEI M, ALFARES H K. A dynamic programming algorithm for days-off scheduling with sequence dependent labor costs [J]. Springer Science Business Media, LLC, 2008, 11 (2): 85-93.

[11] MARTINEZ LEON H C M, FARRIS J A, LETENS G. Improving product development performance through iteration front - loading [J]. IEEE Transactions on Engineering Management, 2013, 60 (3): 552-565.

[12] 褚春超，陈术山，郑丕谔．基于依赖结构矩阵的项目规划模型 [J]. 计算机集成制造系统，2006，12 (10): 1591-1595.

[13] SMITH R P, EPPINGER S D. A predictive model of sequential iteration in engineering design [J]. Management Science, 1997, 43 (8): 1104-1120.

[14] SMITH R P, EPPINGER S D. Deciding between sequential and parallel tasks in engineering design [J]. Concurrent Engineering: Research and Application, 1998, 6 (1): 15-25.

[15] 杨波，黄可正，孙红卫．面向并行工程的任务分配与规划 [J]. 计算机集成制造系统，2002，8 (7): 542-545, 560.

[16] CHEN C H, LING S F, CHEN W. Project scheduling for collaborative product development using DSM [J]. International Journal of Project Management, 2003, 21: 291-299.

[17] BASSETT M. Assigning projects to optimize the utilization of employees' time and expertise [J]. Computers Chemical Engineering, 2000 (24): 1013-1021.

[18] 包北方，杨育．产品定制协同开发任务分配多目标优化 [J]. 计算机集成制造系统，2014，4: 739-746.

[19] 武照云．复杂产品开发过程规划理论与方法研究 [D]. 合肥：合肥工业大学，2009.

[20] 王志亮．复杂产品敏捷化开发中若干关键决策技术的研究 [D]. 南京：南京理工大学，2004.

[21] 邢乐斌，李君．基于设计迭代的耦合任务动态分配策略研究 [J]. 计算机工程与应用，2012，48 (23): 219-223.

[22] CHEN W H, LIN C S. A hybrid heuristic to solve a task allocation problem [J]. Computers & Operations Research, 2000, 27 (3): 287-303.

[23] 武照云，刘晓霞，李丽，等．产品开发任务分配问题的多目标优化求解 [J]. 控制与决策，2012，4: 598-602.

[24] 初梓豪，徐哲，于静．带有活动重叠的多模式资源受限项目调度问题 [J]. 计算机集成制造系统，2017，23 (3): 557-566.

[25] 武照云，李丽，赵韩．并行产品开发的重叠模型及其仿真优化［J］. 计算机集成制造系统，2011，17（3）：552-559.
[26] CHEN S，LIN L. Decomposition of interdependent task group for concurrent engineering［J］. Computers & Industrial Engineering，2003（44）：435-459.
[27] 闻邦椿，周知承，韩清凯，等．现代机械产品设计在新产品开发中的重要作用［J］. 机械工程学报，2003，39（10）：43-52.
[28] 肖晓伟，肖迪，林锦国，等．多目标优化问题的研究概述［J］. 计算机应用研究，2011，28（3）：805-808.
[29] 汪鸣琦，陈荣秋，崔南方．工程迭代设计中产品族开发过程的研究与建模［J］. 计算机集成制造系统，2007，12：2373-2381.
[30] 王志亮，张友良．复杂耦合系统设计过程动态规划［J］. 计算机工程与应用，2005，13：117-120.
[31] 杜微，莫蓉，李山，等．基于产品关键特性的质量链管理模型研究［J］. 中国机械工程，2013，11：1516-1520.
[32] 张瑞军，邱继伟，王晓伟，等．基于多目标非耦合优化策略的可靠性稳健优化设计［J］. 中国机械工程，2014，2：246-250，272.
[33] 董宁．求解约束优化和多目标优化问题的进化算法研究［D］. 西安：西安电子科技大学，2015.
[34] 史峰，王辉，郁磊，等．MATLAB 智能算法 30 个案例分析［M］. 北京：北京航空航天大学出版社，2011：45-46.
[35] 田启华，梅月媛，刘勇，等．基于多阶段工作转移矩阵的串行耦合设计任务分配策略［J］. 中国机械工程，2017，28（5）：583-588.
[36] 曾小华，宫维钧. ADVISOR 2002 电动汽车仿真与再开发应用［M］. 北京：机械工业出版社，2014：62-63.
[37] 张金标，段宗银，刘建，等．并行设计耦合活动集非解耦的迭代调度算法［A］// 中国自动化学会控制理论专业委员会．中国自动化学会控制理论专业委员会 B 卷. 中国自动化学会控制理论专业委员会，2011：5.
[38] ZHANG X，YAN G. Machine scheduling problems with a general learning effect［J］. Mathematical & Computer Modelling，2010，51（1-2）：84-90.
[39] 朱莉．考虑学习曲线的项目人力资源分配研究［D］. 哈尔滨：哈尔滨工业大学，2015.
[40] 张贤达，周杰．矩阵论及其工程应用［M］. 北京：清华大学出版社，2015.
[41] 丁浩，范生万．基于多目标决策的绿色机电产品设计方案优选算法［J］. 宿州学院学报，2016，6：99-102.
[42] 郭金维，蒲绪强，高祥，等．一种改进的多目标决策指标权重计算方法［J］. 西安电子科技大学学报，2014，6：118-125.
[43] 项静恬．模型综合的最优加权法（非线性复杂系统的综合技术Ⅱ）［J］. 数理统计与

管理，1995（2）：57-65.
[44] 张健，张德智，吴玉斌，等．论评价指标值的可公度性处理［J］．兵工学报，2004，6：746-751.
[45] 田启华，梅月媛，杜义贤．考虑学习效应的并行耦合设计任务分配多目标优化［J］．机械设计与研究，2017，33（4）：94-98，102.
[46] ZAMBITO A P. Using the design structure matrix to streamline automotive hood system development［D］. Cambridge，MA：Master Dissertation，MIT，2000.
[47] 王建伟．协同产品设计的任务管理关键技术及其实现［D］．重庆：重庆大学，2010.
[48] 孙丽．基于遗传算法 BP 神经网络的多目标优化方法［J］．激光杂志，2016，8：123-128.
[49] 柳飞红，谢筱玲．基于欧姆定律的隐性知识分享模型与障碍分析［J］．情报杂志，2010（12）：102，112-116.
[50] 马文建，刘伟，李传昭．并行产品开发中设计活动间重叠与信息交流［J］．计算机集成制造系统，2008，14（4）：630-636.
[51] 冯健民，解东辉，李必强．基于学习理论的产品重新设计策略［J］．系统工程理论与实践，1997，17（10）：114-119.
[52] 刘占礼．基于时间分析的组织间知识转移粘滞研究［D］．郑州：郑州大学，2013.
[53] 田启华，汪巍巍，杜义贤，等．并行产品设计人员学习与交流能力对下游活动影响的研究［J］．工程设计学报，2016，23（5）：424-430.
[54] LOCH C H，TERWISCH C. Communication and uncertainty in concurrent engineering［J］. Management Science，1998，44（8）：1032-1048.
[55] 田启华，刘泽龙，杜义贤，等．基于知识欧姆定律的产品开发耦合活动重叠时间研究［J］．三峡大学学报（自然科学版），2019，41（4）：84-89.
[56] 闫华锋，仲伟俊．复杂产品系统模块化分解模型及应用研究［J］．北京航空航天大学学报，2016，2：721-726.
[57] 蔡洪山．大数据分析中的聚类算法研究［D］．淮南：安徽理工大学，2016.
[58] 陈庭贵．基于设计结构矩阵的产品开发过程优化研究［D］．武汉：华中科技大学，2009.
[59] 孙红艳，王英博．一种改进的小生境遗传聚类算法［J］．计算机系统应用，2010，19（2）：37-40.
[60] 李潇波，赵亮，许正蓉．基于改进的 DSM 耦合任务规划方法的研究［J］．中国机械工程，2010（2）：212-221.
[61] 田启华，梅月媛，杜义贤，等．基于聚类分析的大容量耦合设计任务规划的研究［J］．中国机械工程，2018，29（5）：544-551.
[62] SRINIVAS N，DEB K. Multiobjective optimization using nondominated sorting in genetic algorithms［J］. Evolutionary Computation，1994，2（3）：221-248.
[63] 龚永民．炼钢流程生产作业计划编制相关基础问题研究［D］．重庆：重庆大

学，2016.

[64] ZITZLER E，DEB K，THIELE L. Comparison of multiobjective evolutionary algorithms：empirical results [J]. Evolutionary Computation，2000，8 (2)：173-195.

[65] 田启华，明文豪，文小勇，等. 基于 NSGA-Ⅱ的产品开发任务调度多目标优化 [J]. 中国机械工程，2018，29 (22)：2758-2766.

第3章

产品设计与开发中耦合设计任务分阶段迭代模型

分阶段迭代法是解决产品开发过程中耦合任务集求解问题的方法之一，该方法主要是建立在对耦合集中的任务进行不同阶段数划分的基础上。在对迭代模型进行耦合集求解时，迭代过程中任务分布方案的合理分布是研究分阶段迭代模型的主要工作。本章主要从二阶段迭代模型、多阶段迭代模型两方面分别介绍分阶段迭代模型在处理耦合设计任务分布问题上的思想与方法，同时结合案例进行分析验证。

3.1 引　　言

产品开发过程中，各设计任务之间存在复杂的耦合关系，这种复杂的耦合关系对应的是耦合集中各设计任务之间频繁的信息交互，并使产品开发过程出现大量的反复与迭代，从而延长了产品开发周期[1]。内部迭代方法是处理耦合集迭代问题的一种有效方法，主要是通过耦合集内部任务的不断迭代改进设计质量[2]。例如，Pritsker 和 Signal[3] 利用通用计划评审技术（generalized evaluation and review technique，GERT）对有反馈关系的任务网络图进行仿真分析；Eppinger 等[4] 利用信号流图（signal flow graphs）对设计迭代过程进行建模，分析了整个开发时间的可能性分布，并对影响开发时间的驱动因素进行了识别。然而以上这些方法都存在一个共同的问题，即随着任务数目的增加，处理起来将非常麻烦且求解较为困难，因此限制了其使用范围。考虑到设计结构矩阵具有优秀的产品开发建模能力以及适宜计算机编程的特点，不少学者利用 DSM 对设计迭代过程进行分析。Smith 和 Eppinger[5] 利用 DSM 对迭代过程进行分析，并建立了串行迭代模型和并行迭代模型。串行迭代模型假设所有的耦合任务顺序执行，且任务的重做概率和周期均为常数，然后计算分析不同顺序情况下的开发周期，以确定最优的执行顺序，但该方法是建立在随机统计分析的基础之上，实际运用起来比较困难。并行迭代模型是假设所有的耦合任务同时并行执行，并通过建立工作转移矩阵模型识别设计过程中的迭代驱动任务特性和收敛速率，应用较为广泛。但是在实际的产品开发过程中，完全的并行迭代是很难实现的，通常会由于设计要求改变、资源约束等原因，部分任务需要延迟到稍后过程才能执行。Browning 和 Eppinger[6] 利用 WTM 和返工概率矩阵并结合数理统计方法求出开发周期的时间、成本分布曲线，并对开发任务进行风险管理与评估；褚春超等[7]采用 WTM 和概率依赖结构矩阵求出项目工期分布结果，为管理者确定合理项目工期提供决策依据。以上都是应用 WTM 对耦合集中任务总量和时间的研究，这对于进一步揭示任务间的内在联系具有积极的意义，但这些研究都有一定的局限性，主要表现在两个方面：①迭代过程中，所有任务同时并行执行一次后进入下一轮迭代，但是只要每个耦合任务的执行时间不相等，那么任务完成时间总会有先有后，先完成的任务必须等待后完成的任务，这就造成了资源的闲置。②忽略了设计过程中迭代次数的有限性。通常迭代过程最终肯定会以耦合集中某一任务的执行不再引起其他任务的调整为结束标志；而基于工作转移矩阵的求解是一个无穷迭代并逐渐趋于收敛的过程，这与实际过程有较大的出入[8-10]。此外，对于任意的一个耦合任务集，可以考虑由其任意子集构成设计过程的任意一个阶段，从而获得该耦合任务集的一个任务分布方案。通常，对于任意给定的耦合集迭代过程，希望能够最小化执行时间。因此有必要引入任务分布方案的寻优方法，求解出较好的任务分布，以获较优解。将并行迭代方式中的建模方法运用到分阶段迭代模型的求解中，深入研究分阶段迭代过程的解耦方法，并运用寻优方法求解迭代模型的最优解，可以减少设计过程的时间成本。

虽然目前内部迭代法的耦合集求解研究主要是围绕着传统的串行迭代和并行迭代问题进行开展的，但是在实际的产品开发过程中，更多的是介于串行和并行之间的一种“松弛迭代”，即分阶段迭代。在分阶段迭代模型耦合集中，所有的任务都需要被安排到各阶段中去执行，由于任务数和阶段数均不确定，与传统的串行迭代、并行迭代相比，其时间成本的求解与优化更为复杂。对于任意给定的产品开发过程，执行时间最小化是主要的设计目标之一。在分阶段迭代过程的求解中，任务分布和资源分配合理与否直接影响开发过程的时间成本，为了有效地缩短产品开发周期，需要分别对分阶段迭代模型中的任务分布方案优化问题和资源分配问题展开深入研究。

本章首先对二阶段迭代模型进行分析，针对利用启发式算法求解二阶段迭代模型的最优任务分布方案容易陷入局部最优解的问题，引入具有全局搜索特性的动态规划算法，将二阶段迭代模型任务分布方案的寻优过程划分为若干个子问题，通过各子问题的最优化得到全局最优的任务分布方案；根据二阶段迭代模型中各任务的分布特点，引入具有自适应全局优化特性的遗传算法求解出二阶段迭代模型的最优任务分布方案；针对单输入多输出耦合设计任务间的复杂信息需求关系，通过研究单输入多输出耦合设计任务的二阶段迭代模型的信息处理策略，构建并求解二阶段任务分配方案执行时间的数学模型，以期得到二阶段任务执行方式的最优任务分配方案。其次，针对产品开发过程中任务分布的不合理会导致产品开发时间延长的问题，引入设计结构矩阵，运用马尔科夫链方法对耦合设计迭代过程进行分析，得到迭代过程的时间成本与设计结构矩阵中表示任务周期、返工概率的参数的关系，进而获得有利于缩短开发时间的任务分布方案的设计结构矩阵调整策略。再次，针对目前在计算串行迭代模型迭代时间以及任务迭代顺序优化中存在的问题，通过改变多阶段混合迭代模型的控制变量后用于串行迭代时间的计算，以简化迭代时间的计算，并通过引入全局搜索能力更强的遗传算法，对任务迭代顺序进行优化。最后，针对完全并行迭代模型在实际产品设计中难以实现的问题，从迭代过程中任务的迭代时间和迭代次数的有限性两个方面对迭代模型进行了修正，并在此基础上对迭代模型进行扩展，建立改进后的多阶段混合迭代模型，并结合遗传算法求解在多阶段混合迭代模型下耦合集任务分布方案。

3.2 耦合设计任务的二阶段迭代模型

3.2.1 二阶段迭代模型的分析与构建

并行迭代模型的 WTM 要求所有的耦合任务集同时并行执行，考虑到在产品的实际开发过程中，有些任务由于资源约束或设计要求的改变等多方面的原因，要发生延迟，延迟的任务在稍后的过程中才能被执行。当多个任务同时出现时，任务间的信息集较大，采用单阶段的任务执行方式很难厘清任务间的信息依赖关系以达到合理分配设计任务的目的[11-12]。在分阶段迭代过程中，二阶段迭代模型是最为基础的迭代方式，该迭代模型的设计方法是将整个耦合任务集中的任务分成两个子任务集，并分配到两个不同的阶段中去执行[9]，即第一个阶段同时并行执行有限个耦合任务；第二个阶段执行第一个任务集的返工和所有剩下的工作[5,13-14]。二阶段迭代模型将整个耦合任务集划分为两个子任务集[15]，为了求出具有最小执行时间的任务分布方案，需将等待执行的各个任务合理地分配到二阶段迭代模型的两个不同阶段中，这就形成了任务分布方案的优化问题。有效地搜索到最优任务分布方案是求解二阶段迭代模型最小执行时间的前提。参考文献［16］提出了二阶段迭代模型执行时间的求解过程，但是没有给出寻求最优的二阶段迭代模型任务分布方案的可行方法。启发式方法是常用的搜索方法，它是相对于最优化算法提出来的，但其所得到的有效解一般与最优解有一定的偏离，而且其误差也不能被预计，因此对于求解最优的二阶段迭代模型任务分布方案问题，采用启发式方法一般很难得到具有全局性的最优解。动态规划算法是求解分阶段决策最优化问题的有效方法之一，其基本思想是把多阶段决策的复杂问题划分为多个具有相互关联的子问题。参考文献［17］应用动态规划算法求解了多阶段决策最优化问题，并表明该方法的有效性。陈庭贵等[2,18-19]对多阶段迭代模型的设计过程做了一定的研究，提出了二阶段迭代模型的求解方法，但是对于寻求二阶段迭代模型最优解的问题并没有提出有效的求解方法。通常采用启发式方法能搜索到一个相对有效解，但该解会与全局最优解存在一定的偏离[20]，故基于启发式方法求解二阶段迭代模型的最优解容易陷入局部最优解。遗传算法是通过模拟生物在自然环境中的遗传和进化过程，而产生的一种自适应性的全局优化概率寻优算法[21]，已经成为计算智能领域的一个重要分支，且该算法本身具备不依赖具体问题的特点，可将其引入二阶段迭代模型任务分布方案的寻优中，以获取所求问题的全局最优解。近些年，不少学者对基于遗传算法的全局搜索问题进行了研究。例如，刘孝圣等[22]采用遗传算法有效地解决了多核网络处理器流水线架构下的任务分配问题。侯媛彬等[23]通过遗传算法对各轮廓轨迹的前后加工顺序进行优化排序，且有效地缩短了刀具的空行程。石乐义等[24]将遗传算法引入拟态蜜罐系统中，提出了基于自适应遗传算法的拟态蜜罐演化策略，并证明了该拟态蜜罐系统演化策略的有效性。

将 n 个任务分配到二阶段迭代模型的两个阶段中执行所得到的执行时间为[2]

$$T = \left\| \sum_{i=1}^{n} \left\{ \left[\left(\boldsymbol{Z}(\boldsymbol{I} - \boldsymbol{KBK})^{-1}\boldsymbol{K}\boldsymbol{u}_0 \right) \right]^{(i)} + \left[\boldsymbol{Z}(\boldsymbol{I} - \boldsymbol{B})^{-1}(\boldsymbol{I} - \boldsymbol{K})\boldsymbol{u}_0 \right]^{(i)} \right\} \right\| \tag{3.1}$$

式中，(i) 表示向量的第 i 个元素；$\boldsymbol{B}$ 是返工概率矩阵；$\boldsymbol{Z}$ 是任务工期矩阵；$\boldsymbol{I}$ 为单位方阵；$\boldsymbol{u}_0$是全 1 初始工作向量；$\boldsymbol{K}$ 是任务分布矩阵，其对角线上的元素取 0 或者 1，描述了二阶段迭代模型中各任务的分布情况，定义为

$$K=\begin{bmatrix} k_{11} & 0 & 0 & \cdots \\ 0 & k_{22} & 0 & \cdots \\ 0 & 0 & k_{33} & \cdots \\ \vdots & \vdots & & \vdots \\ 0 & 0 & 0 & k_{ij} \end{bmatrix}$$

其中对角线上的元素取值定义如下：

$$k_{ij}=\begin{cases}1, & i=j \text{ 且第 } i \text{ 个任务在第 1 阶段} \\ 0, & \text{其他}\end{cases} \tag{3.2}$$

由式（3.1）可知，在其他参数确定的情况下，$\boldsymbol{K}$ 是影响目标值 T 的唯一变量。二阶段迭代模型是建立在对耦合集中的任务进行两个不同阶段数划分的基础上进行的，在对迭代模型进行耦合求解时，将任务进行合理分配是获取全局最短执行时间的前提。成功地搜索到二阶段迭代模型最优任务分布方案，再根据式（3.2）求出最优任务分布方案下的任务分布矩阵 $\boldsymbol{K}$ 是获得全局最优解的关键。

在产品开发过程中，耦合任务分布是否合理，能直接影响迭代过程的时间成本，因此，如何合理地调配设计任务已成为设计过程的主要任务之一。为了进一步降低迭代过程的时间成本，需要对迭代过程中的方案优化问题展开深入研究。本小节以分阶段迭代中的二阶段迭代过程为例，将动态算法和遗传算法分别引入二阶段迭代模型任务分布方案的优化求解中，旨在获取全局最优任务分布方案。

现引入二阶段工作转移矩阵模型[18]，任务分布矩阵 $\boldsymbol{K}$ 用来表示在第 1 阶段中需要考虑的返工概率矩阵 $\boldsymbol{B}$ 的一部分。将 n 个任务分配到二阶段迭代模型的两个阶段被执行，第 1 阶段总共所需要的时间为[5]

$$T_1=\boldsymbol{W}(\boldsymbol{I}-\boldsymbol{KBK})^{-1}\boldsymbol{K}\boldsymbol{u}_0 \tag{3.3}$$

式中，$\boldsymbol{W}$ 是任务周期矩阵，由设计结构矩阵对角线上的元素组成，包含每个任务的执行周期；$\boldsymbol{B}$ 是返工概率矩阵，其对角线上的元素全为 0，非对角线上的元素的数值描述了在迭代过程中任务返工量的数值大小；$\boldsymbol{I}$ 为单位方阵；$\boldsymbol{u}_0$ 是全 1 初始工作向量；任务分布矩阵 $\boldsymbol{K}$ 定义同式（3.2）。

在第 2 阶段，所执行的任务包括第一个任务集的返工和所有剩下的工作，该阶段总共所需时间可表示为

$$T_2=\boldsymbol{W}(\boldsymbol{I}-\boldsymbol{B})^{-1}(\boldsymbol{I}-\boldsymbol{K})\boldsymbol{u}_0 \tag{3.4}$$

完成二阶段迭代所需要的时间是每个阶段所需时间的总和[5,16]，即

$$T=\sum_{i=1}^{n}\left[\boldsymbol{T}_1^{(i)}+\boldsymbol{T}_2^{(i)}\right] \tag{3.5}$$

给定一个耦合任务集，可以考虑由其任意子集构成设计过程的第 1 阶段，以获取一个任务分布方案，并根据以上的求解方法可以求解出该任务分布方案的执行时间。对于一个二阶段迭代模型耦合任务集执行时间的求解问题，为了最小化时间成本，需要对任务分布方案进行寻优。

3.2.2　基于动态规划法的二阶段迭代模型求解

1. 最优任务分布方案的求解思想

利用动态规划算法的基本思想，通过控制二阶段迭代模型中在一阶段被执行任务的个数，将求解二阶段迭代模型最优任务分布方案的问题转化成求解多个相互关联的子问题最优局部解的问题。寻优过程以求解二阶段迭代模型的最小执行时间为目标，引入动态规划算法来寻找能使二阶段迭代模型执行时间最短的最优任务分布方案[25]。采用枚举法将所有可能的任务分布方案一一列举出来，显然，若任务比较多，则搜索范围大，求解效率低。动态规划算法把全局的问题划分为局部的问题，为了全局最优必须局部最优[26]。

将每一个局部问题作为一个子问题来处理，基本策略是一步步地构建问题的最优解决方案，其中每一步只需要求解当前的最优任务分布方案。应用动态规划算法对解的域内进行搜索，不是搜索全部的空间，而是在局部范围内进行最优搜索。通过顺序地求解各个子问题的局部最优解，最后一个子问题输出的解即为全局最优解。

2. 基于动态规划法的求解过程分析

假设二阶段迭代模型中共有 n 个任务等待执行，为了得到能保证执行时间最短的二阶段迭代模型的任务分布方案，动态规划法求解二阶段迭代模型最优任务分布方案流程如图 3.1 所示。

通过控制分配到二阶段迭代模型中在第 1 阶段被执行的任务个数 w，将二阶段迭代模型任务分布方案寻优过程分成 $n-1$ 个子问题。

子问题一：有 1 个任务被分配到第 1 阶段中，其余的任务被分配到第 2 阶段中。列出 $w=1$ 时所有任务分布方案组合，通过式（3.3）、式（3.4）计算 $w=1$ 时所有任务分布方案的执行时间，保留当前的局部最优解，为下一个子问题的搜索提供指导。

子问题二：有 2 个任务被分配到第 1 阶段中，其余的任务被分配到第 2 阶段中。将子问题一的局部最优分布方案中不在第 1 阶段执行的任务依次调换到第 1 阶段中，使得 $w=2$，列出 $w=2$ 时所有任务分布方案组合，通过式（3.3）、式（3.4）计算出 $w=2$ 时所有任务分布方案的执行时间，保留当前局部最优解，为下一个子问题的搜索提供指导。将子问题二求得的局部最优解和

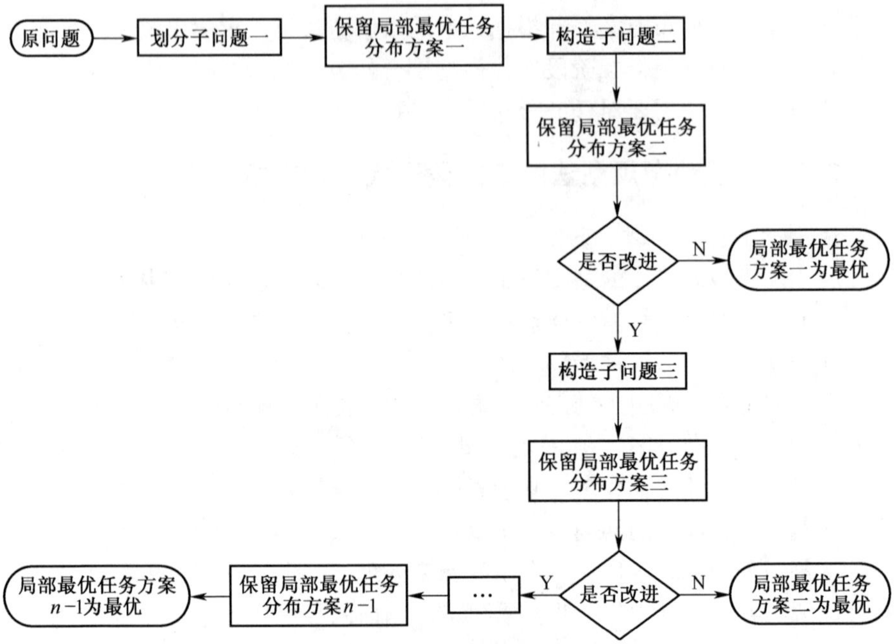

图 3.1 动态规划法求解二阶段迭代模型最优任务分布方案流程

子问题一得出的局部最优解进行比较，若结果改进，则继续下一步，否则停止。

以此类推，直到 $w=n-1$ 时，对应子问题 $n-1$，即有 $n-1$ 个任务分配到第 1 阶段中，其余任务分配到第 2 阶段中。求出 $w=n-1$ 时的局部最优解，即为整个寻优过程的最优解。

由以上求解步骤可以看出，二阶段迭代模型的最优任务分布方案是由各个相互关联的子问题最优化而形成，每一个子问题都要输出一个局部最优解，由于下一个子问题是根据上一个子问题的最优解的特征进行构造的，这样顺序地求解出最后一个子问题的解是整个二阶段迭代的全局最优解。动态规划法求解二阶段迭代问题的最优解时，不是搜索所有的空间，而是在局部范围内进行择优选取，决定下一步的搜索方向，这样就能大大地提高搜索效率。

3. 实例分析

以某种型号照相机的开发设计过程为例来进行说明。

(1) 实例描述。该产品开发过程包括功能定义（任务 A)、概念设计（任务 B)、快门装置设计（任务 C)、取景装置设计（任务 D)、相机体设计（任务 E）、卷片装置设计（任务 F）、光学镜头设计（任务 G）、光圈设计（任务 H）8 个任务，其中任务 C、任务 D、任务 E 以及任务 F 这 4 个任务构成带循环信息流的耦合任务集[2]，对应的设计结构矩阵如图 3.2 所示。

	C	D	E	F
C	20	0.1	0.2	0.3
D	0.3	3.5	0.4	0.2
E	0.1	0.3	2.1	0.5
F	0.1	0.1	0.2	18

图 3.2　设计结构矩阵

以图 3.2 中第一列非对角线上的元素为例，0.3 表示每次任务 C 完成后，任务 D 要返工的概率是 30%；第一个 0.1 表示每次任务 D 完成后，任务 E 要返工的概率是 10%；第二个 0.1 表示每次任务 E 完成后，任务 F 要返工的概率也是 10%。任务周期矩阵 $\boldsymbol{Z}$ 是由设计结构矩阵对角线上的元素组成的，包含了每个任务的执行周期，可描述如下：任务 C、任务 D、任务 E、任务 F 各自独立完成初次迭代分别需要 20、35、21、18 个工作日。照相机开发的返工概率矩阵 $\boldsymbol{B}$ 和任务周期矩阵 $\boldsymbol{Z}$ 分别为

$$\boldsymbol{B}=\begin{bmatrix}0 & 0.1 & 0.2 & 0.3\\ 0.3 & 0 & 0.4 & 0.2\\ 0.1 & 0.3 & 0 & 0.5\\ 0.1 & 0.1 & 0.2 & 0\end{bmatrix}\qquad \boldsymbol{Z}=\begin{bmatrix}20 & 0 & 0 & 0\\ 0 & 35 & 0 & 0\\ 0 & 0 & 21 & 0\\ 0 & 0 & 0 & 18\end{bmatrix}$$

在迭代初始阶段，初始工作向量 $\boldsymbol{u}_0$为全 1 列向量，可表示为

$$\boldsymbol{u}_0=[1\quad 1\quad 1\quad 1]^{\mathrm{T}}$$

基于不同的算法，将等待执行的所有任务合理地分配到二阶段迭代模型的两个阶段中，利用式（3.2）可以确定任务分布矩阵 $\boldsymbol{K}$，再将上述参数 $\boldsymbol{K}$、$\boldsymbol{R}$、$\boldsymbol{Z}$、$\boldsymbol{u}_0$代入式（3.1），可以求解出该任务分布方案的执行时间。

为了能更直观地描述任务的分布情况，采用符号编码法[27]。用一个数字序号表来表示各个任务所在的不同阶段，序号表的每个编码位的取值为 1 或 2，分别表示任务处在第 1 阶段或者第 2 阶段，序号表的长度描述了任务的个数。例如，用一个数字序号表（1 1 2 2）表示由本例任务 C、任务 D、任务 E、任务 F 这 4 个任务组成的耦合任务集构成二阶段迭代模型的一种任务分布方案，即任务 C、任务 D 在第 1 阶段执行，任务 E、任务 F 在第 2 阶段执行。

（2）基于启发式方法的寻优。启发式方法包含一系列指导算法搜索方向的、寻优规律的、建议性质的规则集[20]。依据这个规则集，计算机一般可以在解空间中搜索到一个相对较优解[33]。用启发式方法求解二阶段迭代模型最优任务分布方案时，需要将某一个任务从一个任务集交换到另一个任务集来搜索较优的任务分布方案。具体方法是：①随机选取一个初始任务分布方案；②将任务从其所在的阶段交换到其他阶段；③评估目前的方案是否改进，若没

有改进，则该任务放回原阶段；④返回步骤②直到没有更进一步的改进为止。

按照以上步骤，通过随机选取一个初始任务分布方案可以得到一个寻优结果。例如，对任务 C、任务 D、任务 E、任务 F 构成的任务集：①选定随机方案（2 1 2 1）；②将任务 C 从第 2 阶段调换到第 1 阶段中；③利用式（3.1）、式（3.2）求解调整后的方案（1 1 2 1）和随机方案（2 1 2 1）的执行时间分别为 197.1149 d 和 203.4121 d，调整后的执行时间得到了改进；④再将任务 D 从第 1 阶段调换到第 2 阶段中，利用式（3.1）和式（3.2）得到方案（1 2 2 1）的执行时间为 202.3919 d，对比方案（1 1 2 1）没有改进，则终止求解。故寻找到的最优方案为（1 1 2 1）。为了能更充分地说明启发式方法的寻优特点，再取两种不同的随机方案（2 1 2 2）、（2 1 1 1）分别进行求解，得到的最优方案分布分别为（1 1 1 2）、（2 2 1 1）。这三种不同随机方案的最优任务分布方案及执行时间如表 3.1 所示。

表 3.1 启发式方法求解照相机开发的最优任务分布方案及执行时间

序号	随机方案	生成的最优方案	执行时间 T/d
1	2 1 2 1	1 1 2 1	197.1149
2	2 1 2 2	1 1 1 2	238.1329
3	2 1 1 1	2 2 1 1	192.8158

由表 3.1 可知，3 次选取的随机任务方案得到三个并不相同的“最优解”，说明启发式方法的搜索结果依赖初始给定方案，搜索结果并不可靠。表 3.1 中第三次求解结果为 192.8158 d，表面上相对较优，但仍然不能说明其任务分布（2 2 1 1）是全局最优方案。

（3）基于动态规划法的寻优。照相机开发由 C、D、E、F 这 4 个任务形成带循环信息流的耦合任务集，即有 4 个任务要分配到二阶段迭代模型的两个阶段中。根据第 1 阶段中执行任务的个数，w 可取 1、2、3。通过控制 w，可将求解照相机最优任务分布方案的问题划分为 3 个子问题来求解。

子问题一：第 1 阶段只有一个任务执行（$w=1$），分别将任务 C、任务 D、任务 E、任务 F 放到第 1 阶段，同时将其他的任务都放在第 2 阶段中，这样就有 4 种可能的任务分布方案。由式（3.2）可以求出每种任务分布方案下的 $\boldsymbol{K}$，将 $\boldsymbol{K}$、$\boldsymbol{R}$、$\boldsymbol{Z}$、$\boldsymbol{u}_0$ 代入式（3.1），可求出 4 种分布方案的执行时间，见表 3.2。对比表 3.2 中子问题一的 4 个方案，保留执行时间最短的任务分布方案（2 2 2 1），即第 4 种方案，其执行时间为 232.6711 d。则下一步应将任务 F 与其余的任务进行组合分配到第 1 阶段中执行。

表 3.2　动态规划法求解照相机开发的最优任务分布方案及执行时间

子问题	方案	任务分布策略	任务分布	执行时间 T/d
子问题一	1	任务 C 在第 1 阶段	1 2 2 2	266.3158
	2	任务 D 在第 1 阶段	2 1 2 2	266.4912
	3	任务 E 在第 1 阶段	2 2 1 2	245.9561
	4	任务 F 在第 1 阶段	2 2 2 1	232.6711
子问题二	1	任务 F 和 C 在第 1 阶段	1 2 2 1	202.3919
	2	任务 F 和 D 在第 1 阶段	2 1 2 1	203.4121
	3	任务 F 和 E 在第 1 阶段	2 2 1 1	192.8158
子问题三	1	任务 E、F 和 C 在第 1 阶段	1 2 1 1	181.7662
	2	任务 E、F 和 D 在第 1 阶段	2 1 1 1	229.3172

子问题二：将任务 F 和其他 3 个任务分别进行组合，得到 3 种不同的任务分布方案，按子问题一同样的方法，由式（3.2）及式（3.1）可计算出 3 种任务分布方案的执行时间，见表 3.2。保留执行时间最短的任务分布方案（2 2 1 1），该任务分布方案的最短执行时间为 192.8158 d。对比子问题一得到的结果 232.6711 d，该方案有改进，故下一步将任务 E、F 与其他任务进行组合分配到第 1 阶段中执行。

子问题三：将任务 E、F 和其他两个任务分别组合，得到两种不同的任务分布方案。按上述同样的方法，可以计算出这两种任务分布方案的执行时间，见表 3.2。保留执行时间最短任务分布的方案（1 2 1 1），将 C、E、F 这 3 个任务放在第 2 阶段执行的时间最短，其执行时间为 181.7662 d。

根据本小节前面的分析，本实例中二阶段迭代模型的最优任务分布方案由相互关联的 3 个子问题最优化而得到，其中每个子问题都输出一个局部最优解，在上一个子问题的最优解的基础上构造出下一个子问题，即下一个子问题是基于上一个子问题的解进行动态调整而得到的，且每一步调整中做出的都是一个最优选择。

动态规划法对问题进行全面的规划处理，这样顺序地求解出第 3 个子问题的解为全局最优解。基于上述求解步骤，得到照相机开发过程的最优任务分布方案及执行时间如表 3.2 所示。

由表 3.2 可知，子问题一搜索到的任务分布方案（2 2 2 1）的执行时间为 232.6711 d，是子问题一的局部最优解；子问题二搜索到的任务分布方案（2 2 1 1）的执行时间为 192.8158 d，是子问题二的局部最优解；最后一个子问题搜索到的任务分布方案（1 2 1 1）的执行时间为 181.7662 d，是子问题三的局部最优解。3 个子问题的局部最优解在数值上依次减少，说明随着各子问题顺序求解的进行，寻优结果逐步逼近最优解。子问题三搜索到的最优任务分布方案（1 2 1 1）的执行时间 181.7662 d 全局最短，即照相机开发的最短执行时间为 181.7662 d。

（4）基于启发式方法和基于动态规划法的对比分析。基于启发式方法的方案寻优，初始分布方案是随机选取的，得到的寻优结果会随初始方案的选取情况而改变，使得最后的求解结果并不稳定。基于动态规划法的寻优，通过子问题的顺序求解过程得出最后一个子问题的解即为全局最优方案。基于启发式方法与动态规划法的寻优结果比较如表 3.3 所示。

表 3.3　基于启发式方法与动态规划法的寻优结果比较

方法	最优方案	任务分布矩阵 $\boldsymbol{K}$	执行时间 T/d
启发式方法	2 1 1 1	diag（0，1，1，1）	192.8158
动态规划法	1 2 1 1	diag（1，0，1，1）	181.7662

基于启发式方法的寻优，得到照相机开发最优方案的执行时间为 192.8158 d，基于动态规划法得到的寻优结果为 181.7662 d，比启发式方法的寻优得到的执行时间减少了 11.0496 d，即时间成本下降了 5.73%。说明二阶段迭代模型任务分布方案的寻优问题，基于动态规划法进行任务分布方案的寻优比基于启发式方法更为有效。

3.2.3　基于遗传算法的二阶段迭代模型求解

本小节在二阶段迭代模型求解的基础上，结合该模型中各任务被分成两个阶段的特点，引入遗传算法对任务分布方案的优化问题展开研究[28]。寻优过程以获取二阶段迭代模型耦合任务集的最短执行时间为目标，旨在求解最优的任务分布方案。

1. 最优任务分布方案的求解思想

为了能更直观地描述任务的分布情况，采用符号编码法，即用一个取值 1 或 2 组成的数字序列来表示各任务所处的不同阶段（一阶段或者二阶段），序列的长度即为任务的个数。由于任务的分布情况是由任务编码位上的取值情况决定的，可以根据个体编码确定每种方案的任务分布矩阵 $\boldsymbol{K}$。

若有 n 个任务要分布到二阶段迭代模型的两个阶段中，采用枚举法将所有可能的任务分布方案一一列举出来，会产生 2^n-2 种任务分布方案（除去所有任务都在一阶段或二阶段执行的完全并行迭代模型的两种方案）。显然，若任务比较多，则搜索范围大，求解效率低。遗传算法是一种模拟生物进化和基因遗传学原理的随机并行搜索算法，搜索时使用适应度函数进行导向，能自然地避开局部最优解的陷阱，使问题的求解具有很好的收敛性，因而在最优化策略的求解中得到广泛应用。

2. 基于遗传算法的求解过程分析

由于遗传算法主要特点是以生物进化为原型，具有很好的收敛性，所以基于遗传算法的寻优具有较强的全局搜索能力，能快速地将解空间中的全体解搜索出来，而不会陷入局部最优解。利用遗传算法的潜在并行性，可以让多个个体同时进行比较，选择适应度函数值尽可能大的个体，以加快搜索效率。

结合任务分布的特点，种群中的每个个体都代表了一个任务分布矩阵 $\boldsymbol{K}$，通过遗传操作对种群进行优化，实质是通过任务分布矩阵 $\boldsymbol{K}$ 的优化来获取最优任务分布方案。将实际的问题转化为对各任务的编码设计，以得到初始种群。设计算法中的适应度函数，通过对各个体方案适应度值的求解，以对个体进行评价，遗传运算过程中选择适应度值高的个体作为下一步进行交叉和变异的种群，进而获取新一代种群，迭代完成后判断其是否满足设定的最大遗传代数，若不满足，则进入下一次迭代；否则，结束遗传操作[29-30]。

遗传算法是一种模拟生物进化和基因遗传学原理的随机并行搜索算法，为了搜索到全局最优任务分布方案，需要对不同任务分布矩阵 $\boldsymbol{K}$ 的执行时间进行评价，再保留质量好的任务分布方案进行遗传操作。为了保证执行时间最短，用遗传算法求解最优任务分布方案流程如图 3.3 所示。

参照 3.2.1 小节的思想，由一个给定的耦合任务集的任意子集构成迭代过程的第 1 阶段，从而获得一个初始的任务分布方案，并按照图 3.3 所示的流程求解出该任务分布方案的执行时间。

本书采用随机方式产生若干个所求问题的数字编码，形成初始种群；适应度函数取任务执行时间 T 的倒数，根据适应度函数给每个个体一个数值评价，淘汰适应度低的个体；通过不断地对初始种群进行选择、交叉、变异等遗传操作，获取进化后的新种群。利用遗传算法对任务分布方案进行寻优，主要包括如下步骤：

（1）初始种群的设计。任务分布矩阵 $\boldsymbol{K}$ 对角线上的元素是对任务所处阶段的描述，如对于一个包含 Z、X、Y 这 3 个任务的耦合集，设其任务分布矩阵 $\boldsymbol{K} = \mathrm{diag}(1, 0, 1)$，表明 Z、Y 两个任务在二阶段迭代模型的第 1 阶段中被执行，任务 X 在第 2 阶段中被执行，可以确定该任务分布在遗传运算中的个体长度为任务的个数 3，且该任务分布在种群中对应的个体编码为 $\{1\ 2\ 1\}$。基于以上种群中个体的编码方法，采用随机的方式获取含有个体长度为 m 的初始种群[31]。

（2）适应度的选取。适应度是用来衡量群体中每个个体在优化求解中有

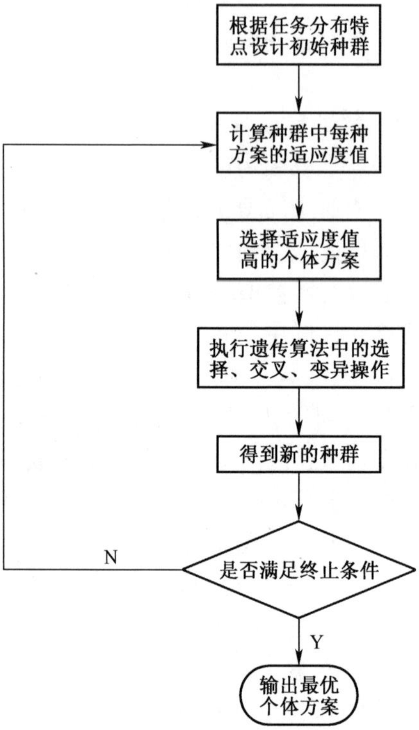

图 3.3　遗传算法求解最优任务分布方案流程

可能达到最优解的优良程度[32-33]。选取适应度函数为任务执行时间 T 的倒数，根据式（3.5）对种群中不同任务分布方案的执行时间进行评价，淘汰适应度低的个体，并保留适应度高的个体任务分布方案进行遗传操作[34]。个体适应度为

$$\text{fitness}T = \frac{1}{\sum_{i=1}^{n}\left(T_1^{(i)} + T_2^{(i)}\right)} \tag{3.6}$$

（3）遗传算子的操作。通过不断地对初始种群进行选择、交叉、变异等遗传操作，获取进化后的新种群，并保持种群的规模。这是求执行时间的最小值问题，可以找出每代群体中适应度值最大的个体，每次迭代都会选取种群适应度值较高的个体方案予以保留，淘汰掉适应度值小的个体以完成任务分布方案的选择操作，产生一个新的种群作为待交叉种群[35]。交叉采用单点交叉法以实现个体的进化。用符号编码的方式描述个体方案，其编码特点是一组包含 1 和 2 的数字排列，随机交换个体两个位置上的数字进行变异操作。运算过程

中，算子的各态历经性（遍历性）使得该算法本身能十分有效地进行概率意义的全局搜索[36]，具体内容可参见参考文献［22，24］。

遗传算法具有并行搜索特性，可以实现多个个体的同时比较，通过选择适应度函数值尽可能大的个体，以提高搜索质量；同时具有很好的全局搜索能力与收敛性，不会陷入局部最优解。

3. 实例分析

（1）实例描述。汽车发动机开发是一种典型的复杂系统开发项目，其零件数量多，产品开发设计过程中存在大量的耦合关系，某一零件修改可能导致大量的设计迭代，引起大量的返工，因此有必要进行开发过程的系统化建模和分析[2]。为了便于计算，选取缸盖、凸轮等 20 个主要部件的设计开发作为分析对象，用字母 A、B、C、…、T 分别代表带循环信息流的 20 个任务的耦合集。该开发过程的主要数据选取是方便计算说明，而且实例及数据来源为参考文献［2］。该耦合迭代过程中，用 0.1、0.03、0.01 分别表示强、中、弱的依赖关系，发动机开发系统耦合任务集信息迭代关系如图 3.4 所示。

	A	B	C	D	E	F	G	H	I	J	K	L	M	N	O	P	Q	R	S	T
A	■	△	△	△	⊙	○	⊙	⊙										○	○	
B	△	■		○				⊙	△	○	△	△	○	○	○	⊙	⊙			
C	△		■		⊙	△											○			
D	△	○		■	△	⊙				○									○	
E	⊙		⊙	△	■	△														
F	△		△	⊙	△	■	△											△	○	
G	⊙		⊙			△	■	△											⊙	
H	⊙		⊙				△	■	△											△
I		△						△	■	○							△	○	⊙	
J		○		○					○	■							○		△	
K		△									■	⊙	○	△			⊙		○	
L		△									⊙	■			△	△	⊙			
M		⊙									○		■	△						
N		○									△		△	■					⊙	
O		○											△		■					
P		⊙										△			△	■				
Q		○	○						△	△	⊙	⊙					■		△	
R	○					△			○									■	○	
S	○	△		○		⊙	⊙		⊙	△	○			⊙			△	⊙	■	△
T								△											○	■

注：图中用△表示依赖关系强，○表示依赖关系中，⊙表示依赖关系弱，■表示各任务的执行工期。

图 3.4　发动机开发系统耦合任务集信息迭代关系

基于产品开发中各任务之间的耦合依赖关系，建立 DSM 模型，该模型构成了一个较为复杂的耦合模块。该耦合集中各任务的执行工期分别为 15、28、42、20、18、34、21、14、35、33、19、18、25、20、22、18、24、15、16、23，表示 20 个任务各自独立完成初次迭代需要的时间单位。

为了对汽车发动机开发过程进行有效的描述，采用设计结构矩阵进行说明，发动机开发系统耦合任务设计结构矩阵[29,30]如图 3.5 所示。

$$
\begin{array}{c} \\ A \\ B \\ C \\ \vdots \\ T \end{array}
\begin{array}{c} \begin{array}{ccccc} A & B & C & \cdots & T \end{array} \\
\begin{bmatrix} 15 & 0.1 & 0.1 & \cdots & 0 \\ 0.1 & 28 & 0 & \cdots & 0 \\ 0.1 & 0 & 42 & \cdots & 0 \\ \vdots & \vdots & \vdots & & \vdots \\ 0 & 0 & 0 & \cdots & 23 \end{bmatrix} \end{array}
$$

图 3.5　发动机开发系统耦合任务设计结构矩阵

返工概率矩阵 $\boldsymbol{B}$ 非对角线上的元素是由设计结构矩阵中非对角线上的元素组成的，它表示在迭代过程中任务返工量的数值大小[2]。汽车发动机开发的返工概率矩阵用 $\boldsymbol{B}$ 表示为

$$
\boldsymbol{B} = \begin{bmatrix} 0 & 0.1 & 0.1 & \cdots & 0 \\ 0.1 & 0 & 0 & \cdots & 0 \\ 0.1 & 0 & 0 & \cdots & 0 \\ \vdots & \vdots & \vdots & & \vdots \\ 0 & 0 & 0 & \cdots & 0 \end{bmatrix}
$$

任务工期矩阵 $\boldsymbol{Z}$ 是由设计结构矩阵对角线上的元素组成的，包含了每个任务的执行周期。汽车发动机开发的任务工期矩阵用 $\boldsymbol{Z}$ 表示为

$$
\boldsymbol{Z} = \begin{bmatrix} 15 & 0 & 0 & \cdots & 0 \\ 0 & 28 & 0 & \cdots & 0 \\ 0 & 0 & 42 & \cdots & 0 \\ \vdots & \vdots & \vdots & & \vdots \\ 0 & 0 & 0 & \cdots & 23 \end{bmatrix}
$$

初始工作向量 $\boldsymbol{u}_0$ 是维数为 20 的全 1 列向量。单位向量 $\boldsymbol{I}$ 是 20 阶的方阵。

为了获取最优的汽车发动机开发的时间成本 T，下面应用遗传算法来实现任务分布方案的寻优。为对比分析，先采用启发式方法进行寻优。

（2）基于启发式方法的寻优。根据 3.2.2 小节所述方法，采用启发式方法搜索二阶段较优的任务分布方案，其具体方法是：①随机选取一个初始任务分布方案；②将任务从其所在的阶段交换到其他阶段；③评估目前的方案是否

得到改进[19]，若有改进，保留当前任务交换后的结果，继续步骤④，若没有改进，则将该任务放回原阶段，并返回步骤②；④判断任务交换是否结束，若没有结束则返回步骤②，否则将最后一次的保留结果作为所搜索的最优解进行输出。

按照启发式方法的原理及步骤，随机选取一个初始任务分布方案，基于启发式的搜索，可得到一个寻优结果。本例应用对象的任务个数是 20 个，这里随机选取任务分布方案“1 1 1 1 1 1 1 1 1 1 1 1 1 1 1 1 1 1 1 2”，对 20 个任务的阶段依次进行启发式搜索，得到基于启发式方法的汽车发动机开发方案寻优如图 3. 6所示。

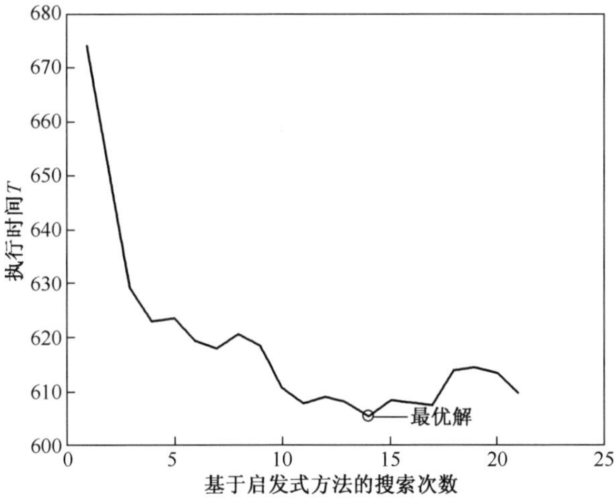

图 3. 6　基于启发式方法的汽车发动机开发方案寻优

图 3. 6 中横坐标表示搜索的次数，由于第 1 次是随机指定的初始方案，并且要对汽车发动机开发的 20 个任务依次进行启发式搜索，故横坐标的搜索次数是 1~21 次。图 3. 6 中纵坐标表示每次搜索方案的执行时间。基于启发式方法的寻优，在选定初始方案“1 1 1 1 1 1 1 1 1 1 1 1 1 1 1 1 1 1 1 2”后，结合执行时间的计算方法，通过启发式的搜索步骤对 20 个任务的阶段数进行优化，取搜索过程中的执行时间最小方案，对应图 3. 6 中的最优解，得到汽车发动机开发最优方案为“2 2 2 1 2 2 1 1 2 2 1 2 2 1 1 1 1 1 1 2”，该最优方案的执行时间为 605. 5426 个时间单位，对应图 3. 6 中的最优解，该最优解的执行时间对比随机初始方案下的执行时间 674. 1010 有所降低，但并不能说明任务方案“2 2 2 1 2 2 1 1 2 2 1 2 2 1 1 1 1 1 1 2”就是全局最优解。

（3）基于遗传算法的寻优。以耦合集的执行时间 T 为目标函数对任务分布方案进行优化，故基于遗传算法的方案优化旨在搜索执行时间最短的任务分布。按照基于遗传算法的求解思想，应用 MATLAB 编码设计由若干组数字序号表组成的随机初始种群，该种群中的每个个体编码位取值 1 或 2，分别代表任务处在第 1 阶段或者第 2 阶段，序号表的长度 20 表示个体的长度。个体的适应度函数可表示为 $fitness T=1/T$，根据式（3.1）、式（3.2）可计算种群中各任务分布的执行时间，确定出个体方案的适应度值。利用适应度值对个体方案进行评价，并选出适应度值高的方案，再通过对种群进行选择、交叉、变异的遗传运算，以实现种群的优化。交叉运算使用单点交叉，选择算子采用比例选择运算，变异运算使用基本位变异算子[19]。按照流程图 3.3 的求解，循环执行以上迭代过程直到完成预定的迭代次数。

通过前期的多次试算后，确定算法中的各运行参数如下：种群大小 $M=30$，个体长度 $m=20$，最大迭代次数 $Z_{max}=100$，交叉概率 $P_c=0.9$，变异概率 $P_m=0.7$。在 MATLAB 中编写程序，实现任务分布方案的优化，基于遗传算法的汽车发动机开发的时间成本 T 的收敛如图 3.7 所示。

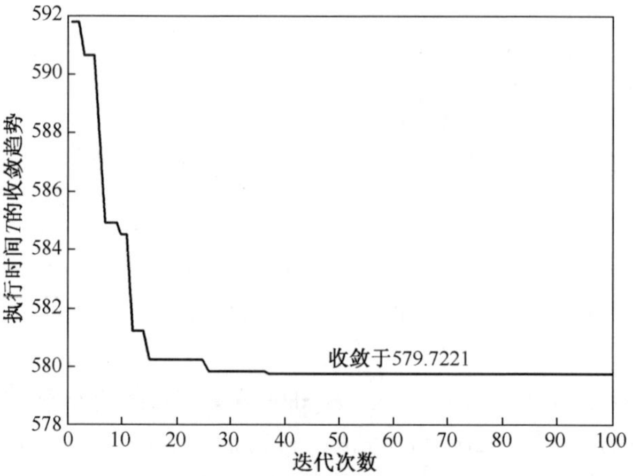

图 3.7　基于遗传算法的汽车发动机开发的时间成本 T 的收敛

图 3.7 横坐标表示迭代次数，由于最大迭代次数 $Z_{max}=100$，故横坐标最大值为 100。图 3.7 纵坐标表示每一次迭代寻优过程中搜索到的最优解的执行时间 T。由于种群大小为 30，结合算法的并行性，可以让 30 种任务分布方案同时比较，淘汰适应度低的个体，筛选出当代的最优个体方案。运用 MATLAB 编程对二阶段迭代模型任务分布方案的寻优进行仿真运算，得到汽车发动机开发的最优任务分布方案为“1 2 1 2 1 2 1 2 1 1 1 1 1 2 1 2 2 1 2 1”，对应的任务分布矩阵 $\boldsymbol{K}=\mathrm{diag}([1,0,1,0,1,0,1,0,1,1,1,1,1,0,1,0,$

0, 1, 0, 1]), 即 A、C、E、G、I、J、K、L、M、O、R、T 这 12 个任务在第 1 阶段被执行，余下的 8 个任务在第 2 阶段被执行。在此最优任务分布方案下，汽车发动机开发过程的全局最短执行时间为 579. 7221 个时间单位。

由图 3. 7 可知，在对种群进行遗传进化的过程中，迭代收敛前，每一次迭代都会搜索到一个当前最优任务分布方案，且该方案的执行时间比上一次迭代搜索到的结果更优，即任务执行时间随着迭代次数的增加逐渐下降，直到搜索到全局最短执行时间为止。显然，基于遗传算法的寻优，在搜索过程中，其寻优质量越来越好。

(4) 基于启发式方法和基于遗传算法的对比分析。基于启发式方法得到的寻优结果会随初始方案的不同而改变，因而并不稳定。基于遗传算法的方案寻优，从表示汽车发动机开发方案可能存在解集的初始种群的产生开始，通过模拟自然进化的过程来搜索全局最优方案。基于启发式方法与遗传算法的寻优结果比较如表 3. 4 所示。

表 3. 4　基于启发式方法与遗传算法的寻优结果比较

方法	最优方案	任务分布矩阵 $\boldsymbol{K}$	执行时间 T（工程时间）
2 2 2 1 2 2 1 1 2 2 1 2 2 1 1 1 1 1 1 2	启发式方法	diag(0,0,0,1,0,0,1,1,0,0,1,0,0,1,1,1,1,1,1,0)	605. 5426
1 2 1 2 1 2 1 2 1 1 1 1 1 2 1 2 2 1 2 1	遗传算法	diag(1,0,1,0,1,0,1,0,1,1,1,1,1,0,1,0,0,1,0,1)	579. 7221

基于启发式方法的寻优，得到汽车发动机开发最优方案的执行时间为 605. 5426 个时间单位，基于遗传算法得到的寻优结果为 579. 7221 个时间单位，比启发式方法的寻优得到的执行时间减少了 25. 8205 个时间单位，即时间成本下降了 4. 26%。说明基于遗传算法的二阶段迭代模型任务分布方案寻优比启发式方法寻优效果更好。

3. 2. 4　单输入多输出的二阶段迭代模型求解

1. 单输入多输出耦合设计任务的单阶段迭代模型分析

单输入多输出耦合设计任务迭代模型将任务分为上、下游两个阶段执行，上游任务为信息输入任务，下游任务为信息输出任务。下游为多个彼此之间信息独立的并行执行的子任务，上游任务与下游各个并行的子任务间存在信息耦合关系。因此下游并行的各个子任务间通过上游任务建立了一种间接的信息耦合关系。下游中任一子任务信息发生更改都会通过上游任务间接地对下游其他子任务产生影响。上游任务在预估下游各子任务执行所需信息的基础上执行，并在任务执行过程中输出下游任务开始执行时所需的初始信息。下游任务中的某一子任务根据上游任务传递的信息开始执行，执行完成后得到输出信息，判断输出信息是否与预期结果相符并将信息反馈给上游任务。上游任务进行预估信息更正后迭代执行，并将新的信息传递给下游任务，下游任务中受到上游任务更改信息影响的其他子任务也将进行迭代返工，迭代完成后同样将信息反馈给上游任务，整个任务以这种迭代返工的方式不断更新信息，反复迭代，直至下游所有子任务得到预期的输出结果为止。当下游并行子任务间的间接耦合关系较为复杂时，存在因不能对这种耦合关系进行解耦而导致任务执行过程不能收敛的风险。因此在进行任务迭代返工时，需要对任务迭代次数设定一个阈值，即当任务迭代次数达到一定程度时，下游任务的输出结果能够满足产品的性能需求，任务间就不再需要继续迭代返工。

单输入多输出耦合设计任务采用单阶段迭代的任务执行模式，在上、下游任务组成串行任务的同时，下游任务又由多个并行执行的子任务组成，它们构成了一个简单的混合迭代任务模型，如图 3.8 所示。

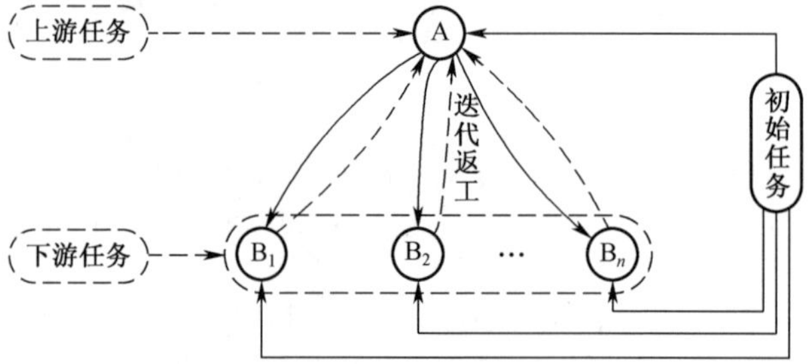

图 3.8 单输入多输出耦合设计任务单阶段迭代模型

单输入多输出耦合任务由于下游并行子任务间存在间接的信息耦合关系，因此当下游并行执行子任务较多，采用单阶段的任务执行方式执行任务时，下游并行执行的各个子任务存在因资源受限而无法同时执行的风险。由于下游并行任务都与上游任务间存在耦合关系，因此采用单阶段迭代的任务执行方式存在因任务分配不合理而导致任务间耦合信息集过大，以致在任务执行过程中产生虚假信息而造成任务间多余迭代返工的问题。对于资源受限以及任务分配不合理的问题，本节将寻求在二阶段迭代模式下的有效解决办法。

2. 单输入多输出耦合设计任务二阶段迭代模型的信息优化处理

单输入多输出耦合设计任务的上、下游两个阶段的任务间存在信息耦合关系，二阶段任务中任一阶段的任务信息发生变化都会引起另一阶段任务所得信息发生变化，进而导致该阶段任务需要进行迭代返工。而由于任务执行初始信息是在预估的基础上得到的，并不能完全符合设计要求，所以在任务执行过程中必须不断地对信息进行修正，使最终的输出信息达到设计任务最初的预期目标。在这个信息修正过程中，就存在大量的迭代返工，进而延长了任务执行时间。对于这种存在信息耦合关系的任务，执行过程中的迭代返工是不可避免的。要想尽可能缩短整个任务的执行时间，就必须加快任务间的信息交流并提高信息交流的正确率，尽可能保证任务间的每次迭代返工都是在获取的信息量最大、信息的正确度较高的基础上进行的，尽量减少每次迭代返工过程中所做的无用功，进而减少整个任务执行过程中的工作量，达到缩短整个任务执行时间的目的。下游并行任务之间虽然不存在直接的耦合关系，彼此之间的直接信息关联度较小，但是彼此之间都可以通过上游任务产生相互的影响。因此要想通过加快任务间的信息传递来减少上、下游任务间的迭代次数，就必须寻求既能加快任务间的信息交流速度还能提高传递信息正确性的方法。本节针对单输入多输出耦合设计任务间的信息关系提出了如图 3.9 所示的信息优化处理模式。

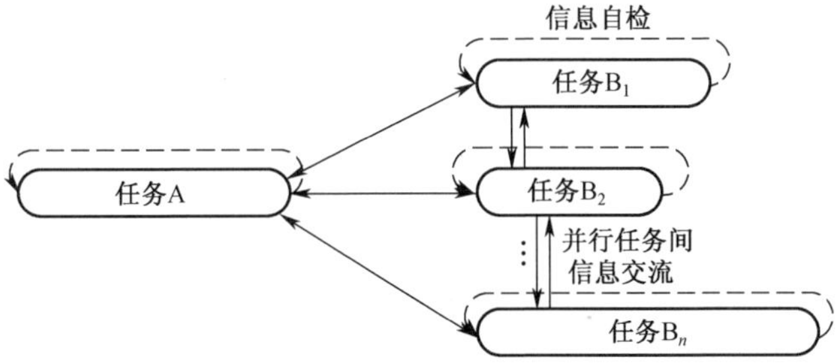

图 3.9　单输入多输出耦合设计任务间信息处理示意图

图 3.9 所示的信息处理模式分为两部分：①下游任务在获取上游任务传递的信息后开始执行，执行过程中并行执行的子任务之间每隔一小段时间就进行一次信息交流，预估彼此之间通过上游任务间接产生的影响，及时对自身信息进行更正；②上、下游所有任务在完成一次迭代后对自身进行一次迭代评估，以保证各个任务在执行过程中不会因执行过程出错而产生错误信息。上、下游任务间的信息在经过上述处理以后再进行传递和反馈，通过这种任务自身信息自检以及任务间的信息及时交流来保证任务彼此间获取信息的正确性和快速性，能够尽量减少耦合设计任务间因获取信息错误而导致的无用迭代返工。

3. 单输入多输出耦合设计任务的二阶段迭代模型的构建

（1）单输入二输出耦合设计任务的二阶段迭代模型。二阶段迭代模型是将任务分两个阶段执行，每个阶段都包括初始任务和任务间的迭代返工。由于每个阶段执行的初始任务数和迭代返工的任务数都不确定，因此合理分配每个阶段的任务类型和任务数是二阶段迭代模型的核心。图 3. 10 所示为单输入二输出耦合设计任务的二阶段迭代模型。

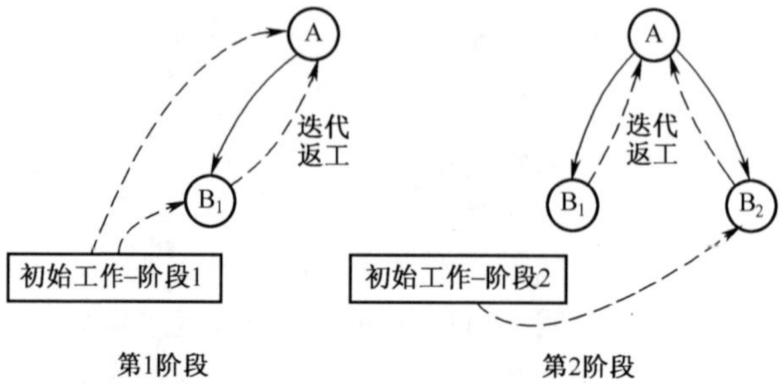

图 3. 10　单输入二输出耦合设计任务的二阶段迭代模型

在图 3. 10 中，第 1 阶段执行的初始任务包括任务 A、B_1以及任务 A 与 B_1间的迭代返工；第 2 阶段执行的任务包括初始任务 B_2及任务 A 与 B_2之间的迭代返工。

（2）单输入多输出耦合设计任务的二阶段迭代模型。单输入多输出耦合设计任务是在单输入二输出耦合设计任务的基础上增加了若干输出任务，其二阶段迭代模型如图 3. 11 所示。

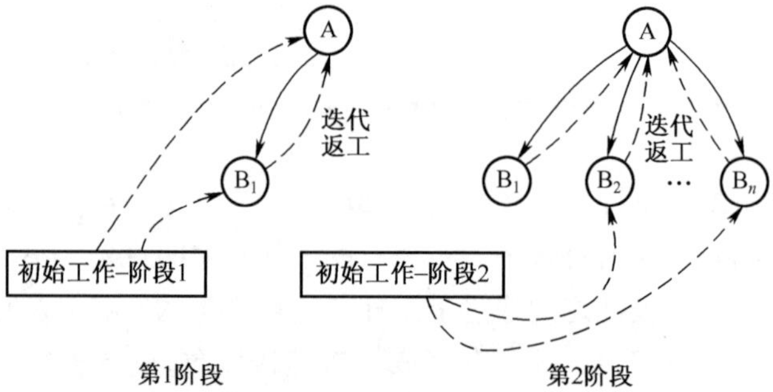

图 3. 11　单输入多输出耦合设计任务的二阶段迭代模型

此时的二阶段迭代模型的执行策略是：第 1 阶段执行的任务包括初始任务即上游的输入任务 A 和下游的输出任务 B_1以及上、下游任务间的迭代返工；第 2 阶段执行的任务包括初始任务即下游还未执行的任务 B_2，B_3，…，B_n，以及上、下游各个任务间的迭代返工。

采取二阶段迭代模型，每阶段任务分配数比单阶段迭代模型少，因此资源受限的可能性也比单阶段迭代模型小；同时二阶段迭代模型的任务分配方案考虑到任务间的信息耦合强度大小以及任务间的返工概率的问题，通过合理选择第 1 阶段执行的任务以及延迟到第 2 阶段执行的任务，可以使多任务间的任务分配更为合理，能够有效缩短整个任务的执行时间。

4. 实例分析

以某企业汽车发动机开发项目为例，对上述二阶段迭代模型进行应用分析。该汽车发动机开发涉及零件数量多，且存在大量的耦合和非耦合关系。这里选取任务 A（缸盖设计）、任务 B（活塞设计）、任务 C（带轮设计）、任务 D（增压器设计）、任务 E（消声器设计）、任务 F（燃油供给系统设计）为对象进行分析。任务 A 和任务 B 之间存在强耦合关系，任务 A 和任务 D 之间存在中等耦合关系，任务 A 和任务 C、E、F 之间存在弱耦合关系，任务 B、C、D、E、F 之间相互独立。任务 A 先执行，任务 B、C、D、E、F 在获取任务 A 输出的信息后才开始执行。

各任务的执行工期用周期矩阵 $\boldsymbol{P}$ 表示为

$$\boldsymbol{P} = [28 \quad 20 \quad 14 \quad 25 \quad 22 \quad 18]$$

各任务之间的返工量用返工量矩阵 $\boldsymbol{R}$ 表示，由于任务 B、C、D、E、F 之间相互独立，因此这些任务之间不存在返工量，即矩阵中对应位置元素的值为 0。

$$\boldsymbol{R} = \begin{bmatrix} 0 & 0.32 & 0.10 & 0.22 & 0.08 & 0.14 \\ 0.32 & 0 & 0 & 0 & 0 & 0 \\ 0.10 & 0 & 0 & 0 & 0 & 0 \\ 0.22 & 0 & 0 & 0 & 0 & 0 \\ 0.08 & 0 & 0 & 0 & 0 & 0 \\ 0.14 & 0 & 0 & 0 & 0 & 0 \end{bmatrix}$$

每个阶段执行的任务数不同，任务分布矩阵 $\boldsymbol{K}$ 和初始工作向量 $\boldsymbol{U}$ 均不相同，可按照其定义分别来确定。下面以两个方案为例来说明任务分布矩阵 $\boldsymbol{K}$ 和初始工作向量 $\boldsymbol{U}$ 的定义。

若任务 A 在第 1 阶段执行，其他任务在第 2 阶段执行，则任务分布矩阵 $\boldsymbol{K}_1$ 为

$$\boldsymbol{K}_1 = \begin{bmatrix} 1 & & & & & \\ & 0 & & & & \\ & & 0 & & & \\ & & & 0 & & \\ & & & & 0 & \\ & & & & & 0 \end{bmatrix}$$

第 1、2 阶段的初始工作向量 $\boldsymbol{U}$ 分别为

$$U_{11}=[1\quad 0\quad 0\quad 0\quad 0\quad 0]^{\mathrm{T}},\ U_{12}=[0\quad 1\quad 1\quad 1\quad 1\quad 1]^{\mathrm{T}}$$

若任务 A、B 在第 1 阶段执行，而其他任务在第 2 阶段执行，则任务分布矩阵 $\boldsymbol{K}_2$ 为

$$\boldsymbol{K}_2=\begin{bmatrix}1 & & & & & \\ & 1 & & & & \\ & & 0 & & & \\ & & & 0 & & \\ & & & & 0 & \\ & & & & & 0\end{bmatrix}$$

第 1、2 阶段的初始工作矩阵分别为

$$U_{21}=[1\quad 1\quad 0\quad 0\quad 0\quad 0]^{\mathrm{T}},\ U_{22}=[0\quad 0\quad 1\quad 1\quad 1\quad 1]^{\mathrm{T}}$$

将整个任务的任务周期矩阵 $\boldsymbol{Z}$、返工量矩阵 $\boldsymbol{R}$、对应的任务分布矩阵 $\boldsymbol{K}$、初始工作向量 $\boldsymbol{U}$、二次迭代返工矩阵 $\boldsymbol{R}$ 分别代入式（3.3）、式（3.4），再根据式（3.5）可计算得到二阶段与单阶段任务分配方案执行时间的计算结果，如表 3.5 所示。

表 3.5 二阶段与单阶段迭代任务分配方案的执行时间

任务序号	任务分布	任务执行总时间/d	任务序号	任务分布	任务执行总时间/d
1	A-BCDEF	175.20	17	ABCD-EF	182.04
2	AB-CDEF	179.86	18	ABCE-DF	183.11
3	AC-BDEF	174.26	19	ABCF-DE	184.69
4	AD-BCEF	177.82	20	ABDE-CF	192.53
5	AE-BCDF	175.17	21	ABDF-CE	195.00
6	AF-BCDE	174.84	22	ABEF-CD	185.28
7	ABC-DEF	180.94	23	ACDE-BF	179.66
8	ABD-CEF	189.29	24	ACDF-BE	180.68
9	ABE-CDF	181.59	25	ACEF-BD	175.38
10	ABF-CDE	183.81	26	ADEF-BC	181.32
11	ACD-BEF	178.19	27	ABCDE-F	195.78
12	ACE-BDF	174.50	28	ABCDF-E	198.65
13	ACF-BDE	174.54	29	ABCEF-D	187.62
14	ADE-BCF	178.89	30	ABDEF-C	199.06
15	ADF-BCE	179.59	31	ACDEF-B	187.62
16	AEF-BCD	175.31	32	ABCDEF	203.25

表 3.5 共有 32 个任务分配方案。其中，方案 1（A-BCDEF）表示任务 A 在第 1 阶段完成，任务 B、C、D、E、F 在第 2 阶段完成；方案 2（AB-CDEF）表示任务 A、B 在第 1 阶段完成，任务 C、D、E、F 在第 2 阶段完成；以此类推。方案 1～31 是二阶段任务分配方案，方案 32 是单阶段任务分配方案。31 个二阶段方案中，方案 1 中第 1 阶段任务数为 1 个；方案 2～6 中第 1 阶段任务数为 2 个；方案 7～16 中第 1 阶段任务数为 3 个；方案 17～26 中第 1 阶段任务数为 4 个；方案 27～31 中第 1 阶段任务数为 5 个。本书所举的实例分析中，执行时间最短的任务分配方案为方案 12，即二阶段方案 ACE-BDF。

从表 3.5 中数据可以看出，任意一个二阶段任务分配方案都比单阶段任务迭代模式节省时间。选取任务数量分布不同的方案 1、2、7、17、27 进行对比分析，可以看出：在单输入多输出耦合设计任务二阶段迭代模型中，整个任务的执行时间随着第 1 阶段执行的任务数增多而增长，说明第 1 阶段执行的任务数越多，第 2 阶段所有任务间的迭代返工也越多，这也印证了本节所提出的下游并行任务间信息的间接耦合关系，下游信息输出任务的初始信息都来自上游任务，第 1 阶段任务执行过程中下游子任务执行越多，第 2 阶段任务执行过程中上、下游任务间的信息更新次数会越多，迭代返工次数也越多，所以整个产品开发任务的执行时间也就越长。再选取任务分配方案 7～16 进行对比，分析得出：下游任务与上游任务耦合关系强的任务放在第 1 阶段执行时，整个任务执行时间就相对较长；相反，下游任务与上游任务耦合关系强的任务放在第 2 阶段执行时，整个任务执行时间就相对较短。因此，针对单输入多输出耦合设计任务采取二阶段的执行策略时，在尽量减少第 1 阶段执行的任务数的同时，尽可能将下游任务与上游任务间耦合关系较强的任务放在第 2 阶段执行是比较合理的任务分配方案。

小结：本节基于动态规划法、遗传算法与单输入多输出关系等方面研究了产品设计与开发中耦合设计任务二阶段迭代模型。

（1）3.2.2 小节基于启发式方法的寻优，需要预先选定初始随机任务分布方案，基于一个随机方案即可得到一个寻优结果，但寻优结果依赖于初始方案的选定情况。通过对选取不同初始方案的寻优结果的比较，可以得到一个相对最优方案，但它并非一定为全局最优方案。基于动态规划法的寻优，一开始就从全局上把握寻找最优任务分布方案的整体策略，将原问题的解转化为一系列子问题的寻优过程，各子问题在构建上是一种严格的递进关系，这样得到最后一个子问题的解即全局最优解。基于动态规划法的寻优方法求解过程清晰，能够保证求解质量，弥补了基于启发式方法的寻优容易陷入局部解的不足。

（2）3.2.3 小节基于启发式方法的寻优，通过随机选取一个初始方案即可得到一个寻优结果，但寻优结果不太理想。基于遗传算法的寻优，因其以生物进化为原型的进化特点，使得搜索过程具有很好的收敛性。本小节基于遗传算法的二阶段迭代模型任务分布方案的寻优，借助计算机编程对各初始任务分布进行遗传运算，通过运行可更加高效地输出一个当前最优解，且每次运行得到解的质量均比启发式方法得到的要好，通过大量的试算并进行统计，取试算结果中最小的输出值，即为遗传算法下的近似最优解。基于遗传算法的任务分布方案寻优能够更好地保证求解质量，在一定程度上弥补了基于启发式寻优方法容易陷入局部最优解的不足，具有一定的理论及应用意义。

（3）3.2.4 小节通过分析产品设计开发过程中任务间的信息关系，根据任务间具有单输入多输出耦合信息关系的任务模型，提出了单输入多输出耦合设计任务二阶段迭代模型的信息处理优化的策略。通过建立二阶段迭代模型的任务分配方案执行时间数学模型，求解得到了二阶段任务分配方案的执行时间。通过实例求解了不同的二阶段任务分配方案的执行时间并进行比较，得到了执行时间最短的二阶段任务分配方案，验证了本小节方法的有效性。与单阶段方法相比，采用二阶段方法能够有效地减少每个阶段任务间的信息积累量，有助于厘清每个阶段任务间的信息依赖关系，进而得到更加合理的耦合设计任务分配方案，达到缩短产品开发时间的目的。单输入多输出耦合设计任务模型的上游只有 1 个输入任务，当任务的上游有多个输入任务时，即任务模型为多输入多输出耦合任务模型时，任务间的信息交流和迭代返工更加复杂。为此，可以考虑采用三阶段甚至更多阶段的任务分配方法，将整个任务集进一步细分，寻求构建多输入多输出耦合设计任务的时间求解模型，以获得最佳的设计任务分配方案。

3.3 耦合设计任务的多阶段迭代模型

3.3.1 多阶段迭代模型的分析与构建

在实际的产品开发中，通常二阶段迭代过程并不一定是最优的设计方法，需要将优化问题扩展到多阶段迭代模型的求解过程中，多阶段迭代涉及的任务阶段数是指二阶段以上的迭代，对应的迭代过程相对来说更为复杂[37-39]。本小节提出了基于 DSM 和遗传算法的多阶段迭代模型，并求解在多阶段迭代模式下耦合集的最短执行时间、最小成本、最优任务分布，最后进行实例分析，验证多阶段迭代模型设计方法的有效性。

目前耦合集问题的求解中，应用较为广泛的是并行迭代和串行迭代两种迭代方式[18]。其中单阶段迭代方式又称为并行迭代，主要是指在产品开发过程中，全部的耦合集任务同一时刻进行并行执行，即耦合集中所有的任务均只能在一个阶段中同时被执行。其中并行迭代下所有耦合任务的初始工作没有先后执行顺序，而在实际的产品开发设计过程会受到各种条件的限制，完全的并行迭代过程几乎难以实现。顺序迭代又称为串行迭代，串行迭代模型可以看成是每一个阶段仅有一个任务被执行的多阶段迭代，该迭代过程是指全部的耦合任务按照某种顺序被执行，每次仅执行一个任务，且下一个任务是在上一个任务完成后进行。在串行迭代模型中，设计任务按照顺序执行，这种模式虽然操作简便，但是其开发周期比较长，难以适应社会需求。因此，将串行和并行两种迭代方式结合起来考虑，建立分阶段迭代模型。分阶段迭代是相对于传统的并行迭代模型而提出的，部分任务由于设计要求改变或资源约束等原因需要延迟，在稍后阶段才能被执行，该种迭代称为“松弛迭代”。根据 1.2.2 小节的分析，多阶段混合迭代模型设计的基本思想是将各任务分配到不同的阶段中去执行，其中每个阶段包括整个耦合任务集的若干个子集。

1. 迭代时间计算模型的建立

设各阶段的执行时间 $\boldsymbol{T}_1$，$\boldsymbol{T}_2$，…，$\boldsymbol{T}_s$，…，$\boldsymbol{T}_n$ 为 n 维列向量，其中第 s 阶段的执行时间为

$$\boldsymbol{T}_s = [\, t_{s1} \quad t_{s2} \quad \cdots \quad t_{sj} \quad \cdots \quad t_{sn} \,]^{\mathrm{T}} \tag{3.7}$$

式中，t_{sj} 代表第 j 个耦合任务在当前阶段的执行时间（$j=1，2，\cdots，n$）。

根据参考文献[2，40]，分阶段迭代模型第 1 阶段的执行时间 T_1 为

$$T_1 = \boldsymbol{Z}(\boldsymbol{I} - \boldsymbol{K}_1\boldsymbol{B}\boldsymbol{K}_1)^{-1}\boldsymbol{K}_1\boldsymbol{u}_0 \tag{3.8}$$

式中的参数定义同式（3.3）。其中，矩阵 $\boldsymbol{K}_1$ 为一阶段的任务分布矩阵，它描述了任务在第 1 阶段迭代过程中的执行情况，其对角线上第 i 行第 j 列元素的取值定义为

$$k_1^{ij} = \begin{cases} 1, & i=j \text{ 且第 } i \text{ 个任务在第 1 阶段} \\ 0, & \text{其他} \end{cases}$$

第 2 阶段需要的执行时间 T_2 为

$$T_2 = \boldsymbol{Z}(\boldsymbol{I} - \boldsymbol{K}_2\boldsymbol{B}\boldsymbol{K}_2)^{-1}(\boldsymbol{K}_2 - \boldsymbol{K}_1)\boldsymbol{u}_0 \tag{3.9}$$

式中，矩阵 $\boldsymbol{K}_2$ 为描述对应任务在第 2 阶段迭代中执行情况的二阶段任务分布矩阵，其元素的取值定义为

$$k_2^{ij}=\begin{cases}1,\ i=j\text{ 且第 }i\text{ 个任务在第 2 阶段}\\0,\ \text{其他}\end{cases}$$

第 s 阶段所需时间 T_s 为

$$T_s=\boldsymbol{Z}(\boldsymbol{I}-\boldsymbol{K}_s\boldsymbol{R}\boldsymbol{K}_s)^{-1}(\boldsymbol{K}_s-\boldsymbol{K}_{s-1})\boldsymbol{u}_0 \tag{3.10}$$

式中，矩阵 $\boldsymbol{K}_s$ 为 s 阶段的任务分布矩阵，描述了耦合任务在第 s 阶段迭代过程中的执行情况，矩阵 $\boldsymbol{K}_s$ 对角线上第 i 行第 j 列元素的取值定义为

$$k_s^{ij}=\begin{cases}1,\ i=j\text{ 且第 }i\text{ 个任务在第 1，2，…，}s\text{ 阶段}\\0,\ \text{其他}\end{cases}$$

将所有阶段的执行时间求和，并对其取模，可得到耦合集迭代过程的时间成本 T 为

$$T=\left\|\sum_{s=1}^{n}\boldsymbol{T}_s\right\| \tag{3.11}$$

2. 产品设计中学习效率矩阵函数的构建

在产品设计耦合活动之间反复迭代过程中，由于设计者经验的积累，设计能力不断地提高，在随后的迭代阶段中完成同样的任务所需要的时间就更少[41-42]。因此任务的执行周期往往由于多次迭代执行而缩短，即存在所谓学习效应现象。为了研究任务在迭代过程中的学习效应对执行时间的影响，本章引入如下学习效率函数[43]：

$$\boldsymbol{\eta}_i^{(x)}=\mathrm{e}^{v_i(x-1)} \tag{3.12}$$

式中，i 是任务代号；e 是自然对数；x 是当前迭代的次数；v_i 表示任务 i 的学习率，$v_i\geqslant 0$，v_i 的值越大则对应任务 i 具有更快的学习过程；$\boldsymbol{\eta}_i^{(x)}$ 表示任务 i 在第 x 次迭代时的学习效率。

对于一个有 n 个任务的耦合集，将 n 个任务的第 x 次迭代时的学习效率函数放在矩阵（$n\times n$ 的方阵）对角线上组成第 x 次迭代时的学习效率函数矩阵 $\boldsymbol{H}^{(x)}$：

$$\boldsymbol{H}^{(x)}=\begin{bmatrix}\mathrm{e}^{v_1(x-1)} & \cdots & 0\\ \vdots & \ddots & \vdots\\ 0 & \cdots & \mathrm{e}^{v_x(x-1)}\end{bmatrix}_{n\times n} \tag{3.13}$$

在计算任务执行时间时，为了模拟任务在迭代的过程中由于学习效应而导致执行周期缩短的过程，引入任务在第 x 次迭代时执行周期衰减矩阵 $\boldsymbol{H}^{-(x)}$：

$$\boldsymbol{H}^{-(x)}=\begin{bmatrix}\mathrm{e}^{-v_1(x-1)} & \cdots & 0\\ \vdots & \ddots & \vdots\\ 0 & \cdots & \mathrm{e}^{-v_x(x-1)}\end{bmatrix}_{n\times n} \tag{3.14}$$

3. 迭代次数的确定

由于并行迭代模型建立在任务迭代次数无限次基础上，这与实际过程并不相符，故需要通过确定任务迭代收敛条件来结束设计过程。可以采用相邻迭代次数间任务累积工作时间变更的大小来判定任务的收敛性，即

$$\frac{T_{x+1} - T_x}{T_x} < \alpha \tag{3.15}$$

式中，x 是当前的迭代次数；T_x为经过 x 次迭代后所消耗的时间；α 为设定阈值，根据计算经验 α 一般设置在 0.01 和 0.05 之间。

在迭代过程中相邻两次迭代时间满足式(3.15)时迭代停止，得到最大迭代次数 M。

4. 迭代模型的改进与扩展

在产品设计开发过程中，较为典型的单阶段耦合集时间和成本求解模型为[44]

$$T = \lim_{M \to \infty} \left(\sum_{m=1}^{M} \max(\boldsymbol{P}\boldsymbol{R}^{(m-1)}\boldsymbol{u}_0) \right) \tag{3.16}$$

$$C = \| \boldsymbol{P}(\boldsymbol{I} - \boldsymbol{R})^{-1}\boldsymbol{u}_0 \|_1 \tag{3.17}$$

式中，T 为整个耦合设计过程消耗的时间；C 为整个耦合设计过程所需要的成本；对角阵 $\boldsymbol{P}$ 为执行周期矩阵；M 为总的迭代次数；m 为当前的迭代次数；$\boldsymbol{R}$ 为 WTM 中的任务返工量矩阵，该矩阵描述了在迭代过程中任务返工量的数值大小；$\boldsymbol{u}_0$是全 1 初始工作向量；$\boldsymbol{I}$ 为单位矩阵。

将任务在反复迭代过程中的学习效应加入上述模型中，任务迭代次数 M 由式（3.15）来确定，用 M 表示最大迭代次数，得到改进后的并行迭代求解模型如下：

$$T = \sum_{x=1}^{M} \max(\boldsymbol{P}\boldsymbol{H}^{-(x)}\boldsymbol{R}^{(x-1)}\boldsymbol{u}_0) \tag{3.18}$$

$$C = \left\| \boldsymbol{P}\frac{\boldsymbol{I} - \boldsymbol{\theta}^{(M)}\boldsymbol{R}^{(M)}}{\boldsymbol{I} - \boldsymbol{\theta}\boldsymbol{R}}\boldsymbol{u}_0 \right\|_1 \tag{3.19}$$

$$\boldsymbol{\theta} = \begin{bmatrix} e^{-v_1} & \cdots & 0 \\ \vdots & \ddots & \vdots \\ 0 & \cdots & e^{-v_n} \end{bmatrix} \tag{3.20}$$

式中，$\boldsymbol{\theta}$ 是一个对角矩阵，其对角线上的每一个数值表示与其相对应的任务在每一次的迭代时执行周期的衰减系数。

以上分析都是建立在并行迭代模型的基础之上，在如图 1.9 所示的完全并行迭代模型中，4 个任务同时执行，且相互之间存在迭代返工，整个任务的总

工期为小组中最长的任务执行时间，以所有小组的任务执行时间之和作为衡量成本的标准。然而所有任务完全并行执行只是一种理想状态，在实际产品开发过程中由于各种原因，某些任务需要提前执行，某些任务需要延后执行，在这种情况下完全并行迭代模型已经不能适用，需要对模型进行扩展。

完全并行迭代模型只是一个理想的模型，在实际产品开发过程中适用范围太窄。为了得到更为一般的内部迭代模型，可采用多阶段混合迭代模型的时间和成本的计算模型[45]，对于一个 n 阶段混合迭代模型，描述如下：将耦合任务集分成 n 个子任务集，首先执行第 1 阶段的任务；然后执行第 2 阶段的任务和第 1、2 阶段的返工；以此类推，直到 n 个阶段的任务全部执行完毕。

第 1 阶段任务执行时间和成本可表示为

$$T_1 = \sum_{m=1}^{M_1} \max(\boldsymbol{P}\boldsymbol{H}_1^{-(m)}\boldsymbol{K}_1\boldsymbol{R}^{(m-1)}\boldsymbol{K}_1\boldsymbol{u}_0) \tag{3.21}$$

$$C_1 = \left\| \boldsymbol{P}\frac{\boldsymbol{I}-\boldsymbol{\theta}^{(M)}\boldsymbol{K}_1\boldsymbol{R}^{(M)}\boldsymbol{K}_1}{\boldsymbol{I}-\boldsymbol{\theta}\boldsymbol{K}_1\boldsymbol{R}\boldsymbol{K}_1}\boldsymbol{K}_1\boldsymbol{u}_0 \right\|_1 \tag{3.22}$$

式中，$\boldsymbol{P}$、$\boldsymbol{R}$、$\boldsymbol{u}_0$ 含义同式（3.16）、式（3.17）中；$\boldsymbol{K}_1$ 是第 1 阶段任务分布矩阵，其元素 k_1^{ij} 的定义为

$$k_1^{ij} = \begin{cases} 1, & i=j \text{ 且第 } i \text{ 个任务在第 1 阶段} \\ 0, & i \neq j \end{cases}$$

M_1 是由式 $\dfrac{T_{1,x+1}-T_{1,x}}{T_{1,x}} < \alpha$ 确定的最大迭代次数；$\boldsymbol{H}_1^{-(x)}$ 为第 1 阶段的第 x 次迭代时执行周期衰减矩阵，定义为

$$\boldsymbol{H}_1^{-(x)} = \boldsymbol{H}^{-(x)}\boldsymbol{K}_1 \tag{3.23}$$

第 2 阶段任务执行时间和成本可表示为

$$T_2 = \sum_{x=1}^{M_2} \max(\boldsymbol{P}\boldsymbol{H}_2^{-(x)}\boldsymbol{K}_2\boldsymbol{R}^{(x-1)}(\boldsymbol{K}_2-\boldsymbol{K}_1)\boldsymbol{u}_0) \tag{3.24}$$

$$C_2 = \left\| \boldsymbol{P}\frac{\boldsymbol{I}-\boldsymbol{\theta}^{(M)}\boldsymbol{K}_2\boldsymbol{R}^{(M)}\boldsymbol{K}_2}{\boldsymbol{I}-\boldsymbol{\theta}\boldsymbol{K}_2\boldsymbol{R}\boldsymbol{K}_2}(\boldsymbol{K}_2-\boldsymbol{K}_1)\boldsymbol{u}_0 \right\|_1 \tag{3.25}$$

式中，$\boldsymbol{K}_2$ 为第 2 阶段的任务分布矩阵，其元素 k_2^{ij} 的定义为

$$k_2^{ij} = \begin{cases} 1, & i=j \text{ 且第 } i \text{ 个任务在第 2 阶段} \\ 0, & i \neq j \end{cases}$$

M_2 是由 $\dfrac{T_{2,x+1}-T_{2,x}}{T_{2,x}} < \alpha$ 确定的最大迭代次数。

$\boldsymbol{H}_2^{-(m)}$ 为第 2 阶段的第 x 次迭代时执行周期衰减矩阵，定义为

$$\boldsymbol{H}_2^{-(x)} = \boldsymbol{H}^{-(x)} \boldsymbol{K}_2 \tag{3.26}$$

与此类似，第 n 阶段任务执行时间和成本可表示为

$$T_n = \sum_{m=1}^{M_n} \max(\boldsymbol{P}\boldsymbol{H}_n^{-(m)} \boldsymbol{K}_n \boldsymbol{R}^{(m-1)} (\boldsymbol{K}_n - \boldsymbol{K}_{n-1}) \boldsymbol{u}_0) \tag{3.27}$$

$$C_n = \left\| \boldsymbol{P} \frac{\boldsymbol{I} - \boldsymbol{\theta}^{(M)} \boldsymbol{K}_n \boldsymbol{R}^{(M)} \boldsymbol{K}_n}{\boldsymbol{I} - \boldsymbol{\theta} \boldsymbol{K}_n \boldsymbol{R} \boldsymbol{K}_n} (\boldsymbol{K}_n - \boldsymbol{K}_{n-1}) \boldsymbol{u}_0 \right\|_1 \tag{3.28}$$

式中，$\boldsymbol{K}_n$ 为第 n 阶段的任务分布矩阵，其元素 k_n^{ij} 的定义见 3.2.1 小节任务分布矩阵的定义。M_n 是由 $\frac{T_{n,x+1} - T_{n,x}}{T_{n,x}} < \alpha$ 确定的第 n 阶段最大迭代次数；$\boldsymbol{H}_n^{-(x)}$ 为第 n 阶段的第 x 次迭代时的执行周期衰减矩阵，其定义为

$$\boldsymbol{H}_n^{(x)} = \boldsymbol{H}^{-(x)} \boldsymbol{K}_n \tag{3.29}$$

整个产品开发过程所用的总时间 T 和总成本 C 表示为

$$T = \sum_{i=1}^{n} T_i \tag{3.30}$$

$$C = \sum_{i=1}^{n} C_i \tag{3.31}$$

从以上分析可以看出，任务分布方案和任务在反复迭代过程中的学习效率会影响产品开发过程的总时间和总成本。

3.3.2　基于 DSM 的多阶段串行迭代模型求解

1. 任务分布方案的优化策略

为了有效地求解出耦合集设计任务分布方案，通过 DSM 的调整来获取较优的任务分布[46]，结合参考文献［11，47］中 DSM 的设计方法，考虑从迭代过程本身出发，并采用马尔科夫链方法对串行迭代过程进行分析，可以计算任务纯粹顺序执行下的总迭代时间。

根据定义，返工概率矩阵 $\boldsymbol{B}$ 非对角线上的元素，是由 DSM 中的值构成的[17]，即 $\boldsymbol{B} = \begin{bmatrix} 0 & r_2 \\ r_1 & 0 \end{bmatrix}$，任务工期矩阵 $\boldsymbol{Z}$ 是由 DSM 对角线上的元素构成的，即 $\boldsymbol{Z} = \begin{bmatrix} z_1 & 0 \\ 0 & z_2 \end{bmatrix}$。

对该迭代过程建立马尔科夫链模型，如图 3.12 所示。任务分布优化相当于确定哪条虚箭线包括在链的模型中。

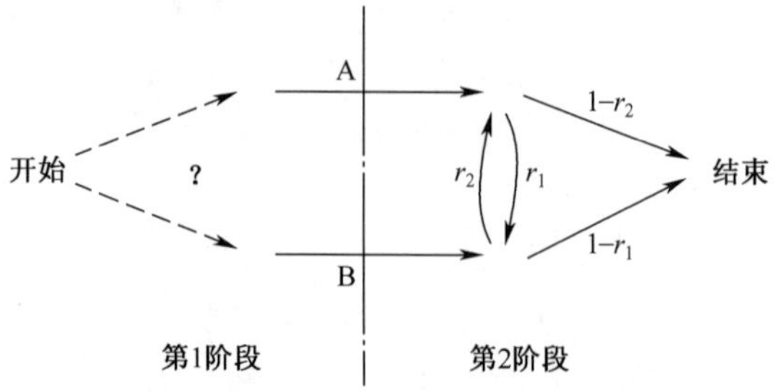

图 3.12　2×2 阶迭代的马尔科夫链模型

图 3.12 中虚线指向 A，表示任务 A 在第 1 阶段先执行，任务 B 在第 2 阶段被执行，记为 A-B 方案；若虚线指向任务 B，则为 B-A 方案。

T_A 和 T_B 分别表示在同一迭代过程中任务 A 和任务 B 的执行时间，根据串行迭代过程，结合马尔科夫链的相关理论[47]，参考文献［48，49］中运用马尔科夫链对串行迭代过程进行建模的方法，可得到如下矩阵线性方程组：

$$\begin{cases} T_A = r_1 T_B + z_1 \\ T_B = r_2 T_A + z_2 \end{cases} \tag{3.32}$$

用 T_{A-B}和 T_{B-A}分别表示 A-B、B-A 方案的时间成本，分别求解两种任务分布 T_{A-B}和 T_{B-A}关于周期值 z_1、z_2和返工概率值 r_1、r_2的数学关系式。

在 A-B 方案中，阶段一只有任务 A 被执行，故阶段一的任务执行时间即为任务 A 单独执行所需的时间[50]，即 $T_A=z_1$；在阶段二中，任务 A 非开始任务，只需要保留任务 B 的执行时间 T_B，根据式（3.32），可以得到 $T_B=\dfrac{z_2+z_1r_2}{1-r_1r_2}$。A-B 方案的总时间成本为阶段一和阶段二之和，即

$$T_{A-B} = z_1 + \frac{z_2 + z_1 r_2}{1 - r_1 r_2} \tag{3.33}$$

若为 B-A 方案，阶段一中只有任务 B 被执行，故此阶段的任务执行时间即为任务 B 单独执行所需的时间，即 $T_B=z_2$；在阶段二中，任务 B 不是开始任务，这时只需保留任务 A 的执行时间 T_A，根据式（3.32），得到 B-A 方案的 T_A为 $T_A=\dfrac{z_1+z_2r_1}{1-r_1r_2}$。B-A 方案的总时间成本为

$$T_{B-A} = z_2 + \frac{z_1 + z_2 r_1}{1 - r_1 r_2} \tag{3.34}$$

为了便于计算处理，先假设 A-B 方案的时间成本小于 B-A 方案的时间成本，即

$$z_1 + \frac{z_2 + z_1 r_2}{1 - r_1 r_2} < z_2 + \frac{z_1 + z_2 r_1}{1 - r_1 r_2} \tag{3.35}$$

由于 $0<r_1<1$，$0<r_2<1$，则 $(1-r_1r_2)>0$，将式（3.35）中不等式的两边同乘以 $1-r_1r_2$，整理后，可以得到 $z_1r_2(1-r_1) < z_2r_1(1-r_2)$，即

$$z_1 \frac{r_2}{1 - r_2} < z_2 \frac{r_1}{1 - r_1} \tag{3.36}$$

分析式（3.36）可以看出，当任务 A 的执行周期 z_1 小于任务 B 的执行周期 z_2、任务 B 的返工概率 r_2 小于任务 A 的返工概率 r_1 时，式（3.36）恒成立，即满足 $T_{A-B}<T_{B-A}$。由于 DSM 是由 r_1、r_2 和 z_1、z_2 构成，为了获取时间成本较低的任务分布，结合 DSM 进行分析可知，周期长的任务应优先安排在 DSM 对角线的右下方，返工概率大的值应放置在 DSM 对角线的下方，这种任务布局是有利于减少时间成本的。

以上分析过程是以迭代过程中的两个任务为对象来分析的，将任务分布方案的优化问题转化成具体的计算推理，进而抽象性地得出了有利于时间成本的布局方法。虽然理论过程存在一定的局限性，但是，该研究方法是从迭代过程的本身出发进行的计算推导，与目前已有的引入优化算法来获取较优的任务布局相比，是解决分阶段串行迭代过程方案优化的另一种途径。

2. 实例分析

仍以 3.2.2 小节某种型号的照相机开发过程为例进行分析。

（1）实例描述。该照相机开发过程包括任务 A～H 共 8 个任务，其中 C、D、E、F 这 4 个任务构成耦合集[38,48]。假定照相机开发过程中任务 C 在第 1 阶段被执行，任务 D 在第 2 阶段被执行，任务 E 在第 3 阶段被执行，任务 F 在第 4 阶段被执行，对应的任务分布形式表示为（C，D，E，F），DSM 对角线上的元素表示任务 C、D、E、F 各自独立执行的周期，非对角线上元素表示各任务的返工概率，该方案下的 DSM 及任务周期矩阵 $\boldsymbol{Z}$、返工概率矩阵 $\boldsymbol{B}$ 的定义见 3.2 节。

在将要发生迭代的初始阶段，初始工作向量 $\boldsymbol{u}_0$ 为全 1 列向量[26]，即 $\boldsymbol{u}_0 = [1 \quad 1 \quad 1 \quad 1]^{\mathrm{T}}$，任务 C、D、E、F 分别被分配到第 1、2、3、4 阶段执行，根据 3.2.1 小节关于任务分布矩阵 $\boldsymbol{K}$ 的元素的定义，可得各阶段的任务分布矩阵分别为

$$\boldsymbol{K}_1 = \begin{bmatrix} 1 & & & \\ & 0 & & \\ & & 0 & \\ & & & 0 \end{bmatrix};\ \boldsymbol{K}_2 = \begin{bmatrix} 1 & & & \\ & 1 & & \\ & & 0 & \\ & & & 0 \end{bmatrix};\ \boldsymbol{K}_3 = \begin{bmatrix} 1 & & & \\ & 1 & & \\ & & 1 & \\ & & & 0 \end{bmatrix};\ \boldsymbol{K}_4 = \begin{bmatrix} 1 & & & \\ & 1 & & \\ & & 1 & \\ & & & 1 \end{bmatrix}$$

根据分阶段迭代过程的执行时间的计算式（3.7）~式（3.11），可得照相机开发分阶段迭代过程的时间成本为

$$\boldsymbol{T}=\left\|\begin{matrix}\boldsymbol{Z}(\boldsymbol{I}-\boldsymbol{K}_1\boldsymbol{B}\boldsymbol{K}_1)^{-1}\boldsymbol{K}_1\boldsymbol{u}_0+\boldsymbol{Z}(\boldsymbol{I}-\boldsymbol{K}_2\boldsymbol{B}\boldsymbol{K}_2)^{-1}(\boldsymbol{K}_2-\boldsymbol{K}_1)\boldsymbol{u}_0+\\ \boldsymbol{Z}(\boldsymbol{I}-\boldsymbol{K}_3\boldsymbol{B}\boldsymbol{K}_3)^{-1}(\boldsymbol{K}_3-\boldsymbol{K}_2)\boldsymbol{u}_0+\boldsymbol{Z}(\boldsymbol{I}-\boldsymbol{K}_4\boldsymbol{B}\boldsymbol{K}_4)^{-1}(\boldsymbol{K}_4-\boldsymbol{K}_3)\boldsymbol{u}_0\end{matrix}\right\| \tag{3.37}$$

将 $\boldsymbol{Z}$、$\boldsymbol{B}$、$\boldsymbol{K}_1$、$\boldsymbol{K}_2$、$\boldsymbol{K}_3$、$\boldsymbol{K}_4$、$\boldsymbol{u}_0$、$\boldsymbol{I}$ 代入式（3.37）可以得到基于任务分布方案（C、D、E、F）的时间成本为200.3614个时间单位。

（2）对DSM进行重新调整。为减少照相机开发的时间成本，在对DSM进行调整的过程中，尽可能让周期较长的任务稍后执行，高返工概率值置于DSM对角线的下方，分析DSM的结构，需要将返工概率较高的0.5和0.4调整到对角线的下方，周期最长的任务D尽可能安排在靠后阶段被执行，可将DSM第四行和第二行进行交换，再将第二列与第四列交换，调整过程如图3.13所示。

$$\begin{matrix} & \text{C} & \text{D} & \text{E} & \text{F} \\ \text{C} & 20 & 0.1 & 0.2 & 0.3 \\ \text{D} & 0.3 & 35 & \boxed{0.4} & 0.2 \\ \text{E} & 0.1 & 0.3 & 21 & \boxed{0.5} \\ \text{F} & 0.1 & 0.1 & 0.2 & 18 \end{matrix} \xrightarrow{\text{交换第二行和第四行}} \begin{matrix} & \text{C} & \text{D} & \text{E} & \text{F} \\ \text{C} & 20 & 0.1 & 0.2 & 0.3 \\ \text{F} & 0.1 & 0.1 & 0.2 & 18 \\ \text{E} & 0.1 & 0.3 & 21 & \boxed{0.5} \\ \text{D} & 0.3 & 35 & \boxed{0.4} & 0.2 \end{matrix} \xrightarrow{\text{交换第二列和第四列}} \begin{matrix} & \text{C} & \text{F} & \text{E} & \text{D} \\ \text{C} & 20 & 0.3 & 0.2 & 0.1 \\ \text{F} & 0.1 & 18 & 0.2 & 0.1 \\ \text{E} & 0.1 & \boxed{0.5} & 21 & 0.3 \\ \text{D} & 0.3 & 0.2 & \boxed{0.4} & 35 \end{matrix}$$

图3.13 DSM的结构调整过程

图3.13得到的调整后的DSM的任务分布形式分别表示任务C、F、E、D在第1、2、3、4阶段中执行，即调整后的DSM为

$$\boldsymbol{D}=\begin{matrix} & \text{C} & \text{F} & \text{E} & \text{D} \\ \text{C} & 20 & 0.3 & 0.2 & 0.1 \\ \text{F} & 0.1 & 18 & 0.2 & 0.1 \\ \text{E} & 0.1 & 0.5 & 21 & 0.3 \\ \text{D} & 0.3 & 0.2 & 0.4 & 35 \end{matrix}$$

调整后的DSM的任务分布矩阵分别为

$$\boldsymbol{K}_1=\begin{bmatrix}1&&&\\&0&&\\&&0&\\&&&0\end{bmatrix};\ \boldsymbol{K}_2=\begin{bmatrix}1&&&\\&0&&\\&&0&\\&&&1\end{bmatrix};\ \boldsymbol{K}_3=\begin{bmatrix}1&&&\\&0&&\\&&1&\\&&&1\end{bmatrix};\ \boldsymbol{K}_4=\begin{bmatrix}1&&&\\&1&&\\&&1&\\&&&1\end{bmatrix}$$

照相机开发过程基于调整后的 DSM 的 $\boldsymbol{Z}$、$\boldsymbol{B}$ 矩阵分别为

$$\boldsymbol{Z}=\begin{bmatrix}20 & 0 & 0 & 0\\0 & 18 & 0 & 0\\0 & 0 & 21 & 0\\0 & 0 & 0 & 35\end{bmatrix};\ \boldsymbol{B}=\begin{bmatrix}0 & 0.3 & 0.2 & 0.1\\0.1 & 0 & 0.2 & 0.1\\0.1 & 0.5 & 0 & 0.3\\0.3 & 0.2 & 0.4 & 0\end{bmatrix}$$

将以上 $\boldsymbol{K}_1$、$\boldsymbol{K}_2$、$\boldsymbol{K}_3$、$\boldsymbol{K}_4$、$\boldsymbol{Z}$、$\boldsymbol{B}$、$\boldsymbol{u}_0$、$\boldsymbol{I}$ 矩阵代入式（3.37），就可得到优化后的任务分布方案（C、F、E、D）的时间成本值为 154.4701 d。对 DSM 进行调整前，周期最长的任务 D 在第 2 阶段被执行，返工概率较高的数值 0.5 和 0.4 在对角线的上方；调整后的 DSM 中，周期最长的任务 D 在最后阶段被执行，返工概率较高的数值 0.5 和 0.4 均在对角线的下方，时间成本为 154.4701 d，见表 3.6。

表 3.6 照相机开发 DSM 矩阵及对应的求解结果

DSM 调整前后	任务分布方案	DSM	执行时间 T/d
调整前	（C，D，E，F）	$\begin{array}{c} \\ C\\ D\\ E\\ F\end{array}\begin{array}{c}\begin{matrix}C & D & E & F\end{matrix}\\ \begin{bmatrix}20 & 0.1 & 0.2 & 0.3\\0.3 & 35 & 0.4 & 0.2\\0.1 & 0.3 & 21 & 0.5\\0.1 & 0.1 & 0.2 & 18\end{bmatrix}\end{array}$	200.3614
调整后	（C，F，E，D）	$\begin{array}{c} \\ C\\ F\\ E\\ D\end{array}\begin{array}{c}\begin{matrix}C & F & E & D\end{matrix}\\ \begin{bmatrix}20 & 0.3 & 0.2 & 0.1\\0.1 & 18 & 0.2 & 0.1\\0.1 & 0.5 & 21 & 0.3\\0.3 & 0.2 & 0.4 & 35\end{bmatrix}\end{array}$	154.4701

由表 3.6 可知，调整前照相机开发过程的时间成本为 200.3614 d，调整后的时间成本为 154.4701 d，调整后减少了 45.8913 d，时间成本下降了 22.9042%。以上分析结果表明，对于分阶段迭代模型任务分布优化问题，采用本书提出的基于 DSM 优化方法能有效减少产品开发过程的时间成本。

为了进一步验证所提出优化策略的有效性，将四阶段迭代过程中全部的任务分布方案对应的执行时间一一进行求解，得到照相机开发过程所有任务分布方案的执行时间如图 3.14 所示。

由上述可知，四阶段迭代下的最优解对应图 3.14 中的最后一种方案，其执行时间为 147.6031 d，其任务分布方案为（F、C、E、D），即任务 F、C、E、D 分别在第 1、2、3、4 阶段被执行。该任务分布下的 DSM 如下：

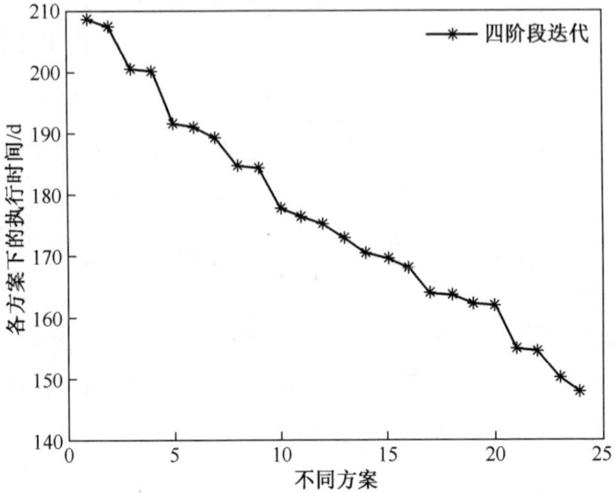

图 3.14 照相机开发过程所有任务分布方案的执行时间

$$\begin{array}{c} \\ F \\ C \\ E \\ D \end{array}\begin{array}{c} \begin{array}{cccc} \text{F} & \text{C} & \text{E} & \text{D} \end{array} \\ \begin{bmatrix} 18 & 0.2 & 0.1 & 0.1 \\ 0.5 & 20 & 0.1 & 0.3 \\ 0.3 & 0.2 & 21 & 0.1 \\ 0.2 & 0.4 & 0.3 & 35 \end{bmatrix} \end{array}$$

通过分析，上述 DSM 中，周期最长的任务 D 在最后阶段被执行，返工概率较高的数值 0.5 和 0.4 均在对角线的下方，该任务分布下的时间成本为 147.6031 d，是全局最短执行时间。

通过以上分析过程，证明了对于分阶段迭代过程任务分布方案的寻优问题，运用本章提出的基于 DSM 的优化策略，即周期长的任务后执行，高的返工概率放在 DSM 对角线的下方，能得到相对较优解。

3.3.3 基于遗传算法的多阶段串行迭代模型求解

在多阶段迭代模型中，总任务的个数和阶段数没有固定的关系，在一个阶段中可能有多个任务同时执行。然而在串行迭代模型中任务的个数和阶段数是相同的，每个阶段中有且仅有一个任务加入迭代。需要简化混合迭代模型任务分布矩阵 $\boldsymbol{K}$，以适应串行迭代模型迭代时间的计算。根据串行迭代的特点，任务按照事先确定的顺序依次加入迭代模型中，通过任务分布矩阵 $\boldsymbol{K}$ 控制每次加入迭代的任务个数和任务加入的顺序，实现对串行迭代模型迭代时间的计算[50]。

1. 寻优算法的流程

将实际的问题转化为基于概率设计结构矩阵（PDSM），对矩阵中所有任务编码后再进行种群初始化，对种群里每个个体的适应度进行计算，然后选择出适应度值较大的个体作为父本进行交叉和变异得到新的种群，再代入适应度函数进行评估，选择适应度值大的个体进行下一代的交叉和变异操作。循环操作，每一次迭代完成后都进行判断是否满足设定的最大遗传代数，若不满足，则返回进入下一次迭代，否则结束遗传操作。流程框图可参考图3.3。

2. 染色体的编码和适应度函数的选择

针对串行迭代模型中的问题，研究不同的任务执行顺序对工期的影响，采用符号编码的方法，用数字的编号表示不同的要执行的任务，任务所在的位置决定任务的执行顺序。在串行迭代模型中，一个合法的染色体中应该包含所有迭代任务且染色体的长度等于任务个数，假设一个有6个任务的串行迭代模型，则｛2，5，6，3，1，4｝就是一个合法的染色体，该染色体表示任务2、5、6、3、1、4分别在第1、2、3、4、5、6阶段执行，即该染色体确定的执行顺序为2→5→6→3→1→4。染色体编码方式确定以后，不同执行顺序的个体就有唯一的染色体与之对应，使计算不同执行顺序的个体适应度成为可能。

由于本小节的迭代模型要求的是最短的迭代时间，是一个最小值问题，在寻优的过程中，根据参考文献［51］可知，迭代时间是优化的目标，可将其作为适应度函数。设计适应度函数时，为了确保优秀的个体（迭代时间短的个体）具有较大的适应度值，个体的适应度应与其迭代时间呈负相关的关系[47]。为了简化计算，取个体迭代时间的倒数为它的适应度值 fitness$T$，参考式（3.6）。

3. 串行迭代模型染色体的遗传操作

遗传操作的主要作用是通过改变上代个体的部分染色体基因，产生新的子代，使得子代染色体更优良，达到进化（优化）的目的[51]。

（1）选择操作。选择操作是建立在对个体的适应度进行评价的基础上将适应度值大的个体保留下来，淘汰掉适应度值小的个体的过程。本节是一个求最小值的问题，可以找出每代群体中适应度值最小的个体，然后算出每个个体与最小值的差值作为个体的伪适应度，最后根据比例对个体的伪适应度进行选择，从而产生一个新的种群作为待交叉种群（父本）。

（2）交叉操作。交叉操作是对父本进行操作，从而产生新的子个体的过程。这里以两个个体的交叉为例来说明交叉操作的过程。首先从经过选择操作得到的新种群中随机选择两个父本 P_1 和 P_2，假设这两个父本的染色体有 m 段基因。在串行的迭代模型中，一个任务在一条染色体中必须且只能出现一次，而交叉操作得到的两个子个体的染色体上可能存在重复基因和遗失基因。重复基因和遗失基因在串行迭代模型出现，将导致迭代无法进行或迭代出现错误结果。针对该问题，在子个体中采用遗失基因去替换非交叉区重复基因的方法予以修正，详见 2.6.3 小节分析。

（3）变异操作。对于串行迭代模型，染色体的特点是一串不重复数字的排列，参照 2.6.3 小节的方法，变异操作可以通过互换随机选择的染色体上两个基因的位置来实现。

4. 实例分析

下面以某智能割草机开发过程为例[52]，来分析说明该方法的有效性。

（1）实例描述。该智能割草机是集环境感知、路径动态规划和行为控制等多种功能于一体的综合机械系统，主要用于在球场等大型草坪场合工作，要求能自行识别外部的工作环境并进行作业，且能返回预定地点而无须人工干预或仅需少量人工干预。其主体包括割草机车架体、车轮、减速器、驱动电机、蓄电池、传感系统、控制系统和割草机构等主要部分。

借助设计结构矩阵相关知识对该智能割草机的设计开发过程进行分析，将该过程简化处理后确定出由 10 个任务组成一个耦合集，包括割草机车体结构设计（任务 A）、车体驱动机构设计（任务 B）、割草机构设计（任务 C）、割草机构驱动设计（任务 D）、控制系统设计（任务 E）、传感系统设计（任务 F）、割草机动力学分析（任务 G）、割草机平衡分析（任务 H）、路径规划方案设计（任务 I）、评估与制造计划（任务 J）。各任务间的耦合信息如表 3.7 所示，表中对角线上的数据表示任务的工作周期，如任务 A 的工作周期是

表 3.7 原始设计结构顺序

任务名称		A	B	C	D	E	F	G	H	I	J
割草机车体结构设计	A	12							0.333		
车体驱动机构设计	B	0.107	12								
割草机构设计	C	0.143	0.357	13		0.042		0.091			
割草机构驱动设计	D	0.036			10.5						
控制系统设计	E	0.143				22					
传感系统设计	F					0.208	11				
割草机动力学分析	G	0.143	0.357	0.500				10			
割草机平衡分析	H			0.100		0.208	0.125	0.091	13		0.500
路径规划方案设计	I					0.208	0.312	0.454		15	
评估与制造计划	J	0.143				0.167	0.312			0.556	13.6

12 个时间单位；非对角线上的数据表示任务间返工的概率，如当任务 H 完成后，在随后的迭代阶段中，任务 A 将有 33.3%的概率需要返工。这个 10 阶的耦合系统如果用枚举的方法来寻优，那么搜索空间为 $10! = 3.6288\times10^6$，对于如此多的排列情况，如果一一代入计算，必然导致时间上的浪费。当耦合集的规模更大时，运用枚举法去寻优，将会花更长的时间甚至无法计算出最优的任务执行顺序。

（2）遗传算法寻优。按照本节提出的计算串行迭代时间的方法，并用遗传算法优化任务的执行顺序。其中遗传算法采用符号编码的方法，耦合集的任务数是 10，则染色体的长度为 10，每个编码位用 $1\sim s$ 的正整数表示，s 为阶段数，在串行迭代模型中任务数等于阶段数，这里 $s=10$。适应度函数用式(3.6)取个体迭代时间的倒数，选择算子选用的是随机遍历抽样运算，交叉运算使用单点交叉算子，变异运算使用均匀变异的算法[53]。其他参数的设置：种群的大小为 200，终止代数取 20，初始交叉概率为 0.7，变异概率为 0.05。运用 MATLAB 编程对串行迭代过程进行仿真运算，计算结果如图 3.15 所示。可以看到随着进化代数的增加，项目的开发设计时间逐渐减少，最优个体出现在第 15 代，迭代时间为 145.2 个时间单位，之后的迭代时间保持不变，说明采用遗传优化算法是有效的。

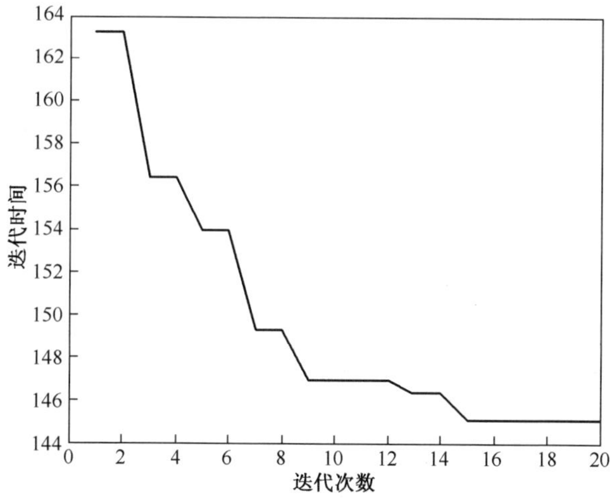

图 3.15　各代最优个体函数值

表 3.8 所示是经过遗传算法得到的最优任务排序，其设计时间为 145.2 个时间单位，而在任务不发生返工时，其完成时间为所有任务的执行工期之和

(即设计结构对角元素之和)，即 132. 1 个时间单位。不经过优化直接按照表 3. 8 的顺序计算得到的设计总时间是 154. 7 个时间单位。优化之后，设计时间减少 6%。而相对于这个模型中最长设计时间 253. 5 个时间单位（最长设计时间的任务执行顺序为 H→D→J→I→G→C→B→A→F→E)，优化之后，设计时间减少 42%。说明了串行迭代模型中任务的执行顺序对产品设计时间的影响比较大，采取有效的方法对执行顺序进行优化，可以缩短产品的开发周期，加快新产品的上市时间。

表 3. 8　优化后的设计结构顺序

任务名称		A	B	E	F	C	G	I	J	H	D
割草机车体结构设计	A	12								0. 333	
车体驱动机构设计	B	0. 107	12								
控制系统设计	E	0. 143		22							
传感系统设计	F			0. 208	11						
割草机构设计	C	0. 143	0. 357	0. 042		13	0. 091				
割草机动力学分析	G	0. 143	0. 357			0. 500	10				
路径规划方案设计	I			0. 208	0. 312		0. 454	15			
评估与制造计划	J	0. 143		0. 167	0. 312			0. 556	13. 6		
割草机平衡分析	H			0. 208	0. 125	0. 100	0. 091		0. 5	13	
割草机构驱动设计	D	0. 036									10. 5

3. 3. 4　基于遗传算法的多阶段混合迭代模型求解

由于多阶段混合迭代模型包含了更多的任务分配情况，一般的启发式方法在求解这种搜索空间大的问题时搜索效率较低，考虑到遗传算法采用生物进化思想，能够同时使用多个搜索点的搜索信息，具有很强的并行性和很高的计算效率。本小节采用遗传算法对任务的分配和任务的执行顺序进行优化[54]。

1. 多阶段迭代模型染色体的编码和适应度函数的选择

在多阶段混合迭代模型中，任务的阶段数和分布直接影响时间和成本，因此在选择染色体的编码方式时必须将任务（个体）的阶段数和分布突出表现出来。本小节采用符号编码的方法，用 n 进制的数来表示任务所在的阶段，染色体中每个编码位取值为 1，2，…，n，其中 n 为当前任务划分的阶段数，不同的数字代表任务所处的不同阶段，耦合集中任务的个数 N 决定了染色体的长度，具体分析参见 2. 6. 3 小节。染色体编码方式确定以后，不同的任务分配就有唯一的染色体与之对应，使计算各种任务分配方案的适应度成为可能。

本小节的迭代模型要求的是最短的时间和最小的成本，是最小值问题，在寻优的过程中，根据参考文献［55］，可将优化目标迭代时间(T) 和成本(C) 作为适应度函数。为了保证时间短和成本少的优秀个体具有较大的适应度值，设计适应度函数时，使个体的适应度与其迭代时间、成本呈负相关的关系[56]。为了简化计算，分别取个体执行 T 和 C 的倒数为它的适应度值 fitness$T$ 和 fitness$C$ 如下：

$$\text{fitness}T=\frac{1}{T}=\frac{1}{\sum_{i=1}^{n}T_i} \tag{3.38}$$

$$\text{fitness}C=\frac{1}{C}=\frac{1}{\sum_{i=1}^{n}E_i} \tag{3.39}$$

根据任务的分布方案和任务之间的耦合关系，利用多阶段混合迭代模型，计算出迭代时间与成本并将它转换为适应度。其流程如图 3.16 所示。

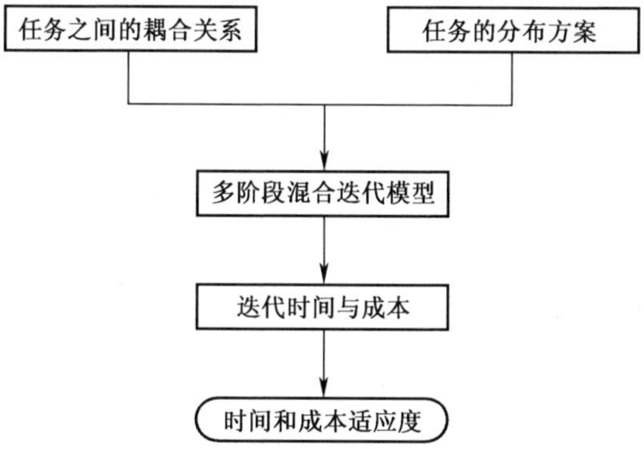

图 3.16　T 和 C 适应度计算流程

2. 多阶段迭代模型染色体的遗传操作

为达到进化（或优化）的目的，遗传操作通过改变父代个体的部分染色体基因，以产生染色体更优良的新子代[57-58]。遗传算法中的遗传操作包括选择、交叉和变异操作。多阶段迭代模型染色体的操作过程如下：

（1）选择操作。它是建立在对代表着不同任务分布方案的个体适应度进行评价的基础上（按图 3.16 所示的流程计算出每个任务分布方案的适应度）将适应度值大的个体保留下来，淘汰掉适应度值小的个体的过程。本章的迭代模型求的是最短的执行时间和最少的成本，是一个求最小值的问题，对每代群体中的个体按照适应度的大小进行排序，最后根据比例对个体的适应度进行选择，从而产生一个新的种群作为待交叉种群（父本）。

（2）交叉操作。交叉操作是对经过选择操作得到的父本进行操作，通过互换两个父本的部分基因，从而产生新的子个体的过程，具体操作过程参见2.6.3小节。多阶段模型要求必须确定每个任务所在的阶段，并且每个阶段至少包括一个任务，因此对于一个 n 阶段的染色体，$1 \sim n$ 的每个数都要出现。针对染色体交叉操作的过程中可能出现的基因缺失问题，按照3.3.3小节方法同样处理。表3.9表示交叉操作和修正过程的示例，其中交叉的位置点 $r_1 = 2$，$r_2 = 5$。

表3.9　交叉操作和个体修正的示例

父本 P_1	父本 P_2	子个体 O_1	子个体 O_2	子个体 O_1 修正	子个体 O_2 修正
1 2 1 3 2 3	1 3 2 1 1 2	1 3 1 1 1 3	1 2 2 3 2 2	2 3 1 1 1 3	1 2 2 3 2 2

（3）变异操作。具体做法参照2.6.3小节，如表3.10所示，对于父本 P_3，通过对随机选择的两个不同位置点 r_3 和 r_4 上的基因进行互换，可以产生一个子个体 O_3。

表3.10　变异操作示例

父本 P_3	子个体 O_3
1 3 1 3 1 2	1 3 2 3 1 1

3. 实例分析

这里以3.3.3小节某智能割草机开发过程为例[59,60]进行说明。该智能割草机设计开发过程简化处理后主要包括任务A~K共11个任务，借助DSM相关知识对该智能割草机的设计开发过程进行分析[12]，各任务间的耦合信息见表3.11。表3.11中对角线上的数据表示各个任务的执行周期。例如，任务I的执行周期为13人·日；非对角线上的数据横向表示其他任务执行后该任务的要返工的量，竖向表示该任务执行后其他任务要返工的量[61]。例如，第四行的数据分别表示任务A、C、F、H执行完后，在随后的迭代阶段，任务A的返工率均为10%（对应表中数据为0.1）需要额外的返工。

表3.11　任务之间耦合信息

任务名称		A	B	C	D	E	F	G	H	I	J	K
技术方案设计	A	12								0.1		
割草机车体结构设计	B		9.8		0.5							
车体驱动机构设计	C	0.4		12								

续表

任务名称		A	B	C	D	E	F	G	H	I	J	K
割草机构设计	D	0.1		0.1	13		0.1		0.1			
割草机构驱动设计	E	0.1				10.5						
控制系统设计	F	0.5					22					
传感系统设计	G						0.5	11				
割草机动力学分析	H	0.3		0.3	0.3				10			
割草机平衡分析	I				0.1		0.5	0.4	0.3	13		0.3
路径规划方案设计	J						0.5	0.5	0.3		15	
评估与制造计划	K	0.5					0.3	0.5			0.5	13.6

任务返工概率矩阵 $\boldsymbol{B}$ 为

$$\boldsymbol{B}=\begin{bmatrix} & & & & & & 0.1 & & \\ & & 0.5 & & & & & & \\ 0.4 & & & & & & & & \\ 0.1 & 0.1 & & 0.1 & & 0.1 & & & \\ 0.1 & & & & & & & & \\ 0.5 & & & & & & & & \\ & & & 0.5 & & & & & \\ 0.3 & 0.3 & 0.3 & & & & & & \\ & & 0.1 & 0.5 & 0.4 & 0.3 & & & 0.3 \\ & & & 0.5 & 0.5 & 0.3 & & & \\ 0.5 & & & 0.3 & 0.5 & & & 0.5 & \end{bmatrix}$$

矩阵 $\boldsymbol{B}$ 中空白的部分为 0。

任务的执行周期矩阵 $\boldsymbol{P}$ 为

$$\boldsymbol{P}=\mathrm{diag}\ (12,\ 9.8,\ 12,\ 13,\ 10.5,\ 22,\ 11,\ 10,\ 13,\ 15,\ 13.6)$$

按照本节给出的多阶段混合迭代模型，结合遗传算法来分别求解最短执行时间和最小成本下的任务分布方案。按照符号编码的规则，耦合集的任务个数是 11，确定出染色体的长度为 11，染色体上的每个编码位用 1～n 的自然数表示，n 为耦合集中任务被划分的阶段数，在这里 n 的取值将会从 1 顺序取到 11，算出在各个阶段下的时间最优和成本最优的任务分布方案。通过随机组合的方式得到初始种群，适应度函数分别取个体迭代时间和成本的倒数，选择算子选用的是随机遍历抽样运算，交叉和变异运算按照 2.6.3 小节给出的方法操作。根据参考文献［62］遗传算法的其他参数的设置为：初始种群 P_0 中个体

的数量 $p=200$，遗传迭代次数 $g=50$，染色体重组和变异的概率分别是 0.7 和 0.05。迭代收敛阈值 α 这里取 0.01。运用 MATLAB 对不同阶段数和学习率分别在 $v=0$ 和 $v=0.2$ 情况下的任务分布方案进行优化计算，结果如表 3.12 所示。

表 3.12 实例计算结果

阶段的划分	时间最优任务分布	开发时间 T/d		成本最优任务分布	开发成本 C	
		$v=0$	$v=0.2$		$v=0$	$v=0.2$
单阶段（并行）模型	1 1 1 1 1 1 1 1 1 1 1	78.97	60.65	1 1 1 1 1 1 1 1 1 1 1	360.27	292.69
二阶段模型	1 2 1 1 2 1 1 1 2 2 2	65.11	57.21	1 2 2 1 2 1 1 1 2 2 2	221.95	197.32
三阶段模型	1 3 2 2 3 2 2 2 3 3 3	71.01	64.45	1 3 2 1 2 2 1 2 3 3 3	195.91	178.35
四阶段模型	1 4 2 4 2 2 3 3 4 4 4	77.63	71.51	1 4 2 3 2 2 2 2 4 3 4	181.86	167.68
五阶段模型	1 5 2 5 2 2 3 3 5 4 5	88.09	82.79	1 4 2 2 4 2 3 3 4 4 5	172.37	160.57
六阶段模型	1 6 2 5 2 2 4 3 5 5 5	97.45	95.52	1 6 2 3 4 2 3 3 6 4 5	167.14	156.67
七阶段模型	1 5 2 7 7 4 6 3 7 7 7	109.06	106.80	1 6 2 3 3 2 3 4 7 5 6	163.78	154.05
八阶段模型	1 7 2 8 6 4 5 3 8 8 8	119.56	113.67	1 8 2 3 6 2 4 4 7 5 6	163.73	153.93
九阶段模型	1 6 3 9 2 5 7 4 9 8 9	130.15	124.84	1 9 2 3 9 2 5 4 8 6 7	163.48	153.80
十阶段模型	1(10)2 3 9 2 5 4 8 6 7	142.12	137.15	1(10)2 4(10)3 6 5 9 7 8	163.25	153.74
十一阶段模型	1 9 2 4(10)3 6 5(11)7 8	154.17	149.18	1(10)2 4(11)3 6 5 9 7 8	163.07	153.73

根据表 3.12 中不同阶段模型的开发时间和开发成本数据，分别可以得到开发时间和开发成本随阶段数增加的变化图。图 3.17 所示是在学习率 $v=0$ 时，开发时间 T 和开发成本 C 随着阶段数增加的变化图。由表 3.12 和图 3.17 可以看到，当任务的阶段在二阶段到四阶段之间时，耦合集的最优开发时间都小于单阶段即耦合集中所有任务并行执行的方式，当任务的阶段数大于等于 5 时，耦合集的最优开发时间反而大于单阶段方式。这是因为耦合集的执行时间只与迭代过程中最大的任务执行时间有关，与任务同时执行的个数无关；而采用多阶段执行方式时，一方面用较短的迭代过程代替单阶段方式下较长的迭代过程时，耦合集的开发时间会随之下降；另一方面，当阶段数进一步增加时却增加了迭代的次数，故不一定能达到时间压缩的目的。由表 3.12 和图 3.17 可以看到，耦合集的最优开发成本随着阶段数的增加而减少，最终会趋近一个恒定的值。这是因为采用多阶段执行方式时，减少了每一阶段中同时执行的任务的个数，缩短了每次迭代的过程，当阶段数逐渐增大接近耦合集中任务的个数时，每个阶段几乎只有一个任务执行，迭代过程的缩短也很有限，所以看到最优开发成本几乎保持一个定值。从数据上看，单阶段和十一阶段相比开发成本

下降了 54.7%，而从单阶段到六阶段开发成本已经下降了 53.6%，开发成本的减少量占总的减少量的 97.9%，可以看出最优开发成本的减少绝大部分发生在单阶段到六阶段之间，七阶段到十一阶段的减少量只有 2.1%。

当学习率 $v=0.2$ 时，开发时间 T、开发成本 C 和阶段数 n 的关系与 $v=0$ 的情况类似。

综上所述，该应用实例说明了要有效地缩短耦合集的开发时间，任务划分的阶段数不能太大；而要缩短耦合集的开发成本，任务划分的阶段数又不能太小。这显然是一个矛盾问题。在解决实际问题时，可以根据实际情况来确定开发时间和开发成本的权重，再根据表 3.12 中的数据确定合适的阶段数，通过遗传算法计算出在此权重下的最优任务分布方案。

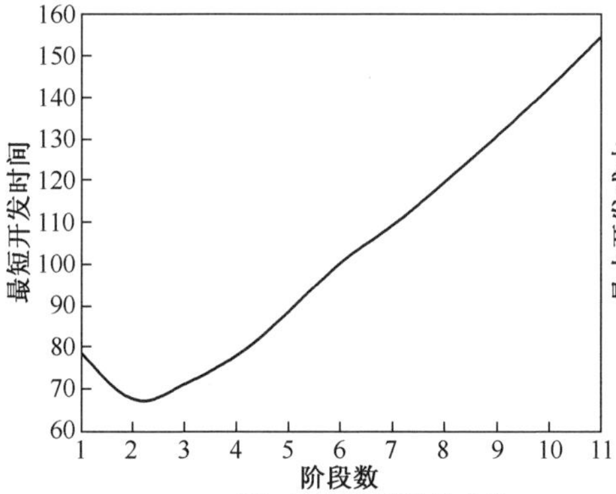

(a) 开发时间随阶段数的变化

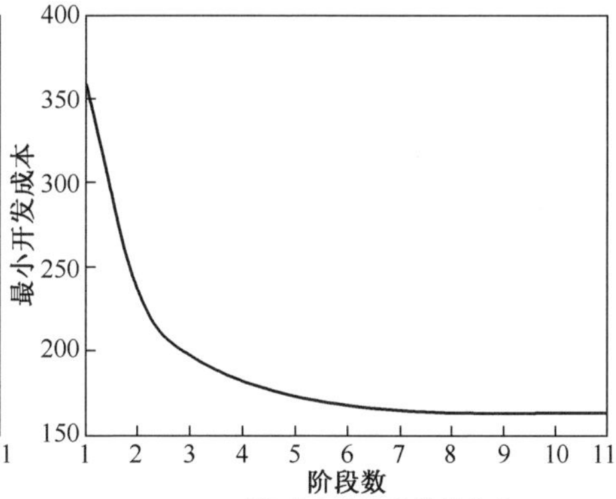

(b) 开发成本随阶段数的变化

图 3.17　开发时间 T 和开发成本 C 随阶段数的变化

根据表 3.12 中在各个阶段不同学习率下的开发时间和开发成本数据，分别可以得到不同学习率下各个阶段的开发时间和开发成本的比较图。由图 3.18和图 3.19 可以看到，耦合集迭代过程存在学习效应时，不管任务划分成几个阶段执行，$v=0.2$ 时耦合集的开发时间和开发成本相对于学习率 $v=0$ 时都有一定的缩短和减少，并且当任务的阶段数比较小时（如本例中阶段数小于 4 的情况），耦合集的开发时间和开发成本缩减量较大，而任务的阶段数过大时（如本例中阶段数大于 4 的情况），耦合集的开发时间和开发成本缩减量很有限。综上所述，在耦合集迭代过程中考虑任务的学习效应时，在任意阶段，耦合集的开发时间和开发成本相对于没有学习效应的情况都有一定的缩短和减少；当任务的阶段数从小到大变化时，耦合集的开发时间和开发成本缩减量由大到小最后保持恒定。

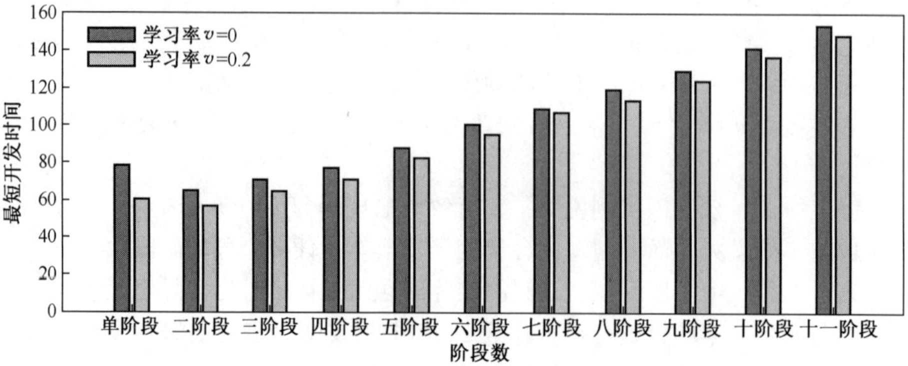

图 3.18　不同学习率下各个阶段的开发时间比较

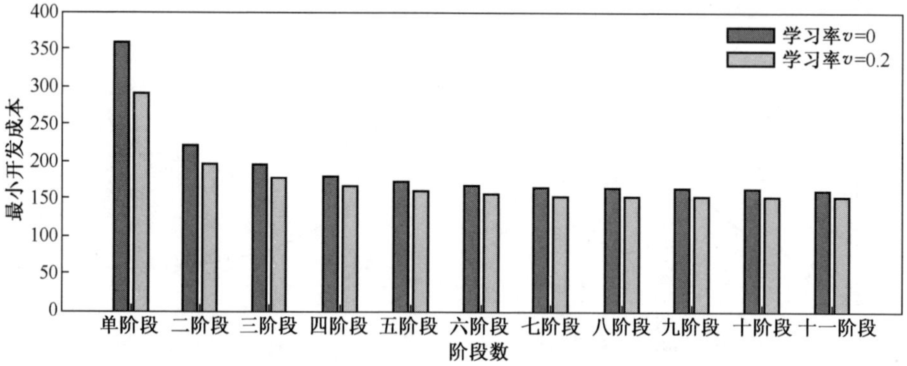

图 3.19　不同学习率下各个阶段的开发成本比较

小结：本节基于 DSM、遗传算法等方面研究了产品设计与开发中耦合设计任务多阶段迭代模型。

（1）3.3.2 小节研究了多阶段串行迭代模型的产品设计任务分布方案优化方法，通过运用马尔科夫链方法来分析任务周期和返工概率对不同任务分布时间成本的影响，并通过构建任务分配衍生矩阵，简化了分阶段耦合集设计任务分配的数学模型。运用该方法对串行迭代模型的任务分布进行优化，以某型号照相机开发过程为例，验证了该分析方法是可行且有效的，并能获取一个能有效减少产品开发过程的时间成本的相对较优解，对实际产品开发有一定的参考意义。

（2）3.3.3 小节针对串行迭代模型中迭代时间求解和最优执行顺序确定存在的问题建立了新的计算模型简化串行迭代时间的计算，在此基础上采用了遗传算法优化任务执行顺序以缩短产品的开发时间，并以智能割草机的开发设计过程为例，验证了该方法可以快速有效地搜索到最优的结果，对产品的设计过程有一定的指导意义。但是在实际开发过程中，有来自人力、原材料、机器设备等多方面的约束，下一步的工作需要考虑资源约束对产品的开发周期的影响。

（3）3.3.4 小节针对完全并行迭代模型存在的问题提出了一种改进的数学模型，并将该模型从单阶段扩展到多阶段，得到了更为接近实际的多阶段混合迭代模型，引入遗传算法，提高了对模型求解的效率。以智能割草机的开发设计过程为例，分析了不同的阶段数和学习率对任务执行时间和成本的影响，对实际产品开发过程中最短执行时间和最小成本的任务分布方案的确定都有一定的指导意义。

参 考 文 献

[1] 张善辉．机械产品设计知识管理系统的研究［D］．济南：山东大学，2008.

[2] 陈庭贵，肖人彬．基于内部迭代的耦合任务集求解方法［J］．计算机集成制造系统，2008，14（12）：2375-2383.

[3] PRITSKER A A B, SIGNAL C E. Management decision making: a network simulation approach［M］. Englewood Cliffs, NJ: Prentice-Hall, 1983.

[4] EPPINGER S D, NUKALA M V, WHITNEY D E. Generalized models or design iteration using signal flow graphs［J］. Research in Engineering Design, 1997, 9（2）: 112-123.

[5] SMITH R P, EPPINGER S D. Deciding between sequential and parallel tasks in engineering design［J］. Concurrent Engineering: Research and Application, 1998, 6（1）: 15-25.

[6] BROWNING T R, EPPINGER S D. Modeling impacts of process architecture on cost and schedule risk in product development［J］. IEEE Transactions on Engineering Management, 2002, 49（4）: 428-442.

[7] 褚春超，陈术山，郑丕谔．基于依赖结构矩阵的项目规划模型［J］．计算机集成制造系统，2006，12（10）：1591-1595.

[8] 赵亮，许正蓉．基于双层次 DSM 技术的多技术系统产品设计方法［J］．中国机械工程，2008，19（3）：338-342.

[9] 金烨，李玉家．并行任务的组织规划综述［J］．制造业自动化，2000，22（12）：22-28.

[10] 孙晓斌，肖人彬，李莉．并行设计中任务量与时间模型的探讨［J］．中国机械工程，1999，10（2）：207-211.

[11] KRISHNAN V, EPPINGER S D, WHIITNEY D E. Simplifying iteration in cross-functional design decision making［J］. ASME Journal of Mechanical Design, 1997, 119（4）: 485-493.

[12] 武奇，卢耀祖．基于设计结构矩阵的起重机设计过程建模研究［J］．机械设计，2007

(10): 30-33.
[13] 田启华, 汪涛, 杜义贤, 等. 单输入多输出耦合设计任务二阶段迭代模型研究 [J]. 工程设计学报, 2017, 24 (2): 134-140.
[14] XIAO R B, CHEN T G, CHEN W M. A new approach to solving coupled task sets based on resource balance strategy in product development [J]. International Journal of Materials and Product Technology, 2010, 39 (3-4): 251-270.
[15] 周锐. 资源约束下的产品开发耦合任务求解研究 [D]. 武汉: 华中科技大学, 2008.
[16] 陈卫明, 陈庭贵, 肖人彬. 动态环境下基于混合迭代的耦合集求解方法 [J]. 计算机集成制造系统, 2010, 16 (2): 271-309.
[17] 赵慧娟, 汤兵勇, 张云. 基于动态规划法的物流配送路径的随机选择 [J]. 计算机应用与软件, 2013, 30 (4): 110-112.
[18] 肖人彬, 陈庭贵, 程贤福, 等. 复杂产品的解耦设计与开发 [M]. 北京: 科学出版社, 2020.
[19] 肖人彬, 周锐, 陈庭贵. 基于资源均衡策略的耦合任务集求解方法研究 [C]. 中国系统工程学会年会, 2008.
[20] 唐聃, 黄健. 流水车间调度问题的启发式算法研究 [J]. 电子科技大学学报, 2013 (6): 921-925.
[21] MAHESWARI J U, VARGHESE K, SRIDHARAN T. Application of dependency structure matrix for activity sequencing in concurrent engineering projects [J]. ASCE Journal of Construction Engineering and Management, 2006, 132 (5): 482-490.
[22] 刘孝圣, 刘磊, 邓浩江, 等. 基于遗传算法的网络处理器任务分配问题 [J]. 计算机应用与软件, 2015, 32 (8): 117-126.
[23] 侯嫒彬, 高阳东, 郑茂全. 基于贪心遗传算法的混合轨迹加工走刀空行程路径优化 [J]. 机械工程学报, 2013, 49 (21): 153-159.
[24] 石乐义, 刘德莉, 邢文娟, 等. 基于自适应遗传算法的拟态蜜罐演化策略 [J]. 华中科技大学学报, 2015, 43 (5): 68-72.
[25] 田启华, 董群梅, 杜义贤, 等. 基于动态规划算法的二阶段迭代模型任务分布方案的寻优 [J]. 机械设计与研究, 2016, 32 (3): 85-88.
[26] 孙晓燕, 李自良, 彭雄凤, 等. 利用动态规划法求解运输问题的最短路径 [J]. 机械设计与制造, 2010 (4): 223-224.
[27] 汪勇, 徐琼, 王艳红, 等. 求解多目标 TSP 的降幂编码遗传算法 [J]. 计算机工程与设计, 2014, 35 (6): 1988-2003.
[28] 田启华, 董群梅, 杜义贤, 等. 基于遗传算法的二阶段迭代模型任务分布方案寻优 [J]. 机械设计, 2018, 35 (3): 86-91.
[29] 于莹莹, 陈燕, 李桃迎. 改进的遗传算法求解旅行商问题 [J]. 控制与决策, 2014, 29 (8): 1483-1488.
[30] 吴怀超, 令狐克均, 孙官朝, 等. 基于遗传算法的高速轧辊磨床磨头液体动静压轴承

的优化设计［J］. 中国机械工程, 2015, 26（18）: 2496-2500.
［31］王玥, 蔡皖东, 段琪, 等．韧性度约束下抗毁网络拓扑规划算法［J］. 西北工业大学学报, 2009, 27（4）.
［32］王芳芳, 马志强, 王素华．基于遗传算法的序列比对方法［J］. 吉林大学学报信息科学版, 2006, 24（4）: 423-429.
［33］王越, 许全文, 黄丽丰．基于改进遗传算法的连续函数优化［J］. 重庆理工大学学报（自然科学版）, 2011, 25（2）: 62-67.
［34］叶春晓, 陆杰．基于改进遗传算法的网格任务调度研究［J］. 计算机科学, 2010, 37（7）: 233-235.
［35］罗延榕．多种群遗传算法及其在复杂网络社区划分中的应用研究［D］. 赣州: 江西理工大学, 2012.
［36］ONG K L, LEE S G, KHOO L P. Homogeneous state-space representation of concurrent design［J］. Journal of Engineering Design, 2003, 14（2）: 221-245.
［37］李靓, 武健伟, 石浩然．基于 DSM 的耦合模块划分方法的研究［J］. 机械设计与制造, 2008（8）: 223-225.
［38］胡舟宇, 伊国栋, 张树有．面向复杂机电系统建模的设计结构矩阵层次进化构建方法［J］. 计算机集成制造系统, 2013, 19（10）: 2385-2393.
［39］殷卫伟, 江驹, 辛君捷．基于质量反馈的武器装备协同研制过程仿真及灵敏度分析［J］. 兵工学报, 2015, 36（10）: 1991-1999.
［40］陈庭贵．基于设计结构矩阵的产品开发过程优化研究［D］. 武汉: 华中科技大学, 2009.
［41］黄敏镁．具有柔性资源约束的优化调度问题研究［D］. 武汉: 武汉理工大学, 2007.
［42］陈志祥．学习曲线及在工业生产运作研究中的应用综述［J］. 中国工程科学, 2007, 9（7）: 82-88.
［43］张金标, 段宗银, 刘建, 等．并行设计耦合活动集非解耦的迭代调度算法［C］. 中国自动化学会控制理论专业委员会 B 卷, 2011.
［44］孙晓斌, 肖人彬, 李莉．并行设计中任务量与时间模型的探讨［J］. 中国机械工程, 1999, 10（2）: 207-211.
［45］SMITH R P, EPPINGER S D. A predictive model of sequential iteration in engineering design［J］. Management Science, 1997, 43（8）: 1104-1120.
［46］田启华, 鄢君哲, 董群梅, 等．基于分阶段迭代模型的产品设计任务分布方案优化［J］. 三峡大学学报（自然科学版）, 2019, 41（6）: 92-96, 112.
［47］武建伟, 郭峰, 潘双夏, 等．基于仿真评价的产品开发过程改进技术研究［J］. 计算机集成制造系统, 2007, 13（12）: 2420-2426.
［48］CHEN S J, HUANG E. A systematic approach for supply chain improvement using design structure matrix［J］. Journal of Intelligent Manufacturing, 2007, 18（2）: 285-299.
［49］王勇, 韩学山, 丁颖, 等．基于马尔科夫链的电力系统运行可靠性快速评估［J］. 电

网技术，2013，37（2）：405-410.
[50] 田启华，文小勇，杜义贤，等．基于遗传算法的串行迭代过程最优执行顺序的确定[J]. 机械设计与研究，2016，32（5）：88-91.
[51] 陈康，郑茂琦，马春翔，等．基于遗传算法对锻造操作机夹钳机构的优化[J]. 机械设计与研究，2014，30（1）：8-12.
[52] 钱晓明．面向并行工程的产品开发过程关键技术研究[D]. 南京：南京航空航天大学，2005.
[53] 雷英杰，张善文．MATLAB 遗传算法工具箱及应用[M]. 西安：西安电子科技大学出版社，2014.
[54] 田启华，文小勇，梅月媛，等．基于遗传算法的并行设计耦合集任务分布规划[J]. 机械设计与研究，2017，33（6）：98-103.
[55] 徐渝，何正文．项目进度管理研究[M]. 西安：西安交通大学出版社，2005.
[56] 杨利宏，杨东．基于遗传算法的资源约束型项目调度优化[J]. 管理科学，2008，21（4）：60-68.
[57] 张金标，林云志，张红云．基于混合遗传算法产品并行开发活动规划的研究[J]. 轻工机械，2007，2：138-141.
[58] 容芷君，陈奎生，应保胜，等．产品设计过程结果分析与优化[J]. 中国机械工程，2012，23（7）：856- 859.
[59] 徐晓刚．设计结构矩阵研究及其在设计管理中的应用[D]. 重庆：重庆大学，2002.
[60] 田启华，王涛，杜义贤，等．具有资源最优化配置特性的耦合集求解模型研究[J]. 机械设计，2016（4）：67-71.
[61] 向鹏，黄海于．耦合分布式仿真中任务调度的研究与实现[J]. 计算机技术与发展，2013（12）：78-81.
[62] 刘光华．基于遗传算法的柔性资源车间调度研究[D]. 武汉：武汉理工大学，2006.

第4章

面向不确定性因素的耦合迭代模型

第 2~3 章以设计结构矩阵和工作转移矩阵等方法为基础，结合遗传算法，分析了确定条件下产品开发中耦合设计的任务规划策略和任务执行迭代模型，讨论了不同的任务规划策略及迭代模型对实际生产中产品的设计开发周期及成本的影响，但是它们都是针对确定条件环境的。基于此，本章利用随机模型、模糊模型、区间模型等方法来研究不确定条件下产品设计与开发中的任务耦合迭代过程。

4.1 引　　言

产品的设计开发过程可以看作一系列任务的集合，这些任务将市场需求转化为产品。设计开发过程反映了与产品相适应的设计需求、目标和约束，并且通常是迭代进行的，是迭代式设计过程的一个基本特征[1]。但任何产品设计与开发的过程都存在不确定性，甚至日常的设计过程也存在变化的可能。这些不确定性是影响产品开发时间和成本的重要因素，分为外部环境因素和项目内部交互因素。相比于外部环境因素，项目内部交互因素易于协调和管理，具有一定的可控性[2]。因此要根据不确定性分析任务流程的特性，建立一个实用的、健壮的、可分析的工程设计迭代过程模型。本章主要围绕复杂产品开发过程中存在的任务工期不确定性、信息不确定性、资源分配不确定性 3 种不确定因素展开分析。

(1) 针对任务工期不确定性，本章分别运用模糊理论、三点估计法以及区间数等不同方法来分析产品开发过程中的迭代耦合关系，并描述不确定条件下任务工期的表达方式。

模糊理论是一种解决不确定问题的有效方法。目前已有许多学者将该方法应用于复杂产品的设计开发中。例如，Liu[3] 在原型产品的选择中，考虑了工程特性和产品开发中涉及的因素，提出了一种模糊多准则决策方法来选择最佳原型产品；田启华等[4]针对复杂产品设计过程中任务分配主观性较大的问题，构建了基于模糊理论的任务分配模型；申泽等[5]以模糊数学理论为算法依据，设计并开发了产品设计 DNA（脱氧核糖核梭）分析辅助设计系统来识别归类任务；等等。以上学者将模糊理论用于复杂条件下数值信息相对难以确定的问题分析中，取得了较好的分析结果。4.2.2 小节针对耦合设计任务执行工期的模糊性问题，利用现有的并行耦合迭代模型，构建一种基于模糊理论的设计任务模糊工期的新模型，通过模型求解，得到各个阶段关键设计任务和对应的模糊执行时间，并对其分配的资源合理管理，来减少返工时间，以达到对设计任务工期优化的目的。

三点估计法就是把施工时间划分为乐观时间、最可能时间、悲观时间，并根据统计学方法算出时间平均值，也广泛应用于各种不确定性问题中。4.2.3 小节运用三点估计法估算任务工期的正态分布曲线和置信区间，结合二阶段迭代模型和资源最优化配置方法，求出任务完成时间的分布情况，最后通过实例应用分析进行有效验证。

区间数在车间调度工序加工时间的不确定性问题中有较多成功应用，而在产品开发任务调度方面应用较少。因此，采用区间数对任务的工期进行描述的实用性和有效性较好。针对产品开发过程中任务工期的不确定性，4.2.4 小节运用区间数方法描述任务工期的不确定性，建立了工期不确定条件下区间型多目标优化数学模型，并基于区间序关系将该模型转化为确定性的优化模型。采用改进的非支配排序遗传算法（NSGA-Ⅱ）进行求解，以得到产品开发任务调度的 Pareto 最优解集。

（2）针对信息不确定性，4.3 节拟通过对上、下游串行任务执行过程的分析，研究造成信息不确定性的主要原因。通过引入依赖关系指数和交流次数，确定信息不确定度函数，由该函数推导迭代返工时间函数，进而研究如何减少信息不确定性，以达到缩短产品开发时间、提高产品开发效率的目的。

信息不确定性是通过影响上、下游任务间的信息传递过程导致下游任务的迭代返工，从而增加任务执行的总时间。近些年来，不少学者针对产品开发过程中任务间传递的信息做了深入研究，并取得了相应成果。田启华等[6]建立了复杂产品研发项目基于设计结构矩阵的过程模型，并采用多维 DSM 方式表示复杂产品研发项目活动之间的信息依赖关系；陈庭贵和肖人彬[7]从任务迭代时间、信息传递的不完备性以及迭代次数的有限性等方面对并行迭代时间进行了修正，建立了改进的并行迭代模型；杨丽等[8]给出了不确定信息的量化方法，减少了信息处理过程中由信息转化造成的信息损失；刘建刚等[9]为了描述耦合任务上、下游信息的更改情况，提出了信息修改比率参数，并利用该参数分析了由于迭代返工和并行通信消耗的时间随重叠率的变化特性；王志亮和张友良[10]针对信息耦合关系所产生的迭代设计过程，提出了名义信息进化度与有效信息进化度的概念，并构造了一个非稳态泊松过程来描述任务间的信息交流；Gokpinar 等[11]研究了开发团队间的信息交流对产品开发成本的影响。以上学者虽然研究了信息在任务上、下游传递过程中的特性并分析了不确定信息对迭代时间的影响，但对于造成信息不确定性的具体原因及减少信息不确定性的方法未做深入分析。

（3）针对资源分配不确定性，4.4 节运用层次分析法，通过确定资源分配的层次模型与资源分配矩阵，构建改进的资源分配不确定条件下并行迭代时间优化模型。结合产品开发过程实例，通过 MATLAB 软件，进行应用研究。

本节拟采用区间数对产品开发中任务的工期进行描述，将时间和成本的区间进行内外分层优化：在内层，根据企业决策者对产品开发时间和成本区间中点、区间半宽的偏好程度，选择不同的权重系数，转化为两个确定性的多目标问题；在外层，对转化后的时间评价函数、成本评价函数采用 NSGA-Ⅱ 进行非支配排序，并计算精英库中的个体拥挤距离，以保证 Pareto 最优解集多样性和均匀性。企业决策者可根据实际情况，在 Pareto 最优解集中进行选择，从而得到工期不确定条件下产品开发最优的任务调度方案。

4.2　任务工期不确定条件下耦合集求解模型

4.2.1　任务工期不确定性的描述

产品开发过程中，由于资源数量的限制，各执行任务之间存在着资源竞争。对于某一任务，如果分配的资源较多，相应地，其执行工期将会缩短。由于产品开发任务是一个涉及客户需求、人员经验、设计资源等多方面因素的智力型任务，因此任务执行工期很难用一个准确的数字表达。由于任务执行工期具有不确定性，通常可以采用如下方法对任务执行工期的不确定性进行描述。

1. 模糊理论概述

经典数学中，集合用来描述确定的具有相同属性对象的全部元素。但是现实生活中会遇到一些难以划分的“不确定集合”。例如，要定义某个班级里“身材瘦的男生”这个群体，若 80 斤以下男生为身材瘦，某个男生体重 80.01

斤，与 80 斤相差无几，人们也会认为他为身材瘦的男生，这并非人们的认知具有偏差，因为“身材瘦”这个定义的边界是很难确定的，这就需要给出一个新的概念去描述这些模糊的集合。1965 年，著名控制论专家扎德提出了模糊集概念，为后面模糊数学的发展奠定了重要基础。

模糊集是模糊数学的基础。将经典集合中元素只能属于或者不属于某一集合的概念扩展为元素可以以某一概率隶属某一集合。设有论域 U，对任意 x 属于 U，常以某个程度 $\mu(\mu \in [0,\ 1])$ 属于模糊集合 $\widetilde{A}$。

隶属度指的是某个元素隶属模糊集的数值，隶属函数有很多种，根据隶属函数不同模糊集可以表达成不同类型，主要有三角模糊数、六点模糊数、梯形模糊数。其中三角模糊数表示如下：

定义 1 实数域 $\boldsymbol{R}$ 上的模糊集 $\widetilde{A} \in L(\boldsymbol{R})$ 称为 $\widetilde{\boldsymbol{R}}$ 上的一个模糊数。

定义 2 设 $\widetilde{A} \in L(\boldsymbol{R})$，且

$$\mu(x)=\begin{cases}\dfrac{x-b}{m-b}, & b \leqslant x < m \\ 1, & m \\ \dfrac{a-x}{a-m}, & m < x \leqslant a \\ 0, & x \in (-\infty,\ b) \text{ 或 } x \in (a,\ +\infty)\end{cases} \tag{4.1}$$

图 4.1 表示三角模糊数，$\mu(x)$ 为 x 对模糊集 $\widetilde{A}$ 的隶属度，模糊数可以简写为 $\widetilde{A}=(b,\ m,\ a)$，$b$ 为模糊下界，a 为模糊上界，$|b-a|$ 的值反映模糊程度，值越大，模糊程度越大。

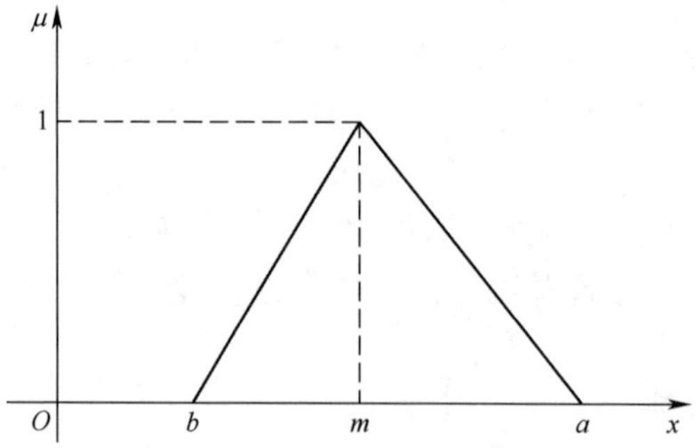

图 4.1 三角模糊数

根据参考文献［12］中定理 2.4.3 可知，有界模糊数定义如下：

有区间［a，b］，使得

$$\widetilde{A}(x)=\begin{cases}1, & a\leqslant x\leqslant b\\ L(x), & x<a\\ R(x), & x>b\end{cases}\tag{4.2}$$

式中，$L(x)$ 为增函数；$R(x)$ 为减函数。这两个函数均连续，且满足

$$\lim_{x\to -\infty}L(x)=0,\ 0\leqslant L(x)<1$$

$$\lim_{x\to +\infty}R(x)=0,\ 0\leqslant R(x)<1$$

由以上定理可知，一个有界模糊数若已知其区间、增函数 $L(x)$、减函数 $R(x)$，可以被唯一表示，记作

$$\widetilde{A}=([a_A,\ b_A],\ L_A,\ R_A)\tag{4.3}$$

设 S 为实数域，映射 $*:S\times S\to S$ 对应为一个实数域上的二元运算，将这个映射进行延伸推导，可以得到一个新的映射，即实数域上的二元模糊集对应的代数运算

$$*:f(S)\times f(S)\to f(S)\tag{4.4}$$

结合以上代数运算，由扩张原理，可以得到

$$\widetilde{A}*\widetilde{B}=\int_S\bigvee_{x_1*x_2=x}(\widetilde{A}(x_1)\wedge\widetilde{B}(x_2))/x\tag{4.5}$$

或

$$(\widetilde{A}*\widetilde{B})(x)=\bigvee_{x_1*x_2=x}(\widetilde{A}(x_1)\wedge\widetilde{B}(x_2))\tag{4.6}$$

以上公式给出了两个模糊集的运算方法，$*$ 表示实数运算中+、−、×、÷。

设参数 z，由 $x+y=z$ 得 $y=z-x$，则二元模糊集的代数运算可表示为

$$(\widetilde{A}*\widetilde{B})(z)=\bigvee_{x\in S}(\widetilde{A}(x)\wedge\widetilde{B}(z-x))\tag{4.7}$$

2. 区间数概述

实际产品开发中，任务之间频繁的信息交互导致的迭代返工使任务的执行工期具有不确定性。为了更客观地反映这种不确定性，采用区间数[13]来描述任务的工期。

设 $Q=\{[a_{iL},\ a_{iR}]\}(1\leqslant i\leqslant m)$ 是一组包含 m 个区间的集合，则区间数运算规则[14]如下：

$$\sum_{i=1}^{m}a_i=\left[\sum_{i=1}^{m}a_{iL},\ \sum_{i=1}^{m}a_{iR}\right]\tag{4.8}$$

$$c \times a_i = \begin{cases} [c \times a_{iL},\ c \times a_{iR}],\ c \geqslant 0 \\ [c \times a_{iR},\ c \times a_{iL}],\ c < 0 \end{cases} \tag{4.9}$$

式中，c 为常数；a_{iL} 和 a_{iR} 分别表示区间 a_i 的左、右端点。

为了比较多个区间数的大小，通常采用可能度计算的排序方法对各个区间进行排序[15]。设有区间数 $a = [a_L,\ a_R]$ 和 $b = [b_L,\ b_R]$，定义 P 为 $a \geqslant b$ 的可能度，可能度计算式为

$$P(a \geqslant b) = \begin{cases} 1, & b_L \leqslant b_R \leqslant a_L \leqslant a_R \\ 1 - \dfrac{(b_R - a_L)^2}{2L(a)L(b)}, & b_L \leqslant a_L < b_R \leqslant a_R \\ \dfrac{(a_L + a_R - 2b_L)}{2L(b)}, & b_L \leqslant a_L < a_R \leqslant b_R \\ \dfrac{(2a_R - b_R - b_L)}{2L(a)}, & a_L \leqslant b_L < b_R \leqslant a_R \\ \dfrac{(a_R - b_L)^2}{2L(a)L(b)}, & a_L < b_L < a_R < b_R \\ 0, & a_L \leqslant a_R < b_L \leqslant b_R \end{cases} \tag{4.10}$$

式中，$L(a) = a_R - a_L$，$L(b) = b_R - b_L$，可能度的 6 种取值代表了任意两个实数区间在数轴上 6 种可能的位置关系。

可能度的取值在 0 和 1 之间，可以用它来衡量相互比较的区间数之间的大小关系。假设有 m 个区间数，它们之间进行两两比较，其结果可以组成一个 m 阶的可能度方阵 $\boldsymbol{P} = (p_{ij})_{m \times m}$，建立可能度方阵后，就可以对 m 个区间数排序。参考文献［16］给出了可能度方阵的排序公式：

$$\omega_i = \frac{1}{m(m-1)}\left(\sum_{j=1}^{m} p_{ij} + \frac{m}{2} - 1\right)(i = 1,\ 2,\ \cdots,\ m) \tag{4.11}$$

通过式(4.11)得到排序向量 $\boldsymbol{\omega} = (\omega_1,\ \omega_2,\ \cdots,\ \omega_m)^{\mathrm{T}}$，按其分量的大小对各区间进行排序，得到各区间的大小关系。

3. 三点估计法概述

针对设计任务的工期不确定性，可以采用三点估计法[17-18]来表示任务工期，即采用（最小估计值 w_{ai}、最可能值 w_{ri}、最大估计值 w_{bi}）进行描述。其中，w_{ri} 为任务工期的最可能值，即依据以往的设计经验，结合各种内在因素和外在自然因素发生的可能性，估计出来的完成某个任务最可能的工期值；w_{ai} 为任务工期的最小估计值，即假设任务执行过程非常顺利，所有会影响到任务工期的消极因素均不发生，以此估计出来的完成某个任务最乐观的工期值；w_{bi} 为任务

工期的最大估计值，即考虑到各种极端的消极因素，如由于任务团队中设计人员的意见不统一、设计过程出现难以突破的技术瓶颈、出现较为严重的生产事故或出现比较极端的恶劣天气而导致任务无法按时完成的情况下估计出来的最悲观工期值。由 w_{ai}、w_{ri}和 w_{bi}分别组成的对角阵就是最小任务工期矩阵 $\mathbf{Z}_a$、最可能任务工期矩阵 $\mathbf{Z}_r$和最大任务工期矩阵 $\mathbf{Z}_b$。

在三点估计法中，通常要求（w_{ai}，w_{ri}，w_{bi}）符合正态分布函数，这也满足大多数的任务工期分布情况。从而可以计算出任务工期分布函数的均值为

$$\mu_i = \frac{w_{ai} + 4w_{ri} + w_{bi}}{6} \tag{4.12}$$

函数的标准差为

$$\sigma_i = \sqrt{\frac{(w_{bi} - w_{ai})^2}{6}} \tag{4.13}$$

因此，可以得到如图 4.2 所示的任务工期正态分布曲线。图 4.2 中，x 轴表示任务工期的分布情况，y 轴表示任务工期对应的概率密度。图 4.2 中的正态分布曲线中会出现一些工期取负值的情况，这与实际情况是不相符的[19]。在产品开发过程中，工程师通常能够根据自己的工作经验估计任务工期最可能发生的一个置信区间，在置信区间以外的部分就认为是不可能发生事件。图 4.2 中 $[w_{ai}, w_{bi}]$ 区间（阴影部分）即为置信区间，由于设计人员在估算任务工期时不可能取负值，所以置信区间也不会出现负值。另外，由于任务工期的最小估计值 w_{ai}和最大估计值 w_{bi}不一定与最可能值 w_{ri}对称，所以置信区间也仅仅是正态分布曲线的一部分，不一定是对称图形[20]。

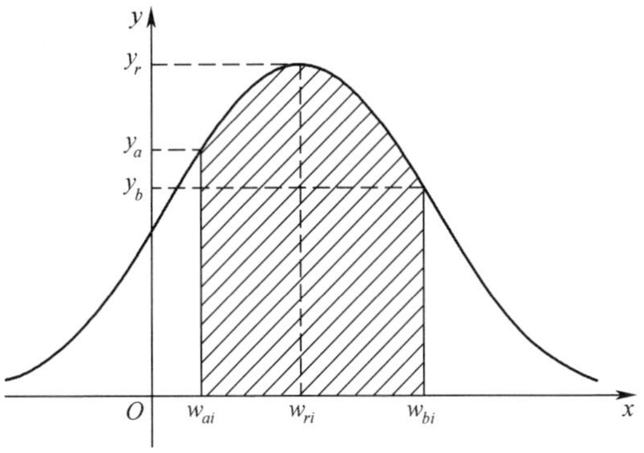

图 4.2　任务工期正态分布曲线

由图 4.2 可知，不确定条件下的任务工期是正态分布曲线上置信区间内的随机数，为了描述不确定条件下的任务工期，可以定义随机任务初始工期矩阵：

$$\boldsymbol{Z}_s = \mathrm{diag}(w_{s1}, w_{s2}, \cdots, w_{si}, \cdots, w_{sN}) \tag{4.14}$$

式中，$\boldsymbol{Z}_s$的每一个元素 w_{si}都是在 w_{ai}、w_{ri}和 w_{bi}之间按正态分布的方式取随机数，即

$$w_{si} = \mathrm{normrnd}(\mu_i, \sigma_i), \ w_{ai} \leqslant w_{si} \leqslant w_{bi} \tag{4.15}$$

式中，normrnd（μ_i，σ_i）表示在以 μ_i为均值、以 σ_i为标准差的正态分布曲线上取随机数，同时要求 w_{si}在置信区间［w_{ai}，w_{bi}］内。

综上所述，以上方法都能对任务执行工期的不确定性进行数学描述。因此，下面需要将这些方法运用到耦合集求解模型中，做进一步的分析。

4.2.2 基于模糊理论的耦合集求解模型

复杂产品开发过程是一系列耦合设计任务的集合，在实际开发过程中，任务的工期具有不确定性。即便不考虑变更的情况，设计人员也难以给出任务的准确工期[21]。设计项目的执行工期一般是项目管理人员根据经验所做出的主观估计，由于人脑思维的模糊性以及设计项目本身的不确定性和复杂性，项目管理人员所确定的时间信息不可避免地带有模糊性。显然，耦合设计任务工期用某一确定数值来表示是具有其局限性的。因此，为真实反映耦合设计项目部署的实际情况，采用模糊理论表征设计任务执行工期的模糊性。下面对并行迭代和串行迭代耦合集进行分析，建立基于模糊理论的并行迭代耦合集求解模型，并给出模型的求解方法。

1. 并行耦合迭代模型的构建与求解

对于包含 n 个设计任务的耦合集，根据 1.2.2 小节的分析，工作转移矩阵 $\boldsymbol{W}$ 为 $n\times n$ 维的方阵，其返工量矩阵 $\boldsymbol{R}$ 是一个 $n\times n$ 维的矩阵，其元素 r_{ij}表示任务 i 在任务 j 之前执行，且任务 i 在随后返工的返工量的比例大小；任务工期矩阵 $\boldsymbol{Z}$ 是一个 $n\times n$ 维的对角矩阵，如式（4.16）所示。

$$\boldsymbol{Z} = \begin{bmatrix} z_{11} & 0 & \cdots & 0 \\ 0 & z_{22} & \cdots & 0 \\ \vdots & \vdots & & \vdots \\ 0 & 0 & \cdots & z_{nn} \end{bmatrix}_{n\times n} \tag{4.16}$$

式中，对角元素 z_{nn}表示任务 i 的执行工期，一般情况下将这些工期默认为具体数值。

从 2.3.2 小节中可知，在并行耦合设计任务执行过程中，所有任务独立并行执行，每一次返工产生的设计时间共同组成一个 $n\times1$ 维的时间矩阵，这里用 $\boldsymbol{T}_i$ 表示[22]：

$$\boldsymbol{T}_i = [(t_1)_i,\ (t_2)_i,\ \cdots,\ (t_k)_i,\ \cdots,\ (t_n)_i]^{\mathrm{T}} \tag{4.17}$$

式中，元素 $(t_k)_i$ 表示设计任务 $k(1\leqslant k\leqslant n)$ 第 i 次($i\geqslant 0$) 返工迭代的时间。

结合 $\boldsymbol{R}$、$\boldsymbol{Z}$，$\boldsymbol{T}_i$ 也可以表示为

$$\boldsymbol{T}_i = \boldsymbol{Z}\times(\boldsymbol{R}^i\times\boldsymbol{U}_0) \tag{4.18}$$

式中，i 表示返工次数；$\boldsymbol{R}^i$ 表示返工量矩阵 $\boldsymbol{R}$ 的 i 次幂；$\boldsymbol{U}_0$ 为初始工作量矩阵，是一个 $n\times1$ 维的全 1 列矩阵。

在模糊理论中，需通过模糊集合来描述模糊概念。普通集合包含的对象具有某种具体属性，这种属性的概念传达是明晰的，界限设定是分明的，因此每个对象是否属于这个集合的所属关系也是明确的。而对于一些模糊的概念，所描述的对象对于某个集合的所属关系无法简单地用“是”或“否”来描述，模糊集合理论可以针对某个模糊概念构建一个模糊群体来表示不确定对象的归属。由于概念传达不是明晰的，界限设定不是分明的，因此这些对象对模糊集合的所属关系也不是明确的。为了确定一个对象所属于某个模糊集合的隶属关系，通常用隶属函数 u 来界定该对象隶属这个模糊集合的程度，隶属函数 u 是 0 和 1 之间连续变化的值，$u(x)$ 表示 x 隶属模糊集合的程度。

这里以设计任务 P_i 为例进行说明，引入 A_i 表示任务 P_i 的模糊工期集合。依据模糊理论，对任何一个工期值，无法很精确地判断是否属于模糊工期集合 A_i，为了确定一个工期值对模糊工期集合 A_i 的隶属关系，用隶属函数 u_{A_i} 来界定该工期隶属这个模糊集合的程度，$u_{A_i}(x)$ 就表示工期 x 隶属模糊工期集合 A_i 的程度。

正确地确定模糊工期的隶属函数是运用模糊理论解决实际模糊问题的基础。确定隶属函数的过程，本质上是根据客观推导得到的，但每个人在主观认识上存在差异，对同一模糊概念的认识不尽相同，因此这个过程又带有主观性。由于设计任务完成工期通常可用 3 种方式描述，即最乐观工期（b）、最悲观工期（a）和最可能工期（m），因此为降低各种主观因素对确定隶属函数的影响，本书在对工期进行模糊处理时，用 $A_i(b_i,\ m_i,\ a_i)$ 表示设计任务 P_i 的工期模糊集合。为表示某个工期 x 隶属工期模糊集 A_i 的程度，构建三角隶属函数 u_{A_i} 如下：

$$u_{A_i}(x)=\begin{cases}0, & x<b_i\\ \dfrac{x-b_i}{m_i-b_i}, & b_i\leqslant x<m_i\\ \dfrac{a_i-x}{a_i-m_i}, & m_i\leqslant x\leqslant a_i\\ 0, & x>a_i\end{cases},\quad i=1,\ 2,\ \cdots,\ n \tag{4.19}$$

因此，在模糊理论下，任务工期矩阵 $\boldsymbol{Z}$ 的对角元素将不再是具体的数值，而是一个个模糊工期集合（A_1，A_2，…，A_n），并且每个集合都对应了一个三角隶属函数（u_{A_1}，u_{A_2}，…，u_{A_n}）。将此时的 $\boldsymbol{Z}$ 称为设计任务的任务模糊工期矩阵，用 $\widetilde{\boldsymbol{Z}}$ 表示：

$$\widetilde{\boldsymbol{Z}}=\begin{bmatrix}A_1 & 0 & \cdots & 0\\ 0 & A_2 & \cdots & 0\\ \vdots & \vdots & & \vdots\\ 0 & 0 & \cdots & A_n\end{bmatrix}_{n\times n} \tag{4.20}$$

因此，在模糊理论下，设计任务并行执行时，每一次返工工作产生的设计时间也将不再是具体的数值，而是通过隶属函数描述的模糊集合，根据式（4.17)并结合式（4.20)，将每一次返工工作产生的设计时间矩阵 $\boldsymbol{T}_i$ 转变成模糊时间矩阵，用 $\widetilde{\boldsymbol{T}}_i$ 表示：

$$\widetilde{\boldsymbol{T}}_i=[(A_1)_i,\ (A_2)_i,\ \cdots,\ (A_k)_i,\ \cdots,\ (A_n)_i]^{\mathrm{T}} \tag{4.21}$$

式中，$(A_k)_i$ 表示模糊理论条件下设计任务 P_k 第 i 次返工迭代的时间（$1\leqslant k\leqslant n$，$i\geqslant 0$）。

同样地，$\widetilde{\boldsymbol{T}}_i$ 也可以表示为

$$\widetilde{\boldsymbol{T}}_i=\widetilde{\boldsymbol{Z}}\times(\boldsymbol{R}^i\times\boldsymbol{U}_0) \tag{4.22}$$

在并行耦合设计任务每次迭代过程中，所有设计任务的初始执行时刻是相同的，并且各个阶段中任务独立并行执行，但完成时刻不同，因此，只有等待迭代时间最长的设计任务完成之后，所有设计任务才能开始下一阶段的迭代过程，所以迭代时间最长的任务将决定本次返工工作最终的执行时间，即关键任务执行时间。当某一阶段任务同时开始执行时，先完成的任务会等待正在执行的任务，即非关键任务分配的资源会处于闲置状态，相对而言，正在执行的任务执行时间长，资源就显得不足。根据前面的分析可知，在模糊理论下，首先由式（4.22）计算得到各个设计任务每次迭代的模糊时间，然后判断出每一

迭代阶段迭代的最长时间。因此涉及模糊集合的求和运算和乘法运算，并需对最大模糊工期做出准确的判断。假设 $A_i(b_i,\ m_i,\ a_i)(i=1,\ 2,\ \cdots,\ n)$ 是一组包含了 n 个设计任务模糊工期的模糊集合组，在模糊工期计算中，定义模糊集求和运算式（4.23）与模糊集乘法运算式（4.24）如下：

$$\sum_{i=1}^{n} A_i = \left(\sum_{i=1}^{n} b_i,\ \sum_{i=1}^{n} m_i,\ \sum_{i=1}^{n} a_i\right) \tag{4.23}$$

$$c \times A_i = (c \times b_i,\ c \times m_i,\ c \times a_i) \tag{4.24}$$

式中，c 为常数。

由于各个设计任务每次迭代的工期都是模糊集合，模糊集合之间的大小关系不是通常意义下的全序关系，因此，无法直观地通过比较数值大小的方式判断出每个迭代阶段迭代时间最长的设计任务，这在实际项目开发过程中，将不利于项目管理者对设计流程的耗时项目进行准确的判断，并做出合理的资源分配。为了判断出迭代时间最长的设计任务，需对这些模糊工期的大小进行比较。

为了提高排序情况的稳定性并且避免出现模糊集合直观上并不相等的情况，本书采用相离度和质心相结合的排序方法[23]，并引入模糊集合的排序指标 I，对设计任务的模糊工期进行大小比较。排序指标 I 的具体计算过程如下：

首先定义这组模糊数的左理想轴 $x_{\min}$ 和右理想轴 $x_{\max}$：

$$\begin{cases} x_{\min} = \min\{b_1,\ b_2,\ \cdots,\ b_n\} \\ x_{\max} = \max\{a_1,\ a_2,\ \cdots,\ a_n\} \end{cases} \tag{4.25}$$

并定义模糊集合 A_i 的左相离度 $S_{A_i}^{\mathrm{L}}$ 和右相离度 $S_{A_i}^{\mathrm{R}}$，以及模糊集合 A_i 的左隶属函数 $g_{A_i}^{\mathrm{L}}$ 和右隶属函数 $g_{A_i}^{\mathrm{R}}$：

$$\begin{cases} S_{A_i}^{\mathrm{L}} = \int_0^1 [g_{A_i}^{\mathrm{L}}(y) - x_{\min}]\mathrm{d}y \\ S_{A_i}^{\mathrm{R}} = \int_0^1 [g_{A_i}^{\mathrm{R}}(y) - x_{\min}]\mathrm{d}y \end{cases} \tag{4.26}$$

$$\begin{cases} g_{A_i}^{\mathrm{L}}(x) = \dfrac{x - b_i}{m_i - b_i}, & b_i \leqslant x < m_i \\ g_{A_i}^{\mathrm{R}}(x) = \dfrac{a_i - x}{a_i - m_i}, & m_i \leqslant x \leqslant a_i \end{cases} \tag{4.27}$$

然后，计算出模糊数 A_i 的左相对相离度 $r_{A_i}^{\mathrm{L}}$ 和右相对相离度 $r_{A_i}^{\mathrm{R}}$：

$$\begin{cases} r_{A_i}^{\mathrm{L}} = \dfrac{S_{A_i}^{\mathrm{L}}}{x_{\max} - x_{\min}} \\ r_{A_i}^{\mathrm{R}} = \dfrac{S_{A_i}^{\mathrm{R}}}{x_{\max} - x_{\min}} \end{cases} \tag{4.28}$$

并定义每个模糊工期集合的质心 Z_{A_i}。本书将三角模糊工期数的质心定义为最可能完成时间：

$$z_{A_i} = m_i \tag{4.29}$$

进而计算出模糊数的相对质心差 r_{A_i}：

$$r_{A_i} = \frac{z_{\max} - z_{A_i}}{z_{\max} - z_{\min}} \tag{4.30}$$

式中，$z_{\max} = \max\{z_1, z_2, \cdots, z_n\}$，$z_{\min} = \min\{z_1, z_2, \cdots, z_n\}$。

从而得到各个模糊工期的排序指标 $I(A_i)$：

$$I(A_i) = \frac{\frac{1}{2}e^{r_{A_i}^{\mathrm{L}}}}{e^{r_{A_i}} + \frac{1}{2}e^{r_{A_i}^{\mathrm{R}}}} \tag{4.31}$$

通过上述计算，得到这 n 个模糊工期的排序指标 $\{I(A_1), I(A_2), \cdots, I(A_k), \cdots, I(A_n)\}$，其中排序指标数值最大的模糊工期所对应的设计任务即为迭代时间最长的设计任务。

2. 实例分析

这里以某型号飞行器[32]的开发过程为例，对基于模糊理论的并行迭代耦合集模型进行验证，说明模型的有效性。该飞行器设计过程耦合信息如表 4.1 所示。根据以往设计经验，确定各个设计任务的最乐观工期 b、最可能工期 m 以及最悲观工期 a。以设计任务 P_1 为例，在某个迭代阶段，当设计任务 P_2 需要进行重新设计时，那么在随后的迭代阶段，设计任务 P_1 工作总量的 30%（对应表 4.1 中数据为 0.3）需要额外的返工，其返工工作的最乐观工期、最可能工期以及最悲观工期分别为5 d、8.5 d、12 d。

表 4.1 飞行器设计过程耦合信息

任务名称		P_1	P_2	P_3	P_4	P_5	b	m	a
外形设计	P_1		0.3	0	0	0	5	8.5	12
空气热力学分析	P_2	0.2		0	0	0.1	4	6	9
空气动力学分析	P_3	0	0.3		0	0.3	3.5	7	14

续表

任务名称		P_1	P_2	P_3	P_4	P_5	b	m	a
飞行轨道分析	P_4	0	0.2	0.3		0.1	3.5	7	10.5
飞行结构设计	P_5	0	0	0.2	0.2		6	7	8

依据表 4.1，得到项目的返工量矩阵 $\boldsymbol{R}$ 和模糊工期矩阵 $\widetilde{\boldsymbol{Z}}$：

$$\boldsymbol{R}=\begin{bmatrix} 0 & 0.3 & 0 & 0 & 0 \\ 0.2 & 0 & 0 & 0 & 0.1 \\ 0 & 0.3 & 0 & 0 & 0.3 \\ 0 & 0.2 & 0.3 & 0 & 0.1 \\ 0 & 0 & 0.2 & 0.2 & 0 \end{bmatrix}$$

$$\widetilde{\boldsymbol{Z}}=\begin{bmatrix} (5,\ 8.5,\ 12) & 0 & 0 & 0 & 0 \\ 0 & (4,\ 6,\ 9) & 0 & 0 & 0 \\ 0 & 0 & (3.5,\ 7,\ 14) & 0 & 0 \\ 0 & 0 & 0 & (3.5,\ 7,\ 10.5) & 0 \\ 0 & 0 & 0 & 0 & (6,\ 7,\ 8) \end{bmatrix}_{5\times 5}$$

将以上 $\boldsymbol{R}$、$\widetilde{\boldsymbol{Z}}$ 代入式（4.22）建立每一次返工工作的模糊工期矩阵，假设根据管理人员的要求，设计任务进行 4 次（$M=4$）返工就可以达到设计要求，求解该模型得到每次迭代每个设计任务的模糊执行工期。并由式（4.19）构建第 i 次（$i=0,1,2,3,4$）返工每个设计任务模糊工期的三角隶属函数 $(u_{A_1})_i$、$(u_{A_2})_i$、$(u_{A_3})_i$、$(u_{A_4})_i$、$(u_{A_5})_i$，根据相离度和质心相结合的方法计算出模糊工期排序指标 $I(A_i)$，比较每次返工各个设计任务模糊工期排序指标大小，得到每次返工工作中最长执行时间，即每个阶段关键设计任务。结果如表 4.2 所示。

表 4.2　每次返工各设计任务模糊执行工期

返工迭代次数 M		0	1	2	3	4
M 次返工后模糊执行工期集	A_1	(5,8.5,12)	(2.5,4.25,6)	(1.8,3.06,4.32)	(1.1,1.86,2.63)	(0.64,1.08,1.53)
	A_2	(4,6,9)	(2.4,3.6,5.4)	(1.64,2.64,3.69)	(0.98,1.48,2.21)	(0.57,0.86,1.29)
	A_3	(3.5,7,14)	(2.8,5.6,11.2)	(1.68,3.36,6.72)	(1.08,2.16,4.33)	(0.65,1.30,2.6)
	A_4	(3.5,7,10.5)	(2.45,4.9,7.35)	(1.72,3.43,5.15)	(1.06,2.12,3.19)	(0.66,1.32,1.97)
	A_5	(6,7,8)	(2.4,2.8,3.2)	(1.8,2.1,2.4)	(1.16,1.36,1.55)	(0.74,0.86,0.98)
$\max(\widetilde{\boldsymbol{T}}_i)$		(5,8.5,12)	(2.8,5.6,11.2)	(1.72,3.43,5.15)	(1.08,2.16,4.33)	(0.66,1.32,1.97)

从表4.2中可以看出，在设计任务初始执行阶段，设计任务执行时间 $\widetilde{\boldsymbol{T}}_i$ 最长的为 A_1，即本阶段关键任务 P_1，之后4次返工工作中，返工工作时间最长的依次为 A_3、A_4、A_3、A_4，对应每次返工的关键任务依次为 P_3、P_4、P_3、P_4。设计任务的执行完成经历4次返工，每次返工工作时间最长的任务将决定本阶段的结束与否，则整个设计任务的完成时间将取决于4个阶段的最长返工工作时间，即本书所述的关键任务执行时间。在关键任务执行时，非关键任务处于资源闲置状态，将闲置资源调配给关键任务，可以有效缩短关键任务执行时间，从而提高任务的资源利用率，进而有效减少任务设计工期。

4.2.3 基于资源最优化配置的耦合集求解模型

在产品的开发过程中，完成整个耦合设计任务所需要的总工期决定了产品的上市时间，上市时间越早越能帮助企业率先占领市场，从而使得企业在激烈的竞争环境中生存下来并不断壮大。然而，产品的开发时间与产品在开发过程中资源的消耗密不可分，资源分配的不合理现象会造成耦合设计任务所需资源的闲置和浪费，影响产品开发总的工期，因此，构建具有资源最优化配置的耦合集求解模型就变得尤为重要了。下面结合二阶段迭代模型，建立工期不确定条件下具有资源最优化配置特性的耦合集求解模型，通过求解该模型得出在最佳的任务分配和资源分配情况下任务完成时间的分布情况。

1. 工期模型的建立

由于工期安排、资源分配、任务要求等各方面的原因，某些任务需要提前执行，而另一些任务则需要延后执行，在实际中可采用二阶段迭代模型[25]。定义任务分布矩阵：

$$\boldsymbol{K}=\mathrm{diag}(k_1,\ k_2,\ \cdots,\ k_i,\ \cdots,\ k_N) \tag{4.32}$$

式中，$\boldsymbol{K}$ 为对角阵，用于表示处于第1、2阶段的任务分配情况。当任务 i 处于第1阶段时，$k_i=1$；当任务 i 处于第2阶段时，$k_i=0$。

由参考文献［7］，可得到二阶段迭代模型执行完成所需要的总时间为

$$\boldsymbol{T}=\lim_{M\to\infty}\sum_{m=0}^{M}[\boldsymbol{V}^{-1}\boldsymbol{ZKR}^m\boldsymbol{Ku}_0+\boldsymbol{V}^{-1}\boldsymbol{ZR}^m(\boldsymbol{I}-\boldsymbol{K})\boldsymbol{u}_0] \tag{4.33}$$

式中，$\boldsymbol{T}$ 为一个 $N\times1$ 维的时间向量，其元素表示执行某任务的工作小组从工作开始到最终任务结束所需要的时间；对角线矩阵 $\boldsymbol{V}$ 表示每个工作小组的工作效率；$\boldsymbol{u}_0$ 是初始工作向量（全1向量）；$\boldsymbol{Z}$ 是任务初始工期矩阵；M 为总的迭代次数；m 为当前的迭代次数；$\boldsymbol{R}$ 为工作转移矩阵中的任务返工矩阵，该矩阵描述了在迭代过程中任务返工量的大小。

将任务返工矩阵 $\boldsymbol{R}$ 相似对角化可以得到 $\boldsymbol{R}=\boldsymbol{S}\boldsymbol{\Lambda}\boldsymbol{S}^{-1}$，其中 $\boldsymbol{\Lambda}$ 是矩阵 $\boldsymbol{R}$ 的特征值矩阵，$\boldsymbol{S}$ 是矩阵 $\boldsymbol{R}$ 的特征向量矩阵，那么：

$$\boldsymbol{T} = \boldsymbol{V}^{-1}\boldsymbol{Z}\left(\boldsymbol{KS}\left(\lim_{M\to\infty}\sum_{m=0}^{M}\boldsymbol{\Lambda}^{m}\right)\boldsymbol{S}^{-1}\boldsymbol{K} + \boldsymbol{S}\left(\lim_{M\to\infty}\sum_{m=0}^{M}\boldsymbol{\Lambda}^{m}\right)\boldsymbol{S}^{-1}(\boldsymbol{I}-\boldsymbol{K})\right)\boldsymbol{u}_0 \tag{4.34}$$

当矩阵 $\boldsymbol{R}$ 的最大特征值 $\lambda_{\max}<1$ 时，则有

$$\lim_{M\to\infty}\sum_{m=0}^{M}\boldsymbol{\Lambda}^{m} = (\boldsymbol{I}-\boldsymbol{\Lambda})^{-1} \tag{4.35}$$

此时耦合迭代过程是收敛的；而当 $\lambda_{\max}\geqslant 1$ 时，任务的迭代过程是发散的，这将导致整个设计过程无法正常结束。所以对于大多数设计开发问题，一般要求矩阵 $\boldsymbol{R}$ 的最大特征值 $\lambda_{\max}<1$。

将式（4.35）代入式（4.34）可得到时间 $\boldsymbol{T}$ 的最终求解模型：

$$\boldsymbol{T} = \boldsymbol{V}^{-1}\boldsymbol{Z}(\boldsymbol{KS}(\boldsymbol{I}-\boldsymbol{\Lambda})^{-1}\boldsymbol{S}^{-1}\boldsymbol{K} + \boldsymbol{S}(\boldsymbol{I}-\boldsymbol{\Lambda})^{-1}\boldsymbol{S}^{-1}(\boldsymbol{I}-\boldsymbol{K}))\boldsymbol{u}_0 \tag{4.36}$$

2. 工期模型的优化

式（4.36）中，$\boldsymbol{V}$ 和 $\boldsymbol{K}$ 为设计变量，其余为已知量，最终求得的 $\boldsymbol{T}_s$ 为 1 列向量：

$$\boldsymbol{T}_s = [t_{s_1} \quad t_{s_2} \quad \cdots \quad t_{s_i} \quad \cdots \quad t_{s_N}]^{\mathrm{T}} \tag{4.37}$$

对于式（4.37），为了得到最优解，需要以 $\boldsymbol{V}$ 和 $\boldsymbol{K}$ 为设计变量，以 $\boldsymbol{T}_s$ 的最小值为优化目标，以 $\boldsymbol{V}$ 中的元素 v_i 的取值范围为约束条件建立优化模型。

在确定 $\boldsymbol{T}_s$ 的最小值时，由于各任务之间是并行迭代的关系，执行时间最长的那项子任务决定了整个耦合任务集的工作时间，所以应将优化目标定为使耦合任务集中所需工作时间最长的那项子任务的执行时间最短。此外，在产品开发设计过程中，一般企业会基于以往的设计经验给各任务小组分配固定的资源，使得每个任务小组具有固定的最大工作效率 $\max v_i$，即在求最小工作时间时所需要的约束条件为 $0<v_i\leqslant\max v_i$。基于以上的公式和定义，可得到基于经验分配资源的工期优化模型为

$$\begin{cases}\text{find: } \boldsymbol{T}_s = [t_{s_1} \quad t_{s_2} \quad \cdots \quad t_{s_i} \quad \cdots \quad t_{s_N}]^{\mathrm{T}} \\ \text{object: } F = \min(\max(\boldsymbol{T}^{\mathrm{T}})) \\ \text{s.t.: } 0 < v_i \leqslant \max v_i;\ i = 1, 2, \cdots, N\end{cases} \tag{4.38}$$

依据式（4.38），可以计算出基于经验分配资源的情况下，完成任务所需的最短时间。但是基于设计经验进行资源分配，难免会有资源分配不均的情况。一般来说，由于各设计小组的最大运作效能与其所分配资源的多少直接相关，资源分配越多，设计小组运作效能就越高；相反，资源分配越少，设计小

组运作效能就越低。因此在资源重新分配时可以把每个设计小组的最大运作效能看作对每个设计小组所分配的资源数量，把约束条件改为

$$\begin{cases} 0 < v_i \leqslant \sum_{i=1}^{N} \max v_i \\ 0 < \sum_{i=1}^{N} v_i \leqslant \sum_{i=1}^{N} \max v_i \end{cases}, \quad i = 1, 2, \cdots, N \tag{4.39}$$

引入式（4.39）的约束条件后，可得到基于资源最优化配置方法的随机优化模型：

$$\begin{cases} \text{find: } \boldsymbol{T}_s = [t_{s_1} \quad t_{s_2} \quad \cdots \quad t_{s_i} \quad \cdots \quad t_{s_N}]^{\mathrm{T}} \\ \text{object: } F = \min(\max(\boldsymbol{T}^{\mathrm{T}})) \\ \text{s.t.: } 0 < v_i \leqslant \sum_{i=1}^{N} \max v_i \\ \qquad 0 < \sum_{i=1}^{N} v_i \leqslant \sum_{i=1}^{N} \max v_i; \ i = 1, 2, \cdots, N \end{cases} \tag{4.40}$$

同理，由式（4.40）能得到基于资源最优化配置方法下的任务最短工期。在式（4.38）和式（4.39）中，当任务分布矩阵 $\boldsymbol{K}$ 的元素全为 0 或全为 1 时，该优化模型就变成了并行迭代模型，由此可以求解出并行迭代模型中完成任务所需的最短时间。

由于任务初始工期的不确定性，因此式（4.38）和式（4.40）求得的表征各个设计任务最终完成时间 $\boldsymbol{T}_s$ 中的元素都是在某一置信区间内的随机值，即优化结果也具有不确定性或随机性。为此，对式（4.38）和式（4.40）反复运算多次以获取优化结果的统计样本，从而得到其分布情况。有关参考文献中在求解类似的问题时，样本容量一般取几百次到几千次不等，综合考虑计算量和样本的代表性，本书中取样本容量为 1000，即将式（4.38）和式（4.40）反复运算 1000 次，根据所求得的结果做出任务完成时间的频数分布直方图，通过对比各种情况下的频数分布直方图，可以分析出任务工期不确定条件下产品开发时间的分布情况，从而为实际产品开发提供指导。

3. 实例分析

这里以某门座起重机变幅系统设计开发过程为例[26]，说明以上优化模型在实际生产中的应用。门座起重机是一种重要而又具有代表性的旋转类型的有轨运行式起重机，现代门座起重机广泛应用于港口、码头货物的机械化装卸，造船厂船舶的施工、安装以及大型水电站工地的建坝工程中，其是实现生产过程机械化不可缺少的重要设备[27]。该门座起重机变幅系统的设计

开发过程主要包括 A（起升绳设计）、B（滑轮组设计）、C（人字架设计）、D（象鼻梁设计）、E（刚性拉杆设计）、F（臂架设计）、G（机架设计）、H（对重小拉杆设计）、I（对重设计）、J（变幅传动方案设计）、K（变幅电动机设计）、L（变幅减速器设计）、M（制动器设计）、N（联轴器设计）、O（螺杆传动设计）、P（橡胶减振器设计）、Q（指示装置设计）、R（起重量限制器设计）18 个任务，如图 4.3 所示。其中有 1 的空格表示两个任务之间存在依赖关系，没有数字的空格表示两个任务之间没有依赖关系。

		A	B	C	D	E	F	G	H	I	J	K	L	M	N	O	P	Q	R
起升绳设计	A	A			1		1												
滑轮组设计	B	1	B		1														
人字架设计	C			C	1	1	1		1		1			1		1			1
象鼻梁设计	D				D		1									1			
刚性拉杆设计	E				1	E	1												
臂架设计	F				1		F				1					1			
机架设计	G					1		G								1			
对重小拉杆设计	H						1		H		1					1			
对重设计	I						1		1	I	1					1			
变幅传动方案设计	J								1	1	J								
变幅电动机设计	K										1	K							
变幅减速器设计	L										1	1	L						
制动器设计	M					1					1	1	1	M					
联轴器设计	N					1					1	1	1		N				
螺杆传动设计	O				1		1		1	1	1	1	1			O			
橡胶减振器设计	P								1	1	1						P		
指示装置设计	Q										1							Q	
起重量限制器设计	R	1					1				1								R

图 4.3　门座起重机耦合信息

采用划分算法[28]对设计结构矩阵进行划分，其结果如图 4.4 所示。由图 4.4 可知，该变幅系统的设计开发过程经过划分重组后，出现了由任务 D、任务 F、任务 H、任务 I、任务 J、任务 K、任务 L 和任务 O 共 8 个任务组成的耦合集，因此需要对这 8 个任务组成的耦合集进行处理。

这 8 个任务间的耦合信息如图 4.5 所示，图中将这 8 个任务重新编号，中间部分的数据表示任务间的返工量，如当任务 5 设计完成后，在随后的迭代阶段，任务 3 的 30%（对应图中数据为 0.3）需要额外的返工。图 4.5 中右边的

		D	F	H	I	J	K	L	O	A	B	E	M	N	P	Q	R	C	G
象鼻梁设计	D	D	1						1										
臂架设计	F	1	F			1			1										
对重小拉杆设计	H		1	H		1			1										
对重设计	I		1	1	I	1			1										
变幅传动方案设计	J			1	1	J													
变幅电动机设计	K					1	K												
变幅减速器设计	L					1	1	L											
螺杆传动设计	O	1	1	1	1	1	1	1	O										
起升绳设计	A	1	1							A									
滑轮组设计	B	1								1	B								
刚性拉杆设计	E	1	1									E							
制动器设计	M					1	1	1				1	M						
联轴器设计	N					1	1	1				1		N					
橡胶减振器设计	P			1	1	1									P				
指示装置设计	Q					1										Q			
起重量限制器设计	R		1			1				1							R		
人字架设计	C	1	1	1		1			1			1	1				1	C	
机架设计	G								1			1							G

图 4.4 划分后的门座起重机耦合信息

数据表示任务工期的最小估计值、最可能值和最大估计值，如任务 6 在正常情况下最可能的工期是 10. 5 d，在最乐观情况下的工期估计是 7 d，而在最悲观情况下的工期估计是 14 d。

		1	2	3	4	5	6	7	8	工期(a,r,b)/d		
象鼻梁设计	1	1	0.3						0.2	10.5	14	17.5
臂架设计	2	0.2	2			0.1			0.3	14	21	24.5
对重小拉杆设计	3		0.3	3		0.3			0.2	3.5	7	14
对重设计	4		0.2	0.3	4	0.1			0.1	3.5	7	10.5
变幅传动方案设计	5			0.2	0.2	5				21	35	42
变幅电动机设计	6					0.3	6			7	10.5	14
变幅减速器设计	7					0.2	0.3	7		14	21	28
螺杆传动设计	8	0.1	0.1	0.1	0.1	0.1	0.1	0.3	8	17.5	28	35

图 4.5 设计任务耦合信息

由图4.5可得任务返工矩阵 $\boldsymbol{R}$ 为

$$\boldsymbol{R}=\begin{bmatrix} 0 & 0.3 & 0 & 0 & 0 & 0 & 0 & 0.2 \\ 0.2 & 0 & 0 & 0 & 0.1 & 0 & 0 & 0.3 \\ 0 & 0.3 & 0 & 0 & 0.3 & 0 & 0 & 0.2 \\ 0 & 0.2 & 0.3 & 0 & 0.1 & 0 & 0 & 0.1 \\ 0 & 0 & 0.2 & 0.2 & 0 & 0 & 0 & 0 \\ 0 & 0 & 0 & 0 & 0.3 & 0 & 0 & 0 \\ 0 & 0 & 0 & 0 & 0.2 & 0.3 & 0 & 0 \\ 0.1 & 0.1 & 0.1 & 0.1 & 0.1 & 0.1 & 0.3 & 0 \end{bmatrix}$$

任务工期的最小估计值、最可能值和最大估计值对应的任务工期矩阵分别为

$$\boldsymbol{Z}_a=\mathrm{diag}\ (10.5,\ 14,\ 3.5,\ 3.5,\ 21,\ 7,\ 14,\ 17.5)$$

$$\boldsymbol{Z}_r=\mathrm{diag}\ (14,\ 21,\ 7,\ 7,\ 35,\ 10.5,\ 21,\ 28)$$

$$\boldsymbol{Z}_b=\mathrm{diag}\ (17.5,\ 24.5,\ 14,\ 10.5,\ 42,\ 14,\ 28,\ 35)$$

同时，由于该起重机的变幅系统在设计过程中的资源分配情况都是依据以往的设计经验来确定的，固定的资源分配情况决定了各个任务对应的任务小组的执行效能 v_i 分别具有以下上、下限：$0<v_1\leqslant 3$，$0<v_2\leqslant 5$，$0<v_3\leqslant 2$，$0<v_4\leqslant 1$，$0<v_5\leqslant 2$，$0<v_6\leqslant 3$，$0<v_7\leqslant 6$，$0<v_8\leqslant 4$。

通过计算，可以得到矩阵 $\boldsymbol{R}$ 的特征值矩阵 $\boldsymbol{\Lambda}$ 和特征向量矩阵 $\boldsymbol{S}$。

令初始工作向量 $\boldsymbol{u}_0$ 为

$$\boldsymbol{u}_0=(1\quad 1\quad 1\quad 1\quad 1\quad 1\quad 1\quad 1)^{\mathrm{T}}$$

现将 $\boldsymbol{u}_0$、$\boldsymbol{\Lambda}$、$\boldsymbol{S}$、$\boldsymbol{V}$、$\boldsymbol{Z}_a$、$\boldsymbol{Z}_r$、$\boldsymbol{Z}_b$ 代入式（4.38）、式（4.40）可得到任务工期不确定条件下，二阶段迭代模型的求解方法中基于经验分配资源的随机优化模型为

$$\begin{cases} \text{find: } \boldsymbol{T}=[t_{s_1}\quad t_{s_2}\quad \cdots\quad t_{s_8}]^{\mathrm{T}} \\ \text{object: } F=\min(\max(\boldsymbol{T}^{\mathrm{T}})) \\ \text{s.t.: } 0<v_1\leqslant 3,\quad 0<v_2\leqslant 5,\quad 0<v_3\leqslant 2, \\ \qquad 0<v_4\leqslant 1,\quad 0<v_5\leqslant 2,\quad 0<v_6\leqslant 3, \\ \qquad 0<v_7\leqslant 6,\quad 0<v_8\leqslant 4 \end{cases} \tag{4.41}$$

基于资源最优化配置方法的随机优化模型分别为

$$\begin{cases} \text{find: } \boldsymbol{T}=[t_{s_1}\quad t_{s_2}\quad \cdots\quad t_{s_8}]^{\mathrm{T}} \\ \text{object: } F=\min(\max(\boldsymbol{T}^{\mathrm{T}})) \\ \text{s.t.: } 0<v_i\leqslant 26;\ 0<\sum_{i=1}^{8} v_i\leqslant 26 \\ \qquad i=1,\ 2,\ \cdots,\ 8 \end{cases} \tag{4.42}$$

将式（4.41）和式（4.42）反复运算1000次，便可得到任务完成时间的频数分布直方图。各种情况下的时间频数分布直方图分别如图4.6和图4.7所示。

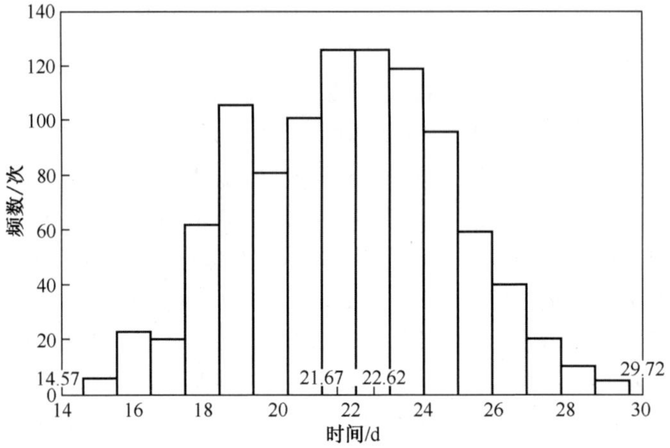

图4.6　基于经验分配资源二阶段模型任务完成时间的频数分布直方图

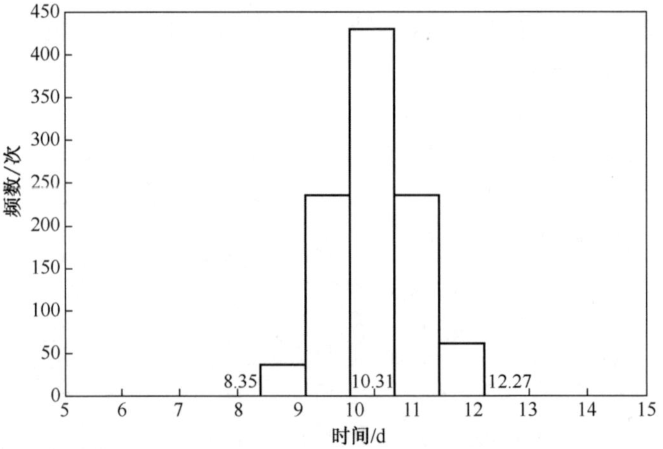

图4.7　基于资源最优化配置二阶段模型任务完成时间的频数分布直方图

如图4.6所示，在基于经验分配资源的二阶段模型中，任务完成时间分布在14.57 d和29.72 d之间，时间范围为15.15 d，其中频数最高的值21.67 d和22.62 d左右分布的值各有126次，共计252次，占总数的25.2%，即在基于经验分配资源方法和设计任务二阶段执行的模式下，项目在21.67 d左右及22.62 d左右两个时间段完成的可能性最大，完成概率为25.2%。

如图 4.7 所示，在基于资源最优化配置方法的二阶段模型中，任务完成时间分布在 8.35 d 和 12.27 d 之间，时间范围为 3.92 d，其中在频数最高值 10.31 d 左右分布的值有 430 次，占总数的 43%，即在基于资源最优化配置方法和设计任务二阶段执行模式下，设计任务在 10.31 d 左右完成的可能性最大，完成概率为 43%。

通过上述两组数据对比可知，在任务工期不确定条件下，基于资源最优化配置方法建立的随机优化模型求解得到的结果与基于经验分配资源方法建立的随机优化模型求解得到的结果相比，设计任务完成时间有所减少，其分布更加集中，最可能完成时间值的取值概率更大。

4.2.4　产品设计与开发任务调度的多目标优化

由 4.2.2~4.2.3 小节可知，对于工期不确定条件下的耦合集求解模型都是以单目标为求解对象进行的一系列研究，评价的指标比较单一，不足以模拟真实的生产环境。下面以二阶段迭代模型为基础，运用区间数方法描述任务工期的不确定性。建立工期不确定条件下区间型多目标优化数学模型，并基于区间序关系将该模型转化为确定性的优化模型。最后结合优化算法，对模型进行多目标优化。

1. 多目标模型的建立

在确定条件下，以二阶段迭代模型的第 1 阶段开发时间和成本的计算为例。

$$\boldsymbol{T}_1 = \max\left[\boldsymbol{Z}(\boldsymbol{I} - \boldsymbol{KRK})^{-1}\boldsymbol{Ku}_0\right]^{(i)} \tag{4.43}$$

$$\boldsymbol{C}_1 = \mathrm{UTC} \times \sum_{i=1}^{n}\left[\boldsymbol{Z}(\boldsymbol{I} - \boldsymbol{KRK})^{-1}\boldsymbol{Ku}_0\right]^{(i)} \tag{4.44}$$

式中，$\boldsymbol{I}$ 为单位方阵；$\boldsymbol{u}_0$为全 1 工作向量；n 为任务集的任务数量；$[\ ]^{(i)}$ 表示向量的第 i 个元素；UTC（unit time cost，单位时间成本）为一个常数，表示一个单位时间所消耗的成本。

根据区间数运算规则[29]，只需将式（4.43）、式（4.44）中任务周期矩阵 $\boldsymbol{Z}$ 的对角线元素用区间数表示，即 $\boldsymbol{Z}=\mathrm{diag}(t_1, t_2, \cdots, t_a)$ 变为

$$\boldsymbol{Z}^{\mathrm{M}} = \mathrm{diag}([t_1^{\mathrm{M}}], [t_2^{\mathrm{M}}], \cdots, [t_a^{\mathrm{M}}]) \tag{4.45}$$

式中，$[t_1^{\mathrm{M}}] = [t_1^{\mathrm{L}}, t_1^{\mathrm{R}}]$，$[t_2^{\mathrm{M}}] = [t_2^{\mathrm{L}}, t_2^{\mathrm{R}}]$，$[t_a^{\mathrm{M}}] = [t_a^{\mathrm{L}}, t_a^{\mathrm{R}}]$，M、L 和 R 分别代表某一区间、区间的左边界和右边界。

式（4.43）、式（4.44）中所有的量都是确定的，所求的结果为一个具体的数值，若公式中存在一个量为区间数，则结果为一个区间数。采用二阶段迭代模型，将 a 个任务划分为两个阶段，第 1 阶段总共所需要的时间 $\boldsymbol{T}_1$ 和成本

$\boldsymbol{C}_1$为

$$[\boldsymbol{T}_1^{\mathrm{M}}] = \max\left[[\boldsymbol{Z}^{\mathrm{M}}](\boldsymbol{I}-\boldsymbol{KRK})^{-1}\boldsymbol{K}\boldsymbol{u}_0\right]^{(i)} = [\boldsymbol{T}_1^{\mathrm{L}}, \boldsymbol{T}_1^{\mathrm{R}}] \tag{4.46}$$

$$[\boldsymbol{C}_1^{\mathrm{M}}] = \mathrm{UTC} \times \sum_{i=1}^{n}\left[[\boldsymbol{Z}^{\mathrm{M}}](\boldsymbol{I}-\boldsymbol{KRK})^{-1}\boldsymbol{K}\boldsymbol{u}_0\right]^{(i)} = [\boldsymbol{C}_1^{\mathrm{L}}, \boldsymbol{C}_1^{\mathrm{R}}] \tag{4.47}$$

类似地，第 2 阶段总共所需要的时间 $\boldsymbol{T}_2$和成本 $\boldsymbol{C}_2$为

$$[\boldsymbol{T}_2^{\mathrm{M}}] = \max\left[[\boldsymbol{Z}^{\mathrm{M}}](\boldsymbol{I}-\boldsymbol{R})^{-1}(\boldsymbol{I}-\boldsymbol{K})\boldsymbol{u}_0\right]^{(i)} = [\boldsymbol{T}_2^{\mathrm{L}}, \boldsymbol{T}_2^{\mathrm{R}}] \tag{4.48}$$

$$[\boldsymbol{C}_2^{\mathrm{M}}] = \mathrm{UTC} \times \sum_{i=1}^{n}\left[[\boldsymbol{Z}^{\mathrm{M}}](\boldsymbol{I}-\boldsymbol{R})^{-1}(\boldsymbol{I}-\boldsymbol{K})\boldsymbol{u}_0\right]^{(i)} = [\boldsymbol{C}_2^{\mathrm{L}}, \boldsymbol{C}_2^{\mathrm{R}}] \tag{4.49}$$

总的时间 $\boldsymbol{T}$ 和成本 $\boldsymbol{C}$ 为

$$[\boldsymbol{T}^{\mathrm{M}}] = [\boldsymbol{T}_1^{\mathrm{M}}] + [\boldsymbol{T}_2^{\mathrm{M}}] = [\boldsymbol{T}_1^{\mathrm{L}} + \boldsymbol{T}_2^{\mathrm{L}}, \boldsymbol{T}_1^{\mathrm{R}} + \boldsymbol{T}_2^{\mathrm{R}}] \tag{4.50}$$

$$[\boldsymbol{C}^{\mathrm{M}}] = [\boldsymbol{C}_1^{\mathrm{M}}] + [\boldsymbol{C}_2^{\mathrm{M}}] = [\boldsymbol{C}_1^{\mathrm{L}} + \boldsymbol{C}_2^{\mathrm{L}}, \boldsymbol{C}_1^{\mathrm{R}} + \boldsymbol{C}_2^{\mathrm{R}}] \tag{4.51}$$

根据区间数学知识，区间数的大小可以用区间可能度和区间序大小来比较。定义：

$$\begin{cases} m(A) = (A^{\mathrm{L}} + A^{\mathrm{R}})/2, \ w(A) = (A^{\mathrm{R}} - A^{\mathrm{L}})/2 \\ m(B) = (B^{\mathrm{L}} + B^{\mathrm{R}})/2, \ w(B) = (B^{\mathrm{R}} - B^{\mathrm{L}})/2 \end{cases} \tag{4.52}$$

式中，m 为区间中点，表示区间的中点值大小；w 为区间半宽，表示区间的不确定水平大小。

根据参考文献［15］，选择区间序关系$\leqslant_{mw}$来定义区间的优劣，对于最小化问题有以下规则：

对于区间数 A 和 B，当且仅当 $m(A) \geqslant m(B)$、$w(A) \geqslant w(B)$ 则 $A \leqslant_{mw} B$，区间数 B 比 A 优，即区间中点和区间半宽均较小的区间较优。

基于区间序关系，区间多目标优化函数可以转化为求解该区间函数的中点值最小和半宽最小这两个确定性目标函数，式（4.50）和式（4.51）的目标函数可以转化为

$$\begin{cases} \min \boldsymbol{T} = \min[m(\boldsymbol{T}^{\mathrm{M}}), w(\boldsymbol{T}^{\mathrm{M}})] \\ m(\boldsymbol{T}^{\mathrm{M}}) = \dfrac{\boldsymbol{T}^{\mathrm{L}} + \boldsymbol{T}^{\mathrm{R}}}{2} \\ w(\boldsymbol{T}^{\mathrm{M}}) = \dfrac{\boldsymbol{T}^{\mathrm{R}} - \boldsymbol{T}^{\mathrm{L}}}{2} \\ \boldsymbol{T}^{\mathrm{L}} = \min(\boldsymbol{T}^{\mathrm{M}}), \ \boldsymbol{T}^{\mathrm{R}} = \max(\boldsymbol{T}^{\mathrm{M}}) \end{cases} \tag{4.53}$$

$$\begin{cases}\min \boldsymbol{C} = \min[m(\boldsymbol{C}^{\mathrm{M}}),\ w(\boldsymbol{C}^{\mathrm{M}})] \\ m(\boldsymbol{C}^{\mathrm{M}}) = \dfrac{\boldsymbol{C}^{\mathrm{L}} + \boldsymbol{C}^{\mathrm{R}}}{2} \\ w(\boldsymbol{C}^{\mathrm{M}}) = \dfrac{\boldsymbol{C}^{\mathrm{R}} - \boldsymbol{C}^{\mathrm{L}}}{2} \\ \boldsymbol{C}^{\mathrm{L}} = \min(\boldsymbol{C}^{\mathrm{M}}),\ \boldsymbol{C}^{\mathrm{R}} = \max(\boldsymbol{C}^{\mathrm{M}})\end{cases} \tag{4.54}$$

经过以上处理，获得了确定性的目标函数，可以分别对时间和成本的区间中点、区间半宽进行加权求和转化为确定参数的多目标优化问题，故时间和成本的等价评价函数转化后分别如下：

$$\min f_1(\boldsymbol{K},\ \boldsymbol{T}^{\mathrm{M}}) = \alpha m(\boldsymbol{T}^{\mathrm{M}}) + (1-\alpha)w(\boldsymbol{T}^{\mathrm{M}}) \tag{4.55}$$

$$\min f_2(\boldsymbol{K},\ \boldsymbol{C}^{\mathrm{M}}) = \beta m(\boldsymbol{C}^{\mathrm{M}}) + (1-\beta)w(\boldsymbol{C}^{\mathrm{M}}) \tag{4.56}$$

式中，α、β 为权重系数，$0 \leqslant \alpha \leqslant 1$，$0 \leqslant \beta \leqslant 1$，其取值大小表示对区间中点值大小的重视程度。

为了避免加权转化对优化目标的区间范围大小的影响，在此基础上，定义区间的相对不确定度 I 以体现区间端点值相对区间中点的偏差程度。

$$I(\boldsymbol{T}) = w(\boldsymbol{T})/m(\boldsymbol{T}) \times 100\% \tag{4.57}$$

$$I(\boldsymbol{C}) = w(\boldsymbol{C})/m(\boldsymbol{C}) \times 100\% \tag{4.58}$$

一般地，企业决策者往往希望获得时间和成本综合的不确定度，经过计算和推导，它们的不确定度为

$$I(\boldsymbol{T} \times \boldsymbol{C}) = \frac{I(\boldsymbol{T}) + I(\boldsymbol{C})}{1 + I(\boldsymbol{T}) \times I(\boldsymbol{C})} \times 100\% \tag{4.59}$$

2. 多目标模型的求解

由于区间不确定优化是典型嵌套优化问题[30]，在内层需要优化时间和成本的两个目标函数的区间中点值、半宽，通过加权系数法的转化，变为确定性的多目标优化问题，获得它们的评价函数 f_1 和 f_2 的函数值（综合体现区间的中点值和半宽）；经过此种处理，在外层即可使用 NSGA-Ⅱ算法[31-32]进行求解。其具体的操作步骤如下：

（1）初始种群的设计。采用整数编码，使用 MATLAB 随机产生 i 个长度为 a 的随机数并圆整，具体调用函数为 Chrom = ceil(2×rand(i, a))。例如，对于一个包括 A、B、C、D、E、F 这 6 个任务的耦合集，假设产生的一个染色体的编码为{1 2 1 2 2 1}，编码 1、2 分别表示对应任务在第 1、2 阶段执行，则在第 1 阶段执行任务 A、C、F，在第 2 阶段执行任务 B、D、E。基于以上种群中个体的编码方法，首先生成大量的初始种群（淘汰全是 1 或 2 的两个染色体），再利用式（4.50）、式（4.51）分别计算出每个染色体（或称个体）对应的时间和成

本的区间数。

（2）区间中点 m 和区间半宽 w 计算。分别确定时间和成本二者区间中点的权重系数 α、β，再利用式（4.53）、式（4.54）得出每种任务调度方案的时间、成本区间中点 m 和区间半宽 w。进而可以得出转化后时间评价函数 f_1 和成本评价函数 f_2，并对 f_1、f_2 进行快速非支配排序，并计算保留下来精英个体的拥挤距离（拥挤距离为两个相邻个体在坐标轴上的每个维度上差值的和）。

（3）遗传算子的操作。运用二元锦标赛选择的方法，从种群中选择（轮盘赌算法）适应度较高的个体进行交叉、变异等遗传操作，获取进化后的新种群，淘汰掉适应度值小的个体以完成任务调度方案的选择操作。染色体交叉的作用是产生新的染色体，将相互配对的染色体按单点交叉的方式交换基因。在 MATLAB 中使用 ceil 和 rand 两个函数产生大量的一定编码长度（由任务总数决定）的染色体，每个基因位上的数字是 1 或 2。以一定的概率选择染色体上的一个基因位，通过改变该位置上的基因（1 或 2 突变）形成新的染色体，即为变异操作。

（4）非支配排序和拥挤距离计算。在进化过程中计算每个个体非支配等级并排序，由于本章是最小值优化问题，选择较低的支配等级，如果个体的支配等级一样，则选择个体拥挤距离较大的两个个体，以进行个体比较和选择操作。支配等级最小的个体即为当前种群中的非支配个体（最优的个体），再将当前的较优个体保存到外部种群中。通过非支配排序和比较拥挤因子从种群 R_t 中选择出 n 个个体，组成新一代种群 P_{t+1}。

基于以上分析，基于 NSGA-Ⅱ算法的多目标优化求解流程如图 4.8 所示。

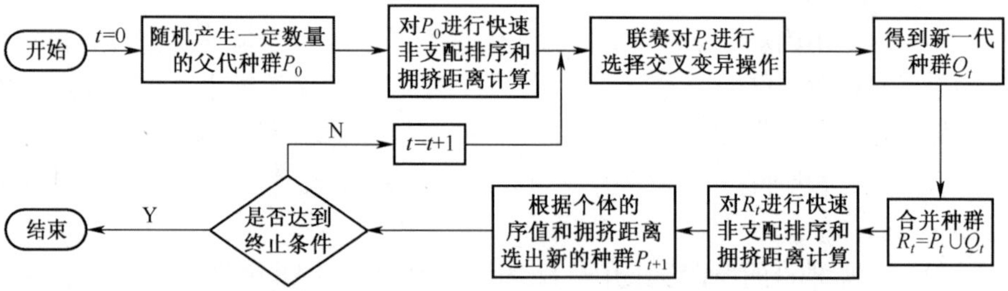

图 4.8　基于 NSGA-Ⅱ算法的多目标优化求解流程

3. 实例分析

以某智能割草机[33]开发过程为例（见图 4.9），图中非对角线元素为任务的返工量，空白处都是 0。t^L 和 t^R 分别表示对应任务执行工期的区间数左、右边界值（或称上下限）。在 0 和 1 之间的数字为返工量大小，由图 4.9 可得任

务返工量矩阵 $\boldsymbol{R}$ 和任务工期矩阵 $\boldsymbol{Z}$。

	A	B	C	D	E	F	G	H	I	J	K	t^L	t^R
技术方案设计A									0.1			9	15
割草机车体结构设计B				0.5								7.8	11.8
车体驱动机构设计C	0.4											8	14
割草机构设计D	0.1		0.1			0.1		0.1				11	15
割草机构驱动设计E	0.1											8	13
控制系统设计F	0.5											18	26
传感系统设计G						0.5						9	13
割草机动力学分析H	0.3		0.3	0.3								7.5	12.5
割草机平衡分析I				0.1		0.5	0.4	0.3			0.3	10	16
路径规划方案设计J						0.5	0.5	0.3				12	18
评估与制造计划K	0.5					0.3	0.5			0.5		10.1	17.1

图 4.9　智能割草机开发过程中任务间的耦合信息

由于产品开发时间 T 和开发成本 C 均是区间数，需先求出转化后确定多目标的结果，然后将转化后的时间和成本函数值 f_1、f_2 进行非支配排序，计算保留下来的精英个体拥挤距离，最后求解出转化后的多目标最优解集。应用 MATLAB 产生多组随机数并取圆整，作为个体的编码设计。由耦合集的任务个数为 11，确定染色体（个体）的长度为 11。根据流程图 4.8，按顺序执行以上操作步骤，直至达到终止条件或最大迭代次数。为了确定算法的具体参数，利用 MATLAB 进行了多次试算，确定了相关参数的大致范围，具体设置如下：初始种群 P_0 中染色体的数量 $p=100$，迭代次数 $g=50$，交叉概率 $P_c=0.8$，变异概率 $P_m=0.15$。图 4.10 所示为初始种群分布。

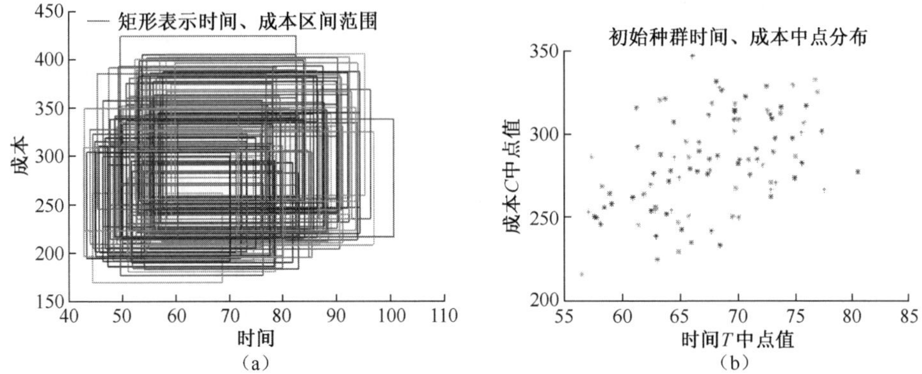

图 4.10　初始种群分布

对式（4.55）和式（4.56）中的权重系数 α、β 分别取（0，0.25，0.5，0.75，1），分别得到时间和成本评价函数 f_1、f_2 随迭代次数的优化图。需要说明的是，α、β 的取值可根据企业决策者的实际情况或目标喜好确定。

这里以时间评价函数 f_1 的优化曲线［见图4.11（a）］为例进行说明。不同权重系数 α 对应不同的时间区间，随着 α 的增大，时间评价函数 f_1 的图像在上移；相同的权重系数 α，时间评价函数 f_1 随着迭代次数的增加在逐渐减少；越大的 α 表示对时间中点的重视程度越大。分析求解的中间过程可知，时间区间的长度比时间区间的中点小得多，因此优化的结果将导致较大的时间中点和较小的时间区间半宽。图4.11（b）所示成本评价函数 f_2 的曲线变化趋势与之类似，在此不再赘述。

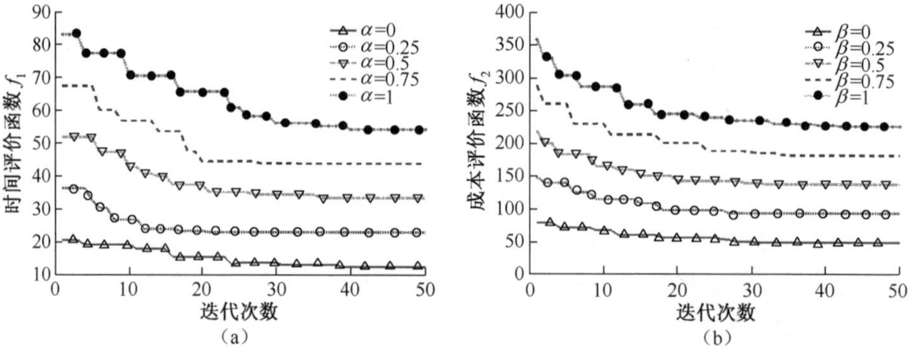

图4.11　不同权重值 α、β 下时间、成本的评价函数迭代优化

通常企业决策者更加看重时间，而对成本则是期望其具有更小的不确定性，结合具体情况和偏好程度，故可取 $\alpha=0.75$，$\beta=0.5$，将区间多目标优化问题变为确定性的多目标优化问题，采用NSGA-Ⅱ进行求解，得到了工期不确定条件下产品开发任务调度的Pareto最优解集（见图4.12），可以看出时间和成本这两个目标的矛盾性，不存在时间和成本同时最优的情况。将Pareto解集中时间评价函数和成本评价函数通过转化，得出了该产品的开发时间和开发成本的区间范围、中点值大小，如图4.13所示。表4.3中，Pareto解的各项平均值比所有方案的对应平均值都小，其中时间的中点值、成本的中点值分别减少了18.6%、19.4%，时间的半宽、成本的半宽大小分别缩小了20.1%、20.3%，说明了该算法的有效性。不同的任务调度方案，对产品开发的时间和成本有很大影响，采用NSGA-Ⅱ优化算法，可以缩短产品开发的时间、减少产品开发的成本及降低不确定性水平（区间的半宽）。企业决策者可以根据具体的时间或成本的约束，选择Pareto最优解集中的某一点。具体的任务调度方案见表4.4。

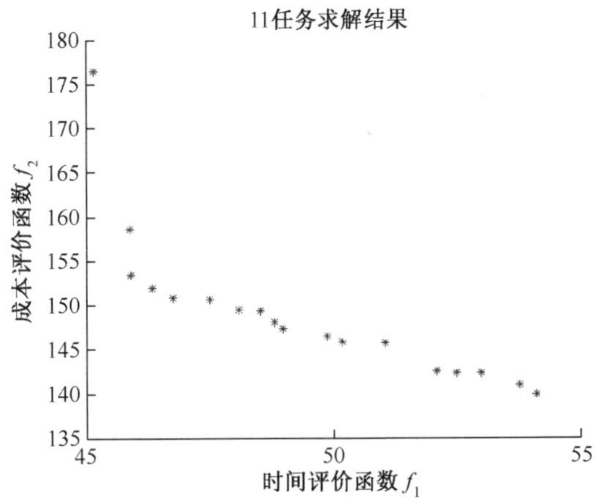

图 4.12　两目标优化的 Pareto 最优解集

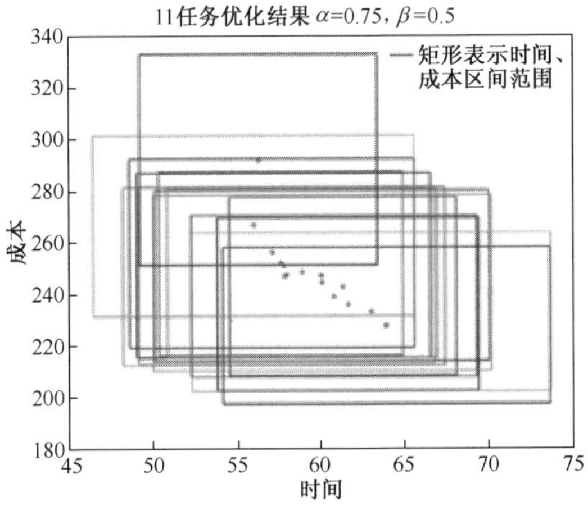

图 4.13　优化后时间、成本区间范围及中点值

表 4.3　区间多目标优化的任务调度方案 1

名称	T^L	T^R	C^L	C^R	T^M	C^M	T^W	C^W
所有的方案平均值	61.97	83.87	265.78	351.56	72.92	308.67	10.95	42.89
Pareto 解集平均值	50.59	68.09	214.57	282.90	59.34	248.74	8.75	34.17

表 4.4 区间多目标优化的任务调度方案 2

任务调度方案											T^L	T^R	C^L	C^R	f_1	f_2
A	B	C	D	E	F	G	H	I	J	K						
1	2	1	1	1	2	2	2	2	2	2	49.19	63.39	251.19	332.80	43.99	166.40
1	1	1	2	1	1	2	1	1	1	2	46.43	65.55	231.64	301.44	44.38	150.72
2	1	1	1	2	1	2	2	1	2	2	48.60	65.58	219.44	292.48	44.94	146.24
1	2	1	1	1	2	1	2	2	1	2	50.32	64.91	216.47	287.45	45.03	143.73
2	2	1	2	1	2	1	2	1	2	1	49.01	66.54	215.58	286.84	45.52	143.42
2	2	2	2	2	2	1	2	2	1	1	49.12	66.80	213.25	281.81	45.68	140.90
1	2	1	2	2	2	1	2	2	2	1	48.22	67.39	212.36	281.43	45.75	140.71
2	2	2	2	2	1	1	1	1	1	2	50.82	66.98	215.68	281.01	46.19	140.50
2	1	2	1	2	2	1	1	1	1	2	50.09	69.98	214.08	280.36	47.51	140.18
1	2	1	2	1	2	1	2	1	1	1	50.00	70.12	210.29	278.55	47.56	139.28
2	2	2	1	1	2	1	1	2	1	2	54.52	68.06	208.26	277.46	47.66	138.73
1	1	1	1	2	2	2	1	1	1	1	52.24	69.26	207.93	270.52	47.69	135.26
2	2	1	1	2	1	2	2	1	1	2	53.83	69.39	202.61	269.44	48.15	134.72
1	2	2	2	2	2	1	1	1	2	2	52.30	73.70	202.35	263.90	49.92	131.95
1	2	1	2	1	2	1	1	1	2	1	54.15	73.64	197.48	258.07	50.36	129.04

以上是在权重系数 $\alpha=0.75$、$\beta=0.5$ 下对时间和成本进行的多目标优化的结果。由表 4.4 中数据可得：时间的半宽相对于成本的半宽波动较小（即不确定水平较小）；不存在时间评价函数和成本评价函数都最小的情况。关于时间中点 T^M、成本中点 C^M 和综合不确定度 I 的 Pareto 最优解集如图 4.14 所示。

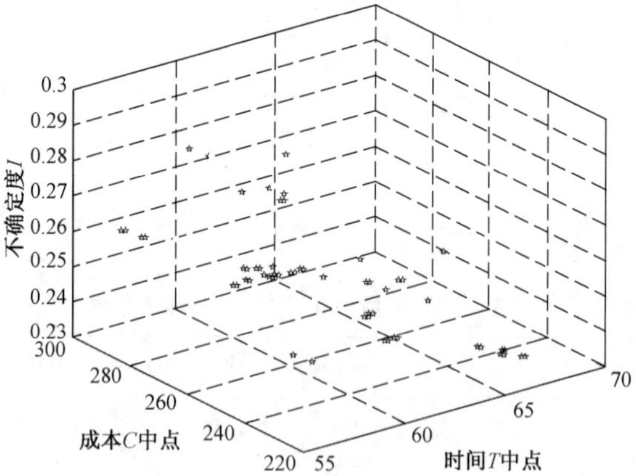

图 4.14 时间中点 T^M、成本中点 C^M 和综合不确定度 I 的 Pareto 最优解集

由图 4.14 可知，不存在三个目标同时最优的情况，它们是相互矛盾、竞争的，其中一个目标变优会导致其他目标变差；成本的变化范围最大，时间次之，不确定度最小；三个目标大致分布在一个曲面上，位于曲面内部的都是支配解（或称劣解，至少有一个目标值比曲面上某一点对应的目标值大）。若设计人员希望得到较小的不确定度 I，可以在图中选择合适的一个调度方案。

小结：本节基于模糊理论、资源最优化配置与产品设计开发任务调度多目标优化等方面研究了产品设计与开发中任务工期不确定条件下耦合集求解模型。

（1）4.2.2 小节设计项目工期模糊性的客观存在增大了优化设计项目完成工期的难度。本小节采用模糊理论将设计任务的工期进行模糊化处理，建立了并行耦合设计任务模糊时间模型，求解模型得到设计项目模糊完成工期，更加符合产品开发的实际情况。在模型求解过程中，可以得到每个返工阶段的关键任务，更加利于项目管理者对设计流程进行管理，通过调用非关键任务执行过程中闲置资源或者直接投入更多资源给这些关键任务，减少关键任务执行时间，从而加快设计过程，进而优化整个设计项目的工期。

（2）4.2.3 小节建立了基于资源最优化配置方法的二阶段随机优化模型，通过求解该模型，最终得到了在最佳的任务分配和资源分配情况下任务完成时间的分布情况。该方法不仅缩短了设计任务的完成时间，减少了设计任务完成时间的分布范围，而且使最可能完成时间值的取值概率大大增加，从而提高了项目管理者对任务完成时间估计的准确率。

（3）4.2.4 小节考虑产品开发任务调度过程中任务工期存在不确定性，在二阶段迭代模型的基础上，构建了基于区间的多目标优化数学模型，根据区间序关系，通过加权转化为确定性的多目标优化问题，引入 NSGA-Ⅱ，以产品开发时间和开发成本的评价函数为目标函数，对产品开发任务调度问题进行了多目标优化求解，得到了多目标优化的 Pareto 最优解集，弥补了传统的多目标优化方法只能得到一个最优解的不足。在产品开发过程中，对工期不确定条件下的任务调度方案的确定有一定的参考意义和指导作用。

4.3　信息不确定条件下耦合集求解模型

4.3.1　信息不确定性的描述

1. 信息不确定性的分析

在产品的开发过程中，任务间传递的信息包括名义信息和有效信息。其中，名义信息可以理解为上游任务传递给下游任务的全部信息，其中包括一些错误信息。而有效信息则为名义信息中所包含的真实信息。信息不确定性主要是指设计任务间传递的有效信息的不确定性。因为下游任务是由上游任务传递过来的有效信息触发的，所以有效信息的到达是否完整和确定对任务的执行非常重要。

在不考虑任务间重叠的情况下，设计任务间的关系有串行与并行两种情况[34]。当任务间的关系为并行时，各任务同时执行至完成，执行过程中没有信息依赖且不存在信息交互，因此不需要考虑信息不确定性。而当任务间的关系为串行时，各任务按一定的顺序依次执行，其中上游任务是比下游任务优先执行的任务。当上游任务完成后，需要将一些有效信息（如任务的完成情况等）传递给下游任务。在理想状态下，即不考虑信息不确定性时，下游任务接收的是完整的有效信息，且每次接收的信息量不会发生变化。这样经过几次反复，设计人员就获得了一定的经验，使得在下次执行任务时，只要接收到上游任务的信息就立即开始执行下游任务，而不需要对接收到的信息进行处理。但由于上、下游任务间存在依赖关系和一些其他因素（如设计人员的交流能力）的影响，信息不确定性是普遍存在的，这就会导致下游任务每次接收的信息是不确定和不完整的。这些不确定和不完整信息一方面使得设计人员不能按以往的经验对这些信息进行批量处理，需要进行仔细分析以获得有效信息；另一方面使得下游设计人员需要向上游设计人员进行交流以获得完整信息，这个过程就造成了迭代返工。

由以上分析可知，信息不确定性主要是由任务间的依赖关系导致的，通过影响有效信息在任务间传递的完整性和确定性造成任务执行过程中的迭代返工，从而增加了产品的开发时间。

2. 信息不确定度函数的确定

从任务的执行过程来看，信息不确定性是影响任务进展的关键因素。为了更好地分析信息不确定性对任务执行时间的影响，本书拟确定信息不确定度函数以定量表征信息不确定性大小及反映其变化规律。通过对信息在任务上、下游传递过程的分析可知，任务间的依赖关系是导致信息不能准确传递的主要原因。任务间的依赖关系越大，即耦合度越大，则信息在传递过程中受到的阻碍就越大，就越难准确地传递给其他任务。参考文献［35］描述的任务间的依赖关系对信息传递的影响规律，同时考虑到设计人员交流能力的好坏也是直接影响上、下游信息传递是否准确的因素，本书引入依赖关系指数 α 和交流次数 β 确定如下信息不确定度函数：

$$K = e^{\alpha}\left[\frac{\beta}{2(1+\gamma^{-1})} + \frac{1}{\beta}\right] \tag{4.60}$$

式中，e 为自然对数；α 表示任务间的依赖关系指数，其取值范围为 $0 < \alpha < 1$，当 α 趋近于 0 时，表明任务间几乎无依赖关系，设计为无耦合设计，当 α 趋近于 1 时，表明任务间有很强的依赖关系，设计为耦合设计；β 表示交流次数，用来反映设计人员交流能力的大小，β 越大，表明需要交流的次数越多，反映出设计人员的交流能力越弱，反之则越强；γ 表示开发团队对信息的处理能力，其取值范围为 $0 < \gamma < 1$，当 γ 趋近于 0 时，表明开发团队对信息基本没有处理能力，当 γ 趋近于 1 时，表明开发团队对信息有很强的处理能力。

式（4.60）用交流次数 β 来反映交流能力，这样当设计人员的交流能力在短时间内无法提高时，可以通过增加交流次数来加强上、下游任务间的信息交流。

4.3.2　考虑信息不确定性的耦合集模型的构建

1. 迭代返工时间函数的构建

若串行迭代模型中任务的总个数为 $m(m \geqslant 2)$，当不考虑信息不确定性时，执行总时间 T 为各任务独立执行时间 t_i 之和，即 $T = \sum_{i=1}^{m} t_i$，其中 t_i 表示第 i 个任务独立执行的时间，即任务 i 在不受到任何依赖关系影响的情况下，从开始执行到执行完成所用的时间。当考虑信息不确定性时，因任务间存在迭代返工，则执行总时间还应考虑迭代返工时间。

对于串行迭代模型，其迭代形式是每次只执行一个任务，依次执行完每个任务后，再重复下一次的迭代。图 4.15 表示了只有两个任务的串行迭代模型中上、下游任务的执行过程。图 4.15 中，t_1、t_2 分别表示上、下游串行任务的独立执行时间，Δt 表示信息不确定性导致的迭代返工时间。

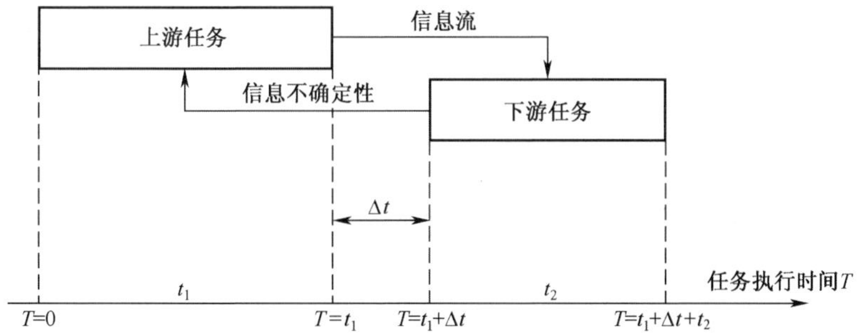

图 4.15　串行迭代模型的上、下游任务的执行过程

如图 4.15 所示，当上游任务执行完成后，将有效信息以信息流的方式传递给下游任务，由于任务间的依赖关系和设计人员交流能力的影响，导致传递

给下游任务的信息是不确定的，这就会引发下游任务的迭代返工过程，产生迭代返工时间 Δt。这个过程会使下游任务在首次接收到信息后不会立即执行，而在迭代返工时间 Δt 后开始执行。由图 4.15 可以看出，迭代返工时间 Δt 与到达下游任务的有效信息量和信息的不确定性有关。传递到下游任务的有效信息量越大，下游任务就会越早执行，迭代返工时间 Δt 就越短。而信息的不确定性越大，信息传递受到的阻碍就越大，迭代返工时间 Δt 就越长。参考文献［9］描述的迭代返工时间的计算方法，结合任务间传递的有效信息量，对有两个任务的串行迭代模型构建由信息不确定性而导致的迭代返工时间如下：

$$\Delta t_1 = \int_{t_1}^{t_1+t_2} \frac{K+1}{I^2} t \mathrm{d}t \tag{4.61}$$

式中，K 表示信息不确定度；I 表示有效信息量；t 表示任务独立执行时间；Δt_1 表示当只有两个任务（初始任务 A，结束任务 B）的情况时，产生的迭代返工过程为首个迭代返工过程，由该过程产生的迭代返工时间。

与参考文献［9］不同，式（4.61）将上游信息的到达强度用上游任务传递给下游任务的有效信息量代替，这样能更清晰地表达出任务间传递的有效信息对迭代返工时间的影响。

当任务个数为 $m(m \geqslant 3)$ 时，根据图 4.15 所示的执行过程可推得第 j 个迭代返工过程的迭代返工时间：

$$\Delta t_j = \int_{t_j}^{t_j+t_{j+1}} \frac{K+1}{I^2} t \mathrm{d}t \tag{4.62}$$

将式（4.60）代入式（4.62）可得

$$\Delta t_j = \int_{t_j}^{t_j+t_{j+1}} \left[\mathrm{e}^{\alpha} \left(\frac{\beta}{2(1+\gamma^{-1})} + \frac{1}{\beta} \right) + 1 \right] \frac{t \mathrm{d}t}{I^2} \tag{4.63}$$

则所有迭代返工过程的总迭代返工时间：

$$\Delta t = \sum_{j=1}^{m-1} \Delta t_j = \sum_{j=1}^{m-1} \int_{t_j}^{t_j+t_{j+1}} \left[\mathrm{e}^{\alpha} \left(\frac{\beta}{2(1+\gamma^{-1})} + \frac{1}{\beta} \right) + 1 \right] \frac{t \mathrm{d}t}{I^2} \tag{4.64}$$

2. 总执行时间模型的确定

根据图 4.15 描述的上、下游串行任务的执行过程和以上分析可知，m 个任务的总执行时间应为上游任务的独立执行时间与下游任务的独立执行时间之和再加上总迭代返工时间，即

$$T = \sum_{i=1}^{m} t_i + \Delta t = \sum_{i=1}^{m} t_i + \sum_{j=1}^{m-1} \Delta t_j \tag{4.65}$$

式中，j 的取值为 $1 \sim m-1$，表示的是由 m 个任务构成的串行迭代模型的迭代返工过程只有 $m-1$ 个。这是因为依次执行的前后两个任务间才会产生一个迭

代返工过程，因此由迭代返工过程产生的迭代返工时间 Δt_j 的个数为 $m-1$。

3. 信息不确定性对迭代返工时间影响的分析

分析式（4.62）表示的任意一个迭代返工过程的迭代返工时间 Δt_j，可知它是关于信息不确定度 K 的增函数，K 值越大，则 Δt_j 的值越大。为了分析信息不确定性对迭代返工时间的影响规律，只需要具体分析表征信息不确定度 K 的两个主要参数 α 和 β 对 Δt_j 的影响规律。将式（4.63）分别对 α 和 β 求一阶偏导数得

$$\frac{\partial \Delta t_j}{\partial \alpha} = \frac{1}{2}\mathrm{e}^{\alpha}\left(\frac{\beta}{2(1+\gamma^{-1})} + \frac{1}{\beta}\right)\frac{1}{I^2}(2t_j + t_{j+1})t_{j+1} \tag{4.66}$$

$$\frac{\partial \Delta t_j}{\partial \beta} = \frac{1}{2}\mathrm{e}^{\alpha}\left[\frac{1}{2(1+\gamma^{-1})} - \frac{1}{\beta^2}\right]\frac{1}{I^2}(2t_j + t_{j+1})t_{j+1} \tag{4.67}$$

对于式（4.66），因为参数 α、β 和 γ 均非负，则分析各参数的取值范围可得式（4.66）恒大于 0，因此无极值解，则迭代返工时间 Δt_j 是关于依赖关系指数 α 的增函数。α 值越大，则 K 值越大，Δt_j 的值也就越大。

令式（4.67）等于 0，得 $\beta = \pm\sqrt{2(1+\gamma^{-1})}$。由于 β 表示交流次数，为一正整数，所以 β 的取值为 $\beta = \sqrt{2(1+\gamma^{-1})}$。进一步分析可知，迭代返工时间函数 Δt_j 关于交流次数 β 的偏导数在 $\beta = [0, \sqrt{2(1+\gamma^{-1})}]$ 上恒小于 0，在 $\beta = [\sqrt{2(1+\gamma^{-1})}, +\infty]$ 上恒大于 0。因此迭代返工时间函数 Δt_j 在 $\beta = [0, \sqrt{2(1+\gamma^{-1})}]$ 上单调递减，在 $\beta = [\sqrt{2(1+\gamma^{-1})}, +\infty]$ 上单调递增。当交流次数 β 取值为 $\sqrt{2(1+\gamma^{-1})}$ 时，K 取得最小值，此时 Δt_j 也取得最小值。

定性分析式（4.63）可得，迭代返工时间随依赖关系呈指数函数关系增长，因此任务间的依赖关系对任务的迭代返工时间有很大的影响。根据式（4.67）分析的结果，上、下游设计人员间的交流次数应控制在 $\sqrt{2(1+\gamma^{-1})}$ 次，此时的迭代返工时间最短。这是因为交流也需要消耗一定的时间，过多的交流次数虽然有助于信息的传递，但增加了迭代返工时间。

4.3.3　实例分析

以某机械产品的开发项目为例。该开发项目主要包括两个任务：任务 A——中间壳铸造，任务 B——中间壳铸件模具开发，它们为上、下游串行任务，A 为上游任务，B 为下游任务。当任务 A 完成后，上游设计人员将任务完成情况以信息流的方式传递给下游设计人员，下游设计人员根据传递过来的信息情况开始任务 B 的执行。任务 A、B 的独立执行时间分别为 $t_A = 40$ d，$t_B =$

80 d。通常在任务 A 执行完成后，设计人员会按照经验进行 5 次协调会议，即预计交流次数 $\beta' = 5$。这两个任务都是关于中间壳的设计开发，有较强的依赖关系，依赖关系指数 $\alpha = 0.7$。执行这两个任务的开发团队对信息的处理能力较弱，信息处理能力 $\gamma = 0.2$。根据设计人员的经验，每次执行过程中的有效信息量 $I=8$。

根据式（4.60）可求得信息不确定度：

$$K' = e^{0.7} \times \left(\frac{5}{2 \times (1 + 0.2^{-1})} + \frac{1}{5} \right) \approx 1.24$$

根据式（4.64）可求得迭代返工时间：

$$\Delta t' = \Delta t_1 = \int_{40}^{40+80} \frac{1.24 + 1}{8^2} t\mathrm{d}t = \frac{1}{2} \times \frac{3}{800} \times [(40 + 80)^2 - 40^2] = 24(\mathrm{d})$$

根据式（4.65）可求得任务的总执行时间：

$$T' = t_A + t_B + \Delta t' = 40 + 80 + 24 = 144(\mathrm{d})$$

由式（4.67）分析的结果可知，交流次数为 $\beta = \sqrt{2(1 + \gamma^{-1})}$ 时，迭代返工时间取得最小值，此时总执行时间也是最短的。将 $\gamma = 0.2$ 代入上式得交流次数 $\beta = 3.46$ 次。因为 β 为正整数，则取 $\beta = 4$ 次，即上、下游设计人员进行 4 次交流。当 $\beta = 3.46$ 时，其他参数取值保持不变，同理可求出信息不确定度为 1.17，迭代返工时间为 17 d，任务总执行时间为 137 d。与按照经验进行 5 次交流计算的结果相比，信息不确定度减少了 6%，迭代返工时间减少了 29%，总执行时间减少了 5%。若采用适当的方法对这两个任务进行部分解耦，此时依赖关系指数降低为 0.3，其他参数取值保持不变，同理可求出信息不确定度为 1.15，迭代返工时间为 15 d，任务总执行时间为 135 d。与依赖关系指数 $\alpha = 0.7$ 计算的结果相比，信息不确定度、迭代返工时间、总执行时间分别减少了 7%、37.5%、6%。不同参数取值下的计算结果见表 4.5。

表 4.5　不同参数取值下的计算结果

序号	依赖关系指数 α	交流次数 β/次	信息不确定度 K	迭代返工时间 Δt/d	总执行时间 T/d
1	$\alpha = 0.7$	$\beta = \beta' = 5$	1.24	24	144
2	$\alpha = 0.7$	$\beta = \sqrt{2(1 + \gamma^{-1})} \approx 4$	1.17	17	137
3	$\alpha = 0.3$	$\beta = \beta' = 5$	1.15	15	135

以上数据表明，交流次数控制在 $\sqrt{2(1 + \gamma^{-1})}$ 次和减小依赖关系指数可以降低信息不确定性，从而缩短任务执行过程中的迭代返工时间和任务的总执

行时间。

小结：通过对上、下游串行任务执行过程的分析，可知任务间的依赖关系和设计人员的交流能力是造成信息不确定性的主要原因。通过对迭代返工时间函数的分析得出了依赖关系指数和交流次数对迭代返工时间的影响规律，并结合示例验证了减少任务间的依赖关系指数和采用一定的交流次数可以降低信息不确定性，从而缩短串行迭代模型中任务的迭代返工时间，进而达到缩短任务的总执行时间、提高产品开发效率的目的。本节的研究可为产品开发提供一定的指导参考。

4.4　资源分配不确定条件下耦合集求解模型

4.4.1　资源分配不确定性的描述

资源是影响产品开发过程的重要因素，其中人力资源、加工设备等由于具有可再生、可追加等特性，将其进行合理的分配能有效缩短项目完成时间。然而，资源分配方式往往具有很大的不确定性，这是由任务执行工期的不确定性和任务输出分支的不确定性造成的。在资源量有限的情况下，资源分配过少的任务由于无法顺利执行，且其他任务与该任务又存在关联关系，从而导致了其他任务对该任务进行迭代返工。对于并行开发过程，执行时间最长的那项任务最终决定了整个开发过程的完成时间。资源分配过少的任务由于进行了迭代返工，因而增加了任务执行时间，最终导致了整个开发周期的冗长。由此可知，按经验分配资源是导致资源分配不确定性的重要原因，这种资源分配方式通过造成任务间的迭代返工从而延长了整个开发过程的完成时间。目前国内外很多学者针对项目内部交互因素中的资源分配不确定性进行了研究，并取得了相应成果。例如，肖人彬等[36]提出了一种基于资源均衡策略的求解模型，解决了由于资源分配不均引起的资源闲置问题；Lombardi 和 Milano[37]应用跨学科调查的方法来优化资源的调度与分配问题；陈卫明等[38]建立了动态环境下基于混合迭代的耦合集求解模型，分析了资源分配的不确定性对产品开发周期和成本的影响；李晓亚[39]提出了一种基于数据包络分析方法的额外资源分配模型，该模型通过综合考虑规模和效率两个因素使得资源分配更具客观性；项前等[40]针对资源约束项目组合优化的难题，提出一种改进的动态差分进化参数控制及双向调度算法，提高了算法的收敛性和寻优能力；Altisen 等[41]提出了一种资源配置的算法来解决并行资源分配的问题。

本节在分析并行迭代时间模型的基础上，首先构建资源分配不确定条件下的并行迭代时间优化模型。再通过引入层次分析法，得到改进的资源分配不确定条件下并行迭代时间优化模型。最后结合产品开发过程实例应用，通过比较分析两种模型下资源分配不确定条件对并行耦合迭代时间的影响，从而验证改进的优化模型的有效性。

4.4.2 并行迭代时间模型的确定

对于任务数为 n 的产品设计与开发过程，根据参考文献［25，42］，并行迭代耦合任务集总工作量模型为

$$\boldsymbol{U} = \boldsymbol{ZS}\left(\lim_{M\to\infty}\sum_{m=0}^{M}\boldsymbol{\Lambda}^{m}\right)\boldsymbol{S}^{-1}\boldsymbol{u}_0 \tag{4.68}$$

式中，$\boldsymbol{U}$ 为所有任务的总工作量矩阵（$n\times1$ 阶）；$\boldsymbol{Z}$ 为每项任务所对应工作量矩阵的对角阵（$n\times n$ 阶）；M 代表耦合集总的迭代次数；m 为耦合集当前的迭代次数；$\boldsymbol{\Lambda}$ 是工作转移矩阵 $\boldsymbol{W}$ 的特征值矩阵（$1\times n$ 阶）；$\boldsymbol{S}$ 是矩阵 $\boldsymbol{W}$ 的特征向量矩阵（$n\times1$ 阶）；$\boldsymbol{u}_0$是元素全为数字 1 的 $n\times1$ 维的初始工作向量。

当矩阵 $\boldsymbol{Z}$ 的最大特征值 $\lambda_{\max} < 1$ 时，并行耦合迭代过程是收敛的[42]，则有 $\lim_{M\to\infty}\left(\sum_{m=0}^{M}\boldsymbol{\Lambda}^{m}\right) = (\boldsymbol{I}-\boldsymbol{\Lambda})^{-1}$，代入式（4.68）中可得

$$\boldsymbol{U} = \boldsymbol{ZS}\,(\boldsymbol{I}-\boldsymbol{\Lambda})^{-1}\boldsymbol{S}^{-1}\boldsymbol{u}_0 \tag{4.69}$$

式中，$\boldsymbol{I}$ 为单位矩阵。

耦合集并行迭代模型中，任务的工作量并不是单一地以任务的完成时间表示，该工作量综合考虑了产品开发所用的时间 $\boldsymbol{T}$ 和资源量 $\boldsymbol{A}^{(k)}$，任务的工作量可表示为这两者的乘积[43]，即

$$\boldsymbol{U} = \boldsymbol{A}^{(k)}\boldsymbol{T} \tag{4.70}$$

在产品设计与开发过程中，根据以往经验可知每个设计任务的工作量是一定的，由式（4.69）可知，在资源量分配不同的情况下，各任务的完成时间是不同的。而要完成某个设计任务，其需要的人力资源通常不止一类。假设某产品设计开发需要 q 类人力资源，其任务都是并行执行，则在需要第 k 类人力资源的任务执行下，由式（4.69）、式（4.70）可得整个任务小组的并行迭代时间为

$$\boldsymbol{T}^{(k)} = [\boldsymbol{A}^{(k)}]^{-1}\boldsymbol{U} = [\boldsymbol{A}^{(k)}]^{-1}\boldsymbol{ZS}\,(\boldsymbol{I}-\boldsymbol{\Lambda})^{-1}\boldsymbol{S}^{-1}\boldsymbol{u}_0 \tag{4.71}$$

式中，$\boldsymbol{T}^{(k)}$ 为 n 维列向量，即 $\boldsymbol{T}^{(k)} = (t_1^{(k)},\ t_2^{(k)},\ \cdots,\ t_n^{(k)})^{\mathrm{T}}$，$k = 1,\ 2,\ \cdots,\ q$；其元素 $t_j^{(k)}$ 表示在第 k 类资源的执行下任务 $j(j=1,\ 2,\ \cdots,\ n)$ 所消耗的时

间；资源分配矩阵 $\boldsymbol{A}^{(k)} = \mathrm{diag}(r_1^{(k)}, r_2^{(k)}, \cdots, r_n^{(k)})$，其对角元素 $r_j^{(k)}$ 表示第 k 类资源分配给 j 任务的资源量。

式（4.71）也表示 $\boldsymbol{T}^{(k)}$ 为 $\boldsymbol{A}^{(k)}$ 的函数，即

$$\boldsymbol{T}^{(k)} = f(\boldsymbol{A}^{(k)}) \tag{4.72}$$

若耦合任务集需要的人力资源种类数为 q，由于整个并行开发过程任务都是并行执行的，则执行时间最长的那类人力资源最终决定了整个开发过程的完成时间，那么整个并行开发过程的完成时间为

$$T = \max\,(f(\boldsymbol{A}^{(k)}))^{\mathrm{T}} \tag{4.73}$$

式中，$(f(\boldsymbol{A}^{(k)}))^{\mathrm{T}}$ 是 $f(\boldsymbol{A}^{(k)})$ 的转置。

4.4.3　资源分配层次结构模型与资源分配矩阵的确定

耦合任务集中资源分配的目的是将各类资源合理地分配给各任务，因此将分配资源设置为目标层；资源分配的原则是按任务对资源的需求程度进行资源分配，因此将各任务设置为准则层；因为对于每一个任务有多种资源可供选择，所以将各资源设置为方案层。针对资源分配问题，运用层次分析法，以分配资源为目标层，以各任务为准则层，以任务所需的各种资源为方案层，则耦合任务集的资源分配层次结构模型如图 4.16 所示。

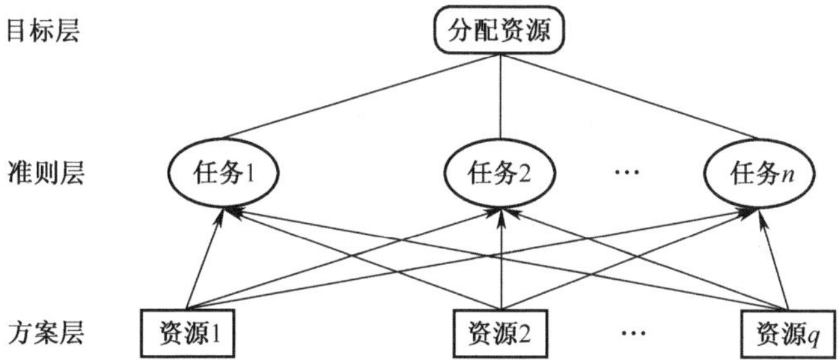

图 4.16　资源分配层次结构模型

由图 4.16 可知，资源分配的策略是将每类资源逐一分配给多个任务，并不是同时将多类资源分配给多个任务，即资源与任务间是一对多的关系，并不是多对多的关系。在这个过程中，资源与资源间可看作是相对孤立的，每次对某一类资源进行分配时，可以不考虑其他类资源的影响，即不需要考虑资源间是否存在重要度不同的问题，需要考虑的是多个任务间需求度不同的问题。因此在资源分配的过程中，要比较得出各任务对每类资源相对需求程度的权重比。

耦合任务集中的不同任务对同一资源的相对需求程度一般是不同的。为区分和量化不同任务对同一资源的相对需求程度，用数字标度 1～9 表示两个任务对同一资源相对需求程度的权重比[44]，其具体含义如表 4.6 所示。

表 4.6　两任务对同一资源相对需求程度的权重比

权重比	含　　义
1	两个任务对同一资源的需求程度相同
3	两个任务对同一资源的需求程度一个比另一个稍微需要
5	两个任务对同一资源的需求程度一个比另一个明显需要
7	两个任务对同一资源的需求程度一个比另一个强烈需要
9	两个任务对同一资源的需求程度一个比另一个极端需要
2，4，6，8	上述两相邻需求程度的中值
倒数	若任务 i 与任务 j 相比得 a_{ij}，则任务 j 与任务 i 相比得 $a_{ji}=1/a_{ij}$

表 4.6 中，权重比的值越大，表示进行比较的两个任务对同一资源的需求程度的差距越大，即被比较的任务比要比较的任务更加需求此类资源。权重比为“倒数”表示的是两个任务反过来进行比较的结果，如任务甲对资源 k 的需求程度是任务乙的 3 倍，那么反过来任务乙对资源 k 的需求程度就是任务甲的 1/3。

为规避个人主观性对需求度比较过程中的影响，采用专家群体评价法[45]。对于同一资源，由多名专家将耦合任务集中的各任务按需求程度进行两两比较，比较得出的结果用表 4.6 中对应的权重比值表示，并分别将每两个任务的多个权重比值进行加权平均。若加权平均后的值在表 4.6 中没有能对应表示，则取表中与该值最接近的值，再按照一定的规则将加权平均后的权重比值排列起来构成资源分配矩阵。对于由 n 个任务构成的耦合设计任务集，其资源需求种类数为 q，需要将 q 类资源分配给 n 个任务。那么对于每一类资源，应构造与之对应的资源分配矩阵，则资源分配矩阵的个数等于资源的种类数。用矩阵 $\boldsymbol{D}^{(k)}$ 来表示资源 k 的分配矩阵，根据图 4.16 所示模型和表 4.6 所示权重比，矩阵 $\boldsymbol{D}^{(k)}$ 表示如下：

$$\boldsymbol{D}^{(k)}=\begin{bmatrix} 1 & d_{12}^{(k)} & \cdots & d_{1n}^{(k)} \\ d_{21}^{(k)} & 1 & \cdots & d_{2n}^{(k)} \\ \vdots & \vdots & & \vdots \\ d_{n1}^{(k)} & d_{n2}^{(k)} & \cdots & 1 \end{bmatrix}(k=1,\ 2,\ \cdots,\ q)$$

式中，矩阵 $\boldsymbol{D}^{(k)}$ 为维数等于耦合任务集中任务数的 n 维方阵，其元素表示耦合任务集中各任务对资源 k 的需求程度进行两两比较所得的权重比，如 $d_{ij}^{(k)}$ 表示对于资源 k，任务 i 的需求程度与任务 j 的需求程度进行比较所得的权重比；矩阵 $\boldsymbol{D}^{(k)}$ 的对角线元素表示对于资源 k，各任务进行自比较所得的权重比，因此全为 1；以主对角线元素为界，上三角元素与下三角元素互为倒数，即有 $d_{ij}^{(k)} \times d_{ji}^{(k)} = 1$。

4.4.4　并行迭代时间优化模型的构建

1. 模型的构建

在资源分配不确定条件下，管理者一般分配给各任务的资源量最大值为总资源量的平均值，使得资源量矩阵 $\boldsymbol{A}^{(k)}$ 中的各元素具有了各自的取值范围。若产品设计过程中所能提供的第 k 类资源的总资源量为 $r^{(k)}$，那么 n 个设计任务分别得到的资源量取值范围为 $0 \sim r^{(k)}/n$，即资源分配不确定条件下并行迭代时间优化模型的资源约束条件为

$$0 < r_j^{(k)} \leqslant \frac{1}{n} r^{(k)} (k = 1,\ 2,\ \cdots,\ q;\ j = 1,\ 2,\ \cdots,\ n) \tag{4.74}$$

由于在产品并行开发过程中，各任务间是并行迭代的关系，执行时间最长的那项子任务决定了整个任务小组的完成时间，因此优化模型应该以耦合任务集中执行时间最长的那项子任务的完成时间最短为目标，则资源分配不确定条件下并行迭代时间优化模型的目标函数为

$$F = \min(\max(f(\boldsymbol{A}^{(k)}))^{\mathrm{T}}) \tag{4.75}$$

根据以上分析和式（4.74）、式（4.75）可以得到资源分配不确定条件下并行迭代时间优化模型：

$$\begin{cases} f(\boldsymbol{A}^{(k)}) = [(\boldsymbol{A}^{(k)})]^{-1} \boldsymbol{ZS}(\boldsymbol{I} - \boldsymbol{\Lambda})^{-1} \boldsymbol{S}^{-1} \boldsymbol{u}_0 \\ \text{object: } F = \min(\max(f(\boldsymbol{A}^{(k)}))^{\mathrm{T}}) \\ \text{s.t.: } 0 < r_j^{(k)} \leqslant \dfrac{1}{n} r^{(k)} \end{cases} \tag{4.76}$$

2. 模型的改进

若耦合任务集中的任务数为 n，其需要 q 类资源，针对资源分配矩阵 $\boldsymbol{A}^{(k)}$ 中的每一个元素 r_j，通过层次分析法得出 n 个任务应分配所得 q 类资源的最大资源量，从而确定 r_j 的取值范围。当 r_j 具有各自的取值范围后，其集合构成了并行迭代时间优化模型的资源约束条件。基于层次分析法确定资源分配权重的方法[46]，确定资源约束条件的具体流程可用图 4.17 表示。

由图 4.17 可知，在每两个任务对同一资源需求度权重比的判定过程中，

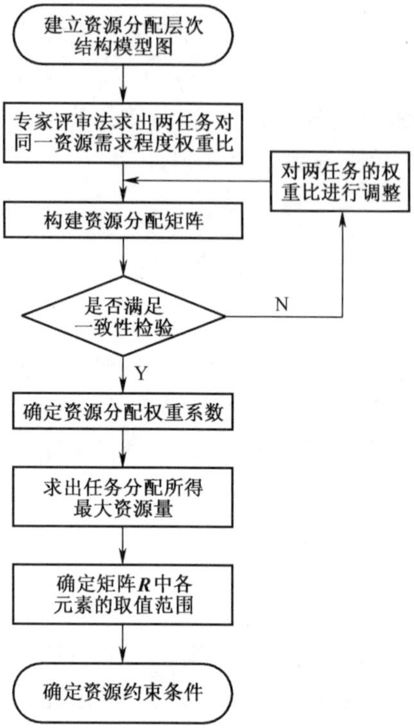

图 4.17　层次分析法确定资源约束条件的具体流程

由于是按任务对资源的最大需求程度进行比较的，因此最终得到的某任务对某类资源的需求量为最大资源需求量。在资源分配的过程中，通常是以尽可能少的资源完成尽可能多的任务，即以不造成资源浪费为原则，因此按照图 4.17 得到的资源分配矩阵 $\boldsymbol{A}^{(k)}$ 中的各元素并不是一个准确值，即存在一个取值范围，该取值应小于等于最大资源需求量。由以上分析可得在第 k 类资源执行过程中，并行迭代时间优化模型的约束条件变为

$$\begin{cases} 0 < r_j^{(k)} \leqslant \max(r_j^{(k)}) \\ 0 < \sum\limits_{j=1}^{n} r_j^{(k)} \leqslant r^{(k)} \end{cases}, \quad k = 1, 2, \cdots, q; \ j = 1, 2, \cdots, n \tag{4.77}$$

式中，$\max(r_j^{(k)})$ 表示运用层次分析法，将第 k 类资源分配给任务 j 的最大资源量，因此任务 j 应分配所得资源 k 的数量 $r_j^{(k)}$ 应不大于 $\max(r_j^{(k)})$；$r^{(k)}$ 表示所提供的资源 k 的最大量，因此分配给各任务的资源量之和应不大于 $r^{(k)}$，则改进的资源分配不确定条件下并行迭代时间优化模型为

$$\begin{cases}\text{find: } f(\boldsymbol{A}^{(k)}) = [(\boldsymbol{A}^{(k)})]^{-1}\boldsymbol{ZS}(\boldsymbol{I}-\boldsymbol{\Lambda})^{-1}\boldsymbol{S}^{-1}\boldsymbol{u}_0 \\ \text{object: } F = \min(\max(f(\boldsymbol{A}^{(k)}))^{\mathrm{T}}) \\ \text{s.t.: } 0 < r_j^{(k)} \leqslant \max(r_j^{(k)}),\ 0 < \sum\limits_{j=1}^{n} r_j^{(k)} \leqslant r^{(k)} \end{cases} \tag{4.78}$$

4.4.5 实例分析

以某门座起重机变幅系统开发过程[27]为例，该设计项目包含多个设计任务，选取象鼻梁设计（D_1）、臂架设计（D_2）、变幅电动机设计（D_3）、对重设计（D_4）、变幅传动方案设计（D_5）5 个设计任务来研究资源分配的不确定性对并行迭代时间的影响。经简化后的设计任务耦合信息如图 4.18 所示。

		D_1	D_2	D_3	D_4	D_5
象鼻梁设计	D_1	11	0.3			
臂架设计	D_2	0.2	13			0.1
变幅电动机设计	D_3		0.3	14		0.3
对重设计	D_4		0.2	0.3	22	0.1
变幅传动方案设计	D_5			0.2	0.2	10

图 4.18　经简化后的设计任务耦合信息

由图 4.18 可得任务返工矩阵 $\boldsymbol{R}$ 和初始工作量矩阵 $\boldsymbol{Z}$ 分别为

$$\boldsymbol{R} = \begin{bmatrix} 0 & 0.3 & 0 & 0 & 0 \\ 0.2 & 0 & 0 & 0 & 0.1 \\ 0 & 0.3 & 0 & 0 & 0.3 \\ 0 & 0.2 & 0.3 & 0 & 0.1 \\ 0 & 0 & 0.2 & 0.2 & 0 \end{bmatrix} \tag{4.79}$$

$$\boldsymbol{Z} = \mathrm{diag}(11,\ 13,\ 14,\ 22,\ 10) \tag{4.80}$$

针对这 5 个任务组成的耦合任务集，由于该设计任务牵涉多个学科，需要机械工程师 $r^{(1)}$、机电工程师 $r^{(2)}$ 和结构工程师 $r^{(3)}$ 这 3 种人力资源才能使耦合任务集中的所有任务顺利执行。现在设定这 3 种资源的最大供应量分别为 $r^{(1)} = 15$ 人，$r^{(2)} = 20$ 人，$r^{(3)} = 10$ 人，根据式（4.75）、式（4.78）、式（4.79），并应用 MATLAB 软件计算，可得到各资源分配不确定条件下的并行迭代工作时间 T 的优化结果，如表 4.7 所示。

表 4.7 资源分配不确定条件下优化 T 的收敛值

资源类型	机械工程师	机电工程师	结构工程师
优化时间 T 收敛值/d	16.4972	12.3724	24.7449

由于各资源在执行各任务时，均采用并行执行的方式，则执行时间最长的那类资源的完成时间为整个开发过程的最终完成时间，即整个开发过程的完成时间为 24.7449 d。

为研究资源分配的不确定性对并行迭代时间的影响，根据图 4.17 所示的流程，运用层次分析法，建立这 3 种资源的资源分配层次结构模型，如图 4.19 所示。结合参考文献［45］中的专家群体评价法，分别针对以上 3 种资源，由 5 名专家将耦合任务集中的各任务按最大需求程度进行两两比较，确定 5 个任务分别对 3 种资源最大需求程度的权重比，从而得到机械工程师资源的分配矩阵 $\boldsymbol{A}^{(1)}$、机电工程师资源的分配矩阵 $\boldsymbol{A}^{(2)}$、结构工程师资源的分配矩阵 $\boldsymbol{A}^{(3)}$。3 种资源分配矩阵分别如下（矩阵中数值为需求程度的比值）：

$$\boldsymbol{A}^{(1)}=\begin{bmatrix}1 & 1 & 8 & 7 & 9\\ 1 & 1 & 8 & 6 & 8\\ 1/8 & 1/8 & 1 & 1/7 & 2\\ 1/7 & 1/6 & 7 & 1 & 7\\ 1/9 & 1/8 & 1/2 & 1/7 & 1\end{bmatrix};\ \boldsymbol{A}^{(2)}=\begin{bmatrix}1 & 1 & 1/8 & 1/5 & 1/7\\ 1 & 1 & 1/7 & 1/3 & 1/6\\ 8 & 7 & 1 & 6 & 2\\ 5 & 3 & 1/6 & 1 & 8\\ 7 & 6 & 1/2 & 1/8 & 1\end{bmatrix};$$

$$\boldsymbol{A}^{(3)}=\begin{bmatrix}1 & 1 & 1/6 & 1/5 & 8\\ 1 & 1 & 1/3 & 1/2 & 9\\ 6 & 3 & 1 & 4 & 5\\ 5 & 2 & 1/4 & 1 & 7\\ 1/8 & 1/9 & 1/5 & 1/7 & 1\end{bmatrix}$$

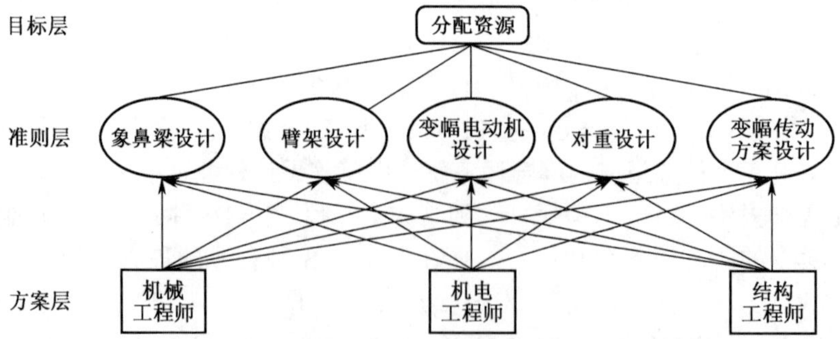

图 4.19 3 种资源的资源分配层次结构模型

由参考文献［46］，分别对矩阵 $\boldsymbol{A}^{(1)}$，$\boldsymbol{A}^{(2)}$，$\boldsymbol{A}^{(3)}$ 求解得出其对应的最大特征值 $\lambda_{\max}^{(1)}=5.3460$，$\lambda_{\max}^{(2)}=5.3210$，$\lambda_{\max}^{(3)}=5.4142$，其对应的特征向量分别为 $\boldsymbol{X}^{(1)}=(0.3013,\ 0.4653,\ 0.3416,\ 0.7657,\ 0.4262)^{\mathrm{T}}$，$\boldsymbol{X}^{(2)}=(0.1913,\ 0.2191,\ 0.3846,\ 0.2804,\ 0.1162)^{\mathrm{T}}$，$\boldsymbol{X}^{(3)}=(0.1322,\ 0.2798,\ 0.4504,\ 0.5347,\ 0.2061)^{\mathrm{T}}$。为统一量度，将 $\boldsymbol{X}^{(1)}$，$\boldsymbol{X}^{(2)}$，$\boldsymbol{X}^{(3)}$ 分别归一化，得到3种资源的权重分配向量分别为 $\boldsymbol{X}^{(1)\prime}=(0.1310,\ 0.2023,\ 0.1485,\ 0.3329,\ 0.1853)^{\mathrm{T}}$，$\boldsymbol{X}^{(2)\prime}=(0.1594,\ 0.1826,\ 0.3205,\ 0.2337,\ 0.0968)^{\mathrm{T}}$，$\boldsymbol{X}^{(3)\prime}=(0.0806,\ 0.1749,\ 0.2815,\ 0.3342,\ 0.1288)^{\mathrm{T}}$。

根据参考文献［47］中判定资源分配矩阵一致性的标准，以上构造的资源分配矩阵的一致性检验符合要求，故不需要对权重比进行重新调整。

由于分配的资源均为人力资源（单位为人），则根据以上权重向量分配后的资源量应取整数，即耦合任务集中的5个任务应分配所得机械工程师、机电工程师和结构工程师3种资源的最大资源量向量分别为 $\boldsymbol{A}_{\max}^{(1)}=15\boldsymbol{X}^{(1)\prime}=(2,\ 3,\ 2,\ 5,\ 3)^{\mathrm{T}}$，$\boldsymbol{A}_{\max}^{(2)}=20\boldsymbol{X}^{(2)\prime}=(3,\ 4,\ 6,\ 5,\ 2)^{\mathrm{T}}$，$\boldsymbol{A}_{\max}^{(3)}=10\boldsymbol{X}^{(3)\prime}=(1,\ 2,\ 3,\ 3,\ 1)^{\mathrm{T}}$。由此可得矩阵 $\boldsymbol{A}^{(1)}$，$\boldsymbol{A}^{(2)}$，$\boldsymbol{A}^{(3)}$ 中各元素的资源量取值范围为

$$\{0<r_1^{(1)}\leqslant 2,\ 0<r_2^{(1)}\leqslant 3,\ 0<r_3^{(1)}\leqslant 2,\ 0<r_4^{(1)}\leqslant 5,\ 0<r_5^{(1)}\leqslant 3\} \tag{4.81}$$

$$\{0<r_1^{(2)}\leqslant 3,\ 0<r_2^{(2)}\leqslant 4,\ 0<r_3^{(2)}\leqslant 6,\ 0<r_4^{(2)}\leqslant 5,\ 0<r_5^{(2)}\leqslant 2\} \tag{4.82}$$

$$\{0<r_1^{(3)}\leqslant 1,\ 0<r_2^{(3)}\leqslant 2,\ 0<r_3^{(3)}\leqslant 3,\ 0<r_4^{(3)}\leqslant 3,\ 0<r_5^{(3)}\leqslant 1\} \tag{4.83}$$

将式（4.79）、式（4.80）代入式（4.78），并结合式（4.81）~式（4.83），应用MATLAB软件，可得到如图4.20所示的改进后各资源分配不确定条件下的并行迭代工作时间 T 的优化结果。

从图4.20可以看出，改进后各人力资源工作时间 T 都是收敛的。图4.20（a）、（b）、（c）分别表示机械工程师资源分配下，耦合任务集的工作时间 T 收敛于10.4110 d；机电工程师资源分配下，耦合任务集的工作时间 T 收敛于8.0987 d；结构工程师资源分配下，耦合任务集的工作时间 T 收敛于16.0315 d。根据式（4.72），执行时间最长的那项人力资源即结构工程师决定了整个开发过程的完成时间，即整个开发过程的最终完成时间为16.0315 d。表4.8所示为对图4.20和表4.7中数据的对比分析。

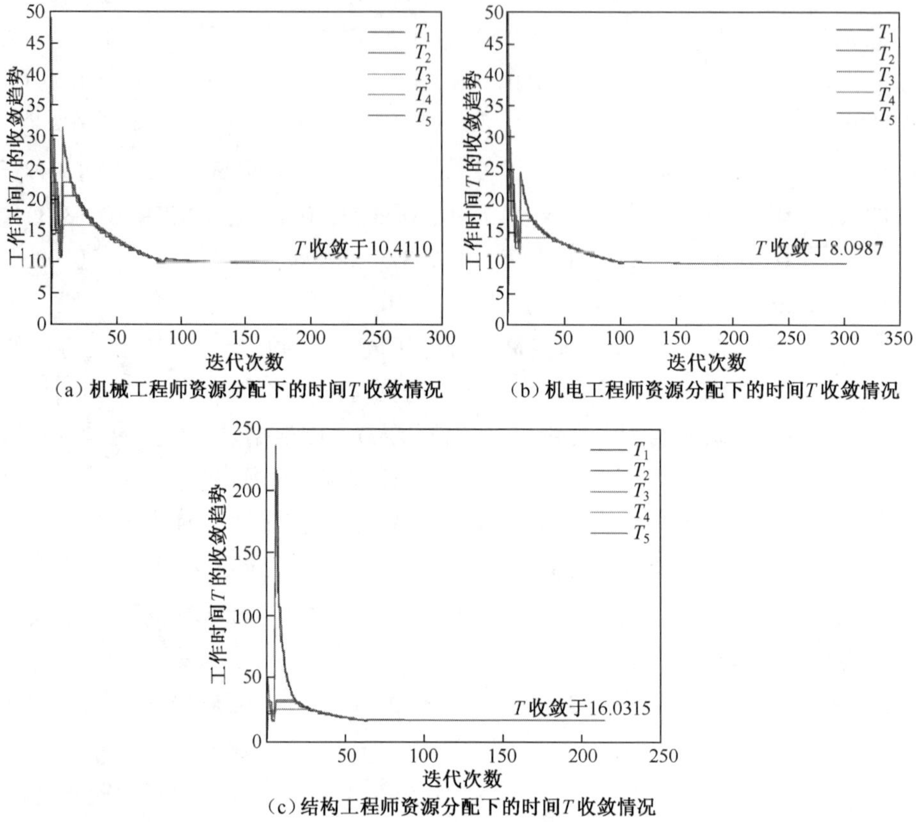

图 4.20　改进后各人力资源分配不确定条件下的时间 T 收敛情况

表 4.8　改进前后并行迭代时间优化模型下耦合集完工时间 T 的对比

完工时间	资源分配不确定条件下并行迭代时间优化模型	改进后资源分配不确定条件下并行迭代时间优化模型	时间缩短率/%
机械工程师完成时间	16. 4972 d	10. 4110 d	36. 89
机电工程师完成时间	12. 3724 d	8. 0987 d	34. 54
结构工程师完成时间	24. 7449 d	16. 0315 d	35. 21
最终完成时间	24. 7449 d	16. 0315 d	35. 21

从表4.8可以看出，模型改进后资源分配不确定条件下的任务完工时间均比模型改进前任务的完工时间要短。

小结：产品开发过程中资源分配的不确定性会导致耦合任务集迭代时间的延长，不利于资源利用率的提高。将层次分析法应用于耦合任务集的资源分配中，根据各个任务对同类资源的需求权重比来确定各个任务对每一类资源的权重，可以优化由经验来调配资源的不确定性，从而缩短资源分配不确定条件下并行迭代耦合任务集的执行时间。本节的研究为优化产品设计与开发中资源分配和降低产品设计与开发时间成本提供了一种参考。

参考文献

[1] 米洁．基于不确定性的复杂产品开发迭代过程优化设计［J］．计算机集成制造系统，2009，15（2）：222-225.

[2] 王越．不确定环境下生产计划和调度的研究［D］．杭州：浙江大学，2016.

[3] LIU H T. Product design and selection using fuzzy QFD and fuzzy MCDM approaches [J]. Applied Tathematical Modelling，2011（35）：482-496.

[4] 田启华，祝威，梅月媛，等．基于模糊理论的并行耦合设计任务工期优化［J］．制造技术与机床，2018（11）：132-136.

[5] 申泽，张斌，聂书法．基于模糊理论的产品设计DNA分析辅助设计系统开发［J］．机械设计，2013，30（8）：102-105.

[6] 田启华，黄超，梅月媛，等．考虑信息不确定性的串行迭代时间模型的研究［J］．机械设计与制造，2017（9）：124-127.

[7] 陈庭贵，肖人彬．基于内部迭代的耦合任务集求解方法［J］．计算机集成制造系统，2008，14（12）：2375-2383.

[8] 杨丽，王宇辉，徐扬．双重不确定性信息的代数结构及运算［J］．模糊系统与数学，2013，27（5）：55-61.

[9] 刘建刚，唐敦兵，杨春．基于设计结构矩阵的耦合任务迭代重叠建模和分析［J］．计算机集成制造系统，2009，9（6）：1715-1720.

[10] 王志亮，张友良．耦合任务的重叠执行问题研究［J］．计算机集成制造系统，2006，12（6）：947-954.

[11] GOKPINAR B，HOPP W J，IAVANI S M R. The impact of misalignment of organizational structure and product architecture on quality in complex product development [J]. Management Science，2010，56（3）：468-484.

[12] 刘合香．模糊数学理论及其应用［M］．北京：科学出版社，2012.

[13] 周培烽，周会会．基于区间数的不确定多属性决策模型及实例分析［J］．现代信息科技，2019，3（3）：15-17.

[14] 覃小莉，AHMED K，张琛，等．关于区间数绝对值运算的几个结果［J］．纺织高校基

础科学学报，2019，32（3）：298-306.

[15] JIANG C, HANA X, LIU G P. A Nonlinear interval number programming method for uncertain optimization problems [J]. European Journal of Operational Research, 2008, 188 (1): 1-13.

[16] 肖峻，张跃，付川．基于可能度的区间数排序方法比较［J］．天津大学学报，2011，44（8）:705-711.

[17] 田启华，梅月媛，王涛，等．产品开发中任务工期不确定条件下耦合集求解模型分析［J］．机械设计与研究，2018，34（1）：172-176.

[18] 吴巍，汪可友，韩蓓，等．基于 Pair Copula 的随机潮流三点估计法［J］．电工技术学报，2015，9：121-128.

[19] 武照云．复杂产品开发过程规划理论与方法研究［D］．合肥：合肥工业大学，2009.

[20] 相雯雯．不确定条件下资源受限项目组合选择与调度问题研究［D］．杭州：浙江大学，2015.

[21] 张永健，钟诗胜，王体春．不确定环境下产品设计项目过程执行仿真［J］．计算机集成制造系统，2012，18（2）：269-275.

[22] 田启华，梅月媛，杜义贤，等．考虑学习效应的并行耦合设计任务分配多目标优化［J］．机械设计与研究，2017，33（4）：94-98，102.

[23] 王丹．左右型模糊数排序［D］．北京：华北电力大学，2013.

[24] 徐路宁，张和明，张永康．协同设计中基于 DSM 过程重构的研究［J］．中国工程科学，2006，8（5）：52-57.

[25] XIAO R B, CHEN T G, CHEN W M. A new approach to solving coupled task sets based on resource balance strategy in product development [J]. International Journal of Materials and Product Technology, 2010, 39 (3-4): 251-270.

[26] 程贤福．公理设计应用研究及其与稳健设计的集成［D］．武汉：华中科技大学，2007.

[27] 徐雪松，胡吉全．基于混合神经网络的门座起重机变幅机构参数优化设计［J］．机械工程学报，2005，4：220-224.

[28] 陈勇．基于设计结构矩阵的服务交互及应用研究［D］．广州：华南理工大学，2015.

[29] KEARFOTT R B. Introduction to interval analysis [M]. Society for Industrial and Applied Mathematics, 2009.

[30] 李小刚．基于不确定性的产品关键结构力学性能优化技术及其典型应用［D］．杭州：浙江大学，2013.

[31] 田启华，明文豪，杜轩，等．工期不确定下产品开发任务调度的多目标优化［J］．机械设计与研究，2019，35（6）：157-162.

[32] 黄俊，袁军堂，汪振华．基于 NSGA-Ⅱ算法的双驱动进给系统结构优化［J］．中国机械工程，2016，27（24）：3294-3300.

[33] 钱晓明．面向并行工程的产品开发过程关键技术研究［D］．南京：南京航空航天大

学，2005.

［34］陈勇，姚锡凡．基于设计结构矩阵的服务关联规划［J］．机械设计与制造，2015，7：251-253.

［35］AHMADI R，THOMAS A，WANG R H. Structuring product development process［J］. European Journal of Operation Research，2001，130（3）：539-558.

［36］肖人彬，周锐，陈庭贵．基于资源均衡策略的耦合任务集求解方法研究［C］．中国系统工程学会第 15 届年会论文集．上海：上海系统科学出版社，2008：629-636.

［37］LOMBARDI M，MILANO M. Optimal methods for resource allocation and scheduling：across-disciplinary survey［J］. Kluwer Academic Publishers，2012，17（1）：51-85.

［38］陈卫明，陈庭贵，肖人彬．动态环境下基于混合迭代的耦合集求解方法［J］．计算机集成制造系统，2010，16（2）：271-279，309.

［39］李晓亚．基于 DEA 方法的额外资源分配算法［J］．系统工程学报，2007，22（1）：57-61.

［40］项前，周亚云，吕志军．资源约束项目的改进差分进化参数控制及双向调度算法［J］．自动化学报，2020，46（2）：283-293.

［41］ALTISEN K，DEVISMES S，DURAND A. Concurrency in snap-stabilizing local resource allocation［J］. Networked Systems，2017，102（8）：42-56.

［42］肖人彬，陈庭贵，程贤福，等．复杂产品的解耦设计与开发［M］．北京：科学出版社，2020.

［43］田启华，王涛，杜义贤，等．资源最优化配置下二阶段迭代模型求解方法研究［J］．机械设计，2017，34（11）：57-62.

［44］张文宇，马月，陈星，等．基于粗糙集与结合的属性权重确定方法［J］．测控技术，2013，32（10）：125-128.

［45］邓宝．基于组合赋权法的指标权重确定方法研究与应用［J］．电子信息对抗技术，2016，31（1）：12-16.

［46］田启华，黄超，于海东，等．基于 AHP 的耦合任务集资源分配权重确定方法［J］．计算机工程与应用，2018，54（21）：25-30，94.

［47］邓丽，陈波，余惰怀．基于层次灰色关联分析的舱室内环境 HRA 评价［J］．计算机工程与应用，2016，52（1）：260-265.

第5章 设计人员学习与交流能力对产品设计与开发活动的影响

在产品设计与开发中，设计活动从流程看可分为上游活动与下游活动，设计人员的学习能力、交流能力存在差别并不断变化。为了研究设计人员的学习与交流能力对产品设计与开发活动的影响，需要研究设计人员学习与交流能力对上游设计活动、下游设计活动、上游与下游设计活动间信息交流等方面的影响。

5.1 引　　言

在市场竞争日益激烈的今天，企业为获得更高的产品利润，必须设法缩短产品开发时间，降低产品开发成本。在实际的产品开发过程中，产品的开发时间以及开发成本在很大程度上是由包括设计人员的学习与交流能力在内的设计能力所决定的。研究发现，设计人员的学习与交流能力越强，在产品开发过程中的知识积累越迅速，产品开发速度越快，设计活动间的信息交流越充分，而知识累计速度、产品开发速度以及信息交流都是产品开发的关键因素，所以设计人员学习与交流能力是影响产品开发的重要因素。产品开发中的设计活动按其执行时间的先后可以分为上游设计活动、下游设计活动以及上、下游设计活动间的信息交流3个阶段，在产品开发中，设计人员的学习与交流能力对上、下游设计活动和设计活动间的信息交流都会有影响。

迄今，一些研究人员对设计人员的学习与交流能力进行了研究。例如，徐亮亮等[1]研究了在产品开发过程中影响产品开发的相关因素及其影响原理，并阐述了设计需求和方案求解协同演化创新设计方法的逻辑过程；贾军和张卓[2]提出并行产品设计人员的学习能力越强，则开发时间会越短，所以在计算产品开发时间时必须考虑设计人员的学习能力，并给出了设计人员学习能力的数学表达式；Gokpinar 等[3]研究了在并行产品开发中，设计人员交流次数越多，产品开发成本越高，同时对产品开发的效率有显著影响，因此设计人员信息交流带来的影响不能忽略；王娟茹和罗玲[4]也研究了知识共享行为、创新和复杂产品开发绩效的问题，研究表明开发团队的交流能力对制造业复杂产品的开发成本有影响。

从产品开发过程来看，设计人员的学习与交流能力是影响下游活动启动时刻和设计活动间信息交流次数的重要因素。例如，马文建等[5]的研究表明下游设计活动启动时刻和设计活动间信息交流次数可以通过计算得出，并提出为了得到最优的产品开发时间需要考虑下游设计活动启动时刻和设计活动间信息交流次数；徐岩、周雄辉等[6-7]研究了如何确定下游活动启动时刻的问题。设计人员的学习与交流能力很大程度也决定了产品的开发时间以及开发成本。设计人员学习能力的强弱对迭代返工时间的长短有明显影响，设计活动间进行的信息交流是否充分，与设计人员的交流能力大小有较大关系，而迭代返工时间的长短以及信息交流是否充分都是影响产品开发时间与开发成本的重要因素。关于如何减少迭代次数以缩短产品开发时间等问题，有学者通过构建不同的产品开发迭代模型进行产品开发时间分析，从而优化产品开发活动的执行顺序，最终获得了最优设计效率[8-9]，如 Lin[10]等提出产品开发过程中团队进行交流是减少迭代次数、降低不确定性的方法之一。还有一些研究人员为了减少产品开发成本，对产品开发中的有关数学模型进行了优化研究，如徐亮亮等[1]研究了复杂产品研发项目过程中的模型与混合算法；柴国荣等[11]对含有迭代的复杂项目工期与工时进行研究，提出了能够计算产品开发时间与产品开发成本的数学模型。

上游设计活动与下游设计活动之间存在着信息交流，当上游设计活动执行一段时间后会与下游设计活动进行信息交流，下游设计活动在第一次与上游设计活动进行信息交流后开始执行，且上、下游设计活动从第一次信息交流开始就会每间隔一段时间进行一次信息交流，直到上游设计活动完成。并行产品开发的成功与否很大程度上取决于上、下游设计活动之间信息分享的能力[12]。针对上、下游设计活动之间信息交流对并行产品开发影响的问题，国内外学者从不同角度进行了研究。从并行产品开发设计活动的重叠优化角度出发，Krishnan 等[13]提出了上游设计活动的演进度和下游设计活动的敏感度两个重要概念；Lim 等[14]给出了返工可能性与返工量、工期和成本的计算公式，求解出目标最优的活动重叠度；Reza 等[15]引入等效返工时间的概念，给出等效返工时间的计算公式，进行了时间和成本权衡问题的公式化。从产品开发设计活动的有关数学模型的角度出发，柴国荣等[11]提出了能够计算产品开发时间与产品开发成本的数学模型；杨宝森等[16]结合设计结构矩阵研究了复杂产品开发中的有关数学模型；陈倩、周健明等[17-18]对存在知识获取和知识存量的产品开发过程进行了相关研究。

综上所述，设计人员的学习能力影响设计活动的知识积累和开发进度等，设计人员的交流能力影响设计活动的信息交流和返工次数等，这两种能力都影响产品开发时间和开发成本。所以，在产品开发过程中企业应该考虑设计人员的学习与交流能力对产品开发的影响，在产品开发过程中尽可能地缩短产品开发时间、提高开发速度，最终能够降低产品开发的成本，为企业带来最大的经济利益。但上述研究仅从大的方面分析了设计人员的学习能力对产品开发过程的影响，从不同角度研究了产品开发迭代模型以及产品开发时间成本，没有具体考虑设计人员的学习与交流能力对上、下游设计活动以及设计活动间信息交流的影响。

本章以设计人员的学习与交流能力作为对象，首先研究其对下游设计活动的影响，通过构建下游设计活动启动时刻与设计活动间信息交流次数的数学模型，根据设计人员学习与交流能力指数，得出下游设计活动启动时刻与设计活动间信息交流次数[19]。其次，研究设计人员学习与交流能力对上游设计活动的影响，通过构建与设计人员学习与交流能力有关的上游设计活动执行时间和信息交流次数的数学模型，得出上游设计活动的执行时间、信息交流次数以及上游设计活动的总成本[20]。最后，研究设计人员学习与交流能力对上、下游设计活动间信息交流的影响，通过构建信息交流时间间隔内的绩效收益数学模型，进而构建信息交流收益的数学模型，并求解出在信息交流收益取最大值时信息交流时间间隔内的时间阈值[21]。

5.2 学习与交流能力对下游设计活动的影响

在研究设计人员学习与交流能力对并行产品开发下游设计活动的影响时，可以通过构建与设计人员学习能力、交流能力相关的学习知识量函数与返工率函数，推导出下游设计活动启动时刻与设计活动间信息交流次数的数学模型，通过对数学模型进行分析，得出设计人员学习与交流能力对下游设计活动启动时刻和设计活动间信息交流次数的影响，即设计人员学习与交流能力对下游设计活动的影响。

5.2.1 学习知识量函数与返工率函数的构建

1. 学习知识量函数的构建

从产品开发的特征来看，设计人员的学习能力是各个设计活动能否顺利完成的重要影响因素，可构建设计人员学习知识量函数来描述设计人员学习能力对上游设计活动学习知识量的影响。设计人员的学习能力反映了承担该产品设计与开发活动人员的设计能力，对于学习能力不同的设计人员而言，在完成相同设计任务时难易程度是不同的[22-23]，设计人员学习能力的不同导致学习知识量的大小与积累速度不同，所对应的设计能力也会不同，最终使得产品开发周期和成本都不相同。参考文献［5］提出知识累积率函数，用设计活动的技术创新程度来反映承担设计活动的团队的技术开发能力，设计活动的技术创新程度可以从技术的角度体现出团队中设计人员的开发能力，团队中设计人员的技术开发能力与设计人员的学习能力有直接关系，且设计人员的学习能力比设计活动的技术创新程度更能体现设计人员在设计活动中的重要作用。本小节采用学习能力指数 λ 来描述设计活动与设计人员之间的关系，定义设计活动学习知识量函数 $f(t)$ 如下：

$$f(t)=\lambda\left(\frac{t}{T_n}\right)^{\alpha}+(1-\lambda) \tag{5.1}$$

式中，t 为设计活动已经执行的时间；T_n 为设计活动的预计完成时间；α 为设计活动中学习的知识演化路径指数，其大小取决于设计活动的特性；λ 为设计人员学习能力指数，$0<\lambda<1$。若 λ 趋近于 0，则表明设计人员学习能力弱，即在任务执行中设计人员不能有效地学到知识，学习的知识量少；若 λ 趋近于 1，则表明设计人员学习能力强，即在任务执行过程中能高效地学到知识，学习的知识量多，因此 λ 体现了设计人员学习能力对设计活动的影响。$(1-\lambda)$ 表示设计人员对外界提供知识帮助的依赖度，λ 越大表明设计人员对外界提供知识帮助的依赖度越小，反之则越大。

2. 返工率函数的构建

当上游设计人员学习的知识信息需要传递给下游设计人员时，设计人员间的交流能力越强，则上、下游设计活动之间的信息交流越充分，信息交流率越高，上游设计活动传递的信息对下游设计人员的影响程度就越大，下游设计活动返工率越低；相反，设计人员间的交流能力越弱，则上、下游设计活动之间的信息交流越不充分，下游设计人员在与上游设计人员进行信息交流时，从上游设计活动中获得的信息越少，信息交流率越低，使下游设计人员在完成设计活动时需要做的假设就越多，下游设计活动返工率越高。在参考文献［5］的下游设计活动返工函数中，通过上游设计活动信息对下游设计活动开展的重要度来体现设计活动间传递的信息对设计活动的重要性，但设计活动间的信息传递与设计人员的交流能力有直接关系，即设计活动的信息在进行传递时会受到设计人员交流能力的影响，设计人员交流能力越强，则上、下游设计活动间的信息交流就越充分，使得传递的信息越容易被接纳和利用，信息的重要度也越能被体现出来，所以设计人员的交流能力比上游设计活动信息对下游设计活动开展的重要度更能体现设计活动与传递的信息之间的重要关系。本小节采用设计人员交流能力指数γ来描述设计活动与传递信息的关系，定义下游设计活动返工率函数$g(x)$如下：

$$g(x)=\frac{1}{\gamma}(1-x)^{\beta} \tag{5.2}$$

式中，x为上游设计活动学习知识量，即式（5.1）中的$f(t)$；β为下游设计活动开发团队具有的技术能力指数，$\beta \geqslant 0$；γ为设计人员的交流能力指数，$0<\gamma<1$。当γ趋近于0时，表明设计人员的交流能力低，此时下游设计活动具有较高的返工率；当γ趋近于1时，表明设计人员的交流能力较强，此时下游设计活动具有较低的返工率。因此，γ也体现了设计人员的交流能力对下游设计活动执行的重要度。

5.2.2 下游设计活动相关数学模型的建立

假设一个产品开发项目有多个设计活动[24]，现选取其中两个重要设计活动——产品的结构设计与工艺设计来研究，前者为上游设计活动，后者为下游设计活动。上游设计活动预计完成时间为T_1，假设下游设计活动在上游设计活动开始后的t_0时刻启动（$0 \leqslant t_0 \leqslant T_1$），上、下游设计活动在$t_0 \sim T_1$时间段内进行$n$次信息交流（$n \geqslant 1$），假设每次进行信息交流的时间间隔相同，则相邻两次信息交流的时间间隔$\Delta t=(T_1-t_0)/(n-1)$。下游设计活动在每个Δt内的工作分为任务返工和有效工作两部分，则Δt包含了任务返工时间和有效工作时间。

将式（5.1）代入式（5.2），得

$$g(t)=\frac{\lambda^{\beta}}{\gamma}\left[1-\left(\frac{t}{T_1}\right)^{\alpha}\right]^{\beta} \tag{5.3}$$

式（5.3）描述了下游设计活动启动后其返工率$g(t)$与时间t的关系，也体现了上游设计活动对下游设计活动影响的连续性，随着上游设计活动学习知识量的不断增加，下游设计活动的返工率在不断减少。

实际中为了得到简洁有效的数学模型，参考文献［5］中取$\alpha=1$，$\beta=1$，此时设计活动的学习知识量函数和返工率函数均为线性，则在第t_i时刻为

$$g(t_i)=\frac{\lambda}{\gamma}\left(1-\frac{t_i}{T_1}\right) \tag{5.4}$$

式中，$t_i=t_0+(i-1)\Delta t$；$i=1, 2, \cdots, n-1$。

将返工时间视为返工率与工作时间的乘积，根据返工率 $g(t_i)$ 计算得到在第 i 个时间间隔 Δt 内，有效的工作时间 T_{w_i} 与返工时间 T_{r_i} 分别为

$$T_{w_i} = [1 - g(t_i)]\Delta t \tag{5.5}$$

$$T_{r_i} = g(t_i)\Delta t \tag{5.6}$$

则总的有效工作时间 T_w 和总的返工时间 T_r 为

$$T_w = \sum_{i=1}^{n-1} T_{w_i} = \sum_{i=1}^{n-1} [1 - g(t_i)]\Delta t \tag{5.7}$$

$$T_r = \sum_{i=1}^{n-1} T_{r_i} = \sum_{i=1}^{n-1} g(t_i)\Delta t \tag{5.8}$$

视下游设计活动提前启动所得的总收益为总的有效工作时间成本，付出的总成本为总的返工时间与信息交流成本，则下游设计活动提前启动的全局收益 π 为

$$\pi = T_w c_t - (T_r c_t + nc_m) \tag{5.9}$$

式中，c_t 为单位时间成本；c_m 为下游设计活动与上游设计活动每次进行信息交流的成本；$T_w c_t$ 为总收益；$T_r c_t + nc_m$ 为总成本。

将式（5.4）~式（5.8）代入式（5.9）中整理，得出在下游设计活动的启动时刻为 t_0、设计活动间信息交流次数为 n 时的全局收益 $\pi_{(t_0,\ n)}$ 为

$$\pi_{(t_0,\ n)} = c_t(T_1 - t_0)\left[1 - \frac{2\lambda n(T_1 - t_0)}{\gamma T_1(n-1)}\right] - nc_m \tag{5.10}$$

对式（5.10）求全局收益函数 π 的无条件极值，可得当 $\lambda>0$，$\gamma>0$，且 $0<t_0<T_1$ 时，全局收益 π 存在极大值。在全局收益 π 取极大值时解得下游设计活动的启动时刻和设计活动间信息交流次数的数学模型为

$$\begin{cases} t_0 = T_1 - \dfrac{\gamma T_1}{4\lambda}\left(1 - \sqrt{\dfrac{8\lambda c_m}{T_1 \gamma c_t}}\right) \\ n = \sqrt{\dfrac{T_1 \gamma c_t}{8\lambda c_m}} \end{cases} \tag{5.11}$$

5.2.3　学习与交流能力对下游设计活动的影响分析

在分析学习与交流能力对下游设计活动的影响时，主要分析对下游设计活动启动时刻以及对设计活动间信息交流次数两个方面的影响。

1. 对下游设计活动启动时刻的影响分析

由式（5.11）可以看出，学习能力指数 λ 与交流能力指数 γ 都能对下游设计活动的启动时刻产生影响，现就3种情况进行讨论。

(1) 假设上游设计活动完成时或完成之后下游设计活动才开始执行，即 $t_0 \geqslant T_1$。

由式（5.11）可知，当 $t_0 = T_1 - \frac{\gamma T_1}{4\lambda}\left(1 - \sqrt{\frac{8\lambda c_m}{T_1 \gamma c_t}}\right) \geqslant T_1$ 时，$\sqrt{\frac{8\lambda c_m}{T_1 \gamma c_t}} \geqslant 1$，从而推出

$$\frac{\lambda}{\gamma} \geqslant \frac{T_1 c_t}{8 c_m} \tag{5.12}$$

当 λ 与 γ 满足式（5.12）时，下游设计活动在上游设计活动完成时或完成之后才开始执行。

(2) 假设下游设计活动与上游设计活动同时开始执行，即 $t_0 = 0$。但在实际数值计算中可能会出现 $t_0 < 0$ 的情况，此时仍为下游设计活动与上游设计活动同时开始执行，所以在讨论下游设计活动与上游设计活动同时开始执行的情况时应考虑 $t_0 \leqslant 0$。

由式（5.11）可知，当 $t_0 = T_1 - \frac{\gamma T_1}{4\lambda}\left(1 - \sqrt{\frac{8\lambda c_m}{T_1 \gamma c_t}}\right) \leqslant 0$ 时，可得 $\sqrt{\frac{8\lambda c_m}{T_1 \gamma c_t}} \leqslant 1 - \frac{4\lambda}{\gamma}$。又因为 $\sqrt{\frac{8\lambda c_m}{T_1 \gamma c_t}} \geqslant 0$，所以当 $1 - \frac{4\lambda}{\gamma} \geqslant 0$ 时，即 $\gamma \geqslant 4\lambda$ 成立。

最后得出

$$\begin{cases} \sqrt{\frac{8\lambda c_m}{T_1 \gamma c_t}} \leqslant 1 - \frac{4\lambda}{\gamma} \\ \gamma \geqslant 4\lambda \end{cases} \tag{5.13}$$

当 λ 与 γ 满足式（5.13）时，下游设计活动与上游设计活动同时开始执行。

(3) 假设下游设计活动在上游设计活动执行过程中开始执行，即 $0 < t_0 < T_1$。

综合上述情况 (1)、(2) 可得，当 λ 与 γ 满足下列情况时，下游设计活动在上游设计活动执行过程中开始执行，即在 $0 < t_0 = T_1 - \frac{\gamma T_1}{4\lambda}\left(1 - \sqrt{\frac{8\lambda c_m}{T_1 \gamma c_t}}\right) < T_1$ 时，有

$$\sqrt{\frac{8\lambda c_m}{T_1 \gamma c_t}} > 1 - \frac{4\lambda}{\gamma} \text{ 或 } \frac{\lambda}{\gamma} < \frac{T_1 c_t}{8 c_m} \tag{5.14}$$

当 λ 与 γ 满足式（5.14）时，下游设计活动在上游设计活动执行过程中

开始执行。

2. 对设计活动间信息交流次数的影响分析

根据式（5.11）可以看出，学习与交流能力同样能对信息交流次数产生影响，与学习与交流能力对下游设计活动启动时刻影响的 3 种情况同理分析，也可得出学习与交流能力对设计活动间信息交流次数的影响有 3 种情况。

（1）假设上游设计活动完成时或完成之后下游设计活动才开始执行，此时设计人员学习与交流能力满足判断条件 $\frac{\lambda}{\gamma} \geqslant \frac{T_1 c_t}{8c_m}$，设计活动间信息交流次数 $n=1$。

（2）假设下游设计活动与上游设计活动同时开始执行，此时设计人员学习与交流能力满足判断条件 $\begin{cases} \sqrt{\frac{8\lambda c_m}{T_1 \gamma c_t}} \leqslant 1 - \frac{4\lambda}{\gamma} \\ \gamma \geqslant 4\lambda \end{cases}$，设计活动间信息交流次数 $n = \sqrt{\frac{T_1 \gamma c_t}{8\lambda c_m}}$。

（3）假设下游设计活动在上游设计活动执行过程中开始执行，此时设计人员学习与交流能力满足判断条件 $\sqrt{\frac{8\lambda c_m}{T_1 \gamma c_t}} > 1 - \frac{4\lambda}{\gamma}$ 或 $\frac{\lambda}{\gamma} < \frac{T_1 c_t}{8c_m}$，设计活动间信息交流次数 $n = \sqrt{\frac{T_1 \gamma c_t}{8\lambda c_m}}$。

上述分析及结论可归结为表 5.1。

表 5.1　不同情况下下游设计活动启动时刻与信息交流次数及判断条件

下游设计活动执行模式	λ 与 γ 满足条件	下游设计活动启动时刻 t_0	信息交流次数 n
上游设计活动完成时或完成后下游设计活动才开始执行	$\frac{\lambda}{\gamma} \geqslant \frac{T_1 c_t}{8c_m}$	$T_1 - \frac{\gamma T_1}{4\lambda} + \sqrt{\frac{\gamma T_1 c_m}{2\lambda c_t}}$	1
下游设计活动与上游设计活动同时开始执行	$\begin{cases} \sqrt{\frac{8\lambda c_m}{T_1 \gamma c_t}} \leqslant 1 - \frac{4\lambda}{\gamma} \\ \gamma \geqslant 4\lambda \end{cases}$	0	$\sqrt{\frac{T_1 \gamma c_t}{8\lambda c_m}}$
下游设计活动在上游设计活动执行过程中开始执行	$\sqrt{\frac{8\lambda c_m}{T_1 \gamma c_t}} > 1 - \frac{4\lambda}{\gamma}$ 或 $\frac{\lambda}{\gamma} < \frac{T_1 c_t}{8c_m}$	$T_1 - \frac{\gamma T_1}{4\lambda} + \sqrt{\frac{\gamma T_1 c_m}{2\lambda c_t}}$	$\sqrt{\frac{T_1 \gamma c_t}{8\lambda c_m}}$

在并行产品开发过程中，根据以上判断条件，判断出下游设计活动启动模式，将学习能力指数与交流能力指数以及其他相关参数代入式（5.11）中，能够确定下游设计活动的启动时刻与设计活动间信息交流次数。

特别地，对学习能力指数 λ 与交流能力指数 γ 分别趋近于0时的两种特殊情况进行分析。

由式（5.11）可得：

（1）当 λ 趋近于0时，由于 $t_0 \geqslant 0$，所以此时 t_0 趋近于0，设计人员的学习能力得不到体现，交流次数 n 会变得无穷大，上游设计活动的知识累积不能很好地通过设计人员的自主学习获得，要求设计人员的交流能力很强。此时，可采用下游设计活动与上游设计活动同时开始执行的模式。

（2）当 γ 趋近于0时，将 t_0 表示为 $t_0 = T_1 - \dfrac{\gamma T_1}{4\lambda} + \sqrt{\dfrac{\gamma T_1 c_m}{2\lambda c_t}}$，则 t_0 趋近于 T_1，此时设计人员的交流能力没有体现出来，交流次数 n 趋近于0，上游设计活动的知识累积不能很好地通过交流来传递给下游开发团队，同样要求设计人员有很强的学习能力。此时，可采用上游设计活动完成时或完成之后下游设计活动才开始执行的模式。

5.2.4 实例分析

现以某企业车载装置开发为例，该系统的开发主要由两个部门参与，即产品设计部门与产品制造部门，产品设计部门的设计人员工作一段时间后将设计信息传递给产品设计部门的设计人员设计产品的结构、功能等，制造部门的制造人员根据设计人员提供的信息开始进行制造生产。在产品开发过程中制造人员会与设计人员进行信息交流，设计人员根据制造人员反馈的信息不断进行设计更改，并将更改后的信息再次传递给制造人员，如此反复交流多次后，最终完成整个产品开发过程。产品设计部门与制造部门人员在产品开发过程中合理地进行信息交流，有效提高了产品开发的速度与效率，将总的成本控制在可以接受的范围以内。

通过对产品设计部门与制造部门的人员进行问卷或访谈等方式，获得产品设计部门与制造部门人员的交流能力指数 γ。学习能力指数 λ 主要根据所需传递信息的信息量以及产品设计部门与制造部门人员的文化层次等因素综合考虑，对参与人员进行问卷调查打分获得。参考文献［5］中的实例，并对实例数据进行优化与假设，得出产品开发相关参数如表5.2所示。

表 5.2　产品开发相关参数

参　　数	产品设计部门	产品制造部门
人员学习能力指数 λ	0.55	
人员交流能力指数 γ	0.72	
信息交流成本 c_m/(元·次$^{-1}$)	400	
预计信息交流次数 n'/次	7	
设计开发的单位时间成本 c_t/(元·d^{-1})	1500	
设计活动预定的启动时刻 t_1、t_2/d	1	33
预计完成所需时间 T_1、T_2/d	40	45

将以上相关参数代入判断条件中计算，得出 $\frac{T_1 c_t}{8c_m} = 18.75$，$\frac{\lambda}{\gamma} = 0.764$，由于 $\frac{T_1 c_t}{8c_m} > \frac{\lambda}{\gamma}$，且 $\sqrt{\frac{8\lambda c_m}{T_1 \gamma c_t}} > 1 - \frac{4\lambda}{\gamma}$ 显然成立，所以根据学习能力指数 λ 和交流能力指数 γ 满足的情况判断，决定下游设计活动在上游设计活动执行过程中就开始执行，最后将有关参数代入式（5.11），得出设计活动间信息交流次数和下游设计活动启动时刻分别为

$$n = \sqrt{\frac{T_1 \gamma c_t}{8\lambda c_m}} = \sqrt{\frac{40 \times 0.72 \times 1500}{8 \times 0.55 \times 400}} \approx 4.95(\text{次})$$

取 $n=5$ 次；

$$\begin{aligned} t_0 &= T_1 - \frac{\gamma T_1}{4\lambda}\left(1 - \sqrt{\frac{8\lambda c_m}{T_1 \gamma c_t}}\right) \\ &= 40 - \frac{0.72 \times 40}{4 \times 0.55} \times \left(1 - \sqrt{\frac{8 \times 0.55 \times 400}{40 \times 0.72 \times 1500}}\right) \\ &\approx 29.55(\mathrm{d}) \end{aligned}$$

取 $t_0 = 30$ d。

此时，产品开发的总成本 $C_{\text{总}}$、总时间 $T_{\text{总}}$ 分别为

$$\begin{aligned} C_{\text{总}} &= nc_m + (t_0 + T_2)c_t \\ &= 400 \times 5 + (30 + 45) \times 1500 = 114500(\text{元}) \end{aligned}$$

$$T_{\text{总}} = t_0 + T_2 = 30 + 45 = 75(\mathrm{d})$$

而根据表 5.2 的数据可得，按照该企业的计划执行时需要的总成本 $C'_{\text{总}}$、

总时间 $T'_{总}$ 分别为

$$C'_{总} = n' \times c_m + (t_2 + T_2) \times c_t$$
$$= 7 \times 400 + (33 + 45) \times 1500 = 119800(元)$$
$$T'_{总} = t_2 + T_2 = 33 + 45 = 78(\mathrm{d})$$

产品设计部门的任务预计完成时间为 40 d，而产品制造部门的任务启动时刻为第 30 天，总的交流次数为 5 次，意味着当产品制造部门任务启动后，产品设计部门和制造部门平均每两天就要进行一次信息交流。产品开发进度表是由产品设计部门和制造部门相互沟通后共同制定出来的，并以设计人员的学习与交流能力指数为参考，计算出下游设计活动的启动时刻与设计活动间信息交流次数后，对在什么时候需要进行信息交流做出调整，并确定每次进行信息交流时要达到的目标。由于有了具体的产品开发进度表，并严格按照进度执行，为产品开发的成功提供了保障。

在实际开发中，由于明确了产品设计部门和制造部门之间的信息交流次数，而且每次交流的目的明确，使两个部门间的信息交流效率显著提高，避免了在产品开发过程中各部门之间频繁或缺少信息交流的现象发生，产品制造部门任务启动时刻的确定也减少了因任务提前或滞后启动带来的成本增大。有效的信息沟通和交流以及明确的制造部门任务的启动时刻，使得产品开发任务总的完成时间从计划的 78 d 减少为 75 d；产品实际开发的总成本为 114500 元，比企业计划的总成本 119800 元降低了 4.42%。因此，最终提高了产品开发的速度，减少了成本。

为了验证设计人员学习与交流能力对产品开发下游设计活动的影响，在其他参数取值不变的情况下，对学习能力指数 λ 和交流能力指数 γ 分别取不同的数值，计算出的数值结果以及变化趋势如表 5.3~表 5.4 和图 5.1~图 5.4 所示。

表 5.3　当学习能力指数取不同数值且其他参数不变时的计算结果（$\gamma=0.5$）

λ	0.2	0.4	0.6	0.8
n	6.85	4.84	3.95	3.42
t_0	18.65	30.09	33.80	35.58

表 5.4　当交流能力指数取不同数值且其他参数不变时的计算结果（$\lambda=0.5$）

γ	0.2	0.4	0.6	0.8
n	2.74	3.87	4.74	5.84
t_0	37.46	34.06	30.53	26.93

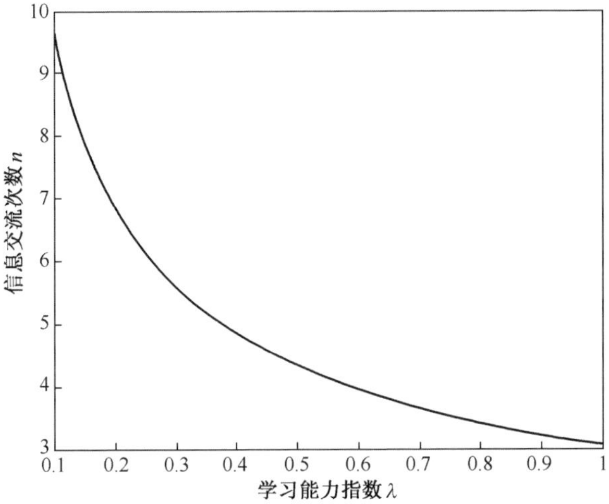

图 5.1　学习能力指数不同时信息交流次数的变化趋势

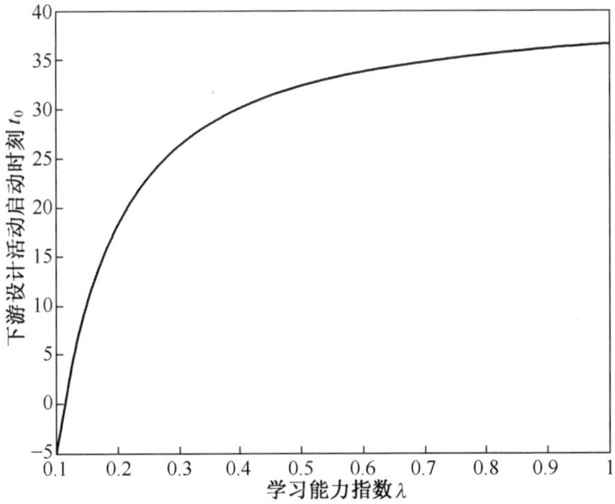

图 5.2　学习能力指数不同时下游设计活动启动时刻的变化趋势

由表 5.3 和图 5.1、图 5.2 可以看出，在设计人员交流能力指数不变时，当学习能力指数较小时，信息交流次数较多，下游设计活动的启动时刻较早，此时学习能力不足，交流能力发挥主要作用；随着学习能力指数的增大，信息交流次数减少，下游设计活动的启动时刻逐渐向后推迟，说明学习能力逐渐体现出来，并发挥主要作用。

同理，由表 5.4 和图 5.3、图 5.4 可以看出，若设计人员学习能力指数不

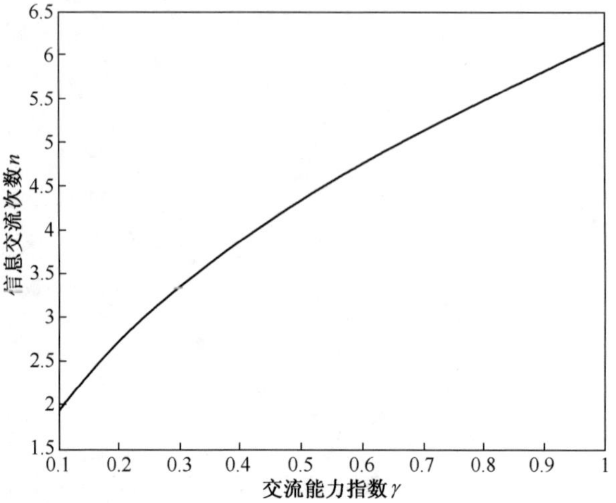

图 5.3　交流能力指数不同时信息交流次数的变化趋势

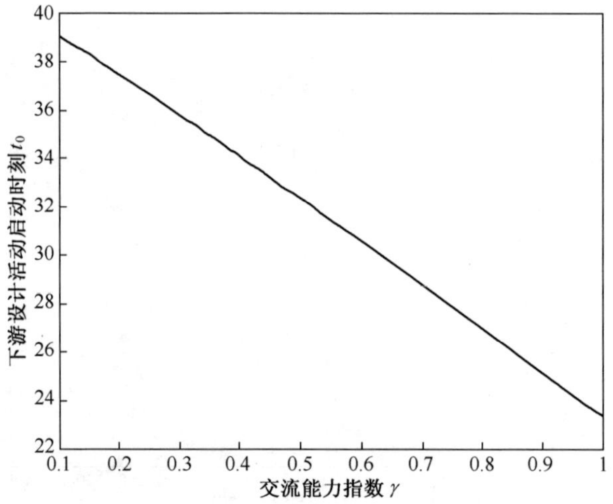

图 5.4　交流能力指数不同时下游设计活动启动时刻的变化趋势

变，当交流能力指数较小时，信息交流次数较少，下游设计活动的启动时刻较晚，此时的交流能力不足，设计活动中学习能力发挥着主要作用；随着交流能力指数的增强，信息交流次数增多，下游设计活动的启动时刻在逐渐提前，说明交流能力的作用在逐渐显现，并且在最后发挥主要作用。

综上所述，设计人员学习与交流能力对下游设计活动的启动时刻以及信息交流次数都有影响，并最终影响着产品开发的时间和成本。

小结：考虑产品开发设计人员的学习与交流能力，本节提出了与学习能力有关的学习知识量函数以及与交流能力有关的返工率函数，推导出下游设计活动启动时刻和设计活动间信息交流次数的数学模型，研究学习与交流能力对下游设计活动的启动时刻及设计活动间信息交流次数的影响，得出对下游设计活动启动时刻和设计活动间信息交流次数的影响情况与判断条件，为确定并行产品开发中下游设计活动的启动时刻与设计活动间信息交流次数，以及减少产品开发成本、提高产品开发效率提供理论参考。实例分析表明，得到的下游设计活动启动时刻和设计活动间信息交流次数数学模型与判断条件，对确定合理的下游设计活动启动时刻与设计活动间信息交流次数有一定的参考作用，能够缩短产品开发时间，控制设计活动间信息交流次数，最终减少了产品开发成本。

5.3　学习与交流能力对上游设计活动的影响

本节拟通过研究设计人员学习与交流能力对上游设计活动执行时间与信息交流次数的影响，来研究设计人员学习与交流能力对上游设计活动的影响。

5.3.1　信息交流时间间隔函数与信息依赖度函数的构建

在并行产品开发中，上游设计活动在执行过程中会反复与下游设计活动进行信息交流，设计人员每次进行任务返工与执行新任务的时间之和即为上游设计活动的信息交流时间间隔。上游设计活动与下游设计活动每次进行完信息交流之后，设计人员会根据得到的新信息进行适当的任务返工然后执行新的任务，即上游设计人员在执行任务时对信息有一定的依赖性，即存在信息依赖度。而设计人员的学习与交流能力对信息交流时间间隔和信息依赖度有重要影响，并最终会影响上游设计活动的执行时间、信息交流次数以及开发成本。

本小节通过构建与设计人员学习能力有关的时间间隔函数和与设计人员交流能力有关的信息依赖度函数，来分别研究设计人员学习能力对上游设计活动的信息交流时间间隔的影响和设计人员交流能力对信息依赖度的影响。

1. 信息交流时间间隔函数

在并行产品开发中，随着产品开发有关知识的累积，设计人员完成任务返工与执行新的任务所需的时间都会减少。产品开发有关知识的积累与设计人员学习能力有直接关系，设计人员学习能力越强则使得每次返工的时间会越短，且返工任务量会因为返工次数的增多而逐渐减少，信息交流的时间间隔在逐渐缩短。另外，随着信息交流次数的增加，设计人员的知识积累也越来越多，不仅节约了很多任务返工和执行新任务的时间，而且使得信息交流的时间间隔在不断减少。

设计活动的信息交流时间间隔如图 5.5 所示。其中，t_0为上、下游设计活动间第一次进行信息交流时上游设计活动已执行的时间；$t_1 \sim t_{n-1}$为上、下游设计活动间的第 1～n-1 次信息交流时间间隔；T 为上游设计活动总的执行时间。由图 5.5 可知，上游设计活动在执行 t_0时间后与下游设计活动进行信息交流，下游设计活动即开始执行，上、下游设计活动共进行 n 次信息交流，则共有 n-1 次信息交流时间间隔，且从第 1～n-1 次的信息交流时间间隔在逐渐减少，上游设计活动在第 n 次信息交流后结束。

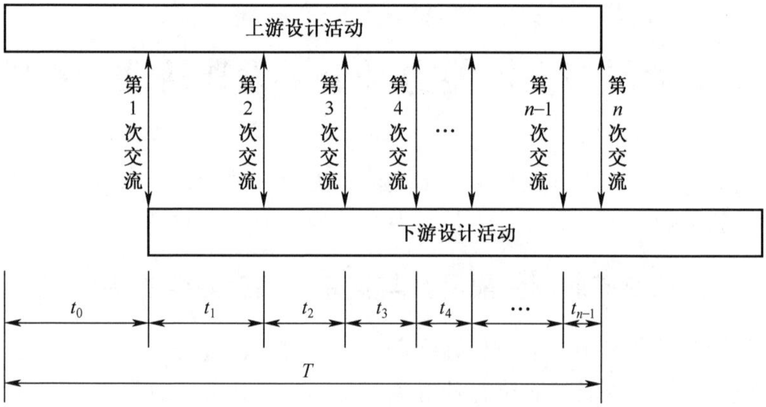

图 5.5　设计活动的信息交流时间间隔

在产品开发前，设计人员通过参考以往类似产品开发过程中的经验，确定出以往产品开发中信息交流的最短时间间隔 $t_{\min}$与最长时间间隔 $t_{\max}$。由于时间间隔的长短是与设计人员的学习能力和信息交流次数有关的，参考文献 [7] 中有关学习能力的表达形式，本书定义产品开发的上游设计活动的第 i 次信息交流时间间隔函数 t_i为

$$t_i = t_{\min} + (t_{\max} - t_{\min})e^{-\lambda i} \tag{5.15}$$

式中，i 为信息交流次数，i=1，2，…，n-1；λ 为设计人员的学习能力指数，$0<\lambda<1$；$e^{-\lambda i}$为信息交流时间间隔变化率。

由式（5.15）中信息交流时间间隔变化率 $e^{-\lambda i}$可知，随着信息交流次数的增加，信息交流时间间隔变化率不断减少；同时设计人员学习能力越强，则变化率越小。由此可知，随着信息交流次数不断增多，信息交流时间间隔在逐渐缩短；设计人员学习能力越强，信息交流时间间隔也会越短。

2. 信息依赖度函数

在并行产品开发中，上、下游设计活动每次进行信息交流时，设计人员对信息依赖程度不同，可以用信息依赖度函数来量化每次信息交流时设计人员对信息依赖的大小。由于信息依赖度与设计人员的交流能力和信息交流次数有关，参考文献［7］中交流能力的表达形式，定义设计人员在第 i 次信息交流时的信息依赖度函数 k_i 为

$$k_i = a\mathrm{e}^{-\gamma i} \tag{5.16}$$

式中，γ 为设计人员的交流能力指数，$0<\gamma<1$；a 为上、下游设计活动间信息的初始依赖度，$0<a<1$；$\mathrm{e}^{-\gamma i}$ 为依赖度变化率。依赖度变化率 $\mathrm{e}^{-\gamma i}$ 与设计人员的交流能力以及信息交流次数有关，随着交流次数的增加，依赖度变化率逐渐减少；设计人员交流能力越强，则依赖度变化率越小。

由式（5.16）可知，设计人员的信息依赖度 k_i 受到设计人员交流能力与信息交流次数的影响，设计人员交流能力越强，信息依赖度越小；随着设计活动间信息交流次数的增加，信息依赖度也在减少。

5.3.2　上游设计活动相关数学模型的建立

为了分析设计人员的学习与交流能力对上游设计活动的影响，需要构建上游设计活动执行时间、信息交流次数等数学模型。

1. 上游设计活动执行时间的数学模型

在上游设计活动执行过程中，设计人员的学习与交流能力是影响任务执行和信息交流的重要因素。学习能力越强，则知识积累的速度越快，设计活动执行的效率越高。交流能力越强，则使得信息交流越充分，设计人员在执行设计任务时对信息的依赖度就会减少，避免了在执行设计任务时不必要的时间浪费，减少了信息交流次数，同时缩短了上游设计活动的执行时间。因此，设计人员学习与交流能力的大小对上游设计活动执行时间的长短有影响。

由于上游设计活动是反复地进行返工、执行新的设计任务以及进行信息交流后完成的，每次任务返工以及执行新的设计任务的时间构成了每次信息交流的时间间隔。上游设计活动执行时间是由信息交流的时间间隔累加而成的，而每个时间间隔内设计人员对信息的依赖度是不同的，因此建立上游设计活动执行时间 T_u 的数学模型为

$$T_u = t_0 + \sum_{i=1}^{n-1} k_i t_i \tag{5.17}$$

式中，t_0 为上、下游设计活动间第一次进行信息交流时上游设计活动已执行的时间；k_i 为信息依赖度函数；t_i 为信息交流时间间隔函数。

将式（5.15）、式（5.16）代入式（5.17）得

$$T_u = t_0 + \sum_{i=1}^{n-1} (a e^{-\gamma i})[t_{\min} + (t_{\max} - t_{\min}) e^{-\lambda i}] \tag{5.18}$$

将上游设计活动的任务返工与执行新任务的时间累加视为从 1 到 $n-1$ 个时间间隔内的积分，则对式（5.18）进行整理，可得和设计人员学习与交流能力有关的上游设计活动的执行时间 T_u 的数学模型为

$$\begin{aligned} T_u &= t_0 + \int_1^{n-1} (a e^{-\gamma i})[t_{\min} + (t_{\max} - t_{\min}) e^{-\lambda i}] \mathrm{d}i \\ &= t_0 + \frac{a t_{\min}}{\gamma}[e^{-\gamma} - e^{-\gamma(n-1)}] + \frac{a(t_{\max} - t_{\min})}{\lambda + \gamma}[e^{-(\lambda+\gamma)} - e^{-(\lambda+\gamma)(n-1)}] \end{aligned} \tag{5.19}$$

2. 信息交流次数的数学模型

假设在产品开发过程中，设计活动每次进行信息交流的时间间隔都为最短时间间隔，设计活动在不考虑设计人员的学习与交流能力影响的情况下执行，则根据以往类似产品开发中设计活动在执行过程中最短的时间间隔 $t_{\min}$，得出上游设计活动的参考完成时间 T_0 为

$$T_0 = t_0 + t_{\min}(n-1) \tag{5.20}$$

设上游设计活动在执行时实际付出的成本与按参考完成时间完成时所需的成本之差为相对成本，则上游设计活动的相对成本 C_u 为

$$C_u = (T_u - T_0) c_t \tag{5.21}$$

式中，c_t 为单位时间成本。

将式（5.19）、式（5.20）代入式（5.21）中，经计算可得相对成本 C_u 为

$$C_u = \left\{ \frac{a t_{\min}}{\gamma}[e^{-\gamma} - e^{-\gamma(n-1)}] + \frac{a(t_{\max} - t_{\min})}{\lambda + \gamma}[e^{-(\lambda+\gamma)} - e^{-(\lambda+\gamma)(n-1)}] - t_{\min}(n-1) \right\} c_t \tag{5.22}$$

对相对成本 C_u 求 n 的一阶导数和二阶导数得

$$\frac{\partial C_u}{\partial n} = [a t_{\min} e^{-\gamma(n-1)} + a(t_{\max} - t_{\min}) e^{-(\lambda+\gamma)(n-1)} - t_{\min}] c_t \tag{5.23}$$

$$\frac{\partial^2 C_u}{\partial n^2} = [-a\gamma t_{\min} e^{-\gamma(n-1)} - a(\lambda+\gamma)(t_{\max} - t_{\min}) e^{-(\lambda+\gamma)(n-1)}] c_t \tag{5.24}$$

由式（5.24）可知二阶导数 $\frac{\partial^2 C_u}{\partial n^2} < 0$，则相对成本 C_u 存在极大值，当

$\frac{\partial C_u}{\partial n}=0$ 时，此时的 n 为相对成本 C_u 的极大值点，则当

$$[at_{\min}\mathrm{e}^{-\gamma(n-1)}+a(t_{\max}-t_{\min})\mathrm{e}^{-(\lambda+\gamma)(n-1)}-t_{\min}]c_t=0 \qquad (5.25)$$

时，得出信息交流次数 n 的数学模型为

$$n=\sqrt{\frac{\ln(t_{\min}/a)}{\gamma t_{\min}(\lambda+\gamma)(t_{\max}-t_{\min})}}+1 \qquad (5.26)$$

在并行产品开发过程中，首先根据式（5.26）计算出设计活动间的信息交流次数，然后由式（5.19）计算出上游设计活动的执行时间，最后得到上游设计活动的总成本 $C_{总}$ 为

$$C_{总}=T_u c_t+nc_m \qquad (5.27)$$

式中，c_m 为每次信息交流成本。

5.3.3　学习与交流能力对上游设计活动的影响分析

由式（5.19）、式（5.26）可知，上游设计活动的影响主要体现在执行时间和信息交流次数。因此，以下针对设计人员学习与交流能力对上游设计活动的执行时间以及信息交流次数的影响进行分析。

由式（5.19）可知，上游设计活动的执行时间 T_u 是随着设计人员学习与交流能力的变化而不断变化的，学习与交流能力越强，则执行时间越短；相反，学习与交流能力越弱，则执行时间越长。当学习与交流能力都趋向于 0 时，则执行时间趋向于无穷大，此时设计人员可能无法完成上游设计活动。

同时，上游设计活动的执行时间 T_u 也是关于信息交流次数 n 的函数，信息交流次数越多，则上游设计活动的执行时间越长；信息交流次数越少，则上游设计活动的执行时间越短。

同理，由式（5.26）可得，信息交流次数 n 也是随着设计人员学习与交流能力的变化而不断变化的，学习与交流能力越强，则信息交流次数越少；相反，学习与交流能力越弱，则信息交流次数越多。随着学习与交流能力不断接近 0，则信息交流次数趋向于无穷大，这时上游设计活动也可能无法完成。

根据式（5.27）可以看出，上游设计活动的执行时间和信息交流次数影响着上游设计活动的总成本。上游设计活动执行时间越长、信息交流次数越多，则总成本越大，反之则总成本越小。因为上游设计活动执行时间、信息交流次数与学习、交流能力存在的关系，所以上游设计活动的总成本也和设计人员的学习与交流能力有关。

5.3.4 实例分析

以某企业某机电产品开发为例，对所得并行产品开发中上游设计活动的有关数学模型进行应用分析。该机电产品开发过程主要分为两个阶段，即模型设计阶段与产品制造阶段，将模型设计阶段设为上游设计活动，产品制造阶段设为下游设计活动。模型设计阶段的设计人员在执行过程中会与产品制造阶段的设计人员反复进行信息交流，在设计活动的信息交流时间间隔内，模型设计阶段的设计人员根据交流后的信息进行任务返工并继续执行新的设计任务，如此重复直至整个设计活动完成。

在产品开发的开始阶段，首先对参与模型设计与产品制造的人员进行问卷调查，得出设计人员的学习能力指数 λ 与交流能力指数 γ。然后依据以往的产品开发经验，结合产品开发的实际情况给出设计活动间信息初始依赖度指数 a。与以往产品开发不同的是，此次产品开发参考了以往开发过程中的最短信息交流时间间隔 $t_{\min}$ 与最长信息交流时间间隔 $t_{\max}$，并设定模型设计阶段的人员在执行 t_0 时间后与产品制造阶段的人员进行第一次信息交流，此时产品制造阶段开始执行。参考文献［11］的有关参数，并对有关数据进行假设，得出产品开发相关参数如表 5.5 所示。

表 5.5 产品开发相关参数

参数	数值
设计人员学习能力指数 λ	0.3
设计人员交流能力指数 γ	0.2
信息初始依赖度 a	0.4
第一次进行信息交流的时间 t_0/d	21
最长信息交流时间间隔 $t_{\max}$/d	6
最短信息交流时间间隔 $t_{\min}$/d	4
单位时间成本 c_t/(元 · d^{-1})	3000
每次信息交流成本 c_m/(元 · d^{-1})	600
模型设计阶段预计完成时间 T'/d	30
预计信息交流次数 n'/次	5

将有关参数代入式（5.26），计算出信息交流次数为

$$n = \sqrt{\frac{\ln(t_{\min}/a)}{\gamma t_{\min}(\lambda + \gamma)(t_{\max} - t_{\min})}} + 1$$

$$= \sqrt{\frac{\ln(4/0.4)}{0.2 \times 4 \times (0.3 + 0.2) \times (6 - 4)}} + 1$$
$$= 2.69\ (次)$$

取 $n = 3$。

将 n 值以及其他相关数值代入式（5.19），计算出模型设计阶段的执行时间为

$$T_u = t_0 + \frac{at_{\min}}{\gamma}[e^{-\gamma} - e^{-\gamma(n-1)}] + \frac{a(t_{\max} - t_{\min})}{\lambda + \gamma}[e^{-(\lambda+\gamma)} - e^{-(\lambda+\gamma)(n-1)}]$$
$$= 21 + \frac{0.4 \times 4}{0.2}(e^{-0.2} - e^{-0.2\times 2}) + \frac{0.4 \times (6 - 4)}{0.3 + 0.2}(e^{-0.5} - e^{-0.5\times 2})$$
$$= 22.57\ (d)$$

取 $T_u = 23$。

最后，将所得出的信息交流次数 n 与设计活动执行时间 T_u 代入式（5.27）中，计算出实际的模型设计阶段总成本 $C_{总}$ 为

$$C_{总} = T_u c_t + nc_m$$
$$= 23 \times 3000 + 3 \times 600 = 70800\ (元)$$

根据表 5.5 中企业预计的模型设计阶段预计完成时间 T'，以及预计的信息交流次数 n'，得出预计的模型设计阶段总成本 $C'_{总}$ 为

$$C'_{总} = T'c_t + n'c_m$$
$$= 30 \times 3000 + 5 \times 600 = 93000\ (元)$$

由表 5.5 可以看出，企业预计的模型设计阶段的完成时间为 30 d，信息交流次数为 5 次，预计的总成本为 93000 元；而实际计算出的模型设计阶段的执行时间为 23 d，信息交流次数为 3 次，实际的总成本为 70800 元。通过对比可知，模型设计阶段的实际执行时间比预计的执行时间减少了 7 d，实际的信息交流次数比预计的信息交流次数减少了 2 次，缩短了模型设计阶段的执行时间，减少了交流次数，最终使模型设计阶段的实际开发成本比预计的开发成本减少了 23.9%。

对模型设计阶段而言，一方面，参与人员的学习能力越强，学习知识的速度就越快，执行任务的效率越高，任务返工时间以及执行新的设计任务的时间会越短，使得信息交流的时间间隔越短，信息交流次数减少，最终能使模型设计阶段的执行时间减少。另一方面，参与人员的交流能力越强，信息交流就会越充分，参与人员对信息的依赖度就越小，信息交流的次数变少，在执行过程中就可以避免不必要的时间浪费，同样能够使模型设计阶段的执行时间缩短，最终都能够使模型设计阶段的成本减少。

与5.2.4小节类似，为了分析产品开发的上游设计活动（即模型设计阶段）受设计人员学习与交流能力的影响，在其他有关参数不变时，分别取不同的学习能力指数 λ 和交流能力指数 γ，得出的计算结果以及变化趋势如表5.6~表5.7和图5.6~图5.9所示。

表5.6　当学习能力指数取不同数值且其他参数不变时的计算结果（$\gamma=0.2$）

λ	0.2	0.4	0.6	0.8
n	2.90	2.55	2.34	2.12
T	22.52	21.93	21.59	21.19

表5.7　当交流能力指数取不同数值且其他参数不变时的计算结果（$\lambda=0.3$）

γ	0.2	0.4	0.6	0.8
n	2.70	2.01	1.73	1.57
T	22.17	21.01	20.64	20.48

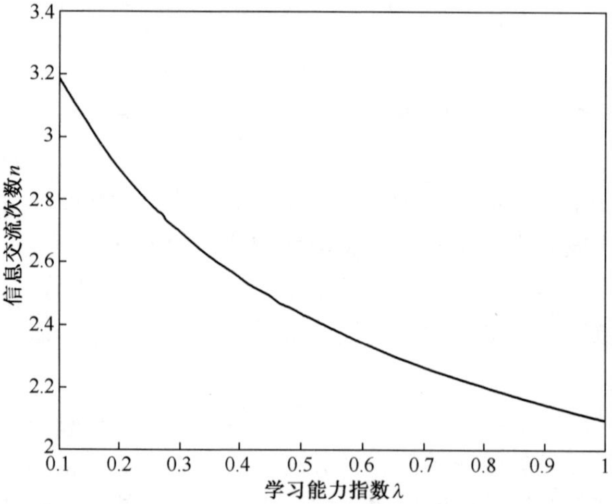

图5.6　学习能力指数不同时信息交流次数的变化

由表5.6和图5.6、图5.7可以看出，当设计人员交流能力指数保持不变，而学习能力指数增大时，信息交流次数呈减少趋势，上游设计活动的执行时间

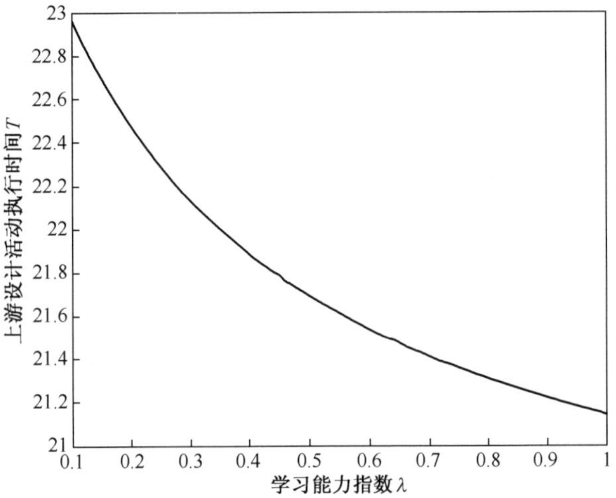

图 5.7　学习能力指数不同时上游设计活动执行时间的变化

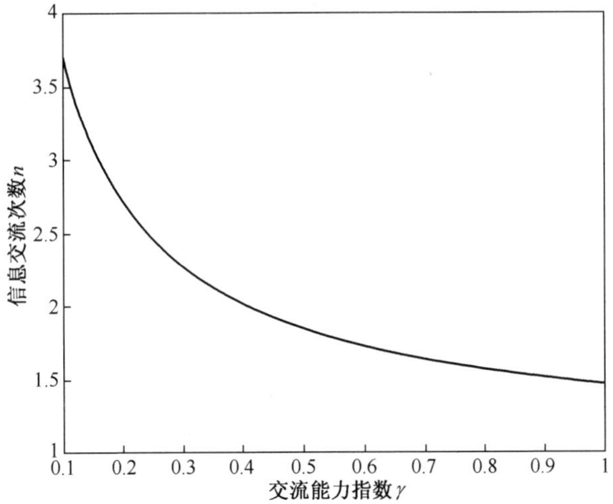

图 5.8　交流能力指数不同时信息交流次数的变化

逐渐缩短。在学习能力指数较小时，信息交流的次数较多，上游设计活动的执行时间较长，说明此时交流能力的作用比较突出；随着学习能力指数的增大，信息交流的次数减少，上游设计活动的执行时间缩短，说明此时学习能力的作用在逐渐显现出来。

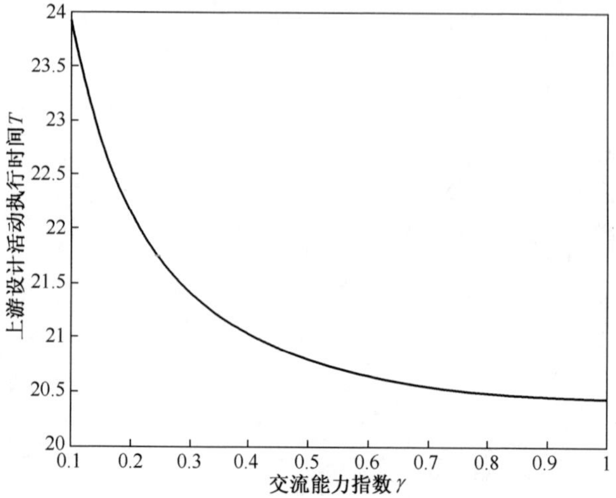

图 5.9　交流能力指数不同时上游设计活动执行时间的变化

同理，由表 5.7 和图 5.8、图 5.9 可以看出，当设计人员学习能力指数一定，而交流能力指数增大时，信息交流次数也呈减少的趋势，上游设计活动的执行时间也在逐渐缩短。在交流能力指数较小时，信息交流次数也较多，且上游设计活动执行时间较长，说明此时学习能力的作用较为突出；随着交流能力指数的增大，信息交流次数减少，上游设计活动执行时间也在缩短，说明交流能力的作用逐渐显现出来。

综上可知，设计人员的学习与交流能力对产品开发上游设计活动的确存在影响。企业在产品开发中，应该考虑设计人员学习与交流能力对上游设计活动的影响，从而能够制订出合理的任务执行方案，并在适当时间进行信息交流，最终可降低上游设计活动的成本。

小结：在产品开发中，设计人员的学习与交流能力是影响上游设计活动的重要因素，本节考虑了设计人员学习与交流能力的影响，通过构建与设计人员学习能力有关的信息交流时间间隔函数，以及与交流能力有关的信息依赖度函数，得出了并行产品开发中与设计人员学习与交流能力有关的上游设计活动执行时间和信息交流次数的数学模型。运用该数学模型，对上游设计活动的执行时间、信息交流次数与总成本进行了估算，并通过实例进行了验证分析。本节的研究结果对并行产品开发中缩短产品开发时间、降低产品开发成本提供了一定的理论参考。

5.4　学习与交流能力对上、下游设计活动间信息交流的影响

上、下游设计活动在信息交流后，会按照信息交流得到的信息对已完成的任务进行返工并执行新的设计任务，而在信息交流的过程中，设计人员的学习与交流能力对信息交流能够产生一定的影响，设计人员的学习与交流能力反映了设计人员能否快捷有效地获取或传递准确的知识和信息。因此，设计人员的学习与交流能力越强，上游与下游设计活动间进行信息交流时所传递和接收的信息量就越多。上、下游设计活动进行信息交流时，在不同的信息交流时间间隔内，有不同的最小信息交流时间阈值和产品开发绩效收益。本书拟将信息交流时间阈值和信息交流收益作为设计活动间信息交流的参考因素，通过建立相应的数学模型来研究设计人员学习与交流能力对设计活动间信息交流的影响。

5.4.1　绩效收益函数的构建

产品开发绩效反映了产品开发团队在一定条件下完成任务的出色程度，是对目标实现程度及达成效率的衡量与反馈。产品开发速度反映了开发团队研发一种新产品的实际时间消耗，对于同一种产品，产品开发速度越快，完成产品开发所花费的时间越少，因此，产品开发速度的快慢决定了产品开发绩效的高低。在信息交流后产品的开发速度会因为下游设计活动得到了大量信息而随之加快。所以，产品开发绩效在设计活动间进行信息交流后会有明显的提高。

在产品开发过程中，开发绩效有 4 种比较典型的曲线模型[25-26]：S 形曲线、直线形、上凸曲线、下凸曲线。在一般产品开发中，开发绩效大部分是按照上凸曲线进行增长的，即在设计活动的开始阶段开发绩效速率较快，随着设计活动的进行开发绩效速率将会变慢。产品开发的设计活动在开始执行时，开发速度有一个初始值，当上、下游设计活动进行完第一次信息交流之后，产品开发速度会因接收到了有关信息而增大，变化的影响因素主要是设计人员具有学习与交流能力，上、下游设计活动每次进行信息交流之后产品的开发速度都会发生相应的变化。参考文献［27］中产品开发绩效增长曲线都是不同的上凸曲线，为了保证产品的开发速度不减少，企业在产品开发过程中会在开发速度减少之前进行一次信息交流，使得开发速度变大。假设在每个信息交流时间间隔内产品开发速度相同，产品开发绩效增长如图 5.10 所示。

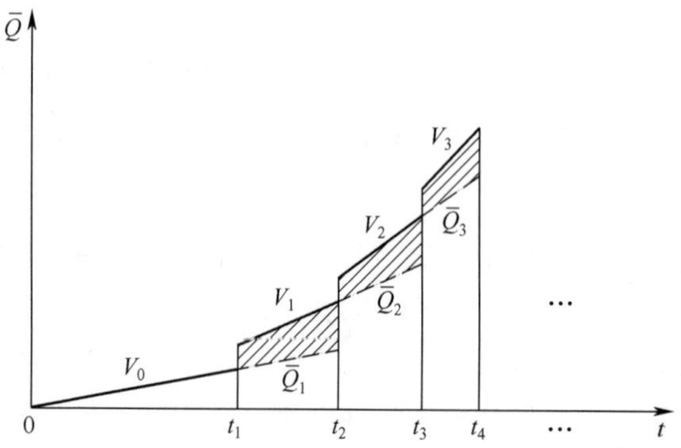

图 5.10　产品开发绩效增长

图 5.10 中，横坐标为时间 t，纵坐标 $\overline{Q}$ 为产品开发绩效，每一次进行信息交流后产生的绩效收益即为阴影部分面积 $\overline{Q}_i$。绩效随着时间 t 的增加不断增大，t_1，t_2，…为信息交流时间点，在时间 0 到 t_1 内，产品开发的速度为初始速度 V_0；在时间 t_1 到 t_2 内，产品开发速度为 V_1 等。在进行信息交流后，产品的开发速度会加快，导致开发绩效增长率变大。

在信息交流的时间间隔内，产品开发的绩效 $\overline{Q}$ 是基于开发速度 V 变化的，可以将绩效 $\overline{Q}$ 视为产品开发速度 V 在时间 t 上的积分。假设产品开发初始阶段的开发速度为 V_0，信息交流后的开发速度会受设计人员的学习与交流能力的影响，参考文献［28］的信息进化度函数，设相邻两次的产品开发速度满足关系式

$$V_i = \mathrm{e}^{\lambda\gamma} V_{i-1} \tag{5.28}$$

式中，V_i 为第 i 次（$i=1$，2，…）信息交流后的产品开发速度；λ 为设计人员的学习能力指数，$0<\lambda<1$；γ 为设计人员的交流能力指数，$0<\gamma<1$；$\mathrm{e}^{\lambda\gamma}$ 为开发速度变化率，学习与交流能力越强，开发速度变化率也越大，反之越小。式（5.28）表明，设计人员的学习与交流能力越强，产品的开发速度越快，反之则越慢。

根据式（5.28），可以得出第 i 次信息交流后产品开发的速度 V_i 和初始速度 V_0 的关系式为

$$V_i = \mathrm{e}^{i\lambda\gamma} V_0 \tag{5.29}$$

由于产品开发的绩效为开发速度 V 在时间 t 上的积分，则第 i 次信息交流的绩效收益 $\overline{Q}_i$ 为

$$\overline{Q}_i = \left(\int_{t_i}^{t_{i+1}} V_i \mathrm{d}t - \int_{t_i}^{t_{i+1}} V_{i-1} \mathrm{d}t\right) c_q \tag{5.30}$$

式中，t_i为第 i 次信息交流的时刻；c_q 为单位收益。

将式（5.28）代入式（5.30），可得绩效收益 $\overline{Q}_i$ 为

$$\begin{aligned}\overline{Q}_i &= \left\{\int_{t_i}^{t_{i+1}} [\mathrm{e}^{i\lambda\gamma} V_0 - \mathrm{e}^{(i-1)\lambda\gamma} V_0] \mathrm{d}t\right\} c_q \\ &= [\mathrm{e}^{i\lambda\gamma} V_0 - \mathrm{e}^{(i-1)\lambda\gamma} V_0](t_{i+1} - t_i) c_q\end{aligned} \tag{5.31}$$

则总的绩效收益 $\overline{Q}_z$ 为

$$\begin{aligned}\overline{Q}_z &= \sum_{i=1}^{n-1} Q_i \\ &= \sum_{i=1}^{n-1} [\mathrm{e}^{i\lambda\gamma} V_0 - \mathrm{e}^{(i-1)\lambda\gamma} V_0](t_{i+1} - t_i) c_q\end{aligned} \tag{5.32}$$

式中，n 为上、下游设计活动间进行信息交流的次数，$n \geqslant 1$。

5.4.2　上、下游设计活动数学模型的建立

在上、下游设计活动中，需建立信息交流收益数学模型。在信息交流的时间间隔 t_i到 t_{i+1}内，用时间阈值 t_f将时间间隔分为两个时间段[29-30]，如图 5.11 所示。第一个时间段（从 t_i到 t_f）为不考虑产品开发不确定因素的阶段，在这个时间段内，产品开发主要完成根据信息交流所得信息后的任务返工和一部分新的设计任务，此时的不确定因素由于存在之前的信息交流而可以忽略不计。由于信息交流过于频繁会影响开发进度，增大产品开发的成本，所以需在时间阈值 t_f之后继续执行一些新的设计任务再进行下一次信息交流。第二个时

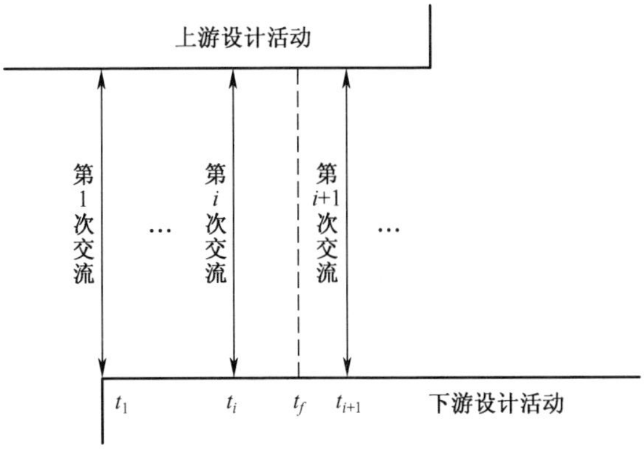

图 5.11　设计活动间的信息交流

间段（从 t_f到 t_{i+1}）为需要考虑产品开发不确定因素的阶段，在这个时间段内，产品开发的不确定因素对产品开发产生的影响不可忽略，不确定因素对此时段新任务的执行有影响。由于信息交流和接收的量有限，当新的设计任务在执行中所需信息不在接收信息内的时候就需要进行假设，从而引起下一次信息交流后的任务返工。

假设信息交流时间间隔内的产品开发成本由固有成本 C_0 和人员成本 P_i 组成，则第 i 次信息交流时间间隔内的产品开发成本 C_i 为

$$C_i = C_0 + P_i \tag{5.33}$$

人员成本 P_i 的大小受到设计人员的学习与交流能力的影响，设计人员的学习与交流能力越大，所需的人员成本就越大。由于在一个信息交流时间间隔内，时间阈值两端的情况不同，时间阈值以后的时间段需要考虑其他不确定因素。参考文献［2］的时间成本函数，引入变量 λ 和 γ 表示设计人员的学习能力指数与交流能力指数，则在第 i 个信息交流时间间隔内，产品开发的人员成本为

$$P_i = [(t_f - t_i)c_t]^{(\lambda\gamma+1)} + [(1+p)(t_{i+1} - t_f)c_t]^{(\lambda\gamma+1)} \tag{5.34}$$

式中，c_t为产品开发单位时间成本；p 为不可控因素，$0<p<1$。

将式（5.34）代入式（5.33），可得

$$C_i = C_0 + [(t_f - t_i)c_t]^{(\lambda\gamma+1)} + [(1+p)(t_{i+1} - t_f)c_t]^{(\lambda\gamma+1)} \tag{5.35}$$

从式（5.35）可以看出，设计人员的学习与交流能力越强，则信息交流时间间隔内的成本 C_i越大；产品开发的不确定因素 p 越大，成本 C_i也越大。

将第 i 个信息交流时间间隔内的信息交流收益 R_i视为绩效收益减去开发成本，则有

$$R_i = \overline{Q}_i - C_i \tag{5.36}$$

将式（5.31）和式（5.35）代入式（5.36）中，可得

$$R_i = [e^{i\lambda\gamma}V_0 - e^{(i-1)\lambda\gamma}V_0](t_{i+1} - t_i)c_q - [(t_f - t_i)c_t]^{(\lambda\gamma+1)} - [(1+p)(t_{i+1} - t_f)c_t]^{(\lambda\gamma+1)} - C_0 \tag{5.37}$$

则总的信息交流收益 R 为

$$R = \sum_{i=1}^{n-1} R_i \tag{5.38}$$

5.4.3 学习与交流能力对上、下游设计活动的影响分析

总的信息交流收益 R 是每个信息交流时间间隔内的信息交流收益 R_i的累加，所以当 R_i最大时，获得的总收益 R 为最大值。

由式（5.37）可以看出，信息交流收益 R_i 是关于时间阈值 t_f 的函数，且信息交流收益 R_i 和不可控因素 p 也有关，对 R_i 求 t_f 的一阶导数和二阶导数，则有

$$\frac{\partial R_i}{\partial t_f} = -(\lambda\gamma + 1)c_t^{(\lambda\gamma+1)}(t_f - t_i)^{\lambda\gamma} + (\lambda\gamma + 1)[(1+p)c_t]^{(\lambda\gamma+1)}(t_{i+1} - t_f)^{\lambda\gamma} \tag{5.39}$$

$$\frac{\partial^2 R_i}{\partial t_f^2} = -\lambda\gamma(\lambda\gamma + 1)c_t^{(\lambda\gamma+1)}(t_f - t_i)^{(\lambda\gamma-1)} - \lambda\gamma(\lambda\gamma + 1)[(1+p)c_t]^{(\lambda\gamma+1)}(t_{i+1} - t_f)^{(\lambda\gamma-1)} \tag{5.40}$$

因为二阶导数 $\frac{\partial^2 R_i}{\partial t_f^2} < 0$，所以 R_i 存在极大值点，且当 $\frac{\partial R_i}{\partial t_f} = 0$ 时，求得的 t_f 为 R_i 取最大值时的点，则有

$$\frac{\partial R_i}{\partial t_f} = -(\lambda\gamma + 1)c_t^{(\lambda\gamma+1)}(t_f - t_i)^{\lambda\gamma} + (\lambda\gamma + 1)[(1+p)c_t]^{(\lambda\gamma+1)}(t_{i+1} - t_f)^{\lambda\gamma} = 0 \tag{5.41}$$

解得

$$t_f = \frac{t_{i+1}(1+p)^{(\lambda\gamma+1)/\lambda\gamma} + t_i}{1 + (1+p)^{(\lambda\gamma+1)/\lambda\gamma}} \tag{5.42}$$

由式（5.42）可知，时间阈值 t_f是关于学习能力指数 λ 和交流能力指数 γ 的函数，设计人员的学习能力指数 λ 和交流能力指数 γ 不同时，时间阈值 t_f的值也随之改变；不可控因素 p 取不同值时时间阈值 t_f的值也不同。根据所得的 t_f值计算得到的信息交流收益 R_i为极大值，从而能够得到总的信息交流收益 R 的最大值。

5.4.4　实例分析

这里以某企业长期生产的某型号摩托车发动机为例进行分析。由于科技的更新与进步，消费者对摩托车发动机性能要求越来越高，迫使企业进行新款发动机的研发，从而满足市场的需求。摩托车发动机的研发过程大致由两个部门完成：第一个为发动机的设计部门，第二个为发动机的制造部门。假设前者为上游设计活动，后者为下游设计活动，上、下游设计活动的人员会进行多次信息交流和沟通，对发动机的设计和制造过程中出现的问题及时纠正和解决，从而保证发动机的研发能够顺利进行。

在研发过程中，发动机的设计部门先开始对发动机进行设计，当设计阶段执行一段时间后，制造阶段开始执行，且制造阶段启动时，制造部门的人员会

与设计部门的人员进行第一次信息交流，制造部门的人员依据得到的信息开始执行制造阶段的任务。设计部门和制造部门的信息交流之间会有时间间隔，且设计部门在结束设计阶段时会和制造部门的人员进行最后一次信息交流，信息交流结束后制造部门继续执行制造任务，直到制造部门的任务全部完成。

通过对参与摩托车发动机的人员进行问卷调查得出设计人员的学习能力指数 λ 和交流能力指数 γ，然后依据以往的经验给出产品初始开发速度 V_0，结合开发实际情况，给出单位时间成本 c_t 和单位收益 c_q，以及固有成本 C_0 等，参考文献［11］在摩托车发动机研发过程中的相关参数，最后得相关数据如表 5.8 所示。

表 5.8　产品开发相关参数

参　数	数　值
学习能力指数 λ	0.4
交流能力指数 γ	0.5
不可控因素 p	0.3
初始开发速度 V_0/%	5
信息交流时刻 t_1/d	7
信息交流时刻 t_2/d	12
信息交流时刻 t_3/d	16
单位时间成本 c_t/(元·d^{-1})	3000
单位收益 c_q/(元·d^{-1})	25000
固有成本 C_0/元	5000

以第一次和第二次信息交流时间间隔内为例，将以上参数代入式（5.42）中，计算出时间阈值 t_f 为

$$t_f = \frac{t_{i+1}(1+p)^{(\lambda\gamma+1)/\lambda\gamma} + t_i}{1+(1+p)^{(\lambda\gamma+1)/\lambda\gamma}}$$

$$= \frac{12\times(1+0.3)^{(0.4\times0.5+1)/(0.4\times0.5)} + 7}{1+(1+0.3)^{(0.4\times0.5+1)/(0.4\times0.5)}}$$

$$\approx 11.16(\text{d})$$

将时间阈值 t_f 和上述参数代入式（5.37）中，从而得出第一次和第二次信息交流间的信息交流收益 R_i 为

$$
\begin{aligned}
R_i &= [e^{i\lambda\gamma}V_0 - e^{(i-1)\lambda\gamma}V_0](t_{i+1} - t_i)c_q - [(t_f - t_i)c_t]^{(\lambda\gamma+1)} - \\
&\quad [(1+p)(t_{i+1} - t_f)c_t]^{(\lambda\gamma+1)} - C_0 \\
&= (e^{1\times0.4\times0.5} \times 5 - 5) \times (12 - 7) \times 25000 - \\
&\quad [(11.16 - 7) \times 3000]^{(0.4\times0.5+1)} - \\
&\quad [(1 + 0.3)(12 - 11.16) \times 3000]^{(0.4\times0.5+1)} - 5000 \\
&\approx 34941(\text{元})
\end{aligned}
$$

该摩托车发动机生产企业在进行摩托车发动机开发时，可以根据制定的计划进度，计算出每次信息交流时间间隔内的时间阈值 t_f，从而计算出此信息交流时间间隔内的信息交流收益 R_i，最终可以得到总的信息交流收益 R，为企业在有了产品的开发进度表之后，制定合理的开发预算提供理论参考。

为了得出设计人员学习能力指数 λ 与交流能力指数 γ 对时间阈值 t_f 的影响规律，以第一次和第二次信息交流时间间隔内为例，在其他参数不变的情况下，分别取不同的 λ 值、γ 值计算时间阈值 t_f 和信息交流收益 R_i 的数值以及变化趋势，如表 5.9~表 5.10 和图 5.12~图 5.15 所示。

表 5.9 当学习能力指数 λ 取不同值时 t_f 和 R_i 的计算结果（γ=0.5，p=0.3）

λ	t_f	R_i
0.2	11.76	20381
0.4	11.16	34941
0.6	10.79	-30512
0.8	10.58	-306950

表 5.10 当交流能力指数 γ 取不同值时 t_f 和 R_i 的计算结果（λ=0.4，p=0.3）

γ	t_f	R_i
0.2	11.88	13547
0.4	11.36	34858
0.6	10.98	22638
0.8	10.74	-64222

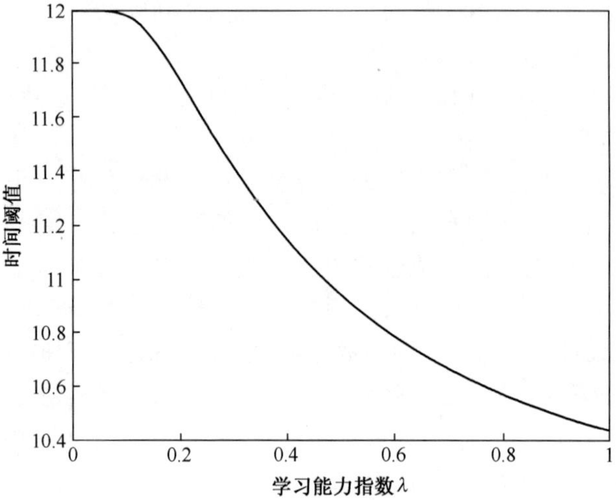

图 5.12　学习能力指数不同时时间阈值的变化趋势

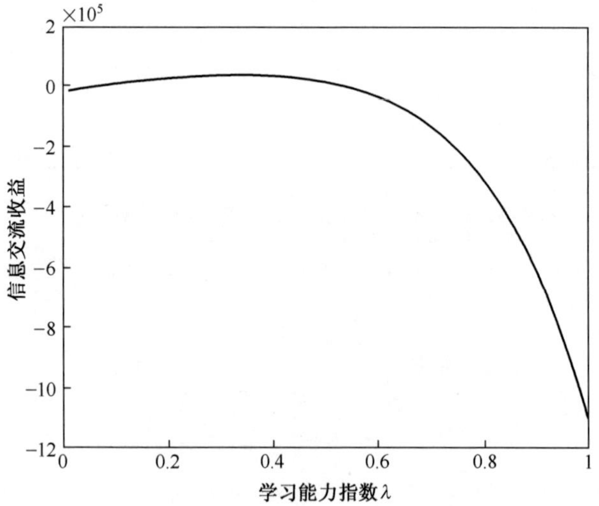

图 5.13　学习能力指数不同时信息交流收益的变化趋势

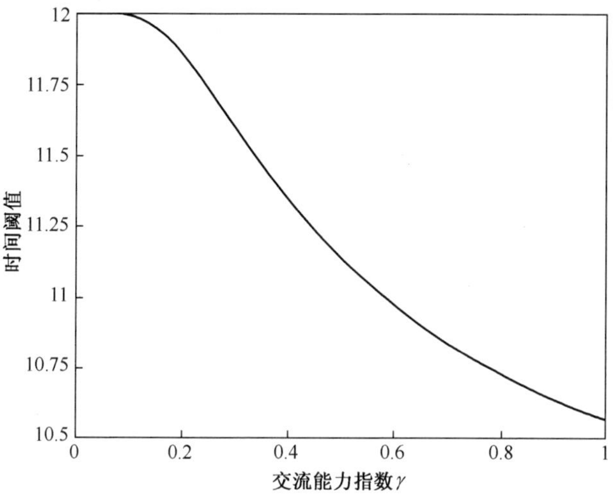

图 5.14　交流能力指数不同时时间阈值的变化趋势

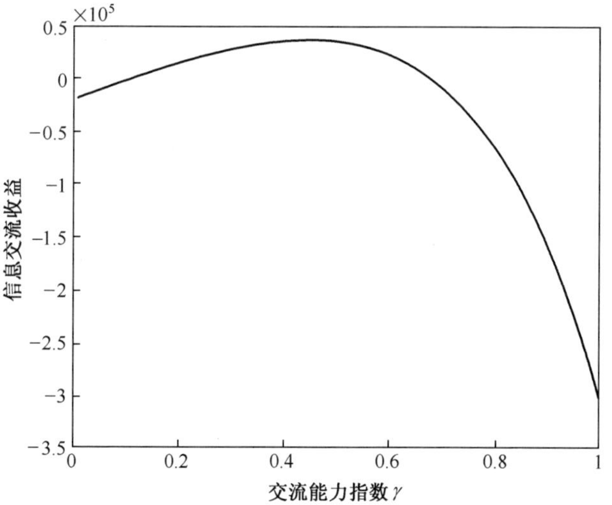

图 5.15　交流能力指数不同时信息交流收益的变化趋势

由表 5.9 和图 5.12、图 5.13 可以看出，当设计人员的交流能力指数 γ 不变时，随着学习能力指数 λ 的变大，时间阈值 t_f 在逐渐减少，信息交流时间间隔内的信息交流收益 R_i 先增大后逐渐减少。当 R_i 为负数时，说明设计人员的学习能力太弱或过强，此时信息交流时间间隔内的信息交流成本大于绩效收益，只有当设计人员学习能力在一定范围内时信息交流收益才为正值。

同理，由表5.10和图5.14、图5.15可以看出，当 λ 不变时，随着 γ 的增大，t_f在逐渐减少，R_i也呈先增大后减少的趋势。当 R_i为负数时，说明设计人员的交流能力太弱或过强，同样信息交流成本也大于绩效收益，只有当设计人员交流能力在一定范围内时信息交流收益才为正值。

综上所述，设计人员的学习与交流能力对上、下游设计活动间的信息交流时间阈值以及信息交流收益都有影响，研究学习与交流能力对设计活动间信息交流的影响，制定出合理的开发预算，最终节约了产品成本。

小结：本节通过计算每次信息交流时间间隔内的时间阈值，求解此信息交流时间间隔内的信息交流收益，最终得到总的信息交流收益，分别分析了不同设计人员学习与交流能力，对时间阈值和信息交流收益的影响趋势，阐明了设计人员的学习与交流能力对上、下游设计活动间信息交流的影响。研究结果能为企业根据制定的计划进度表，得出较为合理的产品开发预算提供一种理论参考。

参考文献

[1] 徐亮亮，唐敦兵，朱仁淼，等. 设计需求与方案求解协同演化模型的形式化表达 [J]. 工程设计学报，2011，18（1）：17-22.

[2] 贾军，张卓. 复杂产品开发时间和开发团队交流优化模型及其应用研究 [J]. 中国机械工程，2013，24（15）：2030-2035.

[3] GOKPINAR B，HOPP W J，IAVANI S M R. The impact of misalignment of organizational structure and product architecture on quality in complex product development [J]. Management Science，2010，56（3）：468-484.

[4] 王娟茹，罗玲. 知识共享行为、创新和复杂产品开发绩效 [J]. 科研管理，2015，36（6）：37-45.

[5] 马文建，刘伟，李传昭. 并行产品开发中设计活动间重叠与信息交流 [J]. 计算机集成制造系统，2008，14（4）：630-636.

[6] 徐岩，姜澄宇，郑洪源，等. 并行工程中下游事件启动时刻研究 [J]. 机械科学与技术，2005，24（1）：115-118.

[7] 周雄辉，李祥，阮雪榆. 注塑产品与模具协同设计任务规划算法研究 [J]. 机械工程学报，2003，39（2）：851-857.

[8] DEMOLY F，YAN X T，EYNARD B，et al. Integrated product relationships management：a model to enable concurrent product design and assembly sequence planning [J]. Journal of Engineering Design，2012，23（7）：544-561.

[9] FORD D N，STERMAN J D. Overcoming the 90% syndrome：iteration management in concurrent development projects [J]. Concurrent Engineering：Research and Applications，

2003, 11 (3): 177-186.

[10] LIN J, QIAN Y J, CUI W T, et al. Overlapping and communication policies in product development [J]. European Journal of Operational Research, 2010, 201 (3): 737-750.

[11] 柴国荣, 杜志坤, 廖颖. 含有迭代的复杂项目工期与工时计算 [J]. 管理工程学报, 2014, 28 (1): 166-170.

[12] YASSINE A, BRAHA D. Complex concurrent engineering and the design structure matrix method [J]. Concurrent Engineering: Research and Application, 2003, 11 (3): 165-176.

[13] KRISHNAN V, EPPINGER S D, WHITNEY D E. A model-based framework to overlap product development activities [J]. Management Science. 1997, 43 (4): 437-451.

[14] LIM T, YI C, LEE D. Concurrent construction scheduling simulation algorithm [J]. Computer Aided Civil and Infrastructure Engineering, 2014, 29 (6): 449-463.

[15] DEHGHAN R, RUWNAPURA J Y. Model of trade-off between overlapping and rework of design activities [J]. Journal of Construction Engineering and Management-asce, 2014, 140 (2): 04013043.

[16] 杨宝森, 郑柯君, 来玲. 基于设计结构矩阵的复杂研发项目过程模型 [J]. 系统仿真学报, 2015, 27 (9): 2187-2193.

[17] 陈倩, 杨育, 张雪峰, 等. 客户协同产品开发模糊前端阶段创意知识获取 [J]. 计算机辅助设计与图形学学报, 2017, 29 (1): 145-154.

[18] 周健明, 刘云枫, 陈明. 知识隐藏、知识存量与新产品开发绩效的关系研究 [J]. 科技管理研究, 2016, 30 (4): 162-168.

[19] 田启华, 汪巍巍, 杜义贤, 等. 并行产品设计人员学习与交流能力对下游活动影响的研究 [J]. 工程设计学报, 2016, 23 (5): 424-430.

[20] 田启华, 汪巍巍, 汪涛, 等. 设计人员学习与交流能力对并行产品开发上游活动影响的研究 [J]. 三峡大学学报 (自然科学版), 2018, 40 (2): 78-83.

[21] 田启华, 刘泽龙, 汪巍巍, 等. 设计人员学习与交流能力对上、下游设计活动间信息交流影响的研究 [J]. 三峡大学学报 (自然科学版), 2018, 40 (5): 80-85.

[22] 程贤福. 公理设计应用研究及其与稳健设计的集成 [D]. 武汉: 华中科技大学, 2007.

[23] 荆洪英, 张均勇, 回丽, 等. 面向复杂产品的用户需求获取与分析集成模式的研究 [J]. 机械设计与制造, 2015, 11 (11): 227-231.

[24] 闫纪红, 吴澄, 姜浩. 产品开发活动的并行规划 [J]. 计算机集成制造系统, 2001, 7 (2):6-9.

[25] 吕志军, 项前, 杨建国, 等. 基于产品进化机理的纺织工艺并行设计系统 [J]. 计算机集成制造系统, 2013, 19 (5): 935-940.

[26] BRETTHAUER K M, SHETTY B, SYAM S, et al. Production and inventory management under multiple resource constraints [J]. Mathematical and Computer Modelling, 2006, 44: 85-95.

[27] 刘伟，刘严严．下游开发活动纳入上游开发活动动态信息研究［J］．计算机集成制造系统，2011，17（6）：1292-1297.
[28] 王志亮，张友良．耦合任务的重叠执行问题研究［J］．计算机集成制造系统，2006，12（6）：947-954.
[29] 孙晓斌，肖人彬，李莉．并行设计中任务量与时间模型的探讨［J］．中国机械工程，1999，10（2）：207-211.
[30] 李洪波，熊励，刘寅斌．项目资源均衡研究综述［J］．控制与决策，2015，5：769-779.

第 6 章

产品设计与开发中的资源优化配置

本章针对产品设计开发过程中的资源分配不合理问题，探讨如何通过任务规划实现资源的优化分配，从而为产品设计开发过程中的资源优化配置提供有效的处理方法。

6.1 引　言

产品在设计开发过程中的资源消耗决定了产品的生产成本，特别是在资源日益紧缺的当今社会，能否合理地分配资源、降低生产成本成为企业在激烈的竞争中生存下来的关键。然而产品的开发过程中往往存在着资源分配不合理的问题[1]。因此，近些年来人们针对该问题展开了广泛的研究，并取得了相应的成果。例如，杨利宏和杨东[2]采用基于活动优先权的十进制编码方式，结合活动的储存邻接矩阵，有效地解决了活动调度违例现象，并通过计算机的多次迭代运算得出了满足资源约束的最优工期；寿涌毅[3]针对项目实施过程中涉及不同项目之间的资源共享与冲突问题，建立了资源约束下的多项目调度问题的数学模型，并在单项目的调度迭代算法的基础上进行扩展和改进，从而有效地缩短了多项目的总工期。但这些方法并没有考虑到任务执行过程的资源分配问题，难以得到在资源约束下的最优化求解。

郝真鸣等[4]根据 Petri 网的结构化特性将初始资源优化配置问题抽象为整数线性规划问题，利用 LINGO 等软件求解初始资源优化配置问题；Rudek 和 Heppner[5]提出了一种基于数学模型的专家系统，该模型将讨论的问题描述为在递减比例约束下离散资源分配问题，通过使用高度可扩展的并行分支和绑定算法以及计算效率变式来解决配制优化问题；吕志军等[6]基于产品进化机理和产品全生命周期思想，提出纺织工艺智能化并行设计系统架构，通过质量预测实现工艺并行设计与优化，提高产品开发效率，但是完全的并行模式在各种实际条件的限制下很难实现；Bretthauer 等[7]通过考虑原材料、机器产能、员工能力、储存空间等多方面的资源约束，提出了一种能解决生产和库存管理中多资源约束问题的模型，但该方法仍没有考虑到任务执行过程的资源分配问题，难以得到在资源约束下的最优化求解。

对于产品设计中的耦合问题，提出合适的迭代求解方式，以实现设计开发资源的合理分配，是人们十分关注的。例如，孙晓斌和肖人彬[8]通过引入最佳运作效能值来衡量并行迭代过程中不同任务的关键度，建立了基于效率约束的并行迭代的优化模型，通过优化求解得到特定设计结构下不同任务小组的最佳运作效能值和关键度，为任务小组资源分配水平能进入最佳状态提供了技术参考；田启华等[9-10]分别对具有资源最优化配置特性的耦合集求解模型、二阶段迭代模型求解方法等进行了研究，但并未考虑到二阶以上的多阶段迭代方式；Kim[11]将工作转换矩阵引入并行迭代设计研究中，发展了工作转换矩阵的系统表示方法，但这些研究是围绕并行迭代设计而展开的。

在并行产品开发过程中，并行执行任务在执行过程中的整体执行速度的快慢决定了整个产品开发周期的长短，然而执行速度最慢的任务往往决定了整个产品开发周期的长短。由于任务执行速度的快慢与其所分配的资源的多少有直接的关系，国内外学者针对任务执行过程中的资源分配问题做了不少研究。例如，韩景倜和肖宇[12]通过对产品开发过程的任务更新过程进行分析，提出了一种能够保证全局任务完成速率阈值的动态分配策略；Hartmann 和 Briskorn[13]对项目执行过程中的资源受限问题进行了研究，提出了用于资源约束条件下任务分配和资源调度策略；郭弘凌等[14]在对先进设计技术的分类研究过程中，提出了权重比的概念；田启华等[15]基于二阶段迭代模型，构建了一种在工期不确定条件下资源优化配置模型，研究分析了根据该模型求解得出的任务完成时间分布情况；张鹏等[16]通过改进经典遗传算法的相关遗传算子，借助深度优先搜索算法实现了单个染色体对应资源的最佳分配。总的来说，国内外研究人员对于产品开发过程中的资源分配问题仍在不断地进行研究，也在不断地提出对应的资源分配策略，但并没有一种可以适用于所有产品开发任务类型的资源分配优化策略，因此需要根据不同的任务类型进行对应的资源分配优化策略研究。

近些年来，不少学者围绕资源分配权重的相关问题进行了研究，并取得了相应成果。例如，崔玉泉等[17]提出利用随机 DEA 方法，综合考虑生产效率、投入产出弹性和生产潜能三个因素构建了新的资源分配权重计算模型；崔博和牛悦娇[18]根据离散度对移动通信资源进行聚类处理，得出资源分配权重，从而完成了移动通信资源的分配；何立华等[19]针对多资源均衡优化中如何合理确定多资源权重系数的问题，通过将专家权重分为类别间权重和类别内权重，对专家聚类步骤和类别间权重的计算方法进行了改进。以上研究提出或改进了关于资源分配权重的计算方法，从而使得资源分配更加合理，但针对层次分析法在耦合任务集中资源分配权重确定问题的应用并未深入研究。

产品开发中任务调度由于受到来自企业内部技术人员、设备工具和资金等资源的约束，其原来可以执行的任务因为这些资源受限而发生延迟执行或不能执行。针对资源约束下的任务调度问题，国内外学者们开展了一些研究，并取得了相应的成果。例如，秦旋等[20]构建了以生产完工时间和惩罚成本为目标的生产调度数学模型，设计了一种新颖的多目标混合共生生物搜索算法（MOHSOS）对模型进行求解，以合理安排构件的生产顺序和资源配置，从而达到降低成本、提高生产效率的目的；安晓亭和张梓琪[21]提出了一种带局部搜索的改进蚁群优化算法，用于求解多目标资源受限项目调度问题；徐赐军和李爱平[22]根据不同的资源约束和强耦合的设计活动等特点，提出了一种资源约束的产品开发过程集成模型；Gao 等[23]对于资源受限的项目调度问题，提出了一种改进的关键路径调度算法；肖人彬等[24]提出了一种资源均衡策略的耦合集求解方法，以解决产品开发中资源约束下的资源分配问题，从而提高了资源的利用率，缩短了产品开发任务调度的迭代时间；项前等[25]提出了一种改进的动态差分进化参数控制方法和双向优化问题调度算法，以解决资源受限的项目调度问题；王静等[26]建立了一种求解资源受限项目调度模型的差分进化人工蜂群算法，获得了约束资源的分布以及资源和项目时间的优化方案；Tahooneh 和 Ziarati[27]利用人工蜂群算法来解决随机资源约束项目调度问题，仿真结果表明该算法能更有效地解决随机资源约束项目调度问题。上述文献从不同方面对资源约束下任务调度的问题进行了研究，有些针对非耦合设计任务调度建立的优化模型，任务数量较少且任务间不存在错综复杂的关系，并不适合耦合设计任务调度优化中存在大量迭代和返工的情况；有些优化目标单一，或采用其他的方法将多目标优化问题转化为一个综合的目标，评价的指标较单一。参考文献［28］虽然建立了以产品开发时间和开发成本为目标的任务调度多目标优化模型，采用 NSGA-Ⅱ的算法求解，确定了任务调度方案的 Pareto 最优解集，利用模糊优选法，得到了最优的任务调度方案，但未考虑任务调度中存在的资源约束问题。此外，目前对于耦合设计任务调度中客观存在的学习与遗忘效应问题研究较少。

本章首先对资源利用率与优化约束条件进行了分析，针对产品开发过程中存在的资源分配不合理问题，研究现有的耦合集求解模型，结合资源均衡分配思想，建立一种具有资源最优化配置特性的耦合集求解模型，对任务小组间的资源分配不合理问题进行优化，最终得到优化的资源分配情况；针对实际生产中单阶段并行迭代模型要求所有任务同时并行执行难以实现的问题，将单阶段迭代模型与多阶段任务分配思想结合，构建二阶段迭代模型，通过求解该模型得到各任务小组的任务阶段和资源分配的最优化配置；针对现有基于效率约束的耦合设计迭代模型求解中存在的资源分配不合理问题，将资源均衡策略引入迭代模型中，构建具有资源最优化配置的多阶段迭代模型，通过求解该模型得到了各任务小组的最优资源配置。其次，针对产品开发任务执行过程中资源分配不合理的问题，在基于权重法的任务关键度和任务执行小组综合能力量化分析的基础上，对任务和任务执行小组进行合理的初次分配和二次分配，实现了资源的优化分配。再次，针对耦合任务集中因资源分配不合理而造成资源利用不充分的问题，引入定性与定量相结合的层次分析法，建立关于资源分配的层次结构模型，构造资源分配矩阵，并通过分析任务间的耦合对资源分配矩阵中权重比的影响得出解决权重比不一致的方法，从而确定各资源的权重分配系数，使得各任务得到较为合理的资源配置。最后，针对产品开发过程中存在的资源约束问题，结合多阶段耦合集求解模型，考虑任务执行过程中存在的学习遗忘效应，以开发时间和开发成本为目标，研究资源约束下产品开发任务调度优化问题。

6.2 资源优化配置下的耦合迭代模型

6.2.1 资源利用率与优化约束条件

在确定任务所分阶段的任务执行时间的最小值时，类似于木桶效应，执行时间最长的那项子任务决定整个耦合任务集的工作时间。这里的优化目标是要使任务执行时间最长的子任务的执行工期最短。但是由于资源约束问题，企业分配给各任务小组的固定资源是有限的，所以这里就存在一个最大运作效能 $\max v_i$，产生约束条件 $0<v_i\leqslant\max v_i$，其中 v_i 为每个工作小组的工作效率。

有了以上的分析和定义，便可以 v_i 为设计变量，以时间 $\boldsymbol{T}$ 的最小值为目标函数，以 v_i 的取值范围为约束条件，则得到基于经验分配资源的优化模型为

$$\begin{cases}\text{find: } \boldsymbol{T} \\ \text{object: } F=\min(\max(\boldsymbol{T})^{\mathrm{T}}) \\ \text{s.t.: } 0<v_i\leqslant\max v_i,\ i=1,2,\cdots,N\end{cases}\tag{6.1}$$

式中，$\boldsymbol{T}$ 为列向量；$\boldsymbol{T}^{\mathrm{T}}$ 表示 $\boldsymbol{T}$ 的转置。

依据式（6.1），可以计算出基于经验分配资源的情况下，各个任务小组的最佳运作效能值，记为 $\text{optimal\_}v_i$，以及第 1、2 阶段的最优任务分配情况，记为 $\text{optimal\_}k_i$。定义资源利用率为

$$\text{ratio\_}v_i = \frac{\text{optimal\_}v_i}{\max v_i} \times 100\% \tag{6.2}$$

依据式（6.2），可以计算出各任务的资源利用率 $\text{ratio\_}v_i$（或简记为 q_{vi}），该值表示了每个任务小组的资源利用情况，其取值范围一般为 0%～100%。如果该值较高，说明其对应的任务在设计过程中的资源利用率较高，任务小组的工作压力也较大；如果该值较低，说明其对应的任务小组中存在着资源浪费，可适当减少对其分配的资源，将资源分配给其他任务小组，以提高资源利用率。

但是基于设计经验进行资源分配，难免会有资源分配不均的情况。式（6.1）所示的优化模型可以在现有资源分配的情况下求出各个设计小组的最佳运作效能值，从而看出原资源分配情况是否合理。但是该模型并没有给出资源调整的方法，也就是无法得到各设计小组间的最佳资源分配情况。所以可将各任务小组的资源分配情况等效看作其最大运作效能，来探讨对各任务小组的资源最优化配置方法。

通常在有限资源的约束下，各任务小组的最大运作效能由企业所分配的资源量决定，资源越多，运作效能就高；反之运作效能就低。因此在资源分配时可以基于资源均衡分配的思想[29-30]，把每个任务小组的最大运作效能看作对每个任务小组所分配的资源数量。

将所有任务小组的最大运作效能值 $\max v_i$ 相加得到一个总的运作效能 $\sum_{i=1}^{N}\max v_i$，而每个任务小组的运作效能 v_i 都必须小于这个总的运作效能值 $\sum_{i=1}^{N}\max v_i$，同时各任务小组的运作效能之和 $\sum_{i=1}^{N}\max v_i$ 也必须小于这个总的运作效能值 $\sum_{i=1}^{N}\max v_i$。因此可将约束条件表述为

$$\begin{cases} 0 < v_i \leqslant \sum_{i=1}^{N}\max v_i \\ 0 < \sum_{i=1}^{N} v_i \leqslant \sum_{i=1}^{N}\max v_i \end{cases},\ i = 1,\ 2,\ \cdots,\ N \tag{6.3}$$

6.2.2 资源优化配置下并行迭代模型

1. 资源最优化配置模型的构建

在任务的总工作量计算中，较为典型的耦合集求解模型为[31-32]

$$\lim_{M\to\infty} \boldsymbol{U} = \boldsymbol{WS}\left(\lim_{M\to\infty}\sum_{x=0}^{M}\boldsymbol{\Lambda}^{x}\right)\boldsymbol{S}^{-1}\boldsymbol{u}_0 \tag{6.4}$$

式中，$\boldsymbol{U}$ 为所有任务的总工作量矩阵；初始工作向量 $\boldsymbol{u}_0$ 是元素全为 1 的 $N\times1$ 维向量，N 表示总的任务数量；对角阵 $\boldsymbol{W}$ 表示每项任务所对应的工作量；M 为总的迭代次数；x 为当前的迭代次数。

令 $\boldsymbol{R}$ 为工作转移矩阵中的任务返工矩阵，该矩阵描述了在迭代过程中任务返工量的数值大小。把矩阵 $\boldsymbol{R}$ 相似对角化之后得到其特征值矩阵 $\boldsymbol{\Lambda}$ 和特征向量矩阵 $\boldsymbol{S}$，当矩阵 $\boldsymbol{R}$ 的最大特征值 $\lambda_{\max} < 1$ 时，此时任务迭代过程是收敛的，则有

$$\lim_{M\to\infty}\left(\sum_{x=0}^{M}\boldsymbol{\Lambda}^{x}\right) = (\boldsymbol{I}-\boldsymbol{\Lambda})^{-1} \tag{6.5}$$

式中，$\boldsymbol{I}$ 为单位矩阵；$\boldsymbol{\Lambda}$ 是矩阵 $\boldsymbol{R}$ 的特征值矩阵。

在 $\lambda_{\max} > 1$ 时，耦合任务的迭代过程为发散的，整个设计开发过程不能正常结束，因此这里假设矩阵 $\boldsymbol{R}$ 的最大特征值 $\lambda_{\max} < 1$。

定义对角线矩阵 $\boldsymbol{V} = \mathrm{diag}(v_1, v_2, \cdots, v_i, \cdots, v_N)$，式中 v_i 为对应完成任务 i 的工作小组的效率，N 表示总的任务数量。令 $\boldsymbol{T}$ 为一个 $N\times1$ 维的时间向量，$\boldsymbol{T}$ 中的每一个元素 T_i 表示执行任务 i 的工作小组从工作开始到最终结束任务所需要的时间，则有

$$\boldsymbol{T} = f(\boldsymbol{V}) = \boldsymbol{V}^{-1}\boldsymbol{WS}(\boldsymbol{I}-\boldsymbol{\Lambda})^{-1}\boldsymbol{S}^{-1}\boldsymbol{u}_0 \tag{6.6}$$

将式（6.3）、式（6.6）代入式（6.1）可得到新的优化模型：

$$\begin{cases}\text{find: } f(\boldsymbol{V}) = \boldsymbol{V}^{-1}\boldsymbol{WS}(\boldsymbol{I}-\boldsymbol{\Lambda})^{-1}\boldsymbol{S}^{-1}\boldsymbol{u}_0 \\ \text{object: } F = \min(\max(f(\boldsymbol{V})^{\mathrm{T}})) \\ \text{s.t.: } 0 < v_i \leqslant \sum_{i=1}^{N}\max v_i,\ 0 < \sum_{i=1}^{N} v_i \leqslant \sum_{i=1}^{N}\max v_i,\ i = 1, 2, \cdots, N\end{cases} \tag{6.7}$$

依据式（6.7），可以计算出各个任务小组的新的最佳运作效能值，记为 P_{vi}，该值也表示每个任务小组的最佳资源分配情况。当然在实际生产过程中，资源的分配情况涉及资金、设备、技术人员等多方面的分配，难以用简单的数字表示，也难以保证实际的资源分配情况与理论结果 P_{vi} 相同，P_{vi} 只是一个参

考值，可以用它来和各任务小组原来的最大工作效能值 $\max v_i$ 做对比，以此为标准对各任务小组间的资源分配情况进行调整。

2. 实例分析

这里以某空气净化器开发过程为例[33]，对本小节的优化模型在实际产品设计开发中的应用进行说明。该空气净化器的设计开发过程来源于参考文献[33]，其余很多数据是为计算需要而假设的。该空气净化器的设计开发包括概念设计（任务 A）、风扇设计（任务 B）、空气过滤器设计（任务 C）、水箱设计（任务 D）、智能监控系统设计（任务 E）、主体设计（任务 F）、负离子发生器设计（任务 G）和电路设计（任务 H）这 8 个任务，各任务间的耦合信息对应的工作转移矩阵如图 6.1 所示，图中数值表示因其他任务的变化而导致某任务返工的任务量。例如，在某次迭代阶段，当任务 F 需要重新设计时，那么在随后的迭代阶段，任务 B 本身任务量的 70%（对应图中数据为 0.7）需要额外的返工[34-35]。

		A	B	C	D	E	F	G	H
概念设计	A	A							
风扇设计	B	0.1	B				0.7		
空气过滤器设计	C		0.6	C		0.6			
水箱设计	D		0.2		D	0.5			
智能监控系统设计	E		0.5		0.6	E			
主体设计	F		0.2	0.3			F		
负离子发生器设计	G		0.4					G	
电路设计	H		0.3	0.2			0.3		H

图 6.1　空气净化器开发过程中任务间的耦合信息

从图 6.1 中可以看出，任务 A、G、H 对应的耦合信息只在矩阵对角线的下半部分出现，说明这三个任务间只存在单向迭代关系；而任务 B、C、D、E、F 对应的耦合信息在矩阵对角线的上下两部分都出现，说明这 5 个任务间存在双向耦合关系，它们构成了带循环信息流的任务耦合集[36]，其对应的工作转移矩阵 **W** 为

$$W = \begin{bmatrix} 0 & 0 & 0 & 0 & 0.7 \\ 0.6 & 0 & 0 & 0.6 & 0 \\ 0.2 & 0 & 0 & 0.5 & 0 \\ 0.5 & 0 & 0.6 & 0 & 0 \\ 0.2 & 0.3 & 0 & 0 & 0 \end{bmatrix}$$

耦合任务集中的5个任务以并行方式执行。现根据一般产品的设计开发情况做以下假设：耦合任务集中的5个任务所对应的单位工作量 w_i 依次为 7 d·p、4 d·p、5 d·p、6 d·p、2 d·p，即 $\boldsymbol{W}=\mathrm{diag}(7, 4, 5, 6, 2)$。根据以往的设计开发经验，该空气净化器在企业中的资源分配情况使这5个任务相对应的任务小组的运作效能值 v_i 具有上、下限，分别是 $0<v_1\leqslant 12$，$0<v_2\leqslant 14$，$0<v_3\leqslant 10$，$0<v_4\leqslant 7$，$0<v_5\leqslant 15$。

通过计算，可以得到 $\boldsymbol{W}$ 矩阵的特征值矩阵 $\boldsymbol{\Lambda}$ 和特征向量矩阵 $\boldsymbol{S}$。

令初始工作向量 $\boldsymbol{u}_0=(1\ 1\ 1\ 1\ 1)^{\mathrm{T}}$。

将以上数据代入式（6.6），经计算化简可得到

$$f(\boldsymbol{V}) = (24.7204/v_1 \quad 25.4682/v_2 \quad 22.0655/v_3 \quad 32.4816/v_4 \quad 7.2328/v_5)$$

将 v_i 的取值范围和 $f(\boldsymbol{V})$ 的计算结果代入式（6.1），可以得到以下优化模型：

$$\begin{cases} \text{find: } f(\boldsymbol{V}) = (24.7204/v_1 \quad 25.4682/v_2 \quad 22.0655/v_3 \quad 32.4816/v_4 \quad 7.2328/v_5) \\ \text{object: } F = \min(\max(f(\boldsymbol{V})^{\mathrm{T}})) \\ \text{s.t.: } 0 < v_1 \leqslant 12,\ 0 < v_2 \leqslant 14,\ 0 < v_3 \leqslant 10,\ 0 < v_4 \leqslant 7,\ 0 < v_5 \leqslant 15 \end{cases}$$

依据该优化模型，应用 MATLAB 工具软件，最终可得到如图 6.2、图 6.3 以及表 6.1 所示的优化结果。

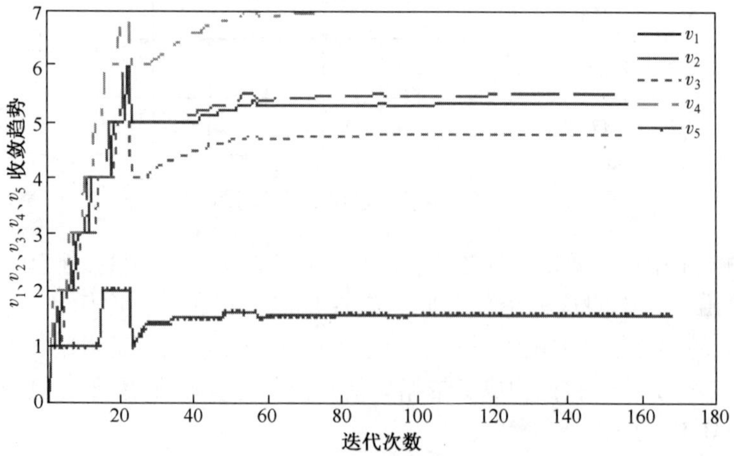

图 6.2 运作效能的收敛情况

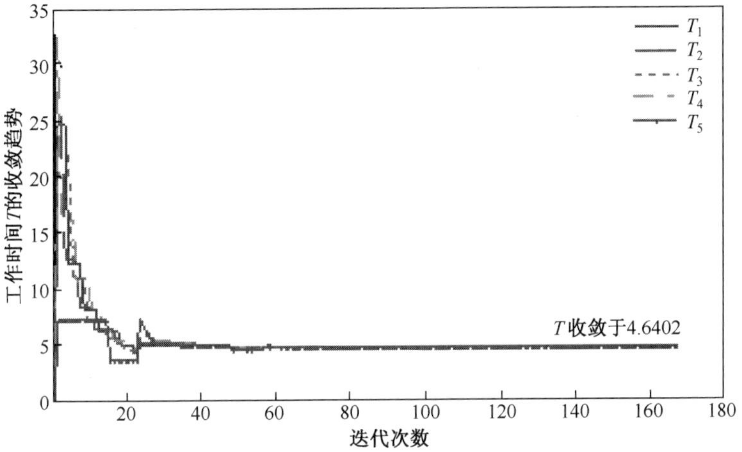

图 6.3　工作时间的收敛情况

表 6.1　最佳运作效能值和关键度

参　数	v_1	v_2	v_3	v_4	v_5
P_{vi}	5.3275	5.4886	4.7553	7.0000	1.5588
q_{vi}	44.40%	39.20%	47.55%	100%	10.39%

图 6.3 所示为各任务小组工作时间 T 的收敛情况。从图 6.3 中可以看出，工作时间 T_i最终都收敛于 4.6402 天。图 6.2 所示为各任务小组的最佳运作效能值 v_i的收敛情况，结合表 6.1 中的数据可以看出，任务 4 的关键度最大（为 100%），说明其对应任务小组的资源利用率最高，小组的工作压力也最大；任务 5 的关键度过小（只有 10.39%），说明其对应的任务小组资源利用率最低，存在着比较严重的资源浪费；其余各个任务小组的关键度也不是很高，基本在 40%左右，都或多或少地存在资源浪费现象。以上数据说明各任务小组间的资源分配不太合理，任务 4 对应任务小组的资源分配过少，任务 5 对应任务小组的资源分配过多，任务 1、2、3 对应任务小组的资源分配偏多，各任务小组间的资源分配情况需要做适当调整。

根据上述分析结果，现可将 5 个任务小组看作一个整体，假设其间的资源可以随意调整，其总的最大运作效能值为

$$\sum_{i=1}^{5} \max v_i = 12 + 14 + 10 + 7 + 15 = 58$$

根据式（6.7）可以得到新的优化模型：

$$
\begin{cases}
\text{find}: f(\boldsymbol{V}) = (24.7204/v_1 \quad 25.4682/v_2 \quad 22.0655/v_3 \quad 32.4816/v_4 \quad 7.2328/v_5) \\
\text{object}: F = \min(\max(f(\boldsymbol{V})^{\mathrm{T}})) \\
\text{s.t.}: 0 < v_1 \leqslant 58,\ 0 < v_2 \leqslant 58,\ 0 < v_3 \leqslant 58,\ 0 < v_4 \leqslant 58,\ 0 < v_5 \leqslant 58 \\
\qquad 0 < v_1 + v_2 + v_3 + v_4 + v_5 \leqslant 58
\end{cases}
$$

根据该优化模型，可计算得到新优化结果（见图 6.4~图 6.5、表 6.2）。

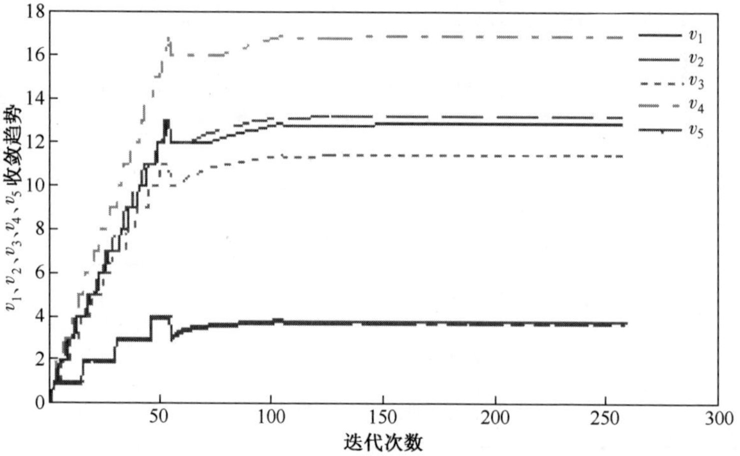

图 6.4　新优化模型下运作效能的收敛情况

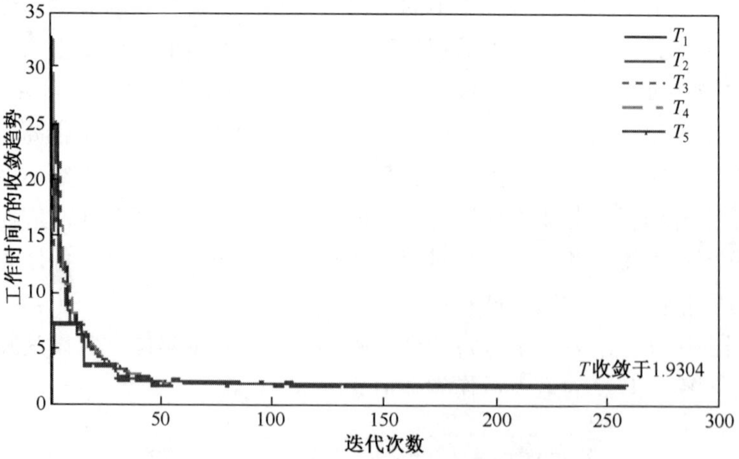

图 6.5　新优化模型下工作时间的收敛情况

表 6.2　最佳运作效能值与原最大运作效能值

参　数	v_1	v_2	v_3	v_4	v_5
$\max v_i$	12	14	10	7	15
P_{vi}	12.8052	13.1926	11.4300	16.8256	3.7466

图 6.4 所示为新优化模型下各任务小组的最佳运作效能值 v_i 的收敛情况，表 6.2 所示为各任务小组的最佳运作效能值和原最大运作效能值的对比。从表 6.2 中的数据可以看出，优化之后的 P_{vi} 对原来各小组的最大工作效能 $\max v_i$ 做了适当调整，第 1 小组的资源分配量由原来的 12 增加至 12.8052，第 2 小组的资源分配量由原来的 14 减少至 13.1926，第 3 小组的资源分配量由原来的 10 增加至 11.4300，第 4 小组的资源分配量由原来的 7 增加至 16.8256，第 5 小组的资源分配量由原来的 15 减少至 3.7466。图 6.5 所示为新优化模型下工作时间 T 的收敛情况。从图 6.5 中可以看出，经过资源分配的调整，工作时间 T_i 的最终收敛值由原来的 4.6402 d 减少至 1.9304 d。

6.2.3　资源优化配置下二阶段迭代模型

1. 二阶段迭代模型的构建

在单阶段迭代模型中，较为典型的耦合集求解模型为[31]

$$\lim_{M\to\infty} \boldsymbol{U} = \lim_{M\to\infty} \sum_{x=0}^{M} (\boldsymbol{W}\boldsymbol{R}^x \boldsymbol{u}_0) \tag{6.8}$$

式中，$\boldsymbol{U}$ 为所有任务的总工作量矩阵；对角阵 $\boldsymbol{W}$ 表示每项任务所对应的工作量；其余符号定义见 6.2.2 节。再结合 6.2.2 小节中的对角线矩阵 $\boldsymbol{V}$ 和时间向量 $\boldsymbol{T}$，可得

$$\boldsymbol{V}\boldsymbol{T} = \lim_{M\to\infty} \boldsymbol{U} = \lim_{M\to\infty} \sum_{x=0}^{M} (\boldsymbol{W}\boldsymbol{R}^x \boldsymbol{u}_0) \tag{6.9}$$

$$\boldsymbol{T} = \lim_{M\to\infty} \sum_{x=0}^{M} (\boldsymbol{V}^{-1}\boldsymbol{W}\boldsymbol{R}^x \boldsymbol{u}_0) \tag{6.10}$$

可以通过式（6.10）计算单阶段并行迭代模型迭代时间，迭代过程见图 1.9。在此模型中所有 4 个任务同时执行，且它们之间存在迭代返工，以各小组最长的任务执行时间作为该过程的总执行时间。然而在实际产品开发过程中，往往无法做到所有任务并行执行，由于工期安排、资源分配、任务要求等各方面的原因，某些任务需要提前执行，某些任务则需要延后执行。

本小节引入二阶段 WTM 模型[33,37]，将耦合集中的任务分配在两个不同的阶段中执行。在第 1 阶段中，将其中某一子集的任务并行执行；在第 2 阶段

中，所执行的工作既包括另一任务集中任务的初始工作，也包括所有任务之间的返工。图 1.11(a) 表示二阶段迭代模型的第 1 阶段，初始工作在 A、B 两个任务之间展开，且返工迭代也仅仅在它们之间进行；图 1.11(b) 表示二阶段迭代模型的第 2 阶段，初始工作在 C、D 两个任务之间展开，而返工迭代在所有 4 个任务之间进行。

由参考文献［38］可得第 1 阶段的任务返工矩阵为

$$\boldsymbol{R}_1 = \boldsymbol{K}\boldsymbol{R}^x\boldsymbol{K} \tag{6.11}$$

式中，$\boldsymbol{K}$ 为任务分布矩阵，其定义见 2.2.1 小节。

第 2 阶段的任务返工矩阵为

$$\boldsymbol{R}_2 = \boldsymbol{R}^x(\boldsymbol{I} - \boldsymbol{K}) \tag{6.12}$$

式中，$\boldsymbol{I}$ 为单位矩阵。

将式（6.11）、式（6.12）代入式（6.10）可得到二阶段迭代模型执行完成所需要的总时间为

$$\boldsymbol{T} = \lim_{M\to\infty}\sum_{x=0}^{M}(\boldsymbol{V}^{-1}\boldsymbol{W}\boldsymbol{K}\boldsymbol{R}^x\boldsymbol{K}\boldsymbol{u}_0 + \boldsymbol{V}^{-1}\boldsymbol{W}\boldsymbol{R}^x(\boldsymbol{I} - \boldsymbol{K})\boldsymbol{u}_0) \tag{6.13}$$

相似对角化矩阵 $\boldsymbol{R}$，得到其特征值矩阵和特征向量矩阵，其分别为 $\boldsymbol{\Lambda}$ 和 $\boldsymbol{S}$，则

$$\boldsymbol{T} = \boldsymbol{V}^{-1}\boldsymbol{W}\Big(\boldsymbol{K}\boldsymbol{S}\Big(\lim_{M\to\infty}\sum_{x=0}^{M}\boldsymbol{\Lambda}^x\Big)\boldsymbol{S}^{-1}\boldsymbol{K} + \boldsymbol{S}\Big(\lim_{M\to\infty}\sum_{x=0}^{M}\boldsymbol{\Lambda}^x\Big)\boldsymbol{S}^{-1}(\boldsymbol{I} - \boldsymbol{K})\Big)\boldsymbol{u}_0 \tag{6.14}$$

由 6.2.2 小节对矩阵 $\boldsymbol{R}$ 最大特征值 λ 的分析，这里同样假设 $\lambda_{\max}<1$，则有

$$\lim_{M\to\infty}\sum_{x=0}^{M}\boldsymbol{\Lambda}^x = (\boldsymbol{I} - \boldsymbol{\Lambda})^{-1} \tag{6.15}$$

为求时间 $\boldsymbol{T}$ 的最终求解公式，把式（6.15）代入式（6.14）中，可得

$$\boldsymbol{T} = \boldsymbol{V}^{-1}\boldsymbol{W}(\boldsymbol{K}\boldsymbol{S}(\boldsymbol{I} - \boldsymbol{\Lambda})^{-1}\boldsymbol{S}^{-1}\boldsymbol{K} + \boldsymbol{S}(\boldsymbol{I} - \boldsymbol{\Lambda})^{-1}\boldsymbol{S}^{-1}(\boldsymbol{I} - \boldsymbol{K}))\boldsymbol{u}_0 \tag{6.16}$$

在式（6.16）中，除了设计变量是 $\boldsymbol{V}$ 和 $\boldsymbol{K}$ 之外，其他都是已知量，因此可得列向量 $\boldsymbol{T}$：

$$\boldsymbol{T} = [t_1, t_2, \cdots, t_i, \cdots, t_N]^{\mathrm{T}} \tag{6.17}$$

式中，t_i表示第 i 个任务迭代完成所需要的时间。

式（6.17）是二阶段迭代模型的最终形式，该模型有无穷解，为了得到最优解，需要以 $\boldsymbol{V}$ 和 $\boldsymbol{K}$ 为设计变量，以 $\boldsymbol{T}$ 的最小值为优化目标，以 v_i 为约束条件建立优化模型。

由式（6.3）的约束条件，可得资源配置的优化模型为

$$\begin{cases} \text{find: } \boldsymbol{T} = [t_1,\ t_2,\ \cdots,\ t_i,\ \cdots,\ t_N]^{\mathrm{T}} \\ \text{object: } F = \min(\max\ (\boldsymbol{T})^{\mathrm{T}}) \\ \text{s. t. : } 0 < v_i \leqslant \sum_{i=1}^{N} \max v_i,\ 0 < \sum_{i=1}^{N} v_i \leqslant \sum_{i=1}^{N} \max v_i,\ i = 1,\ 2,\ \cdots,\ N \end{cases} \tag{6.18}$$

由式（6.18）能得到资源最优化配置下各个任务小组的最佳运作效能值，记作 optimal_v_i，其值也代表了各个任务小组的最优资源分配状况。依据式（6.18），同时能算出第 1、2 阶段的最优任务分配情况，记为 optimal_k_i。由于该方法是将所有资源看作一个整体进行分配的，各任务小组在最佳运作效能值 optimal_v_i下工作是一个非常理想的状态，每个任务小组的资源利用率都可看作 100%。当然在实际产品研发中，资源和任务的分配情况涉及资金、设备、技术人员等多方面的分配，难以用简单的数字表示，也难以保证实际的资源、任务分配情况与理论结果 optimal_v_i和 optimal_k_i完全相同。可以将 optimal_v_i和 optimal_k_i作为一个参考标准对各任务小组进行合理的资源分配以及任务阶段分配，从而减少完成任务所需要的时间，降低设计开发成本。

2. 实例分析

本小节仍以 3.3.3 小节某智能割草机开发过程为例说明以上优化模型在实际生产中的应用。应用 DSM 相关知识进行分析，先将该过程简化处理后得到包括 A~K 共 11 个任务组成的一个耦合集，各任务间的耦合信息如图 6.6 所示，图中对角线上的数据表示任务的工作量，例如任务 K 的工作量为 13.6 人·日；非对角线上的数据表示任务间的返工量，如当任务 K 设计完成后的迭代阶段，任务 I 的 30%需要额外返工（对应图中数据为 0.3）[39]。

由图 6.6 可以得到，任务返工矩阵 $\boldsymbol{R}$ 为

$$\boldsymbol{R} = \begin{bmatrix} & & & & & & 0.1 & & \\ & & 0.5 & & & & & & \\ 0.4 & & & & & & & & \\ 0.1 & 0.1 & & 0.1 & & 0.1 & & & \\ 0.1 & & & & & & & & \\ 0.5 & & & & & & & & \\ & & & 0.5 & & & & & \\ 0.3 & 0.3 & 0.3 & & & & & & \\ & & 0.1 & 0.5 & 0.4 & 0.3 & & & 0.3 \\ & & & 0.5 & 0.5 & 0.3 & & & \\ 0.5 & & & 0.3 & 0.5 & & & 0.5 & \end{bmatrix}$$

		A	B	C	D	E	F	G	H	I	J	K
技术方案设计	A	12								0.1		
割草机车体结构设计	B		9.8		0.5							
车体驱动机构设计	C	0.4		12								
割草机构设计	D	0.1		0.1	13		0.1		0.1			
割草机构驱动设计	E	0.1				10.5						
控制系统设计	F	0.5					22					
传感系统设计	G						0.5	11				
割草机动力学分析	H	0.3		0.3	0.3				10			
割草机平衡分析	I				0.1		0.5	0.4	0.3	13		0.3
路径规划方案设计	J						0.5	0.5	0.3		15	
评估与制造计划	K	0.5					0.3	0.5			0.5	13.6

图 6.6 智能割草机开发过程耦合信息

工作量矩阵 $\boldsymbol{W}$ 为

$$\boldsymbol{W}=\mathrm{diag}\ (12,\ 9.8,\ 12,\ 13,\ 10.5,\ 22,\ 11,\ 10,\ 13,\ 15,\ 13.6)$$

与 6.2.2 小节实例分析同理，这里各任务小组的运作效能值 v_i 分别具有以下上、下限：$0<v_1\leqslant 4$，$0<v_2\leqslant 2$，$0<v_3\leqslant 3$，$0<v_4\leqslant 2$，$0<v_5\leqslant 3$，$0<v_6\leqslant 5$，$0<v_7\leqslant 4$，$0<v_8\leqslant 2$，$0<v_9\leqslant 2$，$0<v_{10}\leqslant 1$，$0<v_{11}\leqslant 7$。

通过计算，可以得到矩阵 $\boldsymbol{A}$ 的特征值矩阵 $\boldsymbol{\Lambda}$ 和特征向量矩阵 $\boldsymbol{S}$，令初始工作向量 $\boldsymbol{u}_0=(1\ 1\ 1\ 1\ 1\ 1\ 1\ 1\ 1\ 1\ 1)^{\mathrm{T}}$。将以上数据分别代入式（6.1）和式（6.18），可以得到基于经验分配资源的优化模型为

$$\begin{cases}\text{find: } \boldsymbol{T}=[t_1,\ t_2,\ \cdots,\ t_i,\ \cdots,\ t_N]^{\mathrm{T}}\\ \text{object: } F=\min(\max\ (\boldsymbol{T})^{\mathrm{T}})\\ \text{s.t.: } 0<v_1\leqslant 4,\ 0<v_2\leqslant 2,\ 0<v_3\leqslant 3,\ 0<v_4\leqslant 2,\\ \qquad 0<v_5\leqslant 3,\ 0<v_6\leqslant 5,\ 0<v_7\leqslant 4,\ 0<v_8\leqslant 2,\\ \qquad 0<v_9\leqslant 2,\ 0<v_{10}\leqslant 1,\ 0<v_{11}\leqslant 7\end{cases}$$

基于资源最优化配置方法的优化模型为

$$
\begin{cases}
\text{find: } \boldsymbol{T} = [t_1, t_2, \cdots, t_i, \cdots, t_N]^{\mathrm{T}} \\
\text{object: } F = \min(\max(\boldsymbol{T})^{\mathrm{T}}) \\
\text{s.t.: } 0 < v_i \leqslant 35,\ 0 < \sum_{i=1}^{11} v_i \leqslant 35,\ i = 1, 2, \cdots, 11
\end{cases}
$$

由以上两个优化模型，使用 MATLAB 软件中的 fminimax 优化函数，可得到优化结果如表 6.3 和表 6.4 所示。

表 6.3　基于经验分配资源的优化结果

迭代模型	i	1	2	3	4	5	6	7	8	9	10	11	T
一阶段模型	optimal_k_i	一阶段模型中 k_i 全为 0 或全为 1											53.23
	optimal_v_i	2.17	2.00	2.05	1.78	3.00	1.13	1.93	1.65	1.23	1.00	1.27	
	ratio_v_i/%	54.25	100	68.33	89	100	22.6	48.25	82.5	61.5	100	18.14	
二阶段模型	optimal_k_i	1	1	1	1	1	1	1	1	0	0	1	15.98
	optimal_v_i	2.12	2.00	2.01	1.71	3.00	2.63	1.87	1.87	1.94	1.00	4.25	
	ratio_v_i/%	53	100	67	85.5	100	52.6	46.75	93.5	97	100	60.71	

表 6.4　资源最优化配置下的优化结果

迭代模型	i	1	2	3	4	5	6	7	8	9	10	11	T
一阶段模型	optimal_k_i	一阶段模型中 k_i 全为 0 或全为 1											10.29
	optimal_v_i	1.75	1.78	1.87	2.19	1.17	3.74	2.00	2.38	6.35	5.17	6.59	
二阶段模型	optimal_k_i	1	0	0	1	0	1	1	1	0	0	0	6.35
	optimal_v_i	2.84	1.68	2.02	3.54	1.68	6.07	3.25	3.86	3.53	2.82	3.71	

表 6.3 所示为基于经验分配资源的优化结果。由表中数据可以看出一阶段模型的任务完成时间为 53.23 d，从各任务小组的最佳运作效能值可以看出各任务小组中或多或少地存在资源浪费现象。例如，任务 K 对应的任务小组最大运作效能值为 7，而最佳运作效能值仅为 1.27，即该任务小组的资源利用率仅为 18.14%。而在二阶段模型中，任务的最佳分配方案为任务 A~H、K 分配在第 1 阶段，任务 I、J 分配在第 2 阶段，完成任务所需要的时间减少为 15.98 d。各任务的最佳运作效能值也都有了相应调整。例如，任务 K 对应的任务小

组最佳运作效能值调整为4.25，其资源利用率增加至60.71%，与一阶段模型相比有了明显的改善，但是各任务小组中还是或多或少地存在资源浪费现象。

表6.4所示为资源最优化配置下的优化结果。该优化方法将各任务小组的所有运作效能加到一起再重新分配，找到最佳运作效能值。由表中数据可以看出，一阶段模型的任务完成时间为10.29 d，与基于经验分配资源的优化结果相比减少了很多，而且各任务小组的最佳运作效能值也有了相应的调整。但在二阶段模型中，将任务A、D、F、G、H分配在第1阶段，并且将任务B、C、E、I、J、K分配在第2阶段的任务分配方案是最佳的，此时各任务小组的最佳运作效能值又做了相应调整，最终的任务完成时间仅为6.35 d，比之前所有的优化结果中所需的时间都要短。特别是与最初结果53.23 d相比，缩短了约88%，出现如此大的改进主要是因为最初结果是在较为恶劣的条件下计算得到的，在该条件下大部分任务小组存在比较严重的资源浪费，如资源利用率较低的小组只有22.6%和18.14%；而最终的优化结果是在较为理想的条件下计算得到的，所有任务小组的资源利用率都为100%。

当然以上计算结果为理想值，在实际产品研发中，资源的分配和任务的阶段分配情况会受到资金、设备、技术人员等多方面的影响，每个任务小组的资源分配也难以用简单的数字表示，以上的优化结果可作为一个参考，实际生产过程中应使每个任务小组的资源分配和任务阶段分配情况与上述优化结果尽量接近，以此来发挥整个团队的最大运作效能，减少任务完成时间。

6.2.4 资源优化配置下多阶段迭代模型

1. 具有资源均衡策略的多阶段迭代模型的构建

多阶段迭代模型主要是将并行迭代分为两个或多个阶段，且在各阶段中所有的任务都是实行并行迭代，而各个阶段之间实行的是串行迭代。参考文献［40］，利用设计结构矩阵来构建多阶段迭代模型。定量的DSM对角线单元描述的是所有任务单独执行所需要的时间长度，非对角单元则是对应任务发生的可能性，在［0，1］内取值。每一个非对角线单元值表示当任务i由于没有接收到来自任务j的最新输出信息而导致的另一次迭代过程发生的概率。

定义对角线矩阵：

$$\boldsymbol{V} = \mathrm{diag}(v_1, v_2, \cdots, v_i, \cdots, v_n) \tag{6.19}$$

式中，对角线上的元素$v_i(i = 1, 2, \cdots, n)$为完成i任务的工作小组的效率；n为产品设计开发过程的总任务数。每个设计任务小组的资金流入、人力投入、技术条件等资源，是企业依据以往的设计经验进行分配的，耦合集中各任务小组的资源被定量分配后，其对应的运作效能值 v_i 都有各自的上限 $\max v_i$，导致各任务小组的 v_i 受到上限的约束，即约束条件为 $0<v_i\leqslant \max v_i$。

设各阶段的执行时间 $\boldsymbol{T}_1$，$\boldsymbol{T}_2$，…，$\boldsymbol{T}_s$，…，$\boldsymbol{T}_m$ 均为 n 维列向量，M 为总的迭代阶段数（$s=1$，2，…，m，$m\leqslant n$），其中第 x 阶段的执行时间为

$$\boldsymbol{T}_s=[t_{s1}\quad t_{s2}\quad \cdots\quad t_{sj}\quad \cdots\quad t_{sn}]^{\mathrm{T}} \tag{6.20}$$

式中，t_{sj} 代表第 j 个任务在当前的 s 阶段的执行时间（$j=1$，2，…，n），而阶段 s 最多可取任务数为 n。

根据参考文献［38］，多阶段迭代模型第 1 阶段的执行时间 $\boldsymbol{T}_1$ 为

$$\boldsymbol{T}_1=\boldsymbol{Z}(\boldsymbol{I}-\boldsymbol{K}_1\boldsymbol{B}\boldsymbol{K}_1)^{-1}\boldsymbol{K}_1\boldsymbol{u}_0 \tag{6.21}$$

式中，$\boldsymbol{Z}$ 是任务周期矩阵，由 DSM 对角线上的元素组成，包含了每个任务的执行周期；$\boldsymbol{B}$ 是返工概率矩阵，由 DSM 中非对角线上的元素组成，表示在迭代过程中任务的返工量；初始的工作向量 $\boldsymbol{u}_0$ 是全 1 向量，表示在第一次迭代中所有任务都需要同时执行；$\boldsymbol{I}$ 为单位矩阵；矩阵 $\boldsymbol{K}_1$ 为第 1 阶段的任务分布矩阵。

第 2 阶段所需时间 $\boldsymbol{T}_2$ 为

$$\boldsymbol{T}_2=\boldsymbol{Z}(\boldsymbol{I}-\boldsymbol{K}_2\boldsymbol{B}\boldsymbol{K}_2)^{-1}(\boldsymbol{K}_2-\boldsymbol{K}_1)\boldsymbol{u}_0 \tag{6.22}$$

第 s 阶段所需时间 $\boldsymbol{T}_s$ 为

$$\boldsymbol{T}_s=\boldsymbol{Z}(\boldsymbol{I}-\boldsymbol{K}_s\boldsymbol{B}\boldsymbol{K}_s)^{-1}(\boldsymbol{K}_s-\boldsymbol{K}_{s-1})\boldsymbol{u}_0 \tag{6.23}$$

式中，$\boldsymbol{K}_s$ 为第 s 阶段的任务分布矩阵。$\boldsymbol{K}_1$，$\boldsymbol{K}_2$，…，$\boldsymbol{K}_s$ 的含义及其元素取值定义见 3.3.1 小节。

将所有阶段的执行时间求和，可得到耦合集迭代过程的时间成本 $\boldsymbol{T}$ 为

$$\boldsymbol{T}=\boldsymbol{V}^{-1}\sum_{s=1}^{M}\boldsymbol{T}_s=\boldsymbol{V}^{-1}\sum_{s=1}^{M}[\boldsymbol{Z}(\boldsymbol{I}-\boldsymbol{K}_s\boldsymbol{B}\boldsymbol{K}_s)^{-1}(\boldsymbol{K}_s-\boldsymbol{K}_{s-1})\boldsymbol{u}_0] \tag{6.24}$$

在建立迭代过程的数学优化模型时，优化目标应让实际工作时间最长任务的运作时间最短。为了得到最优解，需要以 $\boldsymbol{V}$ 为设计变量，以总执行时间 $\boldsymbol{U}$ 为优化目标。定义列向量元素取最大算子 $\overline{\max}(\boldsymbol{a})=\max(a_1,\ a_2,\ \cdots,\ a_n)$，其中 $\boldsymbol{a}$ 为 n 维列向量，a_i（$i=1$，2，…，n）为列向量元素。结合多阶段迭代模型执行时间的求解式（6.24），可得到基于效率约束的多阶段迭代的资源优化配置模型为

$$\begin{cases}\text{find: } \boldsymbol{T}_s=[t_{s1},\ t_{s2},\ \cdots,\ t_{sj},\ \cdots,\ t_{sn}]^{\mathrm{T}}\\ \text{object: } F=\min\left(\overline{\max}\left(\boldsymbol{V}^{-1}\sum_{s=1}^{M}(\boldsymbol{Z}(\boldsymbol{I}-\boldsymbol{K}_s\boldsymbol{B}\boldsymbol{K}_s)^{-1}(\boldsymbol{K}_s-\boldsymbol{K}_{s-1})\boldsymbol{u}_0)\right)\right)\\ \text{s.t.: } 0<v_i\leqslant \max v_i,\ s=1,\ 2,\ \cdots,\ i,\ \cdots,\ n\end{cases} \tag{6.25}$$

引入优化约束条件式（6.3），得到具有资源最优化配置的资源均衡策略的模型为

$$\begin{cases} \text{find: } \boldsymbol{T}_s = [t_{s1},\ t_{s2},\ \cdots,\ t_{sj},\ \cdots,\ t_{sn}]^{\mathrm{T}} \\ \text{object: } F = \min\left(\overline{\max}\left(\boldsymbol{V}^{-1}\sum_{s=1}^{M}\left(\boldsymbol{Z}\left(\boldsymbol{I}-\boldsymbol{K}_s\boldsymbol{B}\boldsymbol{K}_s\right)^{-1}\left(\boldsymbol{K}_s-\boldsymbol{K}_{s-1}\right)\boldsymbol{u}_0\right)\right)\right) \\ \text{s.t.: } 0 < v_i \leqslant \max v_i,\ 0 < \sum_{i=1}^{M} v_i \leqslant \sum_{i=1}^{M}\max v_i \end{cases} \tag{6.26}$$

引入资源均衡策略的多阶段迭代模型，主要是在基于效率约束的优化模型的基础上，将各任务的最大运作效能值进行累加，然后根据累加后的效能对约束进行改进，最终得到的优化模型。

2. 实例分析

（1）问题描述。这里以 6.2.2 小节某空气净化器开发过程为例进行说明。该空气净化器包括 A~H 这 8 个任务，其中 B、C、D、E、F 这 5 个任务构成一个耦合集。其开发设计任务所对应的设计结构矩阵如图 6.7（a）所示。DSM 非对角线上的元素构成返工概率矩阵 $\boldsymbol{B}$，如图 6.7（b）所示，描述了在迭代过程中任务返工量的数值大小。例如，图 6.7（a）中第 5 行第 2 列的数值可描述如下：每次任务 C 完成后，任务 F 有 30%的工作需要重做。DSM 对角线上的元素构成任务周期矩阵 $\boldsymbol{Z}$，如图 6.7（c）所示，包含每个任务独立执行所需的时间周期。例如，图 6.7 中第 2 行第 2 列的数值表示任务 C 的执行周期为 4。

$$\begin{array}{c} \\ \text{B} \\ \text{C} \\ \text{D} \\ \text{E} \\ \text{F} \end{array}\begin{array}{c} \begin{array}{ccccc} \text{B} & \text{C} & \text{D} & \text{E} & \text{F} \end{array} \\ \begin{bmatrix} 7 & 0 & 0 & 0 & 0.7 \\ 0.6 & 4 & 0 & 0.6 & 0 \\ 0.2 & 0 & 5 & 0.5 & 0 \\ 0.5 & 0 & 0.6 & 6 & 0 \\ 0.2 & 0.3 & 0 & 0 & 2 \end{bmatrix} \end{array}$$

（a）设计结构矩阵

$$\boldsymbol{B}=\begin{bmatrix} 7 & & & & \\ & 4 & & & \\ & & 5 & & \\ & & & 6 & \\ & & & & 2 \end{bmatrix}$$

（b）返工概率矩阵

$$\boldsymbol{Z}=\begin{bmatrix} 7 & & & & \\ & 4 & & & \\ & & 5 & & \\ & & & 6 & \\ & & & & 2 \end{bmatrix}$$

（c）任务周期矩阵

图 6.7　设计结构矩阵及其构成

该空气净化器在设计过程中的资源分配情况都是依据以往的设计经验而定，固定的资源分配情况决定了这 5 个任务对应的任务小组的运作效能值 v_i 分

别具有以下上、下限：$0<v_1\leqslant 12$，$0<v_2\leqslant 14$，$0<v_3\leqslant 10$，$0<v_4\leqslant 7$，$0<v_5\leqslant 15$，即 $\boldsymbol{V}=\mathrm{diag}(12,\ 14,\ 10,\ 7,\ 15)$。

本小节采用动态规划法对不同阶段的最优任务分布方案进行寻优，具体过程参考文献［41］。根据各阶段的最优任务分布，按照 2.2.1 节中任务分布矩阵 $\boldsymbol{K}_i$ 的定义，应用式（6.21）~式（6.23）计算各阶段执行时间 $\boldsymbol{T}_i$。采用符号编码法，用一个数字序号表来描述不同任务所在的不同阶段，其中每个编码位取值分别代表对应任务处的阶段，序号表的长度表示任务的个数。例如，数字序号表（1 2 1 2 1）表示由本例任务 B、C、D、E、F 共 5 个任务组成的耦合任务集构成二阶段迭代模型的一种任务分布方案，即任务 B、D、F 在第 1 阶段执行，任务 C、E 在第 2 阶段执行。

（2）基于效率约束的方法。根据式（6.1）可知，在设计经验的基础上，优化模型中的约束条件是指各任务小组所分配的运作效能值上限，即 $0<v_1\leqslant 12$，$0<v_2\leqslant 14$，$0<v_3\leqslant 10$，$0<v_4\leqslant 7$，$0<v_5\leqslant 15$。

模型的优化目标是在指定迭代方式下，让迭代过程的时间成本值最大的设计任务小组对应的执行时间最少。由于该空气净化器开发过程共有 5 个设计任务，对应的可能的迭代方式共有 5 种，即一阶段迭代、二阶段迭代、三阶段迭代、四阶段迭代、五阶段迭代，其中一阶段迭代也称单阶段迭代，五阶段迭代也称顺序迭代。各种迭代下优化目标函数分别为

$$\boldsymbol{F}^{(1)}=\min\left(\max\left[24.7204/v_1\quad 25.4682/v_2\quad 22.0655/v_3\quad 32.4816/v_4\quad 7.2328/v_5\right]\right)$$

$$\boldsymbol{F}^{(2)}=\min\left(\max\left[18.2235/v_1\quad 10.2644/v_2\quad 12.5623/v_3\quad 11.9014/v_4\quad 4.5810/v_5\right]\right)$$

$$\boldsymbol{F}^{(3)}=\min\left(\max\left[16.1990/v_1\quad 5.5270/v_2\quad 11.6327/v_3\quad 10.3645/v_4\quad 3.7547/v_5\right]\right)$$

$$\boldsymbol{F}^{(4)}=\min\left(\max\left[17.2426/v_1\quad 7.9691/v_2\quad 7.7006/v_3\quad 13.0039/v_4\quad 4.1807/v_5\right]\right)$$

$$\boldsymbol{F}^{(5)}=\min\left(\max\left[14.8728/v_1\quad 11.1471/v_2\quad 10.7579/v_3\quad 17.1197/v_4\quad 3.2134/v_5\right]\right)$$

用 optimal_k_i 表示最优任务分布，optimal_ v_i 表示最优运作效率，ratio_ v_i 表示关键度（资源利用率）[42]。应用 MATLAB 软件，可得到基于效率约束的各阶段迭代下各任务小组的最佳运作效率 optimal_ v_i，如表 6.5 所示。

表 6.5　基于效率约束的各任务小组的资源分配情况

迭代模型	i	B	C	D	E	F	T/d
一阶段模型	optimal_ k_i	1	1	1	1	1	18.4770
	optimal_ v_i	5.3337	5.4909	5.4065	7.0000	14.9925	
	ratio_ v_i/%	24.1276	39.2207	54.0650	100	99.95	

续表

迭代模型	i	B	C	D	E	F	T/d
二阶段模型	optimal_ k_i	1	2	1	2	1	6.5900
	optimal_ v_i	11.6302	7.7737	7.4058	7.000	14.9603	
	ratio_ v_i/%	96.9183	55.5264	74.0580	100	99.7353	
三阶段模型	optimal_ k_i	1	3	1	2	1	5.002
	optimal_ v_i	12.000	11.9456	7.9820	7.000	14.9226	
	ratio_ v_i/%	100	85.3257	79.820	100	99.484	
四阶段模型	optimal_ k_i	1	3	4	2	1	5.7414
	optimal_ v_i	9.2975	8.8112	9.1111	7.000	14.9562	
	ratio_ v_i/%	77.4791	62.9371	91.1100	100	99.7080	
五阶段模型	optimal_ k_i	1	3	4	2	5	9.5706
	optimal_ v_i	6.0971	4.8128	4.9794	7.0000	14.9854	
	ratio_ v_i/%	50.8092	34.3771	49.794	100	99.9026	

由表6.5可知，在所有不同阶段的迭代中，任务小组E的关键度均为100%，说明该任务小组对应的资源利用率最高，表明其资源紧缺，且其工作压力也是最大。此外，任务小组F的关键度接近E，说明其工作压力也很大；而一阶段迭代中的任务小组B和五阶段迭代中的任务小组C的关键度分别为24.1276%和34.3771%，其关键度偏低，说明这些任务小组的设计能力过剩，即存在资源浪费的问题；一阶段迭代中的任务小组D和二阶段迭代中的任务小组C，它们的关键度分别为54.0650%和55.5264%，其关键度适中，说明相应任务小组的资源分配较好。同时从表6.5中可以看出，当任务的阶段数不太大时（本例中的最大阶段数为5），耦合集的时间成本明显小于一阶段方式，但是随着阶段数的增加，时间成本呈先减少后增加的趋势。而本例中三阶段迭代模型的时间成本是最少的。

（3）引入资源均衡配置方法的资源重组。根据以上数据分析，可以看出在各个阶段迭代过程中，各阶段迭代模型的部分任务的执行过程，存在资源浪费和资源较为紧缺的现象，即不同程度地存在资源分配不均的问题，应适当地进行调整。从以上分析看，假若资源可以任意调整，并把5个任务小组当作一个整体，则任务小组总最大运作效能值为58。得到新的约束条件为 $0 < v_1 \leqslant 58$，$0 < v_2 \leqslant 58$，$0 < v_3 \leqslant 58$，$0 < v_4 \leqslant 58$，$0 < v_5 \leqslant 58$，$0 < v_1 +$

$v_2 + v_3 + v_4 + v_5 \leqslant 58$。

根据基于资源最优化配置的优化模型的构建方法，在基于效率约束的优化模型的基础上，将约束条件按照资源均衡策略进行改进，得到具有资源最优化配置的优化模型为

$$\begin{cases} \text{find: } \boldsymbol{T}_s = [t_{s1}, t_{s2}, \cdots, t_{sj}, \cdots, t_{sn}]^{\mathrm{T}} \\ \text{object: } F = \min\left(\overline{\max}\left(\boldsymbol{V}^{-1}\sum_{s=1}^{M}(\boldsymbol{Z}(\boldsymbol{I}-\boldsymbol{K}_s\boldsymbol{R}\boldsymbol{K}_s)^{-1}(\boldsymbol{K}_s-\boldsymbol{K}_{s-1})\boldsymbol{u}_0)\right)\right) \\ \text{s.t.: } 0 < v_1 \leqslant 58,\ 0 < v_2 \leqslant 58,\ 0 < v_3 \leqslant 58,\ 0 < v_4 \leqslant 58,\ 0 < v_5 \leqslant 58, \\ \qquad 0 < v_1 + v_2 + v_3 + v_4 + v_5 \leqslant 58 \end{cases} \tag{6.27}$$

运用式（6.27）的优化模型，通过 MATLAB 软件对优化模型进行计算，得到改进后模型的优化结果如表 6.6 所示。从中可以看出，基于资源最优化配置的方法，使各任务的运作效能值得到了调整。例如，对于一阶段迭代过程，各任务小组的运作效能值分别由 12、14、10、7、15 调为 12.8652、13.1926、11.4300、16.8256、3.7446，各工作小组的资源实现了重新分配。其时间成本的变化趋势与基于效率约束方法是一致的。

表 6.6　基于资源均衡策略的各任务小组的资源重新分配情况

迭代模型	i	B	C	D	E	F	T/d
	max v_i	12	14	10	7	15	
一阶段模型	optimal_ k_i	1	1	1	1	1	9.6525
	optimal_ v_i	12.8652	13.1926	11.4300	16.8256	3.7446	
二阶段模型	optimal_ k_i	1	2	1	2	1	4.9597
	optimal_ v_i	18.3715	10.3478	12.6644	11.9981	4.6182	
三阶段模型	optimal_ k_i	1	3	1	2	1	4.0929
	optimal_ v_i	19.7890	6.7519	14.2108	12.6615	4.5866	
四阶段模型	optimal_ k_i	1	3	4	2	1	4.3187
	optimal_ v_i	19.9627	9.2263	8.9154	15.0553	4.8402	
五阶段模型	optimal_ k_i	1	3	4	2	5	4.9234
	optimal_ v_i	15.1043	11.3206	10.9254	17.3862	3.2634	

在5种不同阶段迭代方式下，将改进前、后的优化模型得到的时间成本进行对比，如图6.8所示。从中可以看出，对于一阶段迭代过程，基于效率约束的优化模型得到空气净化器的时间成本为18.4770 d，引入资源均衡策略后的优化模型得到的空气净化器的时间成本为9.6525 d，后者比前者减少了8.8245 d，下降了47.7594%。同理，二阶段至五阶段的时间成本分别下降了24.74%、18.17%、24.78%、48.56%。可以看出，采用基于资源最优化配置的方法进行资源重组后，对比改进前的方法，各阶段时间成本值都得到了不同程度的降低，说明了资源优化配置的有效性。此外，不同阶段的时间成本是不一样的，从一阶段到五阶段呈现先高后低再升高的变化趋势，其中三阶段最低。

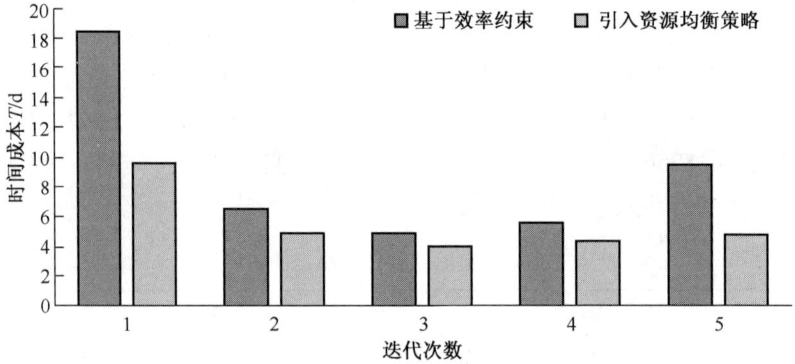

图6.8　基于效率约束方法和引入资源均衡策略之后得到的时间成本

小结：本节研究了资源优化配置下的并行迭代、二阶段迭代与多阶段耦合迭代模型。

（1）6.2.2小节首先研究了传统的基于经验分配资源的优化模型，发现其产品开发过程中存在资源分配不合理问题，并针对该问题改变原优化模型的约束条件，得到了新的资源最优化配置模型。接着以某空气净化器的开发过程为例，通过计算得到，资源最优化配置模型大大提高了各任务小组的资源利用率，减少了产品开发所需的时间。

（2）6.2.3小节针对产品开发过程中单阶段迭代模型在实际生产中难以实现的问题和资源分配不合理的问题，分析现有的单阶段迭代模型，并结合多阶段任务分配思想构建二阶段迭代模型。接着以产品设计开发所需要的时间总量为优化目标，建立具有资源最优化配置特性的优化模型，通过求解该模型得到各个任务小组的任务阶段最优配置情况和资源最优化配置情况。并以某智能割草机的开发过程为例，分析其开发过程中任务分配和资源分配的不合理性，通过将二阶段迭代模型和资源最优化配置方法的结合得到各任务小组的最优任务分配方案和最佳运作效能值，减少了开发所需的时间，对实际产品研发具有指导意义。

（3）6.2.4 小节基于效率约束，提出了一种具有资源最优化配置的多阶段迭代模型，通过求解该模型得到多阶段迭代下的最优任务分配和资源分配情况。理论及实例分析结果表明：①在基于效率约束的迭代模型上引入资源均衡策略后，不同阶段的迭代方式下的时间成本相比原迭代模型均有所下降，说明引入资源均衡策略是有效的；②随着迭代阶段数的增加，完成任务所需的时间成本呈先减少后增加的趋势，迭代的阶段数并非越多越好。在实际产品的开发中，设计人员可根据该模型的计算分析和企业的自身需求及实际情况合理选择迭代的阶段数。本小节所提出的具有资源最优化配置的多阶段迭代优化模型，可进一步降低产品设计开发的时间成本，为企业实际产品的设计开发提供一定的指导依据。

6.3　基于权重法的资源优化分配策略

6.3.1　任务关键度与任务小组产品开发综合能力的评价

影响一个任务在所有任务中的关键度大小的因素很多，为了便于对任务关键度进行量化分析，本书拟根据对任务关键度影响较大的几个任务属性来对任务关键度进行量化分析。评价任务关键度的主要依据有任务的工作量、紧急程度、复杂程度、资源耗费率与容错率 5 个指标。对任务的关键度进行量化，可以采用权重法进行计算[43]。假设存在 n 个任务，对各个任务的任务关键度的评价依据定义如下：

（1）任务的工作量占比矩阵 $\boldsymbol{Z}_{(o)}=\{z_1, z_2, \cdots, z_i, \cdots, z_n\}$，其中，$z_i$ 为任务 $i(i=1, 2, \cdots, n)$ 占整个小组任务的工作量的百分比，有 $0<z_i<1$。

（2）任务的紧急程度矩阵 $\boldsymbol{E}=\{e_1, e_2, \cdots, e_i, \cdots, e_n\}$，其中，$e_i$ 为任务 $i(i=1, 2, \cdots, n)$ 在整个小组任务中的紧急程度，有 $0<e_i<1$。

（3）任务的复杂程度矩阵 $\boldsymbol{C}=\{c_1, c_2, \cdots, c_i, \cdots, c_n\}$，其中，$c_i$ 为任务 $i(i=1, 2, \cdots, n)$ 在整个小组任务中的复杂程度，有 $0<c_i<1$。

（4）任务的资源耗费率矩阵 $\boldsymbol{P}=\{p_1, p_2, \cdots, p_i, \cdots, p_n\}$，其中，$p_i$ 为任务 $i(i=1, 2, \cdots, n)$ 在整个小组任务中的资源耗费率，有 $0<p_i<1$。

(5) 任务的容错率矩阵 $\boldsymbol{F}=\{f_1, f_2, \cdots, f_i, \cdots, f_n\}$，其中，$f_i$ 为任务 $i(i=1, 2, \cdots, n)$ 在出现错误时对其他任务的影响因子，有 $0<f_i<1$。

定义上述评价任务关键度的5个指标的权重因子为 λ_1、λ_2、λ_3、λ_4、λ_5。权重因子的具体取值，要依据以往的产品开发经验和实际情况来确定。定义任务 $i(i=1, 2, \cdots, n)$ 的关键度 k_i 为

$$k_i=\lambda_1 z_i+\lambda_2 e_i+\lambda_3 c_i+\lambda_4 p_i+\lambda_5 f_i$$

则各个任务的任务关键度 $\boldsymbol{K}$ 为

$$\boldsymbol{K}=\{k_1, k_2, \cdots, k_i, \cdots, k_n\}$$

在产品开发过程中对团队成员进行任务分配时，需要根据小组成员执行任务的综合能力进行任务分配，因此在分配任务之前需要对任务执行小组成员的综合能力进行评估[14]。团队成员中每个成员的技术特长、兴趣爱好等都有所不同，而这些特点决定了任务执行成员执行任务的综合能力，因此可以根据这些特点对任务执行人员的综合能力进行量化评估。

定义1：任务执行小组的技术能力指数矩阵 $\boldsymbol{T}=[t_{ij}]_{m\times n}$，其中 t_{ij} 为第 i 个任务小组执行第 j 个任务的技术能力，有 $0<t_{ij}<1$。

定义2：任务执行小组的创新能力指数矩阵 $\boldsymbol{L}=[l_{ij}]_{m\times n}$，其中 l_{ij} 为第 i 个任务小组对第 j 个任务的创新能力，有 $0<l_{ij}<1$。

定义3：任务执行小组的协作能力指数矩阵 $\boldsymbol{X}=[x_{ij}]_{m\times n}$，其中 x_{ij} 为第 i 个任务小组成员执行第 j 个任务的协作能力，有 $0<x_{ij}<1$。

定义4：任务执行小组对不同任务的兴趣爱好指数矩阵 $\boldsymbol{H}=[h_{ij}]_{m\times n}$，其中 h_{ij} 为第 i 个任务小组对第 j 个任务的兴趣爱好程度，有 $0<h_{ij}<1$。

借助权重法对各个任务小组的任务执行综合能力进行评价。设任务执行小组的技术能力、创新能力、协作能力、兴趣爱好4项标准对评价任务执行综合能力的权重因子分别为 β_1、β_2、β_3、β_4。权重因子的取值要根据人员的实际情况来确定。

定义任务执行小组的综合能力矩阵 $\boldsymbol{Q}$ 是一个 $m\times n$ 阶矩阵，其元素 q_{ij} 表示第 i 个任务小组对第 j 个任务的综合执行能力。

$$\boldsymbol{Q}=\beta_1\boldsymbol{T}+\beta_2\boldsymbol{L}+\beta_3\boldsymbol{X}+\beta_4\boldsymbol{H} \tag{6.28}$$

6.3.2 基于任务关键度和人员综合能力的资源初次分配

一般情况下，产品开发过程中的任务数 n 要小于团队成员或任务执行小组数 m，即 $n\leqslant m$。若按照一对一的分配原则将任务分配给各个任务执行小组，则有部分任务执行小组不用分配任务。而整个产品开发任务的进程往往取决于任务执行最慢的任务执行小组的任务执行速度。为了尽可能地加快任务的执行

速度，应使所有团队成员都能参与到任务执行过程中，就需要对任务和任务执行小组进行合理的分配。本节拟在保证每个任务执行小组执行 1 个任务的同时，选出若干个任务执行小组作为备用小组，以备任务执行过程中任务执行速度较慢的任务执行小组使用，即当所有任务在执行过程中出现部分任务执行小组执行任务较慢时，将备用小组分配到该任务执行小组，加快该任务执行小组的任务执行速度，避免因该任务执行小组的任务执行速度较慢而拖延整个产品开发任务的进程[43]。

对小组任务的关键度和任务执行小组的综合开发能力进行评估以后，按照资源充分利用的思想对任务和任务执行小组进行匹配。例如有任务 A_1，A_2，…，A_n，由于任务执行小组数不能小于任务数，为简化说明问题，这里假设任务执行小组数比任务数大 1，既有任务小组 B_1，B_2，…，B_{n+1}。在评估任务执行小组的综合能力后，选出 1 组任务执行小组作为备用小组，其余任务执行小组和任务按照综合能力强弱和任务关键度大小进行一一对应分配。假设 n 个任务按照关键度大小排序依次为 A_1，A_2，…，A_n，在从任务执行小组中选出备用小组 B_i以后，任务执行小组按综合能力强弱排序依次为 B_1，B_2，…，B_{i-1}，B_i，B_{i+1}，…，B_{n+1}，则具体分配方法如图 6.9 所示。

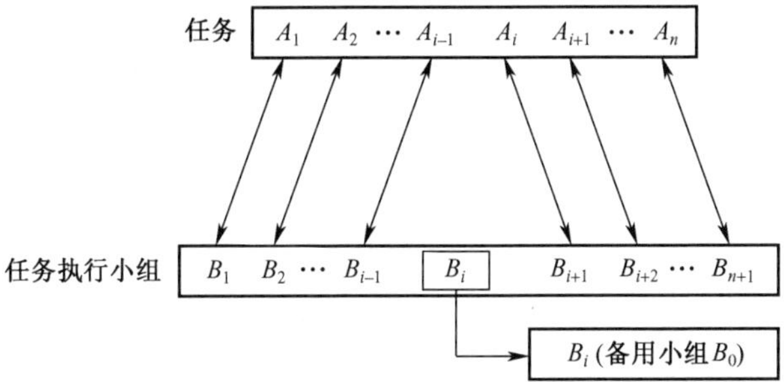

图 6.9　基于任务关键度和人员综合能力的资源初次分配方案

6.3.3　基于任务相对关键度的资源二次分配

在初次的任务分配过程中，将关键度最大的任务分给执行该任务综合能力最强的任务小组，可以保证每个任务对应的任务小组都能充分发挥自身的综合能力。但是，由于每个任务小组所具备的综合能力强弱对于其所要执行的任务的难度大小不一定相当，因此，并不是综合能力强的任务小组执行其分配任务的效率就高。例如，第 1 次任务分配的结果是综合能力最强的任务小组执行任务关键度最大的任务，综合能力最弱的任务小组执行任务关键度最小的任务，但可能存在由于任务关键度最大任务的难度系数相对于执行该任务的任务小组的综合能力而言相差较大，因此综合能力最强的任务小组执行关键度最大任务时的压力也可能会比综合能力最弱的任务小组执行关键度最小任务时的压力大得多，出现综合能力最强的任务小组的任务执行速度比综合能力最弱的任务小组的任务执行速度慢。由于并行任务的总体执行速度取决于任务执行速度最慢的任务小组，因此，此时就需要考虑如何提高综合能力最强的任务小组的任务执行效率。

将任务和任务小组按照关键度大小和综合能力强弱进行对应分配以后，计算每个任务小组完成对应任务所需的时间。定义某工作小组效率矩阵 $\boldsymbol{V}=\mathrm{diag}(v_{k1}, v_{k2}, \cdots, v_{ki}, \cdots, v_{kn})$，$v_{ki}$ 为第 k 个任务小组完成任务 $i(i=1, 2, \cdots, n)$ 的工作效率，工作转移矩阵 $\boldsymbol{W}=(a_{ij})_{n\times n}$。用 $\boldsymbol{T}=[t_1, t_2, \cdots, t_i, \cdots, t_n]^{\mathrm{T}}$ 表示任务执行时间向量，t_i 表示任务小组 k 执行任务 i 从工作开始到最终结束任务所需要的时间，任务执行时间可表示为

$$\boldsymbol{T}=f(\boldsymbol{V})=\boldsymbol{V}^{-1}\boldsymbol{W}\boldsymbol{S}(\boldsymbol{I}-\boldsymbol{\Lambda})^{-1}\boldsymbol{S}^{-1}\boldsymbol{u}_0 \tag{6.29}$$

式中，$\boldsymbol{S}$ 为工作转移矩阵 $\boldsymbol{W}$ 的 $n\times n$ 维特征向量矩阵；$\boldsymbol{\Lambda}$ 为矩阵 $\boldsymbol{W}$ 的 $n\times n$ 维特征值矩阵；$\boldsymbol{I}$ 为 $n\times n$ 维单位矩阵；$\boldsymbol{u}_0$ 为元素全为 1 的 $n\times 1$ 维初始工作向量。

由于所有任务是并行执行的，因此执行时间最长的任务决定了整个产品开发任务的执行周期。此外，每个任务小组在执行任务过程中受到企业所能提供资源如资金、设备等条件的限制，其任务执行效率 v_i 都存在各自不同的上限 $\max v_i$。根据以上公式和定义，时间求解优化模型为

$$\begin{cases}\text{find: } f(\boldsymbol{V})=\boldsymbol{V}^{-1}\boldsymbol{W}\boldsymbol{S}(\boldsymbol{I}-\boldsymbol{L})^{-1}\boldsymbol{S}^{-1}\boldsymbol{u}_0\\ \text{object: } F=\min(\max(f(\boldsymbol{V})^{\mathrm{T}}))\\ \text{s.t: } 0<v_i\leqslant \max v_i,\ i=1, 2, \cdots, n\end{cases} \tag{6.30}$$

通过上面的数学模型，最终可以得到各任务小组的最佳运作效能值 $\mathrm{optimal\_}v_i$ 以及各小组任务的最短执行时间。定义相对关键度为

$$\mathrm{important\_}v_i=\mathrm{optimal\_}v_i/\max v_i \tag{6.31}$$

求出任务的相对关键度以后，找出 $\max \mathrm{important\_}v_i$，将备用小组分配到该小组，以提高该小组的任务执行速度，进而加快整体任务的执行速度。假设在经过初次任务分配以后计算得出任务 A_i 的相对关键度最大，此时将在初次分配过程中选出的备用任务小组 B_i 分配到执行任务 A_i 的任务小组 B_{i+1} 中，组成新的任务小组继续执行任务 A_i，具体分配方案如图 6.10 所示。

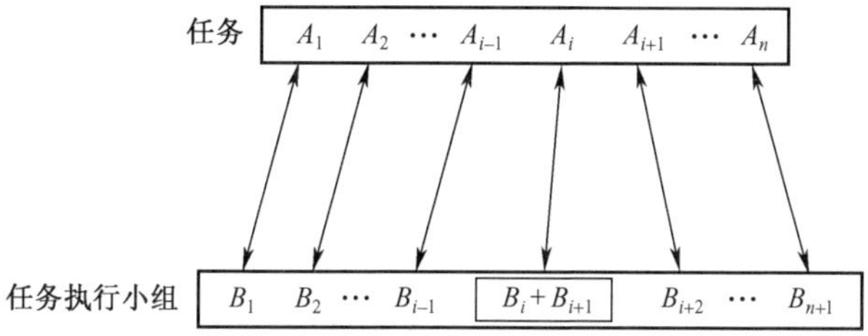

图 6.10　基于相对任务关键度的资源二次分配

6.3.4　实例分析

评价任务关键度相关参数及关键度大小如表 6.7 所示。

表 6.7　评价任务关键度相关参数及关键度大小

任务	任务工作量占比	任务紧急程度	任务复杂程度	任务资源耗费率	任务容错率	任务关键度
A_1	0.2	0.4	0.4	0.4	0.2	0.27
A_2	0.225	0.5	0.6	0.6	0.4	0.355
A_3	0.15	0.4	0.3	0.3	0.3	0.22
A_4	0.225	0.3	0.2	0.4	0.1	0.23
A_5	0.2	0.6	0.4	0.5	0.2	0.295

对各任务执行小组的综合能力评价指标主要有技术能力指数、创新能力指数、协作能力指数、兴趣爱好指数这 4 个指标，每个指标的具体参数如下：

(1) 任务执行小组的技术能力指数矩阵 $\boldsymbol{T}$ 为

$$\boldsymbol{T}=\begin{bmatrix}0.4 & 0.7 & 0.5 & 0.6 & 0.5\\0.3 & 0.4 & 0.8 & 0.5 & 0.4\\0.3 & 0.5 & 0.6 & 0.8 & 0.2\\0.7 & 0.4 & 0.5 & 0.3 & 0.5\\0.3 & 0.5 & 0.4 & 0.5 & 0.7\\0.3 & 0.6 & 0.7 & 0.4 & 0.6\end{bmatrix}$$

（2）任务执行小组的创新能力指数矩阵 $\boldsymbol{L}$ 为

$$\boldsymbol{L}=\begin{bmatrix}0.5&0.5&0.5&0.5&0.5\\0.4&0.4&0.4&0.4&0.4\\0.5&0.5&0.5&0.5&0.5\\0.6&0.6&0.6&0.6&0.6\\0.7&0.7&0.7&0.7&0.7\\0.4&0.4&0.4&0.4&0.4\end{bmatrix}$$

（3）任务执行小组的协作能力指数矩阵 $\boldsymbol{X}$ 为

$$\boldsymbol{X}=\begin{bmatrix}0.6&0.6&0.6&0.6&0.6\\0.5&0.5&0.5&0.5&0.5\\0.6&0.6&0.6&0.6&0.6\\0.7&0.7&0.7&0.7&0.7\\0.4&0.4&0.4&0.4&0.4\\0.5&0.5&0.5&0.5&0.5\end{bmatrix}$$

（4）任务执行小组对不同任务的兴趣爱好指数矩阵 $\boldsymbol{H}$ 为

$$\boldsymbol{H}=\begin{bmatrix}0.5&0.3&0.6&0.8&0.5\\0.5&0.7&0.3&0.4&0.5\\0.3&0.5&0.4&0.5&0.7\\0.5&0.4&0.7&0.6&0.4\\0.8&0.5&0.4&0.5&0.3\\0.5&0.6&0.5&0.7&0.4\end{bmatrix}$$

假定权重因子 β_1、β_2、β_3、β_4 分别为 0.6、0.1、0.3、0.1，将评价各任务小组综合能力的指标参数代入式（6.28），计算得到各任务小组的综合能力矩阵 $\boldsymbol{Q}$ 为

$$\boldsymbol{Q}=\begin{bmatrix}0.46&0.62&0.53&0.61&0.52\\0.37&0.45&0.65&0.48&0.43\\0.38&0.52&0.57&0.7&0.36\\0.67&0.48&0.57&0.44&0.54\\0.41&0.5&0.43&0.5&0.6\\0.37&0.56&0.61&0.45&0.54\end{bmatrix}$$

从各任务小组的综合能力矩阵 $\boldsymbol{Q}$ 中选出一个备用小组，对剩下 5 个任务小组和任务 $A_1\sim A_5$ 进行一一分配。5 个任务按其关键度大小依次为 A_2、A_5、A_1、A_4、A_3，按照任务关键度的大小和剩下 5 个任务小组综合能力强弱进行一一对应分配。不同备用小组及任务小组任务分配结果如表 6.8 所示。

表 6.8　按小组综合能力及任务关键度匹配的任务分配方案

分配方案	备用小组	按综合能力强弱与任务关键度大小的分配结果	分配方案	备用小组	按综合能力强弱与任务关键度大小的分配结果
1	B_1	B_6A_2、B_5A_5、B_4A_1、B_3A_4、B_2A_3	4	B_4	B_1A_2、B_5A_5、B_3A_1、B_2A_4、B_6A_3
2	B_2	B_1A_2、B_5A_5、B_4A_1、B_3A_4、B_6A_3	5	B_5	B_1A_2、B_6A_5、B_4A_1、B_3A_4、B_2A_3
3	B_3	B_1A_2、B_5A_5、B_4A_1、B_2A_4、B_6A_3	6	B_6	B_1A_2、B_5A_5、B_4A_1、B_3A_4、B_2A_3

根据技术人员的综合能力及技术设备水平确定各个任务分配下各小组的运作行效能值 $v_{B_iA_i}$ 上、下限如表 6.9 所示。

表 6.9　各任务小组执行各个任务的运作效能值的上、下限

$0 \leqslant v_{B_1A_1} \leqslant 7$	$0 \leqslant v_{B_1A_2} \leqslant 14$	$0 \leqslant v_{B_1A_3} \leqslant 11$	$0 \leqslant v_{B_1A_4} \leqslant 12$	$0 \leqslant v_{B_1A_5} \leqslant 8$
$0 \leqslant v_{B_2A_1} \leqslant 6$	$0 \leqslant v_{B_2A_2} \leqslant 7$	$0 \leqslant v_{B_2A_3} \leqslant 8$	$0 \leqslant v_{B_2A_4} \leqslant 7$	$0 \leqslant v_{B_2A_5} \leqslant 6$
$0 \leqslant v_{B_3A_1} \leqslant 6$	$0 \leqslant v_{B_3A_2} \leqslant 8$	$0 \leqslant v_{B_3A_3} \leqslant 9$	$0 \leqslant v_{B_3A_4} \leqslant 15$	$0 \leqslant v_{B_3A_5} \leqslant 6$
$0 \leqslant v_{B_4A_1} \leqslant 14$	$0 \leqslant v_{B_4A_2} \leqslant 6$	$0 \leqslant v_{B_4A_3} \leqslant 9$	$0 \leqslant v_{B_4A_4} \leqslant 6$	$0 \leqslant v_{B_4A_5} \leqslant 9$
$0 \leqslant v_{B_5A_1} \leqslant 7$	$0 \leqslant v_{B_5A_2} \leqslant 9$	$0 \leqslant v_{B_5A_3} \leqslant 6$	$0 \leqslant v_{B_5A_4} \leqslant 9$	$0 \leqslant v_{B_5A_5} \leqslant 13$
$0 \leqslant v_{B_6A_1} \leqslant 6$	$0 \leqslant v_{B_6A_2} \leqslant 10$	$0 \leqslant v_{B_6A_3} \leqslant 13$	$0 \leqslant v_{B_6A_4} \leqslant 8$	$0 \leqslant v_{B_6A_5} \leqslant 9$

工作转移矩阵 $\boldsymbol{W}$ 的特征值矩阵 $\boldsymbol{\Lambda}$ 为

$$\boldsymbol{\Lambda} = \begin{bmatrix} 0 & 0 & 0 & 0 & 0 \\ 0 & -0.5694 & 0 & 0 & 0 \\ 0 & 0 & -0.0848+0.4820i & 0 & 0 \\ 0 & 0 & 0 & -0.0848-0.4820i & 0 \\ 0 & 0 & 0 & 0 & 0.7390 \end{bmatrix}$$

特征向量矩阵 $\boldsymbol{S}$ 为

$$\boldsymbol{S} = \begin{bmatrix} 0 & -0.5755 & -0.0902+0.5124i & -0.0902-0.5124i & -0.4460 \\ 0 & 0.6065 & 0.6378 & 0.6378 & -0.3621 \\ 1 & 0.2607 & -0.0265+0.1420i & -0.0265-0.142i & -0.6137 \\ 0 & -0.1174 & 0.1449-0.3850i & 0.1449+0.3850i & -0.2677 \\ 0 & 0.4682 & -0.3420-0.1242i & -0.3420+0.1242i & -0.4709 \end{bmatrix}$$

令初始工作向量 $\boldsymbol{u}_0 = (1\ 1\ 1\ 1\ 1)^{\mathrm{T}}$。将 $\boldsymbol{\Lambda}$、$\boldsymbol{S}$ 和 $\boldsymbol{u}_0$ 代入式（6.29），从表 6.8 中找出上述 6 种分配方案的优化计算约束条件，根据式（6.30）、

式（6.31）所述优化模型进行优化计算，可以得出每个方案的最短任务执行时间以及每个任务小组的运作效能值和每个任务的关键度。结果如表 6.10 所示。

表 6.10　不同分配方案优化结果

分配方案	运作效能值/d	相对任务关键度	最短任务执行时间/d	分配方案	运作效能值/d	相对任务关键度	最短任务执行时间/d
1	$v_{B_6A_2}=10$	1	2.3201	4	$v_{B_1A_2}=5.329$	0.381	4.6402
	$v_{B_5A_5}=10.979$	0.769			$v_{B_5A_5}=5.49$	0.422	
	$v_{B_4A_1}=9.512$	0.679			$v_{B_3A_1}=4.757$	0.793	
	$v_{B_3A_4}=11.312$	0.754			$v_{B_2A_4}=7$	1	
	$v_{B_2A_3}=3.119$	0.223			$v_{B_6A_3}=1.56$	0.12	
2	$v_{B_1A_2}=6$	1	4.0602	5	$v_{B_1A_2}=9.134$	0.652	2.7068
	$v_{B_5A_5}=6.274$	0.483			$v_{B_6A_5}=9$	1	
	$v_{B_4A_1}=5.436$	0.388			$v_{B_4A_1}=8.153$	0.582	
	$v_{B_3A_4}=8$	0.533			$v_{B_3A_4}=12$	0.8	
	$v_{B_6A_3}=1.783$	0.137			$v_{B_2A_3}=2.674$	0.191	
3	$v_{B_1A_2}=5.329$	0.381	4.6402	6	$v_{B_1A_2}=12.791$	0.914	2.1645
	$v_{B_5A_5}=5.49$	0.422			$v_{B_5A_5}=9.539$	0.734	
	$v_{B_4A_1}=4.757$	0.339			$v_{B_4A_1}=14$	1	
	$v_{B_2A_4}=7$	1			$v_{B_3A_4}=8.199$	0.547	
	$v_{B_6A_3}=1.56$	0.12			$v_{B_2A_3}=13.471$	0.962	

从表 6.10 可以看出，第 6 种分配方案的任务执行时间最短，其整体资源利用率也是最高的。为了比较这种根据任务关键度大小和小组综合能力强弱得到的任务分配方案是否能够进一步缩短整体任务执行时间，这里以任务分配方案 6 为例，在选取任务执行小组 B_6作为备用小组后，将 B_1、B_2、B_3、B_4、B_5这 5 个任务小组与A_1、A_2、A_3、A_4、A_5这 5 个任务进行随机分配，在 MATLAB 中绘制出其分配方案的任务执行时间收敛趋势图，如图 6.11 所示。

图 6.11 中 T_1、T_2、T_3、T_4、T_5分别表示按照迭代步为 1、0.1、0.01、0.001、0.0001 进行迭代的任务执行时间的收敛趋势，且最终在迭代步为 0.0001 时任务迭代过程开始收敛。从图中可以看出，将 $B_1 \sim B_5$这 5 个任务小组与$A_1 \sim A_5$这 5 个任务进行随机分配后得到的多种分配方案的任务执行时间共有 5 个收敛值，而且不同的分配方案任务的整体执行时间有所不同，但根据任

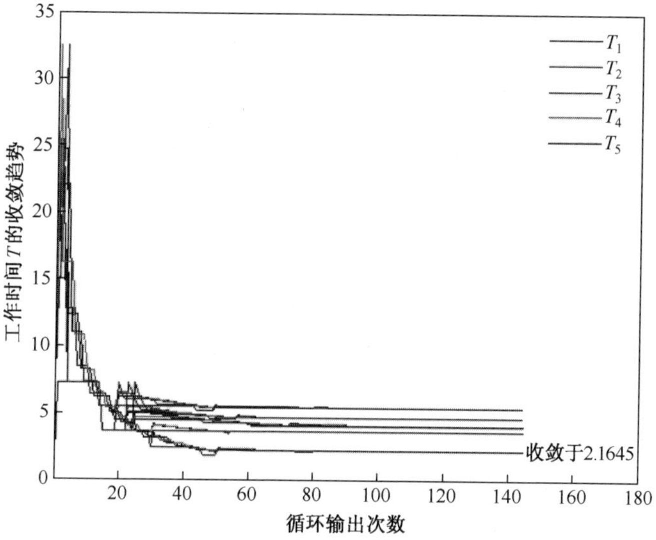

图 6.11　随机分配方案任务执行时间收敛趋势图

务关键度大小和任务执行小组的综合能力强弱所得到的任务分配方案的任务执行收敛时间最短。

由表 6.10 可知，在任务分配方案 6 中，任务执行小组 B_4执行的任务 A_1相对关键度最大，因此要把备用小组 B_6加入 B_4一起执行任务 A_1，将小组 B_4和 B_6合并为小组 B_{46}。合并后的各任务小组的运作效能值上、下限为 $0 \leqslant v_{B_1A_2} \leqslant 14$，$0 \leqslant v_{B_5A_5} \leqslant 13$，$0 \leqslant v_{B_{46}A_1} \leqslant 20$，$0 \leqslant v_{B_3A_4} \leqslant 15$，$0 \leqslant v_{B_2A_3} \leqslant 14$。

再次将二次分配后的运作效能约束条件代入式（6.30）优化模型进行优化计算，得到任务分配方案 6 二次分配后的各小组最佳运作效能值及最终任务执行时间，如表 6.11 所示。

表 6.11　方案 6 二次分配前后各项参数对比

参　　数	$v_{B_1A_2}$	$v_{B_5A_5}$	$v_{B_4A_1}$（$v_{B_{46}A_1}$）	$v_{B_3A_4}$	$v_{B_2A_3}$	任务执行收敛时间 T/d
备用任务小组加入前 max v_i	12.791	9.539	14	8.199	13.471	2.165
备用任务小组加入后 max v_i	14	10.440	15.323	8.974	9.263	1.457

从表 6.11 可以看出，在将备用小组分配到相对关键度较大的任务执行小组以后，整体的任务执行收敛时间进一步减少，同时其他各个任务执行小组的最佳运作效能也有所提高，说明备用任务小组的分配进一步提高了任务执行过

程中的资源利用率，进而有效地缩短了整体的任务执行时间。

小结：本节针对产品开发过程中的资源分配不合理问题，在基于权重法的任务关键度大小和任务小组综合能力强弱量化分析的基础上，通过对任务和可支配资源的初次分配实现对资源分配方案的初步优化；然后在求解任务相对关键度的基础上对任务和资源进行二次分配，进一步优化了任务间的资源分配方案，实现了资源的更加合理分配，加快了任务执行速度，缩短了整个产品开发任务的执行时间。

6.4 基于层次分析法的资源分配方法

6.4.1 层次分析法在资源分配中的适用性分析

耦合任务集中包含多个任务，每个任务需要多种资源才能顺利执行。而对于每种资源，各任务的相对需求程度不同，则分配给各任务的资源数量也就不同，需求程度大的任务应分配数量较多的资源。例如对于结构工程师这一人力资源，某电动汽车的支撑零部件设计任务比外观设计任务更加需求，则应分配给支撑零部件设计任务较多的结构工程师资源。因此对于同一资源，可以根据各任务的相对需求程度进行分配。但相对需求程度是一个模糊性的评价概念，如何将任务对资源的相对需求程度进行量化是需要研究并解决的问题。

目前确定指标权重的方法包括主观赋权法、客观赋权法和组合赋权法[44]。在资源分配的过程中，由于决策者是根据实际的决策问题和其自身的知识经验合理地判定任务对资源需求度的大小，从而确定资源分配权重，主观赋权法在这方面具有一定的优势，且运用该方法能避免出现属性权重与属性实际重要程度相悖的情况。客观赋权法虽有较强的数学理论依据但其没有考虑决策人的主观意向，且计算方法大都比较烦琐。组合赋权法虽能将这两种方法结合起来，既避免了主观赋权法的主观随意性，又避免了客观赋权法的结果与实际情况相悖的情况，但其易出现“多方法评价结论非一致”的问题。综合考虑以上方法并结合耦合集资源分配问题，主观赋权法对解决该问题有较好的适用性。又因在资源分配的具体实施步骤中，需要厘清各任务间的关系以及资源与任务间的关系，任务与资源间形成了一种层次性，且层次分析法是将考察指标的多个因素按重要程度进行两两比较，根据比较结果并参考相应数字标度得出每两个因素间的权重比，把所有权重比按一定规则排列构建判断矩阵，并对该矩阵进行求解得出各因素的权重系数，根据该权重系数进行各指标间的综合性评价，将模糊不确定的问题转化为确定定量的问题来处理，所以本节将主观赋权法中的层次分析法运用到耦合任务集资源分配的问题中。

耦合任务集中资源分配的目的是为各任务合理地分配资源，通常可把资源分配构建成为一个具有目标层、准则层、方案层的层次结构模型[45]。针对资源分配问题，先运用层次分析法构建资源分配层次结构模型，再针对每一类资源构造与之对应的资源分配矩阵[46-47]，具体方法见 4.4.3 小节。

6.4.2　权重系数的确定与资源分配

在层次分析法的运用过程中，将评价某个方案的各因素按重要程度进行两两比较，比较所得的权重比构建的矩阵为判断矩阵。对判断矩阵进行求解，将求解得到的最大特征值对应的特征向量归一化所得的向量即为权重向量。该权重向量表示的是考虑准则层中的各因素，对方案层中各方案的优先级进行综合评价，即权重系数大的方案应该优先考虑[48]。而资源分配矩阵中的各元素表示的是任务对资源相对需求程度的权重比，则由该矩阵求解得到的权重向量中的各元素对应表示各任务对某一类资源需求程度的大小。由于是根据需求程度的大小分配资源，因此权重向量中的各元素归一化后即为资源分配的权重系数。令资源分配矩阵 $\boldsymbol{A}^{(k)}$ 的特征值为 λ_k，其对应的特征向量为 $\boldsymbol{X}^{(k)}$，$\boldsymbol{I}$ 为单位矩阵，根据矩阵理论可以得到

$$|\boldsymbol{A}^{(k)} - \lambda_k \boldsymbol{I}| = 0 \tag{6.32}$$

$$\boldsymbol{A}^{(k)}\boldsymbol{X}^{(k)} = \lambda_k \boldsymbol{X}^{(k)} \tag{6.33}$$

根据式（6.32）可求出 $\boldsymbol{A}^{(k)}$ 的特征值 λ_k，将最大特征值 $\lambda_{k(\max)}$ 代入式（6.33）求出与之对应的特征向量 $\boldsymbol{X}^{(k)}$，$\boldsymbol{X}^{(k)} = (\omega_1^{(k)}, \omega_2^{(k)}, \cdots, \omega_j^{(k)}, \cdots, \omega_n^{(k)})^{\mathrm{T}}$，其中 $\omega_j^{(k)}$ 表示任务 j 对资源 k 需求程度的大小，$j = 1, 2, \cdots, n$。若特征向量中的各元素之和不等于 1，即 $\sum_{j=1}^{n} \omega_j^{(k)} \neq 1$，则应将 $\boldsymbol{X}^{(k)}$ 归一化，归一化后所得向量 $\boldsymbol{X}^{(k)\prime}$ 为资源分配权重向量，$\boldsymbol{X}^{(k)\prime}$ 中的各项即为资源 k 分配给 n 个任务的权重系数，表示如下：

$$\boldsymbol{X}^{(k)\prime} = \left[\frac{\omega_1^{(k)}}{\sum_{j=1}^{n}\omega_j^{(k)}}, \frac{\omega_2^{(k)}}{\sum_{j=1}^{n}\omega_j^{(k)}}, \cdots, \frac{\omega_n^{(k)}}{\sum_{j=1}^{n}\omega_j^{(k)}}\right]^{\mathrm{T}} \tag{6.34}$$

若耦合设计任务集中的任务数为 n，其需要的资源种类数为 m，每种资源的最大供应量为 Z_k，求出对资源 k 进行分配的权重向量为 $\boldsymbol{X}^{(k)\prime}$，则资源 k 应

分配给 n 个任务的资源量向量 $\boldsymbol{R}^{(k)}$ 为

$$\boldsymbol{R}^{(k)} = z_k\boldsymbol{X}^{(k)'} = \left[\frac{z_k\omega_1^{(k)}}{\sum_{j=1}^{n}\omega_j^{(k)}},\ \frac{z_k\omega_2^{(k)}}{\sum_{j=1}^{n}\omega_j^{(k)}},\ \cdots,\ \frac{z_k\omega_n^{(k)}}{\sum_{j=1}^{n}\omega_j^{(k)}}\right]^{\mathrm{T}} \tag{6.35}$$

式中的各项表示 n 个任务应分配所得资源 k 的数量，如任务 1 应分配所得的资源 k 的数量为 $\dfrac{z_k\omega_1^{(k)}}{\sum_{j=1}^{n}\omega_j^{(k)}}$。

6.4.3 权重比的一致性分析与检验

1. 权重比的一致性分析

在层次分析法的运用过程中，对权重比的确定过程是通过人的主观经验进行判断与比较，则在判断与比较的过程中，往往会出现由于思维的逻辑不一致导致的权重比不一致现象。例如对于某一类资源，有任务 1、任务 2 和任务 3 进行需求程度的两两比较，比较得出任务 1 的需求程度是任务 2 的 2 倍，任务 2 和任务 3 的需求程度相同，又比较得出任务 1 的需求程度是任务 3 的 3 倍，这就出现了权重比不一致的现象。而对于这种现象，经过逻辑关系推导很容易得出任务 1 的需求程度是任务 3 的 2 倍的结论，从而纠正由于思维的逻辑不一致而导致的错误。但对于耦合任务集中的资源分配问题，由于任务间存在耦合，并不是完全独立的，则当出现逻辑不一致现象时，逻辑关系推导并不能纠正由逻辑不一致导致的错误，这样就不能准确得出任务对资源需求程度的权重比，从而导致构造的资源分配矩阵不符合一致性，则由该矩阵求解得出的权重系数也就不符合实际情况。

假设在上述例子中三个任务不全独立，存在依赖关系即耦合，则不能得出任务 1 的需求程度是任务 3 的 2 倍的结论。其具体关系可用图 6.12 表示。

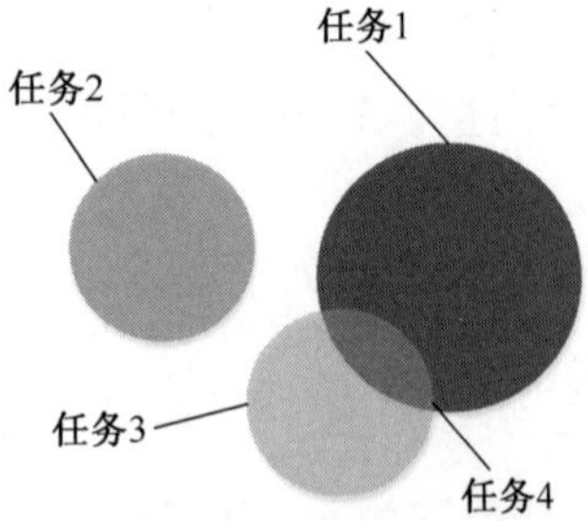

图 6.12 三个部分耦合的任务对某类资源需求程度大小的关系

图6.12中任务2与任务1、3孤立，而任务1与任务3之间存在耦合，耦合部分为区域4，其对应区域面积 s_1、s_2、s_3 的大小分别表示任务1、任务2、任务3需求程度的大小。

当不考虑任务1与任务3之间存在的耦合时，任务1与任务3之间的权重比等于各自需求程度大小的比值，此时的权重比值 a'_{13} 为判断值，表示如下：

$$a'_{13}=\frac{s_1}{s_3} \tag{6.36}$$

当考虑任务1与任务3之间存在的耦合时，求出的权重比值 a_{13} 为实际值。由图6.12可分析出，由于任务1与任务3的面积存在重合的部分，其相对比例大小关系应不考虑重合的区域4，则任务1与任务3相对需求程度比值关系可转化为如下的面积比值关系：

$$a_{13}=\frac{s_1-s_4}{s_3-s_4} \tag{6.37}$$

若按上述例子中的关系，有 $s_1=2s_2=2s_3$ 时，可得

$$a_{13}=\frac{s_1-s_4}{s_3-s_4}>a'_{13}=\frac{s_1}{s_3}=2 \tag{6.38}$$

由式（6.38）可知，实际结论为任务1的需求程度大于任务3的2倍，这就出现了与逻辑判断不一致的现象。由以上分析可知，任务间的耦合是导致耦合任务集中资源分配权重比不一致现象的主要原因。

考虑一般情况，将实际的权重比值与逻辑判断的权重比值进行差值运算，即式（6.37）减式（6.36）可得

$$a_{13}-a'_{13}=\frac{s_1-s_4}{s_3-s_4}-\frac{s_1}{s_3}=\frac{(s_1-s_3)s_4}{(s_3-s_4)s_3} \tag{6.39}$$

对式（6.39）进行分析：①当 $s_1>s_3>s_4>0$ 时，有 $a'_{13}>1$，$a_{13}-a'_{13}>0$，此时 $a_{13}>a'_{13}$，即权重比的实际值大于判断值，此时构造的资源分配矩阵不符合一致性，则应适当增大判断值，且在 s_1 与 s_3 保持不变的情况下，因为 $(s_1-s_3)/[(s_3-s_4)s_3]$ 为正值，则 s_4 的值越大，a_{13} 减 a'_{13} 的差值越大，这说明任务间的权重比值大小受任务间耦合度大小的影响，且随着任务间耦合度的增大，判断所得的权重比值越来越偏小于实际的权重比值。在这种情况下，对于耦合度较大的两个任务间比较所得的权重比值是比实际的权重比值小很多的，因此在构建资源分配矩阵时，对耦合度较大的两任务，可先设定一个较大的权重比值，若该值不满足一致性，再对其进行减小。②当 $s_1=s_3>s_4>0$ 时，有 $a_{13}=a'_{13}=1$，即权重比的实际值等于判断值，此时构造的资源分配矩阵符合一致性，则不需要调整判断值，此时 s_4 值的大小对权重比值大小的判断无影

响，因为此时的任务1与任务3的需求程度相同，由式（6.37）可知，无论 s_4 的值怎么变化，权重比值始终为1。③当 $s_3>s_1>s_4>0$ 时，有 $a'_{13}<1$，$a_{13}-a'_{13}<0$，此时 $a_{13}<a'_{13}$，即权重比的实际值小于判断值，此时构造的资源分配矩阵不符合一致性，则应适当减少判断值，且在 s_1 与 s_3 保持不变的情况下，因为 $(s_1-s_3)/[(s_3-s_4)s_3]$ 为负值，则 s_4 的值越大，a_{13} 减 a'_{13} 的差值越小，且随着任务间耦合度的增大，判断所得的权重比值越来越偏大于实际的权重比值。在这种情况下，对于耦合度较大的两任务间比较所得的权重比值是比实际的权重比值大很多的，因此在构建资源分配矩阵时，对耦合度较大的两个任务，可先设定一个较小的权重比值，若该值不满足一致性，再对其进行增大。

2. 权重比的一致性检验

针对因任务间的耦合而导致的资源分配矩阵中权重比不一致的问题，可利用层次分析法的一致性检验来判断所得的权重比是否符合实际情况。层次分析法用一致性比率CR来判定权重比的一致性情况[49]，其表达式如下：

$$CR=\frac{\lambda_{\max}-n}{(n-1)(RI)} \tag{6.40}$$

式中，$\lambda_{\max}$ 为资源分配矩阵的最大特征值；n 为任务个数；RI表示随机一致性指标，其取值与耦合任务集中的任务个数 n 有关[50]，如表6.12所示。

表6.12 不同任务个数时的一致性指标的取值

任务数 n	1	2	3	4	5	6	7	8	9	10	11
一致性指标 RI	0	0	0.58	0.90	1.12	1.24	1.32	1.41	1.45	1.49	1.51

当一致性比率CR满足 $CR<0.1$ 时，认为该一致性可以接受，即判断所得权重比符合实际情况；当 $CR\geqslant0.1$ 时，认为该一致性无法接受，即判断所得权重比不符合实际情况，应将资源分配矩阵中的权重比按对式（6.39）分析所得的方法进行适当调整，使具有耦合关系的两任务间的权重比值尽量接近准确值，并重复构造资源分配矩阵直至一致性比率CR满足 $CR<0.1$ 为止，以减少由权重比不一致导致的权重系数的误差。

以上对资源分配矩阵进行再构造的过程不会影响到其他资源分配矩阵的一致性。因为在该过程中，每个资源分配矩阵仅代表其对应的那类资源被各任务所需求程度权重比的大小关系。单一地对某资源分配矩阵进行重新构造，实质上是调整了具有耦合关系的两任务对同一类资源需求度大小关系的权重比。由于此权重比针对的对象是同一类资源，而整个资源分配矩阵针对的对象也是此类资源，且在该过程中，资源与资源间又是相对孤立的，因此重新构造资源分配矩阵不会影响到其他资源对应的资源分配矩阵的一致性。且根据以上分析可知，要保证多方案间的资源分配矩阵再构造的收敛性和一致性，需要准确得出具有耦合关系的任务间需求度大小的权重比值，而这是比较困难的。一致性检验方法和资源分配矩阵的再构造过程虽然没有直接得出准确的权重比值，但其通过对具有耦合关系的任务间需求度大小的权重比进行反复调整，使其尽量接近准确值，这在一定程度上保证了多方案间的资源分配矩阵再构造的收敛性和一致性。

6.4.4　实例分析

汽车引擎罩部件的开发项目包含多个任务组成的耦合任务集，选取其中的一个子耦合任务集作为研究对象，如图 6.13 所示。该子耦合任务集中包含 4 个任务，任务名称及耦合信息如图 6.13（a）所示。由于该项目牵涉多个学科，需要机械工程师、电子工程师和支持工程师这 3 种人力资源才能使耦合任务集中的所有任务顺利执行，且这 3 种人力资源的最大供应量分别为 Z_1、Z_2、Z_3。

		1	2	3	4
开发过程规划	1	1	0.2	0.4	
确定传动系统布置	2	0.2	1		0.1
选择系统部件材料	3	0.4		1	
确定受力性能	4		0.1		1

（a）任务名称及耦合信息

$$\begin{bmatrix} 1 & 0.2 & 0.4 & 0 \\ 0.2 & 1 & 0 & 0.1 \\ 0.4 & 0 & 1 & 0 \\ 0 & 0.1 & 0 & 1 \end{bmatrix}$$

（b）任务间的耦合关系矩阵

图 6.13　汽车引擎罩部件开发项目子耦合任务集

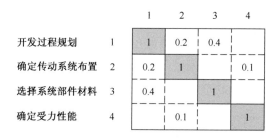

图 6.13（b）所示为图 6.13（a）所对应的任务间的耦合关系矩阵，矩阵中的元素表示任务间的耦合度；耦合度为 0，表示这两个任务是孤立的；对角线元素表示的是任务的自耦合度，因此全为 1；非对角线元素表示任务与除自己外的其他任务的耦合度，如矩阵第 1 行第 2 列的数字 0.2 表示的是任务 1 与任务 2 之间的耦合度为 0.2；由于耦合度表示两个任务间相互耦合的程度，因此矩阵中的元素关于主对角线呈对称分布。从图 6.13（a）中可以看出，任务 1 与任务 2、任务 1 与任务 3、任务 2 与任务 4 之间存在耦合，而任务 1 与任务 4，任务 2 与任务 3、任务 3 与任务 4 之间是孤立的。

运用层次分析法，按任务对资源的需求程度将这 3 种资源分配给子耦合任务集中的 4 个任务。具体步骤如下：

第一步，建立资源分配层次结构模型，如图 6.14 所示。

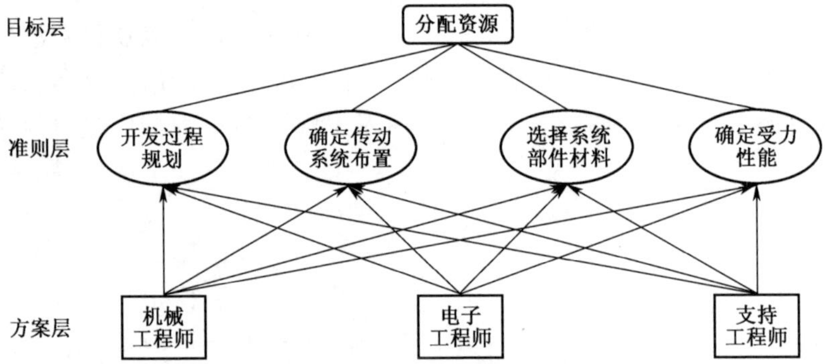

图 6.14 汽车引擎罩部件开发子耦合任务集资源分配层次结构模型

第二步，构造资源分配矩阵。根据图 6.14 建立的层次结构模型，由 3 位专家将 4 个任务分别对机械工程师、电子工程师、支持工程师 3 种资源进行两个任务间的需求程度的比较，参照表 4.6 得出 4 个任务分别对 3 种资源需求程度的权重比。3 位专家的评价结果如表 6.13～表 6.15 所示。

表 6.13 专家对机械工程师资源权重比评价的结果

权重比	a_{12}^1	a_{13}^1	a_{14}^1	a_{23}^1	a_{24}^1	a_{34}^1
专家一	1/6	8	1/5	7	1	1/7
专家二	1/7	7	1/7	8	1	1/9
专家三	1/6	6	1/6	8	1	1/8
平均值	1/6	7	1/6	8	1	1/8

表 6.14　专家对电子工程师资源权重比评价的结果

权重比	a_{12}^2	a_{13}^2	a_{14}^2	a_{23}^2	a_{24}^2	a_{34}^2
专家一	8	5	6	1/8	1/7	1
专家二	9	5	5	1/9	1/8	2
专家三	9	5	4	1/8	1/8	1
平均值	9	5	5	1/8	1/8	1

表 6.15　专家对支持工程师资源权重比评价的结果

权重比	a_{12}^3	a_{13}^3	a_{14}^3	a_{23}^3	a_{24}^3	a_{34}^3
专家一	8	1/2	7	1/9	2	9
专家二	8	1/3	9	1/9	1	9
专家三	7	1/2	8	1/9	1	8
平均值	8	1/2	8	1/9	1	9

根据表 6.13~6.15 分别构造资源分配矩阵 $\boldsymbol{A}^{(1)}$、$\boldsymbol{A}^{(2)}$、$\boldsymbol{A}^{(3)}$。

机械工程师资源分配矩阵 $\boldsymbol{A}^{(1)}$ 为

$$\boldsymbol{A}^{(1)}=\begin{bmatrix}1 & \frac{1}{6} & 7 & \frac{1}{6}\\ 6 & 1 & 8 & 1\\ \frac{1}{7} & \frac{1}{8} & 1 & \frac{1}{8}\\ 6 & 1 & 8 & 1\end{bmatrix}$$

电子工程师资源分配矩阵 $\boldsymbol{A}^{(2)}$ 为

$$\boldsymbol{A}^{(2)}=\begin{bmatrix}1 & 9 & 5 & 5\\ \frac{1}{9} & 1 & \frac{1}{8} & \frac{1}{8}\\ \frac{1}{5} & 8 & 1 & 1\\ \frac{1}{5} & 8 & 1 & 1\end{bmatrix}$$

支持工程师资源分配矩阵 $\boldsymbol{A}^{(3)}$ 为

$$A^{(3)}=\begin{bmatrix}1 & 8 & \frac{1}{2} & 8\\ \frac{1}{8} & 1 & \frac{1}{9} & 1\\ 2 & 9 & 1 & 9\\ \frac{1}{8} & 1 & \frac{1}{9} & 1\end{bmatrix}$$

第三步，确定资源分配权重系数。根据式（6.32）求得$A^{(1)}$、$A^{(2)}$、$A^{(3)}$的最大特征值分别为$\lambda_{1(\max)}=4.26$，$\lambda_{2(\max)}=4.29$，$\lambda_{3(\max)}=4.04$。根据式（6.34）求得$\lambda_{1(\max)}$、$\lambda_{2(\max)}$、$\lambda_{3(\max)}$对应的特征向量分别为$X^{(1)}=(0.19,\ 0.69,\ 0.06,\ 0.69)^{\mathrm{T}}$，$X^{(2)}=(0.93,\ 0.05,\ 0.26,\ 0.26)^{\mathrm{T}}$，$X^{(3)}=(0.55,\ 0.08,\ 0.83,\ 0.08)^{\mathrm{T}}$。因为$\sum_{j=1}^{4}\omega_j^{(k)}\neq 1$，则将$X^{(1)}$、$X^{(2)}$、$X^{(3)}$中的各元素进行归一化。归一化后所得权重向量分别为$X^{(1)\prime}=(0.12,\ 0.42,\ 0.04,\ 0.42)^{\mathrm{T}}$，$X^{(2)\prime}=(0.62,\ 0.04,\ 0.17,\ 0.17)^{\mathrm{T}}$，$X^{(3)\prime}=(0.36,\ 0.05,\ 0.54,\ 0.05)^{\mathrm{T}}$。

第四步，权重比的一致性检验与资源分配矩阵的调整。分别对$A^{(1)}$、$A^{(2)}$、$A^{(3)}$中的权重比进行一致性检验。对任务数$n=4$，由表6.12知RI=0.9。根据式（6.40）可求得$A^{(1)}$对应的一致性比率$[\mathrm{CR}]_1$为$(4.36-4)/[(4-1)\times 0.9]\approx 0.13$，同理可求得$[\mathrm{CR}]_2\approx 0.11$，$[\mathrm{CR}]_3\approx 0.01$。由于$[\mathrm{CR}]_1$、$[\mathrm{CR}]_2$均大于0.1，因此矩阵$A^{(1)}$和$A^{(2)}$中权重比的一致性无法接受，则由其得出的权重向量$X^{(1)\prime}$和$X^{(2)\prime}$缺乏真实性，应舍弃。需要对矩阵$A^{(1)}$和$A^{(2)}$中的权重比进行调整，重复构造关于资源1和资源2的分配矩阵，直至一致性比率CR满足CR<0.1为止。

根据图6.13可知任务1与任务2、任务1与任务3、任务2与任务4之间存在耦合，其权重比对应于资源分配矩阵中的元素为a_{12}、a_{13}、a_{24}，则应对矩阵$A^{(1)}$、$A^{(2)}$中a_{12}、a_{13}、a_{24}所在位置的权重比按对式（6.39）分析的结果进行调整。

对于矩阵$A^{(1)}$，因为$a_{12}^{(1)}<1$，$a_{13}^{(1)}>1$，$a_{24}^{(1)}=1$，则应减少$a_{12}^{(1)}$，增大$a_{13}^{(1)}$，而$a_{24}^{(1)}$保持不变；对于矩阵$A^{(2)}$，因为$a_{12}^{(2)}>1$，$a_{13}^{(2)}>1$，$a_{24}^{(2)}<1$，则应增大$a_{12}^{(2)}$和$a_{13}^{(2)}$，减少$a_{24}^{(2)}$。假设将$a_{12}^{(1)}$减少为1/7，$a_{13}^{(1)}$增大为8；$a_{12}^{(2)}$增大为9，$a_{13}^{(2)}$增大为6，$a_{24}^{(2)}$减少为1/9，调整后的矩阵$A^{(1)\prime}$和$A^{(2)\prime}$分别为

$$\boldsymbol{A}^{(1)'}=\begin{bmatrix}1 & \frac{1}{7} & 8 & \frac{1}{6}\\ 7 & 1 & 8 & 1\\ \frac{1}{8} & \frac{1}{8} & 1 & \frac{1}{8}\\ 6 & 1 & 8 & 1\end{bmatrix}\quad \boldsymbol{A}^{(2)'}=\begin{bmatrix}1 & 9 & 6 & 5\\ \frac{1}{9} & 1 & \frac{1}{8} & \frac{1}{9}\\ \frac{1}{6} & 8 & 1 & 1\\ \frac{1}{5} & 9 & 1 & 1\end{bmatrix}$$

同理可得矩阵$\boldsymbol{A}^{(1)'}$和$\boldsymbol{A}^{(2)'}$的最大特征值分别为$\lambda'_{1(\max)}=4.25$，$\lambda'_{2(\max)}=4.21$，其对应的特征向量归一化后所得权重向量分别为$\boldsymbol{X}^{(1)''}=(0.14,\ 0.39,\ 0.08,\ 0.39)^{\mathrm{T}}$，$\boldsymbol{X}^{(2)''}=(0.57,\ 0.11,\ 0.16,\ 0.16)^{\mathrm{T}}$。根据式（6.40）分别对$\boldsymbol{A}^{(1)'}$、$\boldsymbol{A}^{(2)'}$进行一致性检验得一致性比率：$[\mathrm{CR}]'_1\approx0.09$，$[\mathrm{CR}]'_2\approx0.08$，均小于0.1，一致性可以接受，则资源分配矩阵$\boldsymbol{A}^{(1)'}$、$\boldsymbol{A}^{(2)'}$满足一致性要求，由其得到的向量$\boldsymbol{X}^{(1)''}$、$\boldsymbol{X}^{(2)''}$为符合实际情况的资源分配权重向量。

综上所述，根据式（6.35）可得子耦合任务集中的4个任务应分配所得机械工程师、电子工程师和支持工程师3种资源的资源量向量分别为$\boldsymbol{R}_1=z_1\boldsymbol{X}^{(1)''}=(0.14z_1,\ 0.39z_1,\ 0.08z_1,\ 0.39z_1)^{\mathrm{T}}$，$\boldsymbol{R}_2=z_2\boldsymbol{X}^{(2)''}=(0.57z_2,\ 0.11z_2,\ 0.16z_2,\ 0.16z_2)^{\mathrm{T}}$，$\boldsymbol{R}_3=z_3\boldsymbol{X}^{(3)''}=(0.36z_3,\ 0.05z_3,\ 0.54z_3,\ 0.05z_3)^{\mathrm{T}}$。以上3个向量分别表示了4个任务应分配所得3种资源的资源量情况，如向量$\boldsymbol{R}_1$中的$0.14z_1$表示开发过程规划任务应分配所得机械工程师资源的数量是$0.14z_1$。

小结：本节运用层次分析法确定了耦合任务集中各资源分配给各任务的权重系数，通过分析任务间的耦合对权重比的影响，得出了解决资源分配矩阵不符合一致性的方法，从而使得资源分配权重系数更具客观性。最后结合汽车引擎罩部件子耦合任务集的开发实例，验证了该方法的可行性。本节研究的方法对耦合任务集中的资源分配问题有一定的理论指导意义。

6.5　资源约束下考虑学习遗忘效应的产品开发任务调度多目标优化

6.5.1　学习遗忘矩阵的构建

由于产品设计开发中耦合设计任务执行过程存在迭代返工这一特殊性，设计团队在执行任务过程中不断积累设计知识与经验，即存在如2.1节所述的学习效应。伴随着研究的深入，学者们逐渐发现与学习现象相对的遗忘现象也在生产中产生着重要的影响。到了 20 世纪 60 年代，遗忘效应才开始得到学者们的研究。因此与早已相对成熟的学习曲线的研究相比，对遗忘效应的研究文章则少很多。学者们对遗忘效应的研究也是一个渐进的过程，在工业生产中如果生产过程频繁地发生中断，员工的生产率会出现降低的现象，并且生产的中断会严重影响到生产成本；相对地，中断次数比较少的生产过程则会更加经济，提出了用一个负的衰减函数来表示这种遗忘现象或中断过程，为后来遗忘曲线的提出奠定了基础。研究学习遗忘效应给产品的设计开发带来的影响具有重要的现实意义。

对于执行任务的小组人员来说，一方面，随着返工次数的增加，工作经验不断积累，小组人员的工作能力（或工作效率）逐渐提高，即减少了执行同一任务的时间；另一方面，由于工作的中断和遗忘的存在，会导致经验的丢失，小组人员的工作能力相比之前会有所降低，即存在学习遗忘效应[51]。为了研究学习遗忘效应在迭代过程中对执行时间和成本的影响，本节将学习曲线与遗忘曲线相结合。

假设 $t(1)$ 是某一任务小组第一次执行任务所需的时间，$t(p)$ 是第 p 次返工执行同一任务所需的时间，结合 Wright[52] 提出的学习效率曲线，可得

$$t(p) = t(1)p^{-l} \tag{6.41}$$

式中，l 是学习效率指数，$0 \leqslant l < 1$，l 取值越大表示学习能力越强，特别地，当 $l=0$ 时表示没有学习效应。学习效率指数可通过同类工作的经验和历史数据，并通过学习效率曲线确定。由式（6.41）可知，随着返工次数 p 的增加，完成同一任务所需的时间 $t(p)$ 在减少，但 Wright[52] 指出学习效率曲线存在一个下界，即执行时间不可能无限减少。

同时，遗忘效应也是客观存在的，由于经验的遗忘丢失，完成单位工作量所需的时间会增加。假设在第 b 次返工时，学习发生了中断（经验遗忘丢失），$t'(a)$ 为某一任务小组第 a 次执行任务所需的时间，$t'(b)$ 为学习中断下第 b 次返工执行同一任务所需的时间，结合参考文献［53］，可得遗忘效应曲线为

$$t'(b) = t'(a)(b-a)^{f},\ b > a \tag{6.42}$$

式中，f 为遗忘效应指数，$0 \leqslant f < 1$，f 取值越小表示遗忘能力越小，特别地，当 $f=0$ 时表示没有遗忘效应。遗忘效应指数同样可通过同类工作的经验和历史数据，并通过遗忘效率曲线确定。由式（6.42）可知，随着返工次数 b 的增加，执行同一任务的时间 $t'(b)$ 在增加，但遗忘效率曲线同样存在一个上界，即执行时间不可能无限增加。

对于一个有 n 个任务的串行耦合集，则 n 个任务对应的每个小组第 s 次返工的学习效应矩阵 $\boldsymbol{L}^{(s)}$ 与遗忘效应矩阵 $\boldsymbol{F}^{(s)}$ 分别为

$$\boldsymbol{L}^{(s)}=\begin{bmatrix} s_1^{-l} & \cdots & 0 \\ \vdots & \ddots & \vdots \\ 0 & \cdots & s_n^{-l} \end{bmatrix}_{n\times n} \qquad \boldsymbol{F}^{(s)}=\begin{bmatrix} s_1^{f} & \cdots & 0 \\ \vdots & \ddots & \vdots \\ 0 & \cdots & s_n^{f} \end{bmatrix}_{n\times n}$$

上述 $\boldsymbol{L}^{(s)}$ 和 $\boldsymbol{F}^{(s)}$ 矩阵中，s_1，s_2，…，s_n 分别为存在学习效应和遗忘效应情况下对应任务的返工量。

一般来说，学习和遗忘是一个概率事件，任务在执行过程中，人员的工作能力可能因为学习效应而提高，也可能因为外部的扰动、工作中断等遗忘效应而降低。在后续的返工迭代中，根据概率规则，每次随机生成一个 0 和 1 之间的数 pd，当 pd 不大于某一 λ 值时会产生学习效应，否则会产生遗忘效应。综合考虑学习与遗忘效应，s_1，s_2，…，s_n 为对应任务的返工量，则第 s 次返工中的学习遗忘矩阵为

$$\boldsymbol{Q}^{(s)}=\begin{bmatrix} s_1^{lf} & \cdots & 0 \\ \vdots & \ddots & \vdots \\ 0 & \cdots & s_n^{lf} \end{bmatrix}_{n\times n},\ pd=\mathrm{rand}(i),\ \begin{cases} lf=-l,\ pd\leqslant\lambda \\ lf=f,\ pd>\lambda \end{cases} \tag{6.43}$$

6.5.2　多阶段任务执行时间与成本的计算模型

产品开发任务调度涉及开发时间、成本等多个目标的优化，一般来说，它是一个多阶段混合迭代过程。按照 1.2.2 小节的分析，n 个任务执行中存在的迭代返工，用工作转移矩阵 $\boldsymbol{W}$ 来定量表示任务的返工量，其中 $\boldsymbol{Z}$ 为 n 维对角矩阵，其元素表示该项任务对应的执行时间，其值取决于产品开发前专家依据经验对每个设计任务时间的估计值；$\boldsymbol{R}$ 是一个 n 维非对角矩阵，其中元素 r_{ij} 大小表示任务 j 完成后会引起任务 i 的返工量大小，它描述了迭代过程中任务之间的耦合关系。例如，一个有关 3 个耦合设计任务 A、B、C 的任务周期矩阵 $\boldsymbol{Z}$ 和任务返工量 $\boldsymbol{R}$ 为

$$\begin{array}{c} \quad\ \ \mathrm{A}\ \ \mathrm{B}\ \ \mathrm{C} \\ \boldsymbol{Z}=\begin{bmatrix} 7 & & \\ & 6 & \\ & & 9 \end{bmatrix} \end{array} \qquad \begin{array}{c} \quad\ \ \mathrm{A}\qquad \mathrm{B}\qquad \mathrm{C} \\ \boldsymbol{R}=\begin{bmatrix} 0 & 0.25 & 0.40 \\ 0.30 & 0 & 0 \\ 0.15 & 0.50 & 0 \end{bmatrix} \end{array}$$

上述 $\boldsymbol{Z}$ 矩阵表示任务 A、B、C 独立完成一次分别需要 7、6、9 个单位时间。$\boldsymbol{R}$ 矩阵表示任务 A 执行结束后，由于任务 A、B、C 之间的耦合关系，导致任

务 B 需要重做 30%的工作（返工量），任务 C 需要重做 15%的工作；当任务 B 完成之后，任务 A 需要重做 25%的工作，任务 C 需要重做 50%的工作；当任务 C 完成之后，任务 A 需要重做 40%的工作，任务 B 不需要重做。

由参考文献［38］并结合学习与遗忘矩阵可以得出，将 n 个任务分成 s 个阶段，在第 1 阶段任务执行中，完成时间最长的那个任务所需的时间 T_1 和所有任务的开发成本 C_1 分别为

$$T_1 = \sum_{d=0}^{M_1} \max_i [\boldsymbol{QK}_1(\boldsymbol{ZK}_1\boldsymbol{R}^d\boldsymbol{K}_1\boldsymbol{u}_0)]^{(i)}$$

$$C_1 = \boldsymbol{E}_{tc}[\boldsymbol{QK}_1(\boldsymbol{Z}(\boldsymbol{I} - \boldsymbol{K}_1\boldsymbol{R}^d\boldsymbol{K}_1)(\boldsymbol{I} - \boldsymbol{K}_1\boldsymbol{RK}_1)^{-1}\boldsymbol{K}_1\boldsymbol{u}_0)]$$

式中，$\boldsymbol{Q}$ 为 n 维对角矩阵；$\boldsymbol{Z}$ 为 n 维对角矩阵；$\boldsymbol{R}$ 是 n 维方阵；M_1 为总的迭代次数；d 为当前的迭代次数；$\boldsymbol{u}_0$ 是一个全 1 的初始工作列向量；$[\ ]^{(i)}$ 表示向量的第 i 个元素；$\boldsymbol{I}$ 是一个 n 维单位矩阵；$\boldsymbol{E}_{tc}$ 是一个 $1 \times n$ 的列向量，其元素描述了对应任务在单位时间内对应的成本；对角矩阵 $\boldsymbol{K}_1$ 为 $n \times n$ 维的任务分布矩阵，其元素 k_1^{ij} 的定义为

$$k_1^{ij} = \begin{cases} 1, & i = j，且第 i 个任务在第 1 阶段 \\ 0, & 其他 \end{cases}$$

第 2 阶段任务执行所需时间 T_2 和成本 C_2 分别为

$$T_2 = \sum_{d=0}^{M_2} \max_i [\boldsymbol{QK}_2(\boldsymbol{ZK}_2\boldsymbol{R}^d\boldsymbol{K}_2(\boldsymbol{K}_2 - \boldsymbol{K}_1)\boldsymbol{u}_0)]^{(i)}$$

$$C_2 = \boldsymbol{E}_{tc}[\boldsymbol{QK}_2(\boldsymbol{Z}(\boldsymbol{I} - \boldsymbol{K}_2\boldsymbol{R}^d\boldsymbol{K}_2)(\boldsymbol{I} - \boldsymbol{K}_2\boldsymbol{RK}_2)^{-1}(\boldsymbol{K}_2 - \boldsymbol{K}_1)\boldsymbol{u}_0)]$$

其中，对角矩阵 $\boldsymbol{K}_2$ 为第 2 阶段的任务分布矩阵，其元素 k_2^{ij} 的定义为

$$k_2^{ij} = \begin{cases} 1, & i = j，且第 i 个任务在第 1、2 阶段 \\ 0, & 其他 \end{cases}$$

以此类推，第 s 阶段任务执行所需时间 T_s 和成本 C_s 分别为

$$T_s = \sum_{d=0}^{M_s} \max_i [\boldsymbol{QK}_s(\boldsymbol{ZK}_s\boldsymbol{R}^d\boldsymbol{K}_s(\boldsymbol{K}_s - \boldsymbol{K}_{s-1})\boldsymbol{u}_0)]^{(i)} \tag{6.44}$$

$$C_s = \boldsymbol{E}_{tc}[\boldsymbol{QK}_s(\boldsymbol{Z}(\boldsymbol{I} - \boldsymbol{K}_s\boldsymbol{R}^d\boldsymbol{K}_s)(\boldsymbol{I} - \boldsymbol{K}_s\boldsymbol{RK}_s)^{-1}(\boldsymbol{K}_s - \boldsymbol{K}_{s-1})\boldsymbol{u}_0)] \tag{6.45}$$

其中，对角矩阵 $\boldsymbol{K}_s$ 为第 s 阶段的任务分布矩阵，其元素 k_s^{ij} 的定义为

$$k_s^{ij} = \begin{cases} 1, & i = j，且第 i 个任务在第 1，2，3，\cdots，s 阶段 \\ 0, & 其他 \end{cases}$$

执行完 s 个任务所需的总时间 T 和总成本 C 分别为

$$T = \sum_{j=1}^{s} T_j \qquad C = \sum_{j=1}^{s} C_j \tag{6.46}$$

6.5.3　考虑学习与遗忘效应的多目标优化模型的建立

1. 资源利用率的定义

机械产品开发往往涉及的工种较多，需要多部门协作、跨学科交流，随着设计任务数量的增加，对资源的数量需求和种类需求更多，为了方便计算和仿真，假设：①每个任务执行时所需的资源为一个确定的值；②总的资源一定；③任务执行完后占用的资源立即全部释放。

当任务的阶段数确定后，每个阶段由于执行的任务不同，其所需的资源数量也不一样。有的阶段并行执行的任务数量较多，资源一般能够充分利用，甚至有可能超过总的资源量导致有些任务不能执行或延迟执行；有的阶段任务并行执行的任务数量较少，通常会造成资源大量的闲置。为了体现任务在执行过程中资源的利用率，假设任务 $\{A_1, A_2, \cdots, A_n\}$ 所需的资源不可分割（每个任务只有分配一定数量的资源才能执行），定义资源分配行向量 $\boldsymbol{Z}_y = (\boldsymbol{Z}_{y1}, \boldsymbol{Z}_{y_2}, \cdots, \boldsymbol{Z}_{ys})$，资源总量为 Z_{yzl}（确定值），即每个任务执行时需要的资源量为一定值，且每个阶段执行时只有当该阶段的全部任务所需的资源总和小于或等于资源总量 Z_{yzl}，该阶段任务才能并行执行。定义资源的利用率如下：

第 1 阶段资源的利用率：

$$Z_1 = \| \boldsymbol{K}_1 \times \boldsymbol{Z}_{y_1} \| / Z_{yzl} \times 100\%$$

第 2 阶段资源的利用率：

$$Z_2 = \| (\boldsymbol{K}_2 - \boldsymbol{K}_1) \boldsymbol{Z}_{y_2} \| / Z_{yzl} \times 100\%$$

以此类推，第 s 阶段资源的利用率：

$$Z_s = \| (\boldsymbol{K}_s - \boldsymbol{K}_{s-1}) \boldsymbol{Z}_{y_s} \| / Z_{yzl} \times 100\% \tag{6.47}$$

由于每个阶段执行任务不同，资源利用率的差异可能相差较大，设计人员或决策者往往希望总的资源利用率的期望值较高，而不是某一阶段的资源利用率最高，对此提出资源平均利用率为

$$Z = \sum_{i=1}^{s} Z_i / s \times 100\% \tag{6.48}$$

2. 评价函数的构造

为了获得产品开发时间和开发成本的最优调度方案，本节采用多目标理想点法[54]对求得的 Pareto 最优解集进行选优，该方法在期望的度量下，寻求离 F^* 最近的 F 作为近似值（该优化模型需先分别求出每个目标的最小值）。如图 6.15 所示，图中“ * ”点为目标 f_1 和目标 f_2 的理想点，即两个目标同时满足达到最小值；图中“+”和“Δ”为实际目标 f_1 和目标 f_2 值的分布点，显然“Δ”代表的值比“+”对应代表的值都大，只需在“+”中寻找距离“ * ”

点最近的点，构造评价函数 F，即

$$\min F = \sqrt{(f_1 - \min f_1)^2 + (f_2 - \min f_2)^2} \tag{6.49}$$

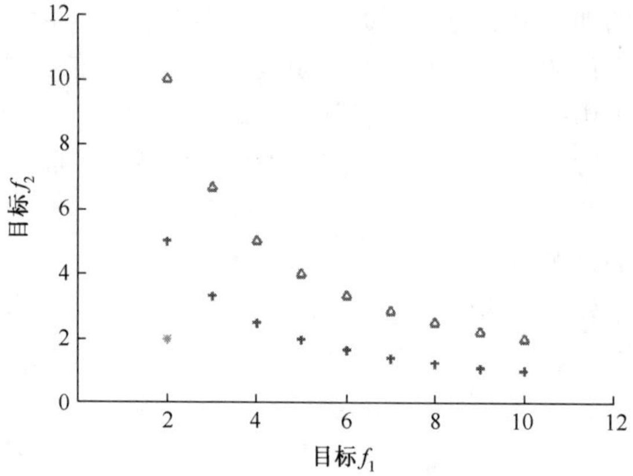

图 6.15　多目标理想点法

3. 多目标模型的建立

在产品开发设计过程中，一般来说总，的资源是有限的，设计人员或决策者会根据以往的设计经验给每个任务分配固定的资源，只要每个阶段总共所需的资源不超过总量，那么该阶段的任务是可以顺利进行的，因此资源约束条件为

$$Z_j \leqslant 100\%, \ j = 1, 2, \cdots, s \tag{6.50}$$

产品开发时间 T 和开发成本 C 是评价任务调度方案优劣的两个重要指标，一般很难存在两个指标同时达到最优的任务调度方案。因此资源约束下的产品开发任务调度问题属于多目标优化问题。

由于时间和成本的单位不同、数量级大小差别，本节通过（$T - T_{\min}$）$/(T_{\max} - T_{\min})$ 和 $(C - C_{\min})/(C_{\max} - C_{\min})$ 分别对 T 和 C 进行无量纲化处理，其中 $T_{\min}$ 为时间最小值，$T_{\max}$ 为时间最大值；$C_{\min}$ 为成本最小值，$C_{\max}$ 为成本最大值。为了体现企业决策者对时间或者成本的重视或偏好程度，本节在多目标理想点法的基础上，引入权重系数 w 来处理。假设时间和成本的权重系数分别为 w_1、w_2，满足 $w_1 \geqslant 0$、$w_2 \geqslant 0$ 且 $w_1 + w_2 = 1$，其值可由企业决策者根据实际产品开发中的具体情况来选择。引入式（6.50）的约束条件后，资源约束下产品开发任务调度多目标优化的数学模型可以描述为

$$
\begin{cases}
\text{find: } s \\
\text{object: } \min F = \sqrt{w_1[(T-T_{\min})/(T_{\max}-T_{\min})]^2 + w_2[(C-C_{\min})/(C_{\max}-C_{\min})]^2} \\
\text{s. t: } w_1 \geqslant 0,\ w_2 \geqslant 0,\ w_1 + w_2 = 1 \\
\qquad Z_j \leqslant 100\%,\ j = 1,\ 2,\ \cdots,\ s \\
\qquad \sum_{i=1}^{n} q_i = v,\ 2 \leqslant s \leqslant n
\end{cases}
\tag{6.51}
$$

式中，目标函数的个数为2；n 为总的任务数；s 为划分的阶段数；q_i为第 i 阶段任务的个数；v 为 1~s 阶段任务数之和；$1 \leqslant q_i < v$ 且 $q_i \in \mathbf{Z}$。

6.5.4　优化模型的求解

1. NSGA-Ⅱ算法的改进

NSGA-Ⅱ算法虽有较多的优点，但仍然存在容易陷入“早熟”（即它快速收敛到局部最优解而不是全局最优解）和当接近最优解时收敛速度慢等问题。根据参考文献［55］交叉概率 P_c和变异概率 P_m(P_c 和 P_m 是影响算法收敛性的主要原因)。一方面，当 P_c越大时，新个体的产生速度越快，但 P_c太大时遗传模式被破坏的可能性越大（适应度较高的个体结构很快就被破坏），而当 P_c太小时，新个体的产生速度太慢，甚至停滞不前。另一方面，当 P_m过小时，产生新个体的难度越大，而其值过大，则遗传算法就变成了纯粹的随机搜索算法。对于不相同的优化求解问题，则需多次反复实验确定 P_c和 P_m的值，这种操作麻烦且复杂，并且难以获得适应每个问题的最佳数值。考虑到动态自适应技术的优越性，本节采用自适应遗传算法。依据个体的适应度值来动态调整 P_c和 P_m，当种群适应度值比较分散时，适当减少 P_c和 P_m的值，而当种群个体适应度值趋于一致时则适当增加 P_c和 P_m的值。同时，对于适应度值低于群体平均适应度值的个体采用较大的 P_c和 P_m；对于适应度值高于群体平均适应度值的个体则采用较小的 P_c和 P_m。因此，采用自适应的 P_c与 P_m，可以提供相对某个解的最佳 P_c和 P_m，确保算法的收敛性和保持种群的多样性，其值按以下两式计算：

$$
P_c = \begin{cases} k_1(f_{\max} - f')/(f_{\max} - f_{\min}), & f' \geqslant f_{avg} \\ k_2, & f < f_{avg} \end{cases} \quad (0 < k_1 < 1,\ 0 < k_2 < 1)
\tag{6.52}
$$

$$
P_m = \begin{cases} k_3(f_{\max} - f)/(f_{\max} - f_{avg}), & f \geqslant f_{avg} \\ k_4, & f < f_{avg} \end{cases} \quad (0 < k_3 < 1,\ 0 < k_4 < 1)
\tag{6.53}
$$

式中，$f_{\max}$为种群中个体最大的适应度值；f_{avg}为每代群体的平均适应度值；f'为要交叉的两个个体中较大的适应度值；f 为要变异个体的适应度值。

利用改进的 NSGA-Ⅱ算法求解时间、成本的最大值和最小值，并进行多次计算，以减少算法随机性的影响，尽可能找到全局最优解[56]。

2. 算法的求解步骤

对于总共 n 个任务，划分为 s 个阶段执行（$n \geq s$），任务调度方案约为 s^n。复杂的产品开发涉及的 n、s 取值一般较大，若采用传统的枚举法或启发式算法，搜索空间太大，时间消耗过大，且往往难以得到全局最优解。遗传算法采用染色体交叉和变异操作，保留优良个体的特性，淘汰适应度较低的染色体，从而可以对问题进行优化求解。基于自适应交叉、变异概率的遗传算法优化流程如图 6.16 所示。

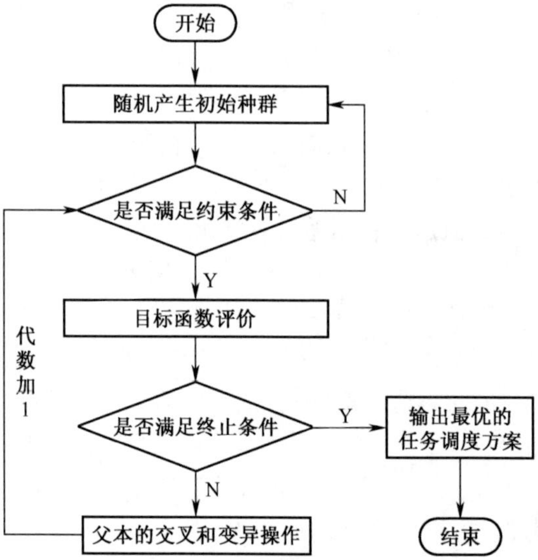

图 6.16 资源约束下任务调度遗传算法优化流程

步骤 1：随机生成一定数量的染色体（个体），采用十进制编码，每个编码位表示对应任务所在的阶段数，如染色体｛3，2，1，2，2，1｝，表示任务 3、6 处于第 1 阶段，任务 2、4、5 处于第 2 阶段，任务 1 处于第 3 阶段。假设任务的个数为 6，阶段数划分为 3，初始种群数目为 100，则个体在 MATLAB 中生成的代码为 Chrom=3×ceil(rand(100，6))。因为每个阶段数都要出现在染色体的编码位上，需要淘汰没有出现所有阶段数字的染色体（或称个体），并且由于存在约束条件，还需要判断生成的染色体是否符合条件，对生成的染色体进行判断选择，需要调用其他相对应的函数。

步骤 2：将符合约束条件的染色体计算转换为开发时间和开发成本的综合目标评价函数 F，并得出适应度。最小化问题适应度函数可以取目标函数的倒数即 $1/F$，适应度函数根据目标函数值大小用于区分群体中个体优劣的标准，它是算法演化过程的驱动力，也是进行自然选择的唯一依据（保留适应度值较大的个体）。

步骤 3：选择适应度较大的两个个体作为父本，进行交叉和变异操作得到新的染色体，并判断是否满足约束条件。

步骤 4：计算出符合约束条件的新的染色体适应度大小。循环执行，直到满足终止条件，输出最优的任务调度方案。

6.5.5　实例分析

1. 问题描述

以某电动小汽车产品开发过程[57]为例，该设计项目包含多个设计任务，简化处理后得到一个由 8 个设计任务组成的耦合集如图 6.17 所示，它包括任务 A（大小与动力特性）、任务 B（马达规格与重量）、任务 C（整体重量）、任务 D（存储能量需求）、任务 E（电池大小与重量）、任务 F（速度与加速度比率）、任务 G（速度与加速度规格）、任务 H（结构与支撑设计）。图中对角线元素为对应任务执行工期的中点值，非对角线元素为任务的返工量，空白处都是 0。图 6.17 中 0~1 的数值元素表示任务的返工量大小，其数值越大则表示耦合关系越强，返工量越多。例如，第 1 列第 2 行数字 0.15，表示完成任务 A 后，任务 B 的返工量为 15%（相对上一次的工作量）。根据以往经验，任务 A 到任务 H 每个任务对应的资源为 5、3、3、4、2、4、3、6 个单位资源，即 $\boldsymbol{Z}_y=[5,3,3,4,2,4,3,6]$，总的资源 $Z_{yzl}=15$。

由图 6.17 可得返工量矩阵 $\boldsymbol{R}$ 和任务工期矩阵 $\boldsymbol{Z}$。

$$\boldsymbol{R}=\begin{bmatrix} 0 & 0.10 & 0 & 0 & 0.15 & 0 & 0.25 & 0.25 \\ 0.15 & 0 & 0.25 & 0 & 0.15 & 0 & 0.15 & 0 \\ 0.25 & 0.15 & 0 & 0 & 0.15 & 0 & 0.25 & 0.25 \\ 0 & 0.25 & 0 & 0 & 0 & 0.25 & 0 & 0 \\ 0 & 0 & 0 & 0.50 & 0 & 0 & 0 & 0 \\ 0.30 & 0 & 0.15 & 0 & 0 & 0 & 0 & 0.15 \\ 0 & 0 & 0 & 0 & 0 & 0.60 & 0 & 0 \\ 0.25 & 0.15 & 0.25 & 0 & 0.15 & 0 & 0.15 & 0 \end{bmatrix}$$

		A	B	C	D	E	F	G	H
大小与动力特性	A	8	0.10			0.15		0.25	0.25
马达规格与重量	B	0.15	6	0.25		0.15		0.15	
整体重量	C	0.25	0.15	4		0.15		0.25	0.25
存储能量需求	D		0.25		3		0.25		
电池大小与重量	E				0.50	3			
速度与加速度比率	F	0.30		0.15			6		0.15
速度与加速度规格	G						0.60	3	
结构与支撑设计	H	0.25	0.15	0.25		0.15		0.15	5

图 6.17　某电动小汽车开发中任务间的耦合信息

$$\mathbf{Z}=\mathrm{diag}\,(8,\ 6,\ 4,\ 3,\ 3,\ 6,\ 3,\ 5)$$

2. 任务调度方案优化

在不考虑学习与遗忘效应的情况（即学习遗忘矩阵 $\boldsymbol{Q}$ 为单位矩阵）下，依据各阶段任务执行时间与成本的计算模型式（6.46），在资源约束的条件下对电动汽车中耦合设计任务调度进行阶段划分，对该耦合设计任务的调度问题进行求解。按照本节提出的整数编码方式，耦合集中的任务个数为 8，则个体的编码长度为 8。为了确定该耦合集的任务划分为多少阶段会出现最优的任务调度方案，将任务的阶段数分别划分为 2、3、4、5、6、7、8。为了确定算法的具体参数[55]，利用 MATLAB 进行了多次试算，确定了相关参数：初始种群数量 p 取 500，遗传迭代次数 g 取 50，初始的染色体交叉概率 P_c 取 0.8，变异概率 P_m 取 0.1。为了尽可能找到各阶段最优解，采用改进的 NSGA-Ⅱ算法，由式（6.46）、式（6.49）求解分别得到了各阶段的时间最小值、成本最小值及其对应的任务调度方案，如表 6.16 所示。

为了更加直观地表示时间、成本随着阶段数增加的变化趋势，应用 MATLAB 软件，得到表 6.16 不同阶段的最小时间优化图、最小成本优化图分别如图 6.18、图 6.19 所示。

表 6.16　各阶段任务调度方案

T 阶段数	2	3	4	5	6	7	8
T_{min}/d	24.53	25.83	27.70	29.94	35.68	42.30	49.62
C/(d·p)	99.47	91.03	90.82	85.43	78.45	72.66	71.51
调度方案	22221211	33231313	44341424	55412535	66412536	66412537	86423517
T/d	28.45	38.34	39.69	41.02	47.36	48.75	50.73
C_{min}/(d·p)	89.06	79.47	75.54	73.04	71.26	69.96	69.69
调度方案	22111112	23211113	24211314	34212415	35212416	36412517	47523618

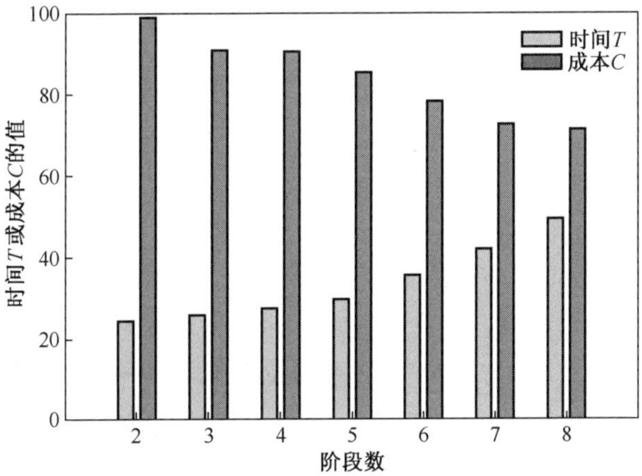

图 6.18　不同阶段最小时间优化结果

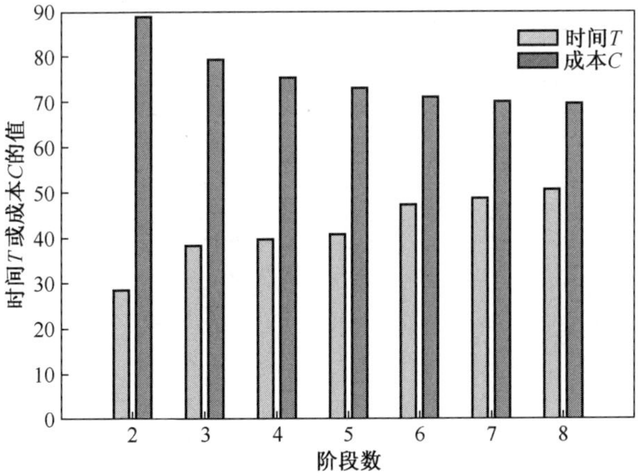

图 6.19　不同阶段最小成本优化结果

显然，任务划分的阶段数较多，由每个阶段执行的任务数量相对较少，其所需的资源也相对较少，此时资源充足，则资源的利用率相对较低。阶段数划分得太少，则开发成本较大，而阶段数划分得较多，则开发时间较长。由图6.18、图6.19可以看出，随着阶段数的增加，时间在增加，而成本在下降，大体上可以看出Pareto解的开发时间和成本呈反比的关系，不存在时间和成本同时最小的情况，这说明了时间和成本两个目标共同优化的矛盾性，即为了减少开发时间，那么需要增加开发成本；相反，为了减少开发成本，则开发时间会延长。设计人员或决策者可以根据时间或成本的限制，从中确定时间或成本的可接受范围，选择合适的任务调度方案。

在不考虑学习与遗忘效应的情况下，用改进的NSGA-Ⅱ对资源约束下多目标优化模型式（6.51）进行求解，得到所有方案的时间、成本的Pareto解集，并计算出时间、成本、资源利用率的平均值，如表6.17所示，再对所有方案的时间和成本进行非支配排序[28]，得到了任务调度方案时间、成本的Pareto最优解集（见表6.18），取权重系数$w_1=w_2=0.5$，采用改进的多目标理想点法对该解集进行选优（见图6.20），计算获得最优的任务调度方案对应的编码为{34211214}（企业决策者也可根据实际情况，在Pareto解集中进行权衡选择），即任务D、E、G处于第1阶段，任务C、F处于第2阶段，任务A处于第3阶段，任务B、H处于第4阶段，此时所需的时间T为32.93 d，成本为76.51 d·p，利用式（6.48），得到此方案平均资源利用率为50%。

表6.17　Pareto解集中时间、成本、资源利用率的平均值

Pareto解集	时间T/d	成本C/(d·p)	平均资源利用率
平均值	43.93	87.09	40%

表6.18　改进的NSGA-Ⅱ优化的任务调度方案时间、成本的Pareto最优解集

方　案	时间T/d	成本C/(d·p)
2 2 2 2 1 2 1 2	24.53	99.47
3 3 3 3 3 1 2 3	25.83	91.03
2 2 2 2 2 2 1 2	25.9	90.63
3 3 2 2 1 2 1 3	29.46	82.5
3 4 2 1 1 2 1 4	32.93	76.51
⋮	⋮	⋮
4 7 5 2 3 6 1 8	50.73	69.69

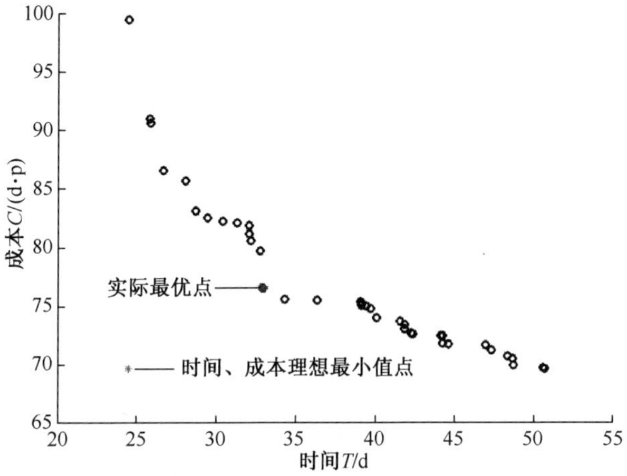

图 6.20　改进的多目标理想点法选优图

针对只考虑学习效应、同时考虑学习与遗忘效应两种情况，采用以上相同的初始参数，运用改进的NSGA-Ⅱ算法和改进的多目标理想点法，可以分别得到相应的任务调度方案时间、成本的Pareto最优解集及优选解。表6.19所示为不考虑学习与遗忘效应、只考虑学习效应、同时考虑学习与遗忘效应三种情况下的时间、成本的优化结果及其比较。

表 6.19　三种不同情况下的时间、成本的优化结果及其比较

不同考虑情况	T	C
①不考虑学习与遗忘效应	32.93	76.51
②只考虑学习效应	30.90	70.83
③同时考虑学习与遗忘效应	31.54	72.59
②比①/%	-6.2	-7.4
③比①/%	-4.2	-5.1
②比③/%	-2	-2.4

为了比较不同的学习指数 l、遗忘指数 f 和学习概率 λ 对优化结果的影响，将任务的阶段数设置为8，采用控制变量法，得到的结果及比较如表6.20所示。

表 6.20 同时考虑学习与遗忘效应时不同参数的优化结果及比较

参数 l、f、λ	T	C
①$l=0.15$, $f=0.1$, $\lambda=0.7$	48.30	64.32
②$l=0.30$, $f=0.1$, $\lambda=0.7$	46.25	59.46
③$l=0.15$, $f=0.3$, $\lambda=0.7$	49.13	66.37
④$l=0.15$, $f=0.1$, $\lambda=0.3$	50.74	71.83
②比①/%	-4.2	-7.6
③比①/%	1.7	3.2
④比①/%	5.1	11.7

3. 结果分析

用改进的 NSGA-Ⅱ 对本节建立的资源约束下多目标优化模型进行求解，得到所有方案的时间、成本的 Pareto 解集，再对所有方案的时间和成本进行非支配排序，得到了方案的时间、成本的 Pareto 最优解集，并采用多目标理想点法对该解集进行选优，获得最优调度方案所需时间 T 为 32.93 d，成本为 76.51 d · p，平均资源利用率为 50%，比表 6.17 中 Pareto 解集的平均时间 43.93 d，成本 87.09 d · p 和平均资源利用率 40%，时间和成本分别缩短了 25.04%、12.15%，平均资源利用率提高了 25%。说明该任务调度方案的优化方法是有效的。

由表 6.19 可见，只考虑学习效应或者同时考虑学习与遗忘效应相对于不考虑学习与遗忘效应的产品开发时间分别减少了 6.2%、4.2%，成本分别降低了 7.4%、5.1%；而只考虑学习效应相对于同时考虑学习与遗忘效应的产品开发时间减少了 2%、成本降低了 2.4%。这说明只考虑学习效应、同时考虑学习与遗忘效应两种情况下均可减少产品开发时间并降低开发成本，但前者对产品开发时间和成本的优化效果更为显著。

由表 6.20 可知，当遗忘指数 f 与学习概率 λ 不变，而学习指数 l 较大，或者当 l 与 λ 不变，而 f 较小，或者当 f 和 l 不变，而 λ 较大，则产品开发时间较少、开发成本较低；当 λ 不变，而 f 较小，l 较大，或者当 f 不变，l、λ 均较大，或者当 l 不变，而 f 较小，λ 较大，则产品开发时间较少、开发成本较低。这说明 l、f、λ 均对资源约束下产品开发时间和成本有直接影响，其中 l、λ 较大，或者 f 较小，均可减少产品开发时间、降低开发成本。

小结：产品设计开发任务调度中同时考虑资源约束问题和学习与遗忘效应是更科学的，综合考虑多个目标的优化是更符合实际的。本节对资源约束下考虑学习与遗忘效应的产品开发任务调度的时间与成本优化进行了研究，研究表明：①通过定义资源利用率，构建学习与遗忘效应矩阵，结合产品开发任务调度的多阶段迭代模型，能够获得资源约束下任务调度的多目标优化数学模型，从而减少产品的开发时间、降低开发成本，并提高总的资源利用率；②通过引入自适应交叉概率和变异概率而改进的NSGA-Ⅱ和引入权重系数而改进的多目标理想点法，可以有效地解决资源约束下任务调度优化求解问题；③为最大限度地减少产品开发时间、降低开发成本，应尽量提高工作人员学习能力，减少遗忘效应。量化分析学习与遗忘效应，建立考虑学习与遗忘效应的优化模型，有助于对产品设计开发过程进行指导，对产品设计开发的时间和成本进行预测。

参 考 文 献

[1] 方晨，王凌．资源约束项目调度研究综述［J］．控制与决策，2010，25（5）：641-656.

[2] 杨利宏，杨东．基于遗传算法的资源约束型项目调度优化［J］．管理科学，2008，21（4）:60-68.

[3] 寿涌毅．资源约束下多目标调度的迭代算法［J］．浙江大学学报（工学版），2004，38（8）:1095-1099.

[4] 郝真鸣，孙丹丹，郝晋渊，等．基于Petri网的离散事件系统初始资源优化配置［J］．河北大学学报（自然科学版），2020，40（2）：212-217.

[5] RUDEK R，HEPPNER I．Efficient algorithms for discrete resource allocation problems under degressively proportional constraints［J］. Expert Systems with Applications，2020，149：113-117.

[6] 吕志军，项前，杨建国，等．基于产品进化机理的纺织工艺并行设计系统［J］．计算机集成制造系统，2013，19（5）：935-940.

[7] BRETTHAUER K M，SHETTY B，SYAN S，et al. Production and inventory management under multiple resource constraints［J］. Mathematical and Computer Modelling，2006，44：85-95.

[8] 孙晓斌，肖人彬．基于效率的并行设计研究［J］．华中科技大学学报（自然科学版），1997（12）：50-52.

[9] 田启华，王涛，杜义贤，等．具有资源最优化配置特性的耦合集求解模型研究［J］．机械设计，2016（4）：67-71.

[10] 田启华，王涛，杜义贤，等．资源最优化配置下二阶段迭代模型求解方法研究［J］．机械设计，2017，34（11）：57-62.

[11] KIM D. On representations and dynamic analysis of concurrent engineering design［J］. Journal of Engineering Design，2007，18（3）：265-277.

[12] 韩景倜，肖宇．复杂产品研发的网络建模分析［J］．计算机集成制造系统，2015，21（6）:1417-1427.

[13] HARTMANN S, BRISKORN D. A survey of variants and extensions of the resource-constrained project scheduling problem [J]. European Journal of Operational Research, 2010, 207 (1): 1-14.

[14] 郭弘凌，田怀文，柯小甜．基于层次分析法和相关性矩阵的先进设计技术分类方法 [J]. 机械设计与研究，2016 (1): 1-5.

[15] 田启华，梅月媛，王涛，等．产品开发中任务工期不确定条件下耦合集求解模型分析 [J]. 机械设计与研究，2018 (1): 172-176.

[16] 张鹏，冯旭祥，葛小青．基于改进遗传算法的多天线地面站硬件资源分配方法 [J]. 计算机工程与科学，2017，39 (6): 1155-1163.

[17] 崔玉泉，张宪，芦希，等．随机加权交叉效率下的资源分配问题研究 [J]. 中国管理科学，2015，23 (1): 121-127.

[18] 崔博，牛悦娇．关于移动通信资源分配方法的改进研究 [J]. 计算机仿真，2016，33 (8):193-196.

[19] 何立华，王栎绮，张连营．多资源均衡优化中基于专家权重聚类的权重优选法 [J]. 系统工程，2014，32 (12): 124-132.

[20] 秦旋，房子涵，张赵鑫．考虑资源约束的预制构件多目标生产调度优化 [J/OL]. 计算机集成制造系统: 1-20 [2020-01-13]. http: //kns. cnki. net/kcms/detail/11. 5946. TP. 20200113. 1325. 028. html.

[21] 安晓亭，张梓琪．基于改进蚁群优化的多目标资源受限项目调度方法 [J]. 系统工程理论与实践，2019，39 (2): 509-519.

[22] 徐赐军，李爱平．资源受限的复杂产品并行开发过程集成 [J]. 中国机械工程，2015，26 (2): 171-177.

[23] GAO Y, ZHANG X, XU J Z. An improved production scheduling algorithm based on resource constraints [J]. Applied Mechanics and Materials, 2013, 455: 619-624.

[24] 肖人彬，陈庭贵，程贤福，等．复杂产品的解耦设计与开发 [M]. 北京：科学出版社，2020.

[25] 项前，周亚云，吕志军．资源约束项目的改进差分进化参数控制及双向调度算法[J]. 自动化学报，2020，46 (2): 283-293.

[26] 王静，曾莎洁，琚娟．资源受限项目调度模型的施工进度管理 [J]. 同济大学学报 (自然科学版)，2017，45 (10): 1561-1568.

[27] TAHOONEH A, ZIARATI K. Using artificial bee colony to solve stochastic resource constrained project scheduling problem [C] Advances in Swarm Intelligence - Second International Conference, ICSI 2011, Chongqing, China, June 12-15, 2011, Proceedings, Part I. DBLP, 2011.

[28] 田启华，明文豪，文小勇，等．基于 NSGA-Ⅱ的产品开发任务调度多目标优化 [J]. 中国机械工程，2018，29 (22): 2758-2766.

[29] 刘天湖，邹湘军，陈新，等．多群任务配置优化算法研究 [J]. 机械设计，2008，

25（10）:15-18.

[30] 贾鹏．机械产品研发项目的进度计划管理研究［D］．济南：山东大学，2014.

[31] 孙晓斌，肖人彬，李莉．并行设计中任务量与时间模型的探讨［J］．中国机械工程，1999，10（2）：207-211.

[32] XIAO Renbin，CHEN Tinggui，CHEN Weiming. A new approach to solving coupled task sets based on resource balance strategy in product development［J］. International Journal of Materials and Product Technology，2010，39（3-4）：251-270.

[33] 苏美先．空气净化器的研究和设计［D］．广州：广东工业大学，2014.

[34] 徐晓刚．设计结构矩阵研究及其在设计管理中的应用［D］．重庆：重庆大学，2002.

[35] 武奇，卢耀祖．基于设计结构矩阵的起重机设计过程建模研究［J］．机械设计，2007，10：30-33.

[36] 黄振东，肖人彬．求解带性能约束凸多边形布局的混合算法［J］．华中科技大学学报（自然科学版），2014，3：47-51.

[37] 陈卫明，陈庭贵，肖人彬．动态环境下基于混合迭代的耦合集求解方法［J］．计算机集成制造系统，2010，16（2）：271-279.

[38] 陈庭贵，肖人彬．基于内部迭代的耦合任务集求解方法［J］．计算机集成制造系统，2008，14（12）：2375-2383.

[39] 容芷君，陈奎生，应保胜，等．产品设计过程结果分析与优化［J］．中国机械工程，2012，23（7）：856- 859.

[40] 吴伟杰．基于设计结构矩阵（DSM）的T公司产品开发流程优化研究［D］．广州：华南理工大学，2017.

[41] ELSHAFEI M，ALFARES H K. A dynamic programming algorithm for days-off scheduling with sequence dependent labor costs［J］. Journal of Scheduling，2008，11（2）.

[42] TIAN Q H，ZHANG Y R，DONG Q M，et al. Research on multi-stage iterative model solving method with resource optimization configuration［C］. International Conference on Computer Science Communication and Network Security，2019：390-400.

[43] 田启华，汪涛，杜义贤，等．基于权重法产品开发资源的优化分配策略［J］．机械设计与研究，2018，34（5）：20-25.

[44] LOMBARDI M，MILANO M. Optimal methods for resource allocation and scheduling：a cross-disciplinary survey［J］. Kluwer Academic Publishers，2012，17（1）：51-85.

[45] 谭宗凤，徐章艳，李晓瑜．不完备信息系统的一种权重确定方法［J］．计算机工程与应用，2012，48（22）：171-174.

[46] ALTISEN K，DEVISMES S，DURAND A. Concurrency in snap-stabilizing local resource allocation［C］//International Conference on Networked Systems. Springer，Cham，2015.

[47] 漆艳茹．确定指标权重的方法及应用研究［D］．沈阳：东北大学，2010.

[48] 田启华，黄超，于海东，等．基于AHP的耦合任务集资源分配权重确定方法［J］．计算机工程与应用，2018，54（21）：25-30，94.

[49] 董超群，田家林．层次分析法确定压缩机整体评价部件权重［J］. 西南石油大学学报（自然科学版），2014，36（5）：176-184.

[50] 邓雪，李家铭，曾浩健，等．层次分析法权重计算方法及其应用研究［J］. 数学的实践与认识，2012，42（7）：93-100.

[51] 郜小平．基于学习遗忘效应的员工调度问题研究［D］. 西安：西安电子科技大学，2014.

[52] WRIGHT T. Factors affecting the cost of air planes［J］. Journal of the Aeronautical Sciences，1936，3（2）：122-128.

[53] MOHAMD Y J，MAURICE B. Production breaks and the learning curve：the forgetting phenomenon［J］. Applied Mathematical Modelling，1996，20（2）：162-169.

[54] 金浩，向宇，蒋红华，等．轿车前保险杠碰撞性能多目标优化［J］. 机械科学与技术，2017，36（6）：943-949.

[55] 余胜威．MATLAB 优化算法案例分析与应用［M］. 北京：清华大学出版社，2014.

[56] 田启华，黄佳康，明文豪，等．资源约束下产品开发任务调度的多目标优化［J/OL］. 计算机集成制造系统：1-17［2020-07-20］. http://kns.cnki.net/kcms/detail/11.5946.TP.20200718.1741.006.html.

[57] 曾小华，宫维钧．ADVISOR 2002 电动汽车仿真与再开发应用［M］. 北京：机械工业出版社，2014：62-63.